普通高等教育"十一五"国家级规划教材

西安交通大學"十三五"规划教材

电机学

（第3版）

阎治安 苏少平 崔新艺 编著

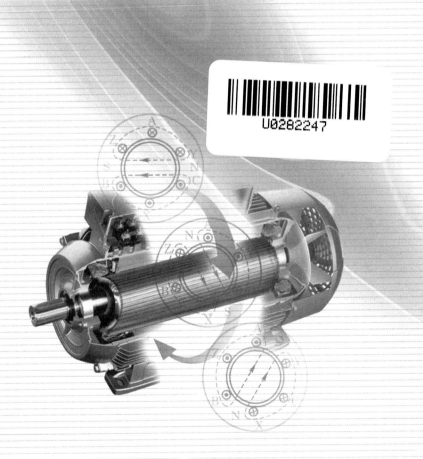

西安交通大学出版社

XI'AN JIAOTONG UNIVERSITY PRESS

内容提要

为适应当前教学改革中项目化教学、翻转课堂、慕课(MOOC)、微课等教学模式的需要而改编本教材。本书主要阐述自动化、电气自动化、机电一体化、水电、农电等专业中常用的直流电机、变压器、异步电机、同步电机和特殊用途电机及微特电机的基本原理、结构及运行性能,并对电机实验和电机控制的内容作了一定的介绍,以满足社会急速发展、技术迅猛进步的实际所需。书中各章均附有小结、习题及思考题。本书还有配套的辅导书、实验指导(即《电机学(第3版)习题解析及实验指导》)和PPT课件及网站,以便读者更好地学习。本书的编写方针是:由浅入深、承上启下、博采众长、强调应用、删繁就简、推广创新。通过本书的学习,可以为学好电气工程类、控制工程类等各专业后续课程打好坚实的基础。

本书可作为高等院校电类和机电类各专业的研究生、本科生和专科生的教材,亦可供有关技术人员参考。

图书在版编目(CIP)数据

电机学/阎治安,苏少平,崔新艺编著.—3版.—西安:
西安交通大学出版社,2016.9(2023.12 重印)
普通高等教育"十一五"国家级规划教材
西安交通大学"十三五"规划教材
ISBN 978-7-5605-8975-6

Ⅰ.电… Ⅱ.①阎… ②苏… ③崔… Ⅲ.①电机学
-高等学校-教材 Ⅳ.①TM3

中国版本图书馆 CIP 数据核字(2016)第 216596 号

书　名	电机学(第3版)	
编　著	阎治安　苏少平　崔新艺	
责任编辑	贺峰涛　屈晓燕	
出版发行	西安交通大学出版社	
	(西安市兴庆南路1号　邮政编码 710048)	
网　址	http://www.xjtupress.com	
电　话	(029)82668357　82667874(市场营销中心)	
	(029)82668315(总编办)	
传　真	(029)82668280	
印　刷	陕西龙山海天艺术印务有限公司	
开　本	787 mm×1092 mm　1/16　印张 20.5　字数 487 千字	
版　次	2000 年 9 月第 1 版　2006 年 8 月第 2 版　2016 年 9 月第 3 版	
印　次	2023 年 12 月第 3 版第 13 次印刷(累计第 31 次印刷)	
印　数	100502~101002	
书　号	ISBN 978-7-5605-8975-6	
定　价	42.00 元	

如发现印装质量问题,请与本社市场营销中心联系。
订购热线:(029)82665248　(029)82667874
投稿热线:(029)82664954
读者信箱:eibooks@163.com

前　言

本书是为了满足教学改革的需要,以全国高等学校电工技术类专业教材编审委员会通过的教学大纲为根据,为了适应大学电气工程类、控制工程类等各专业面要拓宽的思路而编写,适用于电力系统及其自动化、电机电器及其控制、高电压技术及绝缘、工业自动化、自动化、测控、水利电力、农电等专业。通过本课程的学习,使学生能掌握几种典型电机的结构、原理、特性和应用,并学会其实验方法,提高操作技能,在实际工作中能达到对电机合理使用、正确选择、排除简单故障和开拓创新的目的。并为后续其他专业课的学习打下良好基础。

本书第 1 版由西安交通大学电机教研室王正茂、阎治安、崔新艺、苏少平四位教师编写,第 2 版由阎治安、崔新艺、苏少平编写。在编写过程中比较系统地总结了交通大学长期以来在"电机学"课程教学中积累的深厚经验,广泛听取了教研室其他教师的意见,参考了本校教材和以往十多年我校曾采用的汪国梁教授主编的《电机学》教材,并由上海交通大学金如麟教授主审。

为适应当前技术进步和教学改革所需,强调对学生应用能力的培养,推广电机发展新技术,我们在本书第 2 版基础上,删去了部分过时或较少应用的内容,增加了"特种电机"篇,并对其他章节内容进行了较大幅度的调整改进、充实和修订,编写出本书第 3 版。

本书第 3 版由西安交通大学阎治安教授*、苏少平副教授和崔新艺副教授合作编写,具体分工为:阎治安教授负责编写"电机学概述和磁路简介"及第 5～9 章和第 12～13 章,与苏少平副教授合作编写"特种电机"篇,并修改第二、三篇;苏少平副教授负责编写第 10～11 章和第 16～20 章,与阎治安教授合作编写"特种电机"篇,并修改第一、四篇;崔新艺副教授负责编写第 1～4 章和第 14～15 章。全书由阎治安教授负责统筹和组织编写,由山东大学李光友教授和西安交通大学梁得亮教授主审。参加本书审阅工作的还有西安交通大学鱼振民教授、刘新正副教授和高琳副教授等。他们对本书的编写提出了许多宝贵意见,在此向他们表示诚挚的感谢!

本书配有辅导书,如参考文献[1]、[4]、[5]等。尤其是阎治安教授、孙萍高级工程师编写的《电机学(第 3 版)习题解析及实验指导》一书对本书的全部习题和思考题(还有个别适用的选做题),都有详尽解析,并新增了与本书配套的实验内容。

---

* 　阎治安教授曾于 2011—2016 年在西京学院任教,2017 年至今在西安交通大学城市学院任教。

本书的网络支持平台为西安交通大学"电机学网络课堂",网址为 http://ee.xjtu.edu.cn/dj。西安交通大学电机学课程组的"电机学课程建设"先后被评为校级和省级精品课程。另外,本书先后被列入"十一五"国家级规划教材、西安交通大学"十一五"规划教材及西安交通大学"十三五"规划教材。

由于编者水平有限,书中难免有不妥和错误之处,殷切希望读者批评指正。

编　者

2016 年 5 月

目　录

电机学概述和磁路简介

第一篇　直流电机

第3章 直流发电机

第4章 直流电动机

第二篇　变压器

第 5 章　变压器的结构、原理及额定值

第 6 章　变压器的基本理论

第三篇　异步电机

第 10 章　交流旋转电机的绕组

第 11 章　交流绕组中的感应电势

第17章 同步发电机的基本理论

第18章 同步发电机的并网运行

第19章 同步电动机

第 20 章　同步发电机的异常运行

第五篇　特种电机

第 21 章　特种用途的电机

第 22 章　微特电机

电机学概述和磁路简介

电机是一种利用电磁感应原理进行机电能量转换或信号传递的电气设备或机电元件。电机学是关于电机基本理论的专业基础课程。这里首先对本门课程的有关情况、特点、分析方法及学习本课程所依托的有关物理、电路、磁路等基础知识作以简单介绍。

一、为什么要学习"电机学"？

这是由于电机在国民经济中的广泛应用和该课程与其它课程的紧密联系所决定的。例如：

① 电机在电力系统中的作用。同步发电机是电力系统的电源，变压器是输、配电的关键设备，异步电动机是电厂各种转动机械的原动机，直流电机在电厂某种场合中起重要作用。这充分说明电机与电力工业的发展是息息相关的。

② 工厂里车、铣、刨、磨、钻等机床都靠电动机来拖动。

③ 交通运输中的电力机车和无轨电车也是用电动机来拖动。

④ 农村用的脱粒机、收割机、磨面机、抽水机等也离不开电机。

⑤ 文教、医疗系统中的不少设备靠电机来驱动。

⑥ 国防上雷达天线和人造卫星的自动控制系统也要用许许多多的被称作"控制电机"的微电机来作为元件进行工作和执行命令。

⑦ 日常生活中的家用电器绝大多数都离不开电机。

这就足以说明电机的应用已渗透到国民经济的各个领域。

对于电力系统专业的技术人员来说，必然要从事电力系统稳定性研究，但若不了解系统的电源——同步发电机的特性，也就不能解决好稳定性问题；对于从事电气自动化专业的人员若不清楚所控制的对象即各类电动机的特性，也谈不上搞好自动控制的问题。故"电机学"课程是学好后续各专业课程的重要技术基础课。

二、"电机学"课程的内容和电机的类型

（1）课程内容

普通电机学课程通常选择 4 种典型电机——变压器、直流电机、异步电机和同步电机来进行理论分析。重点讲述这 4 种电机的**原理、结构、特性**和应用。

（2）电机的类型

电机的类型有多种划分方法，通常按以下几种类型来划分：

① 从能量转换角度划分

电机 $\begin{cases} 发电机 & （机械能 \rightarrow 电能） \\ 电动机 & （电能 \rightarrow 机械能） \\ 变压器 & （一种形式的电能 \rightarrow 另一种形式的电能） \end{cases}$

② 从电流角度划分

$$
电机\begin{cases} 直流电机 \\ 交流电机\begin{cases} 变压器 \\ 异步电机 \\ 同步电机 \end{cases} \end{cases}
$$

③ 从运动方式划分,将电机分为旋转电机、直线电机、静止电机(即变压器)。

④ 从使用场合看还可将电机分为潜水电机、防爆电机、航空电机等。

此外,还可据防护型式(防护式、开启式、封闭式)、额定电压、相数、转速的多少来分类。本书是按照直流电机、变压器、异步电机和同步电机以及特种电机的顺序来编写的。

三、本课程的特点及分析方法

(1) 课程特点

电机学是一门既带基础性又带专业性的课程。通常在学习电机学之前的课程主要是基础理论课,之后一般是专业性课程。故电机学是一门从理论课学习转变到专业课学习的过渡课程,具有承上启下的作用。在基础课(例如高等数学、电路等课程)中所讨论的一般都是逻辑性较强、条件较单纯的问题。在专业课中所遇到的一般是综合性问题,考虑的因素比较复杂,要考虑工艺、标准、经济性等实际问题。其学习方法也是有所不同的,例如,"电机学"的计算题目中有时会出现多余条件以及有的数据只能从查曲线获得,希望读者能尽快适应该课程的学习。

(2) 分析方法

分析电机问题,主要是结合电机的构造及其工作原理,研究电机内部的电磁规律;在定性分析的基础上,根据电磁感应定律导出电机各物理量的关系,以对电机进行定量分析;此外,要紧密联系生产实际和电机实验,认真分析实验中的问题,从而提高综合能力。

电机的运行有两个过程,即稳态运行和暂态运行。本书是以稳态为主进行分析的。**严格地讲,电机内部的理论属于"电磁场"问题。**但是,电磁场的理论分析和计算比较复杂。习惯上采用比较简便的方法,那就是把"场"的问题转换成"路"(即电路和磁路)的问题。电机学的经典分析方法是把电路和磁路又简化为单一电路问题,即归算后的等效电路、方程式和相量图的分析。其分析转换过程可表示如下:

$$
电磁场 \xrightarrow{转换为} \begin{cases} 电路 \\ 磁路 \end{cases} \xrightarrow[等效为]{归算后} 电路 \begin{cases} 等效电路 \\ 方程式 \\ 相量图 \end{cases}
$$

这是交流电机分析方法的共性。而直流电机也用等效电路和方程式的方法,只是没有相量图而已。对交流电机而言,等效电路、方程式和相量图是一致的,知道了其中之一,可以推导出另外两个。电机的方程式包括电势平衡、转矩平衡、功率平衡、磁势平衡等方程式,这既是电机学研究电机的一种必要方法,又是学习各种电机的重点内容。每学完一种电机,这些方程式都应熟练掌握,灵活应用。要比较深入地分析电机理论,还要用到谐波分析法和对称分量法等。

学习电机学要不断总结其共性,无论电机是什么形式,大小如何,而**电机原理**无非建立在两个物理关系式之上,即:①电势公式 $e=Blv$ 或 $e=-N\dfrac{\mathrm{d}\Phi}{\mathrm{d}t}$,前者为切割电势,后者为变压器电势,方向分别用右手定则和右手螺旋定则判断;②电磁力公式 $f=Bli$,方向用左手定则判断。无论**电机结构**多么复杂,它是由两大部分即电磁部分和机械部分所组成。电磁部分即导电的绕组和导磁的铁心,是核心部分。

掌握了电机的共性,同时又注意到各种电机的个性,触类旁通,再结合实验、答疑,并做一定数量的习题,学习起来就会得心应手了。

四、磁路的基本定律及铁心损耗

电磁感应原理是电机工作的基础,因此读者应具备电磁方面的基础理论知识。以下作简要介绍。

磁感应强度 B 是表示磁场强弱的一个物理量。在电机中,气隙处的磁感应强度约为 $0.4\sim0.8$ T;铁心中的磁感应强度约为 $1\sim1.8$ T。T(特斯拉)是磁感应强度的国际单位,有时还采用 Gs(高斯)来作为其单位,它们之间的关系是:1 T$=10^4$ Gs。

如果要描述一个给定面上的磁场,就要引入一个物理量,即磁通。若在均匀磁场中有一个与磁场方向垂直的平面,面积为 A,即磁通 Φ 为:$\Phi=BA$。Φ 的单位是 Wb(韦伯),有时还采用 Mx(麦克斯韦)来作为其单位,它们之间的关系是:1 Wb$=10^8$ Mx。

磁场强度 H 的定义是 $H=B/\mu$,若 B 的单位是 T,μ(磁导率)的单位是 H/m,则 H 的单位是 A/m。有时 H 的单位也用 Oe(奥斯特)表示,它们之间的关系是 1 A/m$=4\pi\times10^{-3}$ Oe。

物质根据磁性质的不同分为三类:一类叫顺磁物质,如空气、铝等,其磁导率 $\mu>\mu_0$;另一类叫逆磁物质,如氢、铜等,其 $\mu<\mu_0$;还有一类是铁磁物质,如铁、钴等,其 $\mu\gg\mu_0$,其磁导率是真空磁导率($\mu_0=4\pi\times10^{-7}$ H/m)的几百倍到几千倍。

为了简便,将磁场的问题等效为磁路来处理,在多数情况下,准确度能满足工程需要。在进行磁路分析时,往往要用到以下几个定律。

1. 安培环路定律 实验证明,沿着任何一条闭合回路 l,磁场强度 H 的线积分等于该闭合回路所包围的电流代数和,这就是**安培环路定律**或**全电流定律**。若用公式表示,即为

$$\oint_l \boldsymbol{H}\cdot\boldsymbol{l}=\sum i \qquad (0-1)$$

2. 磁路的基尔霍夫第一定律 在图 0-1 中,如果在中间铁心柱的线圈中通以电流,则产生磁通,其路径如虚线所示,从图中可以明显看出

$$\Phi_1=\Phi_2+\Phi_3$$

即

$$\sum\Phi=0 \qquad (0-2)$$

这就是磁路的基尔霍夫第一定律。

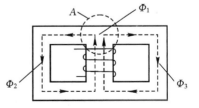

图 0-1 磁路基尔霍夫第一定律示意图

3. 磁路的基尔霍夫第二定律

在磁路计算中,总是将磁路分为若干段,凡材料及截面积相同的取为一段。在每一段磁路中,由于截面积相同,所以磁通密度 B 必定处处相等,

且由同一材料做成,磁导率一样,所以磁场强度相等。根据安培环路定律可得

$$\sum Hl = \sum NI \tag{0-3}$$

H 的方向与电流的方向符合右螺旋规律时,取正号;否则取负号。Hl 是一段磁路上的磁压降,$\sum Hl$ 是闭合回路上总的磁压降。$\sum NI$ 是磁通所包围的总电流,由它产生磁通,被称为**磁势**。式(0-3)就是磁路的基尔霍夫第二定律表达式。

4. 磁路的欧姆定律　如果某一段匀强磁路长为 l,则该段磁路上的磁位差 U_m 便为

$$U_m = Hl \tag{0-4}$$

由于 $H = B/\mu$,而 $B = \Phi/A$,将此两关系式代入式(0-4)中,得

$$U_m = Hl = \frac{B}{\mu}l = \Phi\frac{l}{\mu A} = R_M\Phi \tag{0-5}$$

5. 铁磁物质的磁化曲线

(1) 铁磁物质的磁化　将铁、镍、钴等铁磁物质放入磁场后,磁场将显著增强,铁磁物质呈现很强的磁性,这种现象,称为铁磁物质的**磁化**。铁磁物质之所以磁场很强,是因为在铁磁物质内部存在着许多很小的天然磁化区,叫作**磁畴**。在图 0-2 中,这些

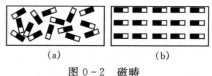

图 0-2　磁畴

磁畴用一些小磁铁来代表。在没有外磁场时,这些磁畴的排列杂乱无章,磁效应相互抵消,对外不呈现磁性(图 0-2(a))。而当有外磁场后,**磁畴将翻转**且方向渐趋一致,形成一个附加磁场,与外磁场迭加,使磁场大大增强(图 0-2(b))。

(2) 原始磁化曲线　将一块尚未磁化的铁磁物质进行磁化,在磁场强度 H 由零开始逐渐增大时,磁感应强度也随着逐渐增加,这种 $B = f(H)$ 曲线就称为**原始磁化曲线**,其形状如图 0-3 所示。在 Oa 段,B 值增加较快,这是因为随着 H 的增加,有越来越多的磁畴趋向于外磁场的方向,使磁场增强;在 ab 段,随着 H 的继续增加,可以转向的磁畴越来越少,故 B 值增加变慢,这段曲线称为磁化曲线的**膝部**。b 点以后已经很少有磁畴可以转向,因此 B 值增加非常缓慢,称为磁化曲线的**饱和段**。

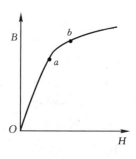

图 0-3　原始磁化曲线

(3) 磁滞回线　$B = f(F)$ 曲线如图 0-4 所示,当铁磁物质在 $-H_m$ 到 $+H_m$ 之间反复进行磁化后,最后得到对称原点的封闭曲线。磁化过程中,B 的变化总是落后于 H 的变化,这种现象称为**磁滞**。图 0-4 中的闭合曲线称为**磁滞回线**。从该曲线可以看出,当 H 下降到零时,B 并不到零而等于 B_r,这是因为外磁场虽然消失,但磁畴还不能恢复原来状态,还保留一定的**剩磁**。去掉剩磁所必须加的反方向磁势 $H_c(Oc$ 段或 Of 段),称为**矫顽力**。

按照磁滞回线形状的不同,铁磁材料可分为**软磁**材料和**硬磁**材料两大类,磁滞回线窄、剩磁和矫顽力小的材料称为软磁材料,如铸铁、铸钢、硅钢片等。软磁材料的磁导率较高,多用以制造电机的铁心。磁滞回线宽、剩磁及矫顽力大的材料称为硬磁材料,如铝镍钴铁的合金或稀土合金等。因硬磁材料的剩磁大,故常用来制造永磁电机的主磁极。

(4) 基本磁化曲线　选择不同的磁场强度 H_m 进行反复磁化,可以得到一系列大小不同

的磁滞回线,如图 0-5 所示。将各磁滞回线的顶点连接起来,所得到的一条曲线,称为**基本磁化曲线**。工程上采用的都是基本磁化曲线。磁化曲线也可以用 $\Phi = f(F)$ 或用 $U_0 = f(I_0)$ 曲线来表示,其中在变压器中 $F \propto IN$ 是励磁磁势,N 是励磁绕组的匝数。

6. 铁心损耗 电机的核心部件之一是铁心,即由薄的硅钢片(例如 0.35 mm、0.5 mm 等厚度)叠压而成。铁心损耗 p_{Fe} 为磁滞损耗 p_{cz} 和涡流损耗 p_{wl} 的合成。实验证明,$p_{Fe} \propto B^2 f^{1.3}$。$p_{cz}$ 和 p_{wl} 的引起介绍如下。

(1)磁滞损耗 p_{cz} 在外磁场作用下,铁磁物质内部磁畴将翻转,使磁畴的方向趋于外磁场。若外加的磁场是交变的,磁畴彼此间不停地摩擦、消耗能量而引起损耗,这种损耗称为**磁滞损耗**。实验表明,$p_{cz} \propto B^2 f$。

(2)涡流损耗 p_{wl} 当铁心的磁通交变时,铁心内也会感应电势和电流。这些电流在铁心内部围绕磁通成涡状流动,称为**涡流**,如图 0-6 所示。涡流在铁心中引起的损耗称为**涡流损耗**。在钢材中加入少量的硅即增加其电阻率可减少 p_{wl};不采用整块的铁心,而采用互相绝缘的由许多薄硅钢片叠起来的铁心,截断涡流路径(图 0-6 的长虚线),从而大大减小 p_{wl}。故电机的铁心多采用厚度为 0.35 mm 或 0.5 mm 的硅钢片来制造,以减少 p_{wl} 值。实验表明,$p_{wl} \propto B^2 f^2$。

***7. 永磁材料的磁性能**

永磁材料的磁性能用剩磁 B_r、矫顽力 H_c 和最大磁能积 $(BH)max$ 三项指标来表征。一般说来,指标值愈大,磁性能愈好,但使用时还要考虑其工作温度、稳定性、价格等因素。永磁材料种类多,例如:(1)铁氧体;(2)稀土钴;(3)钕铁硼;(4)粉末铝镍钴……。其中,稀土钴(Sm_2Co_{17})的综合性能好,磁性的温度稳定性好,允许的工作温度可高达 190 ℃~250 ℃。缺点是不易机械加工,只能磨加工,价格较贵;钕铁硼的磁性能虽优于稀土钴,价格也低廉,但工作温度最高只能到约 100 ℃。四种材料的磁性能比较如表 0-1 所示。

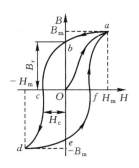

图 0-4 铁磁材料的磁滞回线

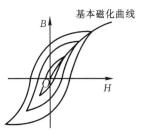

图 0-5 基本磁化曲线

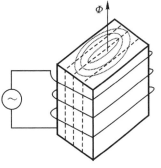

图 0-6 涡流路经

表 0-1 四类永磁材料的磁性能

磁性能 材　料	B_r / T	H_c / (kA·m^{-1})	$(BH)max$ / (kJ·m^{-2})
铁氧体	0.405	294	30.5
稀土钴 Sm_2Co_{17}	1.06	748	207
钕铁硼	1.12	843	239
铝镍钴 5-7	1.35	59	59.7

第一篇

直流电机

直流电机是电机的主要类型之一,它的主要特点是使用直流电。发电机运行和电动机运行是直流电机两种不同的运行状态。本篇主要介绍直流电机的原理及其基本理论。由于直流电动机具有良好的调速特性,在许多对调速性能要求较高的场合得到广泛使用。本篇对直流电动机的起动、调速、制动作了较详细的介绍。

第 1 章　直流电机的工作原理、结构及额定值

直流电机是电机的主要类型之一,同一台直流电机既可作为发电机使用,也可作为电动机使用。用作直流发电机可以得到直流电源;用作直流电动机,可以拖动机械负载转动。本章主要介绍直流电机的工作原理和结构。

1.1　直流电机的工作原理

1.1.1　直流发电机的工作原理

图 1.1 是一台最简单的两极直流发电机的原理图。N、S 是一对静止不动的主磁极,它可以是永久磁钢或由绕在铁心上的线圈通以直流电流激励产生。极间是一个装在转轴上的圆柱形铁心,称为电枢铁心。图中的 abcd 是放置在电枢铁心上的槽中的一个线圈。线圈和铁心间相互绝缘,线圈的两端 a 和 d 各接到一个称为换向片的圆弧形铜片 1 和 2 上。两个换向片构成一个换向器。换向器也装在轴上,两换向片间及换向器与转轴间用绝缘体隔开。当轴转动时,电枢铁心、线圈和换向器一起旋转,整个转动的部分称为转子或电枢。

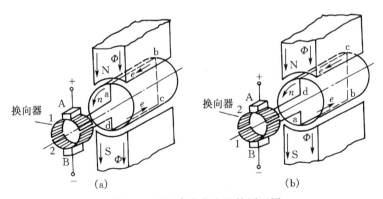

图 1.1　两极直流发电机的原理图

(a)导体 ab 处于 N 极下；(b)导体 ab 处于 S 极下

A 和 B 是两个静止的电刷,电刷 A 只能和上边的换向片接触,电刷 B 只能和下边的换向片接触,都用以从换向片引出线圈中的电势和电流。

磁通由 N 极穿过主磁极和转子间的气隙,经过电枢铁心,再穿过气隙到 S 极。

若有原动机拖动转子(电枢)逆时针旋转时,线圈的 ab 段和 cd 段分别切割磁力线产生感应电势($e＝Blv$),其方向可用右手定则判定。在图 1.1(a)所示瞬间,在 N 极下的 ab 段感

应电势的方向是由 b 指向 a,在 S 极下的 cd 段感应电势的方向是由 d 指向 c,两个电刷引出的线圈中的电势是两者之和,电刷 A 是高电位(+),电刷 B 是低电位(−)。当转子转到了如图 1.1(b)所示瞬间,线圈的 ab 段转到 N 极下,其感应电势的方向是由 a 指向 b,线圈的 cd 段转到 S 极下,感应电势的方向是由 c 指向 d,两个电刷引出的线圈中的电势仍是两者之和,但由于此时电刷 A 与换向片 2 相接触,电刷 A 仍呈高电位(+),电刷 B 与换向片 1 相接触,电刷 B 仍呈低电位(−)。

在原动机拖动转子旋转的过程中,线圈的 ab 段和 cd 段两段导体交替处在 N 极和 S 极下,线圈中的感应电势的方向在不断地改变,但由于换向器的作用,由两个电刷引出的电势的方向却是不变的。这样就构成了一台直流发电机,接上负载后就会有直流电流输出。

由于换向器的作用,图 1.1 所示的最简单的直流电机虽然可以得到方向不变的直流感应电势,但其数值却是不稳定的。因为,根据电磁感应定律,任一瞬间线圈 abcd 中的感应电势的大小为

$$e = B_x l v$$

其中 B_x 是导体所在处的磁通密度,l 是导体 ab 和 cd 的长度,v 是导体运动的线速度。如果原动机的转速不变,线圈的长度一定,则 l 和 v 为常量,那么在任一瞬间,线圈中的感应电势的大小与它所切割的磁通密度即气隙磁通密度成正比。若以电枢铁心表面为横坐标并展开,其气隙磁通密度分布情况可以用图1.2(a)中的曲线来表示,磁极极面下的磁通密度较强,磁极间的磁通密度较弱。线圈中的感应电势和磁通密度成正比,其波形如图 1.2(b)所示。而经过电刷引出的感应电势的波形如图 1.2(c)所示,其中含有很大的脉动成分,这显然不是通常要求的幅值稳定的直流电源。为了得到稳定的直流电,实际生产和使用的直流电机电枢上绝非只有一个线圈,而是由多个均匀分布在转子铁心表面磁场中不同位置的线圈串联组成,并称其为电枢绕组。图 1.3 所示的绕组即是其中一种,这种绕组形式叫环形绕

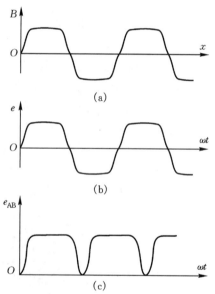

图 1.2　气隙磁场分布波形和线圈电势波形
及电刷引出的电势波形

(a)气隙磁场分布波形;(b)线圈电势的波形;
(c)电刷引出的电势波形

组,早年的直流电机中曾使用过,后来被鼓形绕组所取代(见 1.3 节),但因其图形简单直观,便于说明问题,所以在叙述原理时仍常常使用。

与图 1.1 相比,图 1.3 所示的电机中两个固定的磁极间的电枢铁心是圆筒形,上面均匀绕着导线,构成一个闭合回路。导线每绕一圈,看成一个线圈,其两端分别接到相邻的两个换向片上。图 1.3 中有 12 个线圈和 12 个换向片,12 个线圈串联成一个闭合回路,12 个换向片构成换向器,换向器和圆筒形铁心装在转轴上(转轴省略未画出),换向片间及换向器与转轴间用绝缘体隔开。两个磁极间的平分线称为磁场几何中性线,两个静止的电刷 A、B 分别与几何中性线上的线圈所接的换向片相接触,两个电刷将 12 个线圈对称地分成两条并联

的支路。当转子转动到不同位置时,每条支路所串的线圈可能是不同的,但是将 N 极下的所有线圈串联看成一条支路,S 极下的所有线圈串联看成另一条支路,每条支路有 6 个线圈,这又是相对不变的。

两磁极间的磁力线通过圆筒铁心,而不进入圆筒内腔。

若原动机拖动转子逆时针旋转,圆筒外部的导体切割磁力线产生感应电势,圆筒内部和端部的导体并不切割磁力线而只起连接作用,感应电势的方向可用右手定则判定。N 极下的外部导体中的电势方向相同,流出纸面;同样,S 极下的外部导体中的感应电势方向相同,流入纸面。

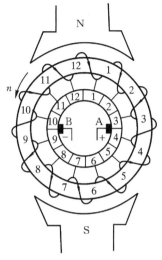

图 1.3　环形绕组直流电机
原理图

由于各个极下顺着串联方向导体中的电势方向相同,所以每条支路总的电势为该支路各导体的电势之和,而电刷 1、2 引出的电势即是支路电势。此外,由于导体对称均匀分布,所以由一个闭合绕组构成的两条支路中电势大小相等、方向相反,不会在闭合绕组中产生环流。由图 1.3 所示的电势方向可以看出,电刷 A 为正、电刷 B 为负。这样就构成了一台直流发电机,当接上负载后就会有电流输出。电刷端输出的电流等于各支路的电流的总和。

由于各个线圈在空间相互间错开一定的位置,不会同时切割到磁场的最大值或最小值,所以串联后的总电势脉动程度就比只有一个线圈时小得多。

和一个线圈的情况相同,环形绕组的每根导体也是交替切割 N 极和 S 极,其本身产生的电势方向是交变的,但由于换向器的作用,两个电刷引出的电势的方向是不变的。

通常,电刷总是放在与处于几何中性线的线圈所接的换向片相接触的位置(以下简称电刷在几何中性线上),这样在支路所串联的各线圈中的电势方向都是相同的,电刷引出的总的支路电势值最大。如果电刷位置移动,与不处于几何中性线的线圈所接的换向片相接触,简单的说法就是电刷偏离几何中性线,如图 1.4 所示,各支路中并非所有的线圈都处于同一极性的极下,支路中有一些线圈电势相抵消,引出的总电势将减小。因此,如果要得到最大的电势,电刷应放在与处于几何中性线的线圈所接的换向片相接触的位置。

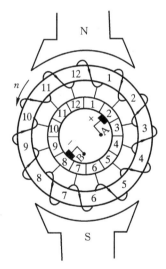

图 1.4　电刷偏离几何中性线
示意图

1.1.2　直流电动机的工作原理

对图 1.1 所示的直流电机,如果去掉原动机,并给两个电刷加上直流电源,即如图 1.5(a)所示时刻,则有直流电流从电刷 A 流入,经过线圈 abcd,从电刷 B 流出,根据电磁力定律,载流导体 ab 和 cd 受到电磁力($f=Bli$)的作用,其方向可由左手定则判定,两段导体受到的力形成一个转矩,使得转子逆时针转动。如果转子转到如图 1.5(b)所示的位置,电刷 A 和换

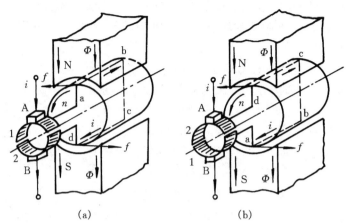

图 1.5　直流电动机的原理图

(a)导体 ab 处于 N 极下；(b)导体 ab 处于 S 极下

向片 2 接触,电刷 B 和换向片 1 接触,直流电流从电刷 A 流入,在线圈中的流动方向是 dcba,从电刷 B 流出。此时载流导体 ab 和 cd 受到电磁力的作用方向同样可由左手定则判定,它们产生的转矩仍然使得转子逆时针转动。

这就是直流电动机的工作原理。外加的电源是直流的,但由于电刷和换向片的作用,在线圈中流过的电流是交变的,其产生的转矩的方向却是不变的。

实际应用中的直流电动机转子上的绕组也不是由一个线圈构成,同样是由多个线圈连接而成,以减小电动机电磁转矩的波动,绕组形式与直流发电机相同。

1.2　直流电机的结构

图 1.6 和图 1.7 分别是一台 4 极直流电机的纵剖面和横剖面结构示意图,它主要由两大部分组成,静止的部分称为定子,转动的部分称为转子。定转子铁心间,存在着均匀的气隙。下面就一些主要的部件分别予以介绍。

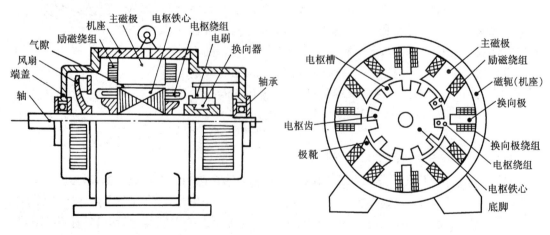

图 1.6　直流电机的结构纵剖面图　　　　图 1.7　直流电机的结构横剖面图

1.2.1　定子

定子的主要部件包括以下几个。

1. 主磁极

主磁极的作用是产生主磁场。绝大多数直流电机的主磁极不是用永久磁铁而是由励磁绕组通以直流电流来建立磁场。主磁极由主磁极铁心和套装在铁心上的励磁绕组构成。主磁极铁心靠近转子一端的扩大的部分称为极靴,它的作用是使气隙磁阻减小,改善主磁极磁场分布,并使励磁绕组容易固定。为了减少转子转动时由于齿槽移动引起的铁耗,主磁极铁心采用 1~1.5 mm 的低碳钢板冲制成一定形状叠装固定而成。铁心上装有励磁绕组。励磁绕组用绝缘导线绕在绕组框架上,经绝缘处理后一起套入主磁极铁心。套在主磁极铁心上的励磁绕组根据其不同的使用情况分为两种:一种是并励绕组;一种是串励绕组。并励绕组的匝数多、导线细;串励绕组的匝数少、导线粗。有些电机同时有并励绕组和串励绕组。整个主磁极再用螺杆固定在机座上。主磁极的个数一定是偶数,励磁绕组的连接必须使得相邻主磁极的极性按 N、S 极交替出现。

2. 换向极

换向极是安装在两相邻主磁极之间的一个小磁极,它的作用是改善直流电机的换向情况,使电机运行时不产生有害的火花。换向极结构和主磁极类似,是由换向极铁心和套在铁心上的换向极绕组构成,并用螺杆固定在机座上。换向极的个数一般与主磁极的极数相等,在功率很小的直流电机中,也有不装换向极的。换向极绕组在使用中是和电枢绕组相串联的,要流过较大的电流,因此和主磁极的串励绕组一样,其导线有较大的截面。

3. 机座

直流电机的机座一方面是构成主磁路的一部分,机座中作为磁路通路的部分称为磁轭,另一方面是作为电机结构的框架,主磁极和换向极固定于磁轭上。架起电机转动部分的两个端盖装在机座的两端,对电机的各部件起到了机械支撑作用。为了保证具有良好的导磁性能和机械性能,机座通常用铸钢或钢板制成。机座下部的底脚用于将电机固定在基础上。

4. 端盖

端盖装在机座两端并通过端盖中的轴承支撑转子,将定转子连为一体。同时端盖对电机内部还起防护作用。

5. 电刷装置

电刷装置的作用是将转动的电枢中的电压和电流引出来,或将外加电源的电流输入到转动的电枢中去。电刷是主要由石墨做成的导电块,放在刷握中,由弹簧机构施以一定的压力使其压在换向器表面上,电机运行时电刷与换向器表面形成滑动接触,电刷上焊的铜丝辫引出或引入电流,具体结构见图 1.8。在需放置电刷的位置,根据电流的大小,往往是并排放一组电刷,这一组电刷装在一个刷杆上。电刷的组数即电刷杆数与主磁极的极数相等,各刷杆装在一个圆形的可以转动的刷杆座上,沿换向器表面圆周均匀分布,图 1.9 即为一台 4 极直流电机的电刷装置结构简图。转动刷杆座圈即可调整电刷在换向器表面的位置,位置调整好后,即可将刷杆座圈固定在一端的端盖上。

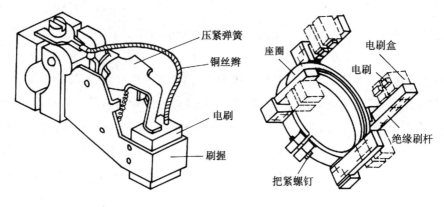

图 1.8 电刷架结构   图 1.9 4 极直流电机的电刷装置结构

1.2.2 转子

直流电机的转动部分称为转子,又称电枢。转子部分包括电枢铁心、电枢绕组、换向器、转轴、轴承、风扇等。

1. 电枢铁心

电枢铁心既是主磁路的一部分,又要嵌放电枢绕组。为了减小铁心损耗,电枢铁心一般由涂有绝缘漆的 0.5 mm 厚的硅钢片冲压后叠压而成。图1.10即为电枢铁心冲片图,冲片外沿的槽是用于放置电枢绕组的,槽间的铁心为齿部,齿部下面的圆周称为电枢的轭部,轭部上的一些小圆孔是通风孔,叠压好的电枢铁心最后和转轴装为一体。

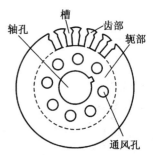

图 1.10 电枢铁心冲片

2. 电枢绕组

电枢绕组是直流电机中极为重要的部件。电枢绕组由许多个完全相同的线圈按一定的规律连接组成。线圈用绝缘的圆形或矩形导线绕成。每个线圈分上下两层放在电枢铁心的槽内,上下层间及线圈与电枢铁心间都要妥善地绝缘。线圈嵌到槽中后,槽口要用竹制或胶木制的槽楔封好,以免转动时线圈受离心力的作用被甩出来。绕组的具体的连接形式,将在下一节中专门介绍。

3. 换向器

由直流电机的工作原理可以看出,在直流发电机中换向器将线圈中的交流电转换为直流,在直流电动机中换向器将电源的直流电转换为线圈中的交流电,所以换向器也是直流电机中的关键部件之一。换向器是由许多个楔形铜片所组成,铜片的形状如图 1.11(a)所示,每个铜片上宽下窄,把所有换向片组合在一起便成为一圆筒形。每个换向片和相邻换向片间用一薄云母片绝缘。换向片和云母片组成的圆筒两端用 V 型云母套筒和 V 型金属压圈压紧,以使其成为一个整体并保证其绝缘性能。这样就构成了一个换向器,如图 1.11(b)所示。将换向器装到转轴上,每个电枢线圈的首端和尾端的引线分别焊入相应换向片的升高片上。

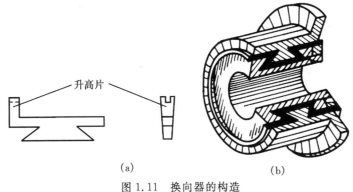

(a) (b)

图 1.11 换向器的构造

(a)换向片;(b)换向器的剖面图

电枢铁心、换向器装在转轴上构成转子,通过两端的轴承支撑装在端盖上,与定子装配,轴上还装有风扇用于通风冷却。

1.3 电枢绕组

装在转子上的电枢绕组是直流电机中最重要的部件之一,它在磁场中切割磁通产生感应电势。当电枢绕组中流过电流时,电流与磁场作用产生电磁转矩,在直流电机的机电能量转换中电枢绕组起重要作用。

直流电机的电枢绕组为一闭合绕组,闭合绕组无固定引出端,当电枢旋转时,各线圈依次通过电刷作为引出端。线圈沿着电枢圆周表面的槽分布放置。

1. 环形绕组和鼓形绕组

图 1.3 表示的绕组形式称为环形绕组,由于其制造困难,修理不便,环形铁心内部的导体不切割磁通仅起连接作用,铜材利用极不充分,所以现在生产的直流电机中已不采用,而是采用鼓形绕组。鼓形绕组可以看作由环形绕组演变而来,如图 1.12 所示。

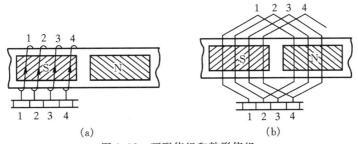

(a) (b)

图 1.12 环形绕组和鼓形绕组

(a)环形绕组;(b)鼓形绕组

2. 绕组的构成

按照绕组的不同连接方法,电枢绕组分为单叠绕组、复叠绕组、单波绕组、复波绕组、混合绕组等类型,本节介绍单叠和单波绕组的组成和连接规律。

组成绕组的基本单元——线圈称为元件,无论那种形式的电枢绕组都是由结构形状完全相同的绕组元件按一定规律连接而成。

一个元件由两个元件边和端部连线组成,元件依次嵌放在电枢槽内,一个元件边放在槽的上层,另一边放在另一槽的下层,如图 1.13 所示。元件的两端按不同规律接到不同的换向片上,最后使整个电枢绕组通过换向片连成一个闭合回路。

为了改善电机的性能,往往用较多的元件组成电枢绕组。本来应该每个元件放在一个槽中,但由于工艺的原因,电枢铁心不可能开太多的槽,采取在每个槽子的上下层

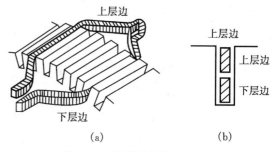

图 1.13　线圈在槽内的放置
(a)实物示意图;(b)剖面图

各放 u 个元件边,如图 1.14 和图 1.15 所示。这一个槽为实槽,它所包含的 u 个元件每一个为一个"虚槽"。如果电枢的实槽数为 Z,则虚槽数为 $Z_u=uZ$,整个绕组的元件数 $S=Z_u=uZ$。如果电枢每槽上、下层只有一个元件边,则整个绕组的元件数 S 就等于实槽数 Z。

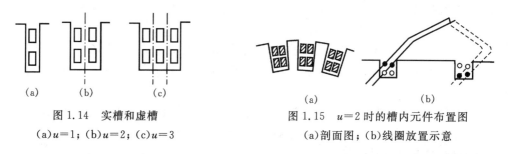

图 1.14　实槽和虚槽
(a)$u=1$;(b)$u=2$;(c)$u=3$

图 1.15　$u=2$ 时的槽内元件布置图
(a)剖面图;(b)线圈放置示意

由于每个元件总有两个边,每一换向片上总接有两个元件边,故一台直流电机的元件数 S 等于换向片数 K,也等于虚槽数。

$$S=K=Z_u=uZ$$

每个元件可以是单匝,但大部分是多匝,一般书中讲述时为画图方便,总是假定元件是单匝的。

3. 绕组的节距

节距是指被连接的两个元件边或换向片之间的距离。绕组元件的连接规律,通过下列 4 个节距来控制。

(1)第一节距 y_1,指一个元件的两个元件边之间的跨距,第一节距通常用虚槽数来计算,它是一个整数。为了得到较大的感应电势和电磁转矩,y_1 一般等于或接近一个极距。

$$y_1=\frac{Z_u}{2p}\mp\varepsilon$$

ε 为小于 1 的分数,用来把 y_1 凑成整数。

(2)第二节距 y_2,指在相串联的两个元件中,第一个元件的下层边与第二个元件的上层边在电枢表面所跨的距离,也用虚槽数表示。

（3）合成节距 y，指相串联的两个元件的对应边在电枢有面所跨的距离，也用虚槽数表示。

叠绕组　　　　$y=y_1-y_2$

波绕组　　　　$y=y_1+y_2$

为使每一元件接到换向片的端接线不交叉，叠绕组 y 一般取正，称为右行绕组；单波绕组一般 $y=\dfrac{K-1}{p}$，为左行绕组。

（4）换向器节距 y_K，指每一个元件的两端所连接的换向片之间在换向器表面所跨过的距离，用换向器片数计算。

$$y_K=y$$

图 1.16 标出了单叠绕组和单波绕组的各个节距。

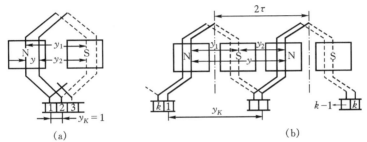

图 1.16　叠绕元件和波绕元件在电枢上的连接示意图

（a）叠绕组；（b）波绕组

4. 单叠绕组

电枢绕组中任何两个相邻串联的元件都是后一个叠放在前一个的上面的称为叠绕组。下面以 $2p=4,u=1,Z_u=Z=S=K=16$ 为例，画出绕组展开图，如图 1.17 所示，分析单叠绕组的构成情况。

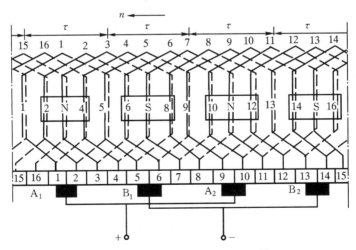

图 1.17　单叠绕组展开图（4 极 16 槽）

由已知条件可得，$y_1=\dfrac{Z_u}{2p}\mp\varepsilon=\dfrac{16}{4}\mp0=4$，对于右行单叠绕组 $y=1$，则 $y_2=y_1-y=4-1=3$，

$y_K = y = 1$。

16 个槽共有 16 个线圈,画出 16 个槽和 16 个换向片,将槽和换向片依次编号。在每一个槽中,实线表示元件上层边,虚线表示下层边,第一个元件上层边放在 1 号槽,首端连到 1 号换向片,由于 $y_1 = 4$,则下层边放在 5 号槽,两个元件边相距 4 个槽距,尾端连到 2 号换向片。由 $y = 1$ 可知,第二个元件上层边放在 2 号槽,首端连到 2 号换向片,与 1 号元件的尾端相接,下层边放在 6 号槽,尾端连到 3 号换向片。其它线圈依次类推,最后 16 号元件的尾端连到 1 号换向片,组成一个闭合回路。在图上画出 4 个磁极位置,磁极的宽度约为 0.6~0.7 的极距宽度,N 极表示磁力线方向进入纸面,S 极表示磁力线方向流出纸面。假定电枢的转动方向是由右向左,根据右手定则,可以确定各导体中的感应电势的方向,N 极下的导体由上向下,S 极下的导体由下向上。

为了能在电刷间获得最大的感应电势,电刷应与处在几何中性线上的元件相接触。在图示瞬间,四个电刷应分别放在 1、2 和 5、6 和 9、10 及 13、14 换向片上,与 1、5、9、13 四个在几何中性线上的元件相接触。

电刷将元件 2、3、4 和 10、11、12 及 6、7、8 和 14、15、16 连接成 4 条支路。可以画出如图 1.18 的单叠绕组支路连接图。设 a 为绕组的并联支路对数,则该绕组的并联支路数 $2a = 4$。普遍来讲,单叠绕组的特点是 $2a = 2p$,即 $a = p$,同时,电刷组数应当等于磁极数。

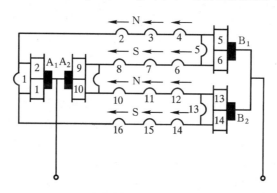

图 1.18　单叠绕组支路连接图(4 极 16 槽)

在电枢旋转时,电刷位置不动,电枢绕组在移动,支路中的每个元件不断顺次移到它前面一个元件的位置上,但整个支路所串的元件数不变。

5. 单波绕组

单波绕组的连接规律是:从某一换向片出发,把相隔约为一对极距的同极性磁极下对应位置的所有元件串联起来,回到出发换向片的相邻换向片,然后再从此换向片出发,按同样的规律继续连接,直到把所有的元件连完,最后回到起始的换向片,构成一个闭合回路。绕组连接后的形状如波浪起伏,所以称为波绕组。

下面以 $Z_u = Z = S = K = 15$,$2p = 4$,为例说明单波绕组的连接规律和特点。

第一节距　　$y_1 = \dfrac{Z_u}{2p} \mp \varepsilon = \dfrac{15}{4} - \dfrac{3}{4} = 3$

合成节距　　$y = \dfrac{K-1}{p} = \dfrac{15-1}{2} = 7$

第二节距　　$y_2 = y - y_1 = 7 - 3 = 4$

换向器节距　　$y_K = y = 7$

图 1.19 所示为连接好的单波绕组展开图。

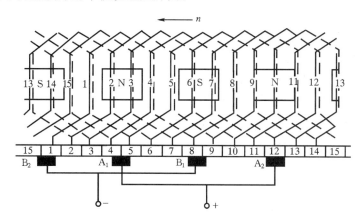

图 1.19　单波绕组展开图（4 极 15 槽）

图中磁极、电刷位置及电刷极性判断与单叠绕组相同。可以看出，$\dfrac{Z}{2p}$ 已不是整数，但电刷仍要与几何中性线的导体相接。

也可以取 $y_1 = 4$，$y_2 = 3$，画出绕组图。

按照各元件的连接顺序，可以画出如图 1.20 所示的并联支路连接图。由图中可以看出，由于单波绕组是由同一极性下的所有元件串联组成，所以无论电机是多少极，单波绕组只有两条支路 $2a = 2$。但电刷组数一般仍为磁极数。

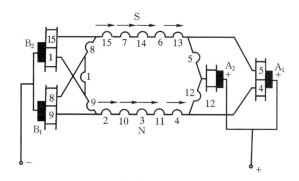

图 1.20　单波绕组支路连接图（4 极 15 槽）

单波绕组支路数少，一般用于小容量和电压较高或转速较低的电机；单叠绕组主要用于中等容量、正常电压和转速的电机；复式绕组主要用于中大容量电机。

1.4　直流电机的额定值

在直流电机外壳的铭牌上，给出了直流电机的型号和额定运行时各物理量的数值。例如 Z4-12 为直流电机的型号，其中，Z 表示直流电机，4 表示第 4 次改型设计，12 中的 1 表示

1号机座,2表示采用长铁心。额定值是电机长期运行时允许的各物理量的值。

直流电机的额定值主要有:

(1) 额定功率 P_N(单位 kW);

(2) 额定电压 U_N(单位 V);

(3) 额定电流 I_N(单位 A);

(4) 额定转速 n_N(单位 r/min);

(5) 额定励磁电压 U_{fN}(单位 V)。

额定功率均指额定运行状态的输出功率。对于直流发电机,额定功率指的是输出的电功率 $P_N = U_N I_N$;对于直流电动机,额定功率指的是输出的机械功率 $P_N = T_N \Omega$ 或 $P_N = U_N I_N \eta_N$, η_N 为额定运行时的效率。

额定励磁电流 I_{fN} 是指电机在额定电压、额定电流及额定转速时对应的励磁电流值,一般不在铭牌上标出。

电机在运行时,各个量都达到其额定值,称为额定运行状态;超过额定值,称为过载运行,长时间过载运行可能损坏电机;负载较小,远小于额定值,称为轻载,轻载时电机的效率较低。因此,选择电机时应根据负载的要求,尽量使其在接近额定运行的状态下工作。

本章小结

本章的重点是掌握直流电机的基本原理和基本结构。直流电机的基本原理是建立在电和磁相互作用的基础上的。因此,要求我们能牢固地掌握和应用电工原理中所学的电磁基本定律,如:任一导体在磁场中运动时,在该导体中便有感应电势产生;任一导体中有电流流过时,在该导体周围便有磁场产生;载流导体在磁场中受到电磁力的作用等。从这些电磁基本定律出发,结合换向器和电刷的作用来理解直流电机的基本工作原理。

直流电机的基本结构可分为静止部分(称为定子)和旋转部分(称为转子或电枢),在定子和转子之间存在着气隙。对定子和转子的主要部件及其结构特点和作用应有所了解,并应了解电枢绕组几个节距的概念,掌握单叠绕组和单波绕组线圈间的连接规律及线圈和换向片之间的连接规律。

还应了解直流电机各额定值的含义。

习题与思考题

1-1 一台直流发电机,电枢绕组为右行单叠绕组,极数为 4,转子槽数、元件数和换向片数均为 20,每槽中放上下各一个元件边。试求:(1)绕组节距 y_1、y_2、y 及 y_K;(2)画出绕组展开图及磁极和电刷位置;(3)自设一个电枢旋转方向和磁极极性,标出相应的电刷极性;(4)求出支路数。

1-2 已知一台直流电动机,极对数 $p=2$,转子槽数、元件数和换向片数均等于 19,左行单波绕组,试求:(1)绕组节距 y_1、y_2、y 及 y_K;(2)画出绕组展开图及磁极和电刷位置;(3)自设一个电枢旋转方向和磁极极性,标出相应的电刷极性;(4)求出支路数。

1-3　一台直流发电机的额定值如下：$P_N = 67$ kW，$U_N = 115$ V，$n_N = 960$ r/min，$\eta_N = 87\%$，求额定电流 I_N。

1-4　一台直流电动机的额定值如下：$P_N = 125$ kW，$U_N = 220$ V，$n_N = 1500$ r/min，$\eta_N = 89.5\%$，求输入功率 P_1 和额定电流 I_N。

1-5　在直流电机中，为什么每根导体的电势为交流，但由电刷引出的电势却为直流？

1-6　直流电机由哪些主要部件组成，它们的功用是什么？

1-7　为什么直流电机的电枢铁心必须用硅钢片叠成，而定子磁极铁心却用普通钢片？

1-8　直流电机的电枢绕组自成闭合回路，当电枢旋转而在其中产生感应电势时，会不会产生环流，为什么？

1-9　直流电机的电枢绕组为什么必须闭合？若有一处断开，会产生什么后果？

1-10　有一台 $2p = 4$ 的单叠绕组电机，如果故意拿去一对正负电刷，对电机有什么影响？

1-11　直流发电机和直流电动机的额定功率是指什么？一台直流电机在运行时的功率大小是由什么决定的？

第 2 章 直流电机的基本理论

2.1 直流电机的励磁方式

  直流电机定子上的主磁极励磁绕组和转子上的电枢绕组是直流电机的两个基本的组成部分,它们之间连接方式的不同,将使电机的运行特性有较大的差别。这里先介绍几种连接方法,它们产生的不同影响将在讨论发电机和电动机时再来研究。

  电刷引出的转子上的电枢绕组称为电枢回路,用图 2.1(a)的符号表示,流过电枢回路的电流为 I_a。主磁极的励磁绕组称为励磁回路,用图 2.1(b)的符号表示,流过励磁回路的电流为 I_f。电源供给电动机或发电机发出到负载的电流为 I。图 2.2 表示不同励磁方式时,励磁绕组和电枢绕组的连接方式。

图 2.1　直流电机各回路的表示符号
(a)电枢回路;(b)励磁回路

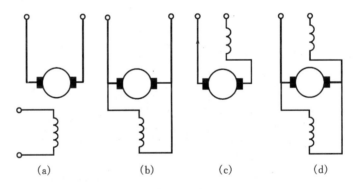

图 2.2　直流电机的励磁方式
(a)他励;(b)并励;(c)串励;(d)复励

  他励电机:励磁电流由独立的直流电源供电,如图 2.2(a)所示,他励电机 $I=I_a$。用永久磁铁作为主磁极的电机也可以当作他励电机,$I=I_a$,又称为永磁直流电机。

  并励电机:励磁回路和电枢回路并联相接,如图 2.2(b)所示。并励发电机 $I=I_a-I_f$,并励电动机 $I=I_a+I_f$。

  串励电机:励磁回路和电枢回路是串联的,如图 2.2(c)所示。串励电机 $I=I_a=I_f$。

  复励电机:主磁极有两个励磁绕组。一个和电枢回路并联连接(称并励绕组),另一个和电枢回路串联连接(称串励绕组),如图 2.2(d)所示。复励发电机 $I=I_a-I_f$,复励电动机 $I=I_a+I_f$。当串励绕组产生的磁势和并励绕组所产生的磁势方向相同时,称为加(或积)复励直流电机;当串励绕组产生的磁势和并励绕组所产生的磁势方向相反时,称为差(或减)复励直流电机。

一般直流发电机主要的励磁方式有复励、他励和并励,直流电动机主要的励磁方式有并励、他励、串励和复励。

2.2　空载时直流电机的气隙磁场

直流电机空载是指电枢电流为零或者很小,可以忽略不计的情况,此时只有励磁绕组中流过电流,所以空载时直流电机的磁场完全由主磁极励磁绕组的磁势单独激励。

空载时主磁极磁势产生主磁通和漏磁通。主磁通穿过气隙,图 2.3 是一台 4 极直流电机空载时的主磁通流通途径的示意图(为简略仅画了一半图形和一条磁路,其它与此类似),主磁通由 N 极出来穿过气隙进入电枢与电枢绕组匝链,再穿过气隙进入 S 极,经过定子轭部回到 N 极。

在整个磁路中,除气隙外,其它各段磁路均为铁磁材料构成,它们的磁导率比气隙大得多,故总磁势中大部分消耗在气隙中。在磁路不太饱和的情况下,忽略铁心中的磁阻,可以认为全部磁势都降到了气隙中。这样在气隙各处消耗的磁势相等,若忽略转子表面齿槽的影响,即认为电枢表面是光滑的,则每一点气隙的大小决定了气隙中该处磁通密度的大小。由于电机主磁极极靴下的气隙小,且基本是均匀的,极靴以外气隙较大,所以主磁极极面下磁通密度大,极靴外显著减小,两极间几何中性线处磁通密度为零。空载时气隙磁通密度的分布如图 2.4 所示。

漏磁通不经过电枢,只通过主磁极之间的空间或主磁极端面和机座端盖间闭合。这部分磁通不会在电枢绕组中感应电势,图 2.3 中没有画出。

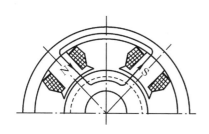

图 2.3　空载时直流电机的磁路

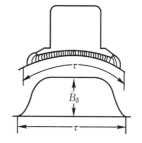

图 2.4　空载时极面下磁场分布情况

2.3　负载时直流电机的气隙磁场

当电机有负载后,便有电流流过电枢绕组,产生电枢磁势,此时电机的气隙磁场由主磁极和电枢两个磁势共同决定。电枢磁势的作用使得电机的气隙磁场与空载时相比,分布情况和大小都发生了变化,这种现象称为**电枢反应**。

1. 电枢磁场的空间分布波形

这里先单独讨论电枢磁势的分布情况。由前可知,如果电刷在几何中性线上,则在一个磁极下的电枢导体的电流方向都是相同的,根据所设的发电机转向和主磁极极性,电枢电流的分布如图 2.5 所示,如果是电动机运行,只不过转向相反,电流的分布相同。为了使图形简单清楚,这里不再画出换向器,而是使电刷直接和几何中性线上的导体相接触,而且不再画出电枢铁心齿槽。假设导体都是放在铁心表面的气隙中,又因为每个槽中上下层的导体电流方向是相同的,所以只画一个导体。由图可知,N 极下的电枢导体的电流方向都是离开纸面,S 极下的电枢导体的电流方向都是进入纸面。由于换向器和电刷的作用,尽管电枢在旋转,组成各支路的导体不断轮换,但每个磁极下各导体的电流方向总是保持不变,从而使电枢磁势的方向在空间成为固定不变的。按照右手定则可以确定电枢磁势的分布,电枢磁势产生的磁通由电枢铁心、气隙、主磁极铁心、气隙构成回路。画出磁力线,如

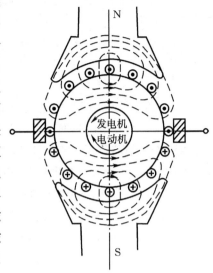

图 2.5 电枢磁场示意图

图 2.5 中虚线所示。可以看出,电枢磁场以电刷的轴线为中线,对称地分布在两侧。如果把电枢转入某一主磁极下先遇到的主磁极一端称为前极端,另一端称为后极端。则电枢磁势对主磁极磁场的作用,对发电机来讲,在前极端起去磁作用,在后极端起增磁作用;对电动机来讲,由于同样的电流分布,电动机和发电机转向相反,电动机的前极端相当于发电机的后极端,电动机的后极端相当于发电机的前极端,所以,在电动机状态电枢磁势在前极端起增磁作用,在后极端起去磁作用。

为使分析简单,忽略电枢铁心的齿槽分布,并设电枢绕组在电枢表面均匀连续地分布,若电枢上的总导体数用 N 表示,电枢上的支路电流(导体中的电流)用 i_a 表示,电枢直径用 D_a 表示,电枢沿圆周上每单位长度内的平均安培导体数用 A 表示,A 称为电机的线负荷,其值为

$$A = \frac{Ni_a}{\pi D_a} \quad (安培导体数/m)$$

如果将图 2.5 所示的电枢沿表面展开,如图 2.6(a)所示,取主磁极的中心线为原点,在距原点两边 x 处作一闭合回路(如图 2.6(b)所示),根据全电流定律可知,作用在该闭合回路上的电枢磁势为 $A \times 2x$,若忽略铁心中的磁阻,回路中的磁势都消耗在两个气隙上,则在回路中的每个气隙所消耗的磁势为 $F_a(x) = Ax$。由此可知气隙表面每一点的磁势大小是变化的。在 $x=0$ 处,$F_a(x)=0$,在 $0<x<\frac{\tau}{2}$ 区间内,随着 x 增大,磁势正比增大;在 $\frac{\tau}{2}<x<\tau$ 区间内,由于包含了反方向的电流,随着 x 增大,磁势正比减小;在 $x=\tau$ 处,闭合回路所包围的电流代数和为零,磁势为零。因此在 $0<x<\tau$ 区间内,电枢磁势 $F_a(x)$ 呈三角波分布。若磁势产生的磁通由电枢流向定子的方向为正,由定子流向电枢的方向为负,则画出沿气隙表面的电枢磁势分布如图 2.6(c)所示。

三角波分布的电枢磁势将产生怎样的磁场分布呢?假定电机的磁路不饱和,铁的磁阻相对空气隙而言,数值很小,这样电枢铁心和磁极内的磁压降均可忽略不计。因此电枢磁势

产生的磁场,其磁通密度 $B_a(x)=\mu_0\dfrac{F_a(x)}{\delta}$。在磁极极面下,空气隙的长度 δ 基本不变(或变化很小),于是可以认为电枢磁场的磁通密度是随着电枢磁势的增加而正比地变化;但在极间区域,由于气隙较大,虽然电枢磁势继续在增加,磁通密度反而减小,如图 2.6(d)所示,$B_a(x)$ 呈马鞍形分布。

2. 电枢磁场对电机性能的影响

负载运行时的气隙磁场应是电枢磁场与主磁极磁场的合成。电枢磁场的影响可用图 2.7解释,图(a)表示空载时气隙磁通密度波 $B_0(x)$,图(b)表示电枢所产生的磁通密度波 $B_a(x)$,将 $B_0(x)$ 与 $B_a(x)$ 逐点叠加,便得到负载时气隙中的合成磁通度波 $B_\delta(x)$。

由于两个磁场的轴线相差半个极距,所以在每个主磁极范围内,半个磁极下两个磁场的方向相同,另半个磁极下两个磁场的方向相反。两波形叠加后,半个极面下的磁通增加,半个极面下的磁通减少。

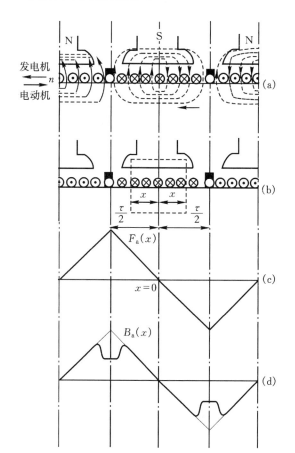

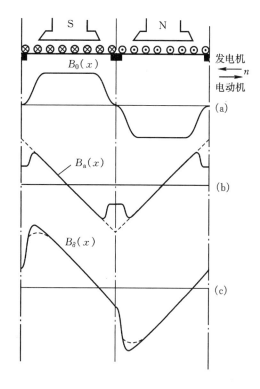

图 2.6　电枢磁场的分布波形
(a)展开图;(b)取原点和回路;
(c)电枢磁场磁势波形;
(d)电枢磁场磁通密度波形

图 2.7　合成磁场磁通密度波形图
(a)空载时主磁极磁通密度波形;
(b)电枢磁场磁通密度波形;
(c)合成磁场磁通密度波形

负载运行时,电枢反应使得磁通密度的分布波形与空载时相比发生了畸变,气隙磁场磁通密度为零的物理中性线偏离几何中线性。电枢电流越大,电枢反应越强。

如果不考虑饱和,则由于对称的关系,增加的磁通和减少的磁通恰好相等,所以一个极下的总磁通量保持不变,这时一个极下的磁通密度的分布如图2.7(c)中的实线所示。

由于实际电机中或多或少存在一定的饱和情况,所以在考虑饱和时,半个极面下磁通的增加量总是小于另半个极面下磁通的减少量,这样,有了电枢反应后一个极下的总磁通量有所减少。此时合成的磁通密度波形分布如图2.7(c)中的虚线所示。

由此可见,考虑饱和时,电枢反应不但使气隙磁场畸变,而且具有一定的去磁作用,因此会给电机性能带来不良影响。

3. 补偿绕组

在大型直流电机中,电枢磁势很强,为了克服电枢反应的不良影响,往往采用补偿绕组。补偿绕组的示意图见图2.8。在定子磁极表面有许多槽,补偿绕组就是由这些槽中的导体串联组成。补偿绕组的特点是:①它的磁势与电枢磁势方向相反,利用补偿绕组来抵消或减小电枢磁势的影响;②补偿绕组与电枢绕组相串联,使两个绕组中的电流同时增减。因此,在任何负载电流下,补偿绕组磁势都可与电枢磁势相抵消。

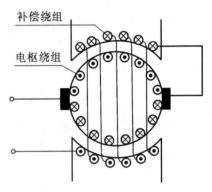

图2.8 补偿绕组与电枢绕组串联接线示意图

但安装补偿绕组提高了电机成本,只有对电机有较高的要求时,才值得应用。

4. 电刷不在几何中性线的电枢反应

由于电枢磁势的轴线总是与电刷位置一致,所以当电刷位于磁场几何中性线时,电枢磁势的轴线也处于几何中性线上,即与主磁极的轴线相正交,称为交轴电枢磁势,产生交轴电枢反应。前面所讲的均属这种情况。

如果由于某种原因,电刷偏离几何中性线移动 β 角度,如图2.9(a)所示,则电枢磁势的轴线也将逆时针移动 β 角度。可以把此电枢磁势分为两部分来分析,在图2.9(b)中,2β 角度

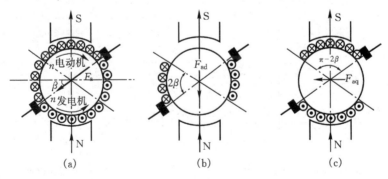

图2.9 电刷偏离几何中性线时的电枢磁势

(a)电刷偏离几何中性线时的电枢磁势;(b)直轴电枢磁势;(c)交轴电枢磁势

内的磁势,其轴线位置与主磁极的轴线相重合,称为直轴电枢磁势 F_{ad},在图 2.9(c)中,$(\pi-2\beta)$ 角度内的磁势,其轴线位置与主磁极的轴线相正交,称为交轴电枢磁势 F_{aq}。

直轴电枢磁势 F_{ad} 的作用,从图 2.9(b)可以看出:当电刷顺着发电机转向或逆着电动机转向移动时,F_{ad} 与主磁极的磁势方向相反,起去磁作用;当电刷逆着发电机转向或顺着电动机转向移动时,F_{ad} 与主磁极的磁势方向相同,起增磁作用。所以可把电刷偏离几何中性线时的电枢反应看成一个直轴电枢反应和一个交轴电枢反应的叠加。交轴电枢反应就是前面分析的电刷在几何中性线的情况,直轴电枢反应则直接改变了气隙磁通的大小。

2.4　电枢绕组中的感应电势

当电枢以一定转速向一个方向旋转时,嵌在电枢槽内的导体便切割磁通,产生感应电势。由正负电刷间引出的总的感应电势也就是电枢绕组每条支路的感应电势,即一条支路中串联的所有导体的感应电势之和。假定导体的有效长度(嵌在电枢槽内的部分)为 l,导体切割磁通的相对速度为 v,用 B_x 表示任一导体所在处的磁通密度,则此刻该导体的感应电势为

$$e_x = B_x l v \tag{2.1}$$

设电枢绕组总导体数为 N,有 $2a$ 条并联支路,则正负电刷引出的电枢电势为

$$E_a = \sum_1^{N/(2a)} B_x l v = l v \sum_{x=1}^{N/(2a)} B_x \tag{2.2}$$

如果是单叠绕组,一条支路中串联了一个极下所有导体,假设导体在极下沿电枢表面连续分布,如图 2.10 所示。$\sum_{x=1}^{N/(2a)} B_x$ 即为曲线 B_x 所包围的面积。设 $B_{pj}=\dfrac{\Phi}{\tau l}$ 为平均磁通密度,则 $\dfrac{N}{2a}B_{pj}$ 即为直线 B_{pj} 所包围的面积。若两个面积相等,即

$$\sum_{x=1}^{N/(2a)} B_x = \frac{N}{2a}B_{pj}$$,代入式(2.2)后可得

$$E_a = l v \frac{N}{2a} B_{pj} \tag{2.3}$$

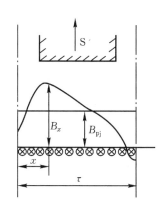

图 2.10　一个极下的合成磁场分布

令 p 表示极对数,τ 表示极距,则电枢圆周长为 $2p\tau$,n 表示电枢每分钟转速,则 $v=2p\tau\dfrac{n}{60}$,代入式(2.3),得

$$E_a = \frac{pn}{60}\frac{N}{a}\tau l B_{pj} = \frac{pN}{60a}n\Phi \tag{2.4}$$

式中 $\Phi=\tau l B_{pj}$ 为每极主磁通,对已制成的电机极对数 p,支路对数 a,总导体数 N 均为定值。式(2.4)也可表示为

$$E_a = C_e n \Phi \tag{2.5}$$

式中 $C_e=\dfrac{pN}{60a}$ 为常量,当转速 n 的单位是 r/min,每极磁通 Φ 的单位为 Wb 时,E_a 的单位为 V。

可以看出,电枢绕组的感应电势的大小同转速和每极磁通成正比。

对于波绕组,其每条支路中所串联的元件是同一极性的不同极下的元件,但每个元件在磁场中均匀地移过一定的位置,因此可等效地看成 $N/(2a)$ 个元件均匀地分布在一个磁极下。上述用平均磁通密度的方法导出感应电势公式也适用于其它类型的绕组。

2.5　直流电机的电势平衡方程

2.5.1　直流发电机的电势平衡方程

图 2.11 是他励直流发电机接线图。在电枢回路中,当原动机拖动电枢旋转,电枢绕组切割磁通产生感应电势后,若将负载接入,电枢回路就有电流流过,在直流发电机中,电流的方向和感应电势方向相同。由于电枢绕组中存在电阻压降及电刷和换向器是滑动接触有接触压降,因此,若电枢两端的电压为 U,则电枢回路各电量的关系为

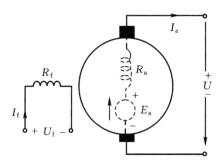

$$E_a = U + I_a R_a + 2\Delta U_s \qquad (2.6)$$

称为直流发电机的电势平衡方程。它也适用于其它

图 2.11　他励直流发电机接线图

励磁方式的直流发电机。R_a 是电枢绕组的电阻,如果电机装有换向极或补偿绕组,因换向极绕组和补偿绕组通常与电枢绕组串联,R_a 中还应包含换向极和补偿绕组的电阻;如果是串励电机,R_a 中还应包含串励绕组的电阻。$2\Delta U_s$ 表示两个电刷的接触压降,电刷材料是碳石墨时,一般取 $2\Delta U_s = 2$ V。

2.5.2　直流电动机的电势平衡方程

直流电动机是将电网供给的电能转换为机械能,带动机械负载转动。由直流电动机的原理可知,当电枢回路接到电源上时,电枢回路有电流 I_a 流过,I_a 在磁场中受力产生转矩,使得电枢转动。同发电机一样,转动的电枢绕组切割磁场,也要产生感应电势,用右手定则可判定,此时感应电势的方向与 I_a 反向。由于电动机中的感应电势有阻止电流流入电枢绕组的作用,因此称它为反电势。直流电动机的反电势 E_a 和电流 I_a 的方向如图 2.12 所示。

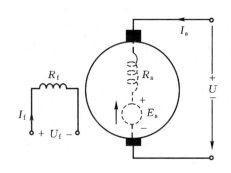

图 2.12　他励直流电动机接线图

在电动机运行状态,外加的端电压应大于反电势。即 $U > E_a$。反电势 E_a、电枢电阻压降 $I_a R_a$ 及电刷接触压降 $2\Delta U_s$ 共同与外加电压平衡。因此直流电动机的电势平衡方程为

$$U = E_a + I_a R_a + 2\Delta U_s \qquad (2.7)$$

2.6　电磁转矩

由直流电动机的原理可知,电枢绕组中流过电流与气隙磁场作用将产生电磁转矩,使转子旋转,同样,在直流发电机中,从图 1.1 可以看出,当电枢绕组中流过电流时,也将产生电磁转矩。用左手定则判定电磁转矩的方向后,可以看出:在直流电动机中电磁转矩的方向和转向相同,是拖动转矩;而在直流发电机中电磁转矩的方向和转向相反,是制动转矩。

电磁转矩的计算公式推导如下:

设导体的有效长度为 l,某导体某时刻所在处的磁通密度为 B_x,导体中的电流强度为 i_a,则该导体所受的电磁力大小为

$$F_x = B_x l i_a \tag{2.8}$$

令 D 表示电枢直径,则该导体作用在电枢上的电磁转矩大小为

$$T_x = \frac{D}{2} F_x = \frac{D}{2} B_x l i_a \tag{2.9}$$

所有 N 个导体产生的电磁转矩之和为

$$T = \sum_{x=1}^{N} T_x = N T_p = N \frac{D}{2} B_p l i_a \tag{2.10}$$

其中,$T_p = \frac{D}{2} B_p l i_a$ 为每个导体所产生的平均电磁转矩;$B_p = \frac{\Phi}{\tau l}$ 为平均磁通密度。

将 $D = \frac{2p\tau}{\pi}$ 以及 $i_a = \frac{I_a}{2a}$ 代入式(2.10)可得

$$T = N \frac{p\tau}{\pi} \frac{\Phi}{\tau l} l \frac{I_a}{2a} = \frac{pN}{2a\pi} \Phi I_a = C_T \Phi I_a \tag{2.11}$$

其中,$C_T = \frac{pN}{2a\pi}$ 定义为转矩的结构常数,对于已经制成的电机,C_T 为一固定不变的数值。

可见,直流电机的电磁转矩正比于电枢电流和每极磁通。如 I_a 单位为 A,Φ 的单位为 Wb,则 T 的单位为 N·m。

2.7　直流电机的损耗和功率平衡方程

2.7.1　直流电机中的损耗

直流发电机将机械能转换为电能,直流电动机则将电能转换为机械能。在能量转换的过程中必然有损耗。直流电机中的损耗有以下几种:

1. 机械损耗

机械损耗包括轴承磨擦、电刷和换向器的磨擦、通风等所消耗的功率。这些损耗主要是与转速有关,当转速变化不大时,它们基本为常量。机械损耗用 p_m 表示。

2. 铁心损耗

虽然磁极产生的是恒定磁通,但电枢在磁场中旋转,对电枢铁心来说,磁场是交变的,必然产生涡流损耗和磁滞损耗,总称为铁心损耗。铁心损耗的大小近似地与磁通密度 B 的平

方及转速的 $1.2 \sim 1.5$ 次方成正比。铁心损耗用 p_{Fe} 表示。

3. 励磁损耗

励磁绕组中的输入功率全部为铜损耗,用 p_{f} 表示:

$$p_{\mathrm{f}} = U_{\mathrm{f}} I_{\mathrm{f}} = I_{\mathrm{f}}^2 R_{\mathrm{f}} \tag{2.12}$$

其中,U_{f} 为励磁绕组两端的电压,I_{f} 为励磁绕组中的电流,R_{f} 为励磁回路的总电阻。

机械损耗、铁心损耗和励磁损耗在电机空载运行时就已存在,总称为空载损耗。当负载变化时,转速和电压变化不大,其数值基本不变,故也称其为不变损耗。

4. 负载损耗

电枢电流在电枢回路中的损耗。包括电枢绕组的铜耗,与电枢绕组串联的其它绕组(串励绕组、换向极绕组)的铜耗,电刷和换向器的接触压降损耗。前两部分称为电枢的基本铜耗 p_{a},其值为

$$p_{\mathrm{a}} = I_{\mathrm{a}}^2 R_{\mathrm{a}} \tag{2.13}$$

电刷接触压降的损耗 p_{b} 为

$$p_{\mathrm{b}} = 2 \Delta U_s I_{\mathrm{a}} \tag{2.14}$$

当负载电流变化时,负载损耗的数值也在变化,故又称为可变损耗。

5. 附加损耗 p_{Δ}

除了上述的 4 种基本损耗外,直流电机中还存在着一些少量的难于计算和测量的损耗,如由于电枢表面齿槽的存在造成磁场脉动引起的铁耗,某些结构部件切割磁通产生的损耗等,这些损耗通称为附加损耗,或称杂散损耗。一般按 $p_{\Delta} = (0.5 \sim 1) \% P_2$ 估算,P_2 为输出功率。

2.7.2　直流发电机的功率平衡方程

下面以并励直流发电机为例分析直流发电机的功率平衡关系。

设原动机由转轴上输入的机械转矩为 T_1,当发电机空载时,原动机拖动发电机在一定的转速下旋转,首先必须克服电机的磨擦等机械损耗、铁心损耗和附加损耗等所产生的空载转矩 T_0,当接上负载后,还要克服电枢电流在磁场中所产生的具有制动性质的电磁转距,即

$$T_1 = T + T_0 \tag{2.15}$$

设发电机旋转的角速度为 Ω,则原动机由转轴上输入的机械功率为 $P_1 = T_1 \Omega$,电磁转矩所对应的功率 $P_{\mathrm{M}} = T\Omega$ 称为电磁功率,机械损耗、铁心损耗和附加损耗 $p_{\mathrm{m}} + p_{\mathrm{Fe}} + p_{\Delta} = T_0 \Omega$。因此

$$P_1 = P_{\mathrm{M}} + p_0 = P_{\mathrm{M}} + p_{\mathrm{m}} + p_{\mathrm{Fe}} + p_{\Delta} \tag{2.16}$$

将电磁功率进一步推导

$$P_{\mathrm{M}} = T\Omega = C_{\mathrm{T}} \Phi I_{\mathrm{a}} \Omega = \frac{pN}{2\pi a} \Phi I_{\mathrm{a}} \frac{2\pi n}{60} = \frac{pN}{60a} \Phi n I_{\mathrm{a}} = E_{\mathrm{a}} I_{\mathrm{a}} \tag{2.17}$$

可以看出,电磁功率既可由机械量 T 和 Ω 相乘而得,也是电量 E_{a} 和 I_{a} 的乘积,所以电磁功率反映了机械能转换为电能的转换环节。

另由直流发电机的电势平衡方程式(2.6)可知

$$E_{\mathrm{a}} = U + I_{\mathrm{a}} R_{\mathrm{a}} + 2\Delta U_{\mathrm{s}} \tag{2.18}$$

两边乘以 I_{a} 得

$$E_{\mathrm{a}} I_{\mathrm{a}} = U I_{\mathrm{a}} + I_{\mathrm{a}}^2 R_{\mathrm{a}} + 2\Delta U_{\mathrm{s}} I_{\mathrm{a}} = U I + U I_{\mathrm{f}} + I_{\mathrm{a}}^2 R_{\mathrm{a}} + 2\Delta U_{\mathrm{s}} I_{\mathrm{a}} \tag{2.19}$$

即

$$P_{\mathrm{M}} = P_2 + p_{\mathrm{f}} + p_{\mathrm{a}} + p_{\mathrm{b}} \tag{2.20}$$

电磁功率 P_{M} 扣除电枢回路的电阻损耗 p_{a} 和电刷接触损耗 p_{b} 及励磁损耗 p_{f} 后,即为发电机输出的电功率 $P_2 = U I$。

　　综上所述,当直流发电机负载运行时,输入的机械功率 P_1 应与输出的电功率 P_2 和电机内部的各种损耗相平衡。一台直流发电机的功率平衡关系可用图 2.13 表示出来,此时,功率平衡方程式为

$$P_1 = P_2 + p_{\mathrm{a}} + p_{\mathrm{b}} + p_{\mathrm{f}} + p_{\mathrm{m}} + p_{\mathrm{Fe}} + p_{\Delta} = P_2 + \sum p \tag{2.21}$$

其中 $\sum p = p_{\mathrm{a}} + p_{\mathrm{b}} + p_{\mathrm{f}} + p_{\mathrm{m}} + p_{\mathrm{Fe}} + p_{\Delta}$ 为电机的总损耗。

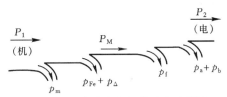

图 2.13　直流发电机的功率流程图

　　发电机的效率

$$\eta = \frac{P_2}{P_1} \times 100\% = \frac{P_2}{P_2 + \sum p} \times 100\% = \frac{P_1 - \sum p}{P_1} \times 100\% \tag{2.22}$$

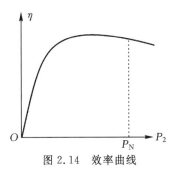

图 2.14　效率曲线

　　当负载变化时,电机的总损耗 $\sum p$ 在变化,故效率是随负载的变化而变化的。效率 η 随输出功率 P_2 变化的关系如图 2.14 所示,它是效率曲线的典型情况,各种电机基本相同。

2.7.3　直流电动机的功率平衡方程

以并励直流电动机为例来分析。

由直流电动机的电势平衡方程式

$$U = E_{\mathrm{a}} + I_{\mathrm{a}} R_{\mathrm{a}} + 2\Delta U_{\mathrm{s}} \tag{2.23}$$

两边乘以 I_{a} 得

$$U I_{\mathrm{a}} = E_{\mathrm{a}} I_{\mathrm{a}} + I_{\mathrm{a}}^2 R_{\mathrm{a}} + 2\Delta U_{\mathrm{s}} I_{\mathrm{a}} \tag{2.24}$$

式中 $U I_{\mathrm{a}}$ 为电源输入到电枢回路的电功率, $E_{\mathrm{a}} I_{\mathrm{a}}$ 为电磁功率, $I_{\mathrm{a}}^2 R_{\mathrm{a}} + 2\Delta U_{\mathrm{s}} I_{\mathrm{a}} = p_{\mathrm{a}} + p_{\mathrm{b}}$ 为电枢回路的损耗。上式两边分别加上励磁回路功率 $p_{\mathrm{f}} = U I_{\mathrm{f}}$,可以得到

$$P_1 = P_{\mathrm{M}} + p_{\mathrm{a}} + p_{\mathrm{b}} + p_{\mathrm{f}} \tag{2.25}$$

这里电磁功率 P_{M} 也是电能转换为机械能的中间环节,电磁功率 P_{M} 扣除机械损耗、铁心损耗和附加损耗后,就是轴上输出的机械功率,即

$$P_M = P_2 + p_m + p_{Fe} + p_\Delta \tag{2.26}$$

上式两边同除以 Ω,得

$$T = T_2 + T_0 \tag{2.27}$$

此式也称为直流电动机的转矩平衡方程,$T_2 = \dfrac{P_2}{\Omega}$ 为电动机轴上输出的机械转矩。

将式(2.29)代入式(2.28)得到电动机的功率平衡方程式为

$$P_1 = P_2 + p_a + p_b + p_f + p_m + p_{Fe} + p_\Delta = P_2 + \sum p \tag{2.28}$$

直流电动机的功率平衡关系可用图 2.15 表示出来。

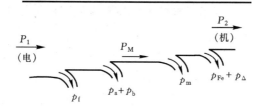

图 2.15　直流电动机的功率流程图

电动机的效率

$$\eta = \frac{P_2}{P_1} \times 100\% = \frac{P_2}{P_2 + \sum p} \times 100\% = \frac{P_1 - \sum p}{P_1} \times 100\% \tag{2.29}$$

例 2.1　一台他励直流发电机的主要数据为:$P_N = 10$ kW,$U_N = 230$ V,$n_N = 1500$ r/min,$2p = 4$,电枢虚槽数 $Z_u = 72$,每元件匝数为 4,每极磁通 $\Phi = 0.0171$ Wb,电枢绕组为单叠绕组。试求:

(1)额定运行时的电枢感应电势;

(2)额定运行时的电磁转矩。

解:(1) 电枢总导体数

$$N = 2Z_u \times 4 = 8 \times 72 = 576$$

单叠绕组 $a = p = 2$,所以额定运行的感应电势

$$E_{aN} = \frac{pN}{60a} n\Phi = \frac{576}{60} \times 1500 \times 0.0171 = 246.24 \text{ (V)}$$

(2)额定运行时的电枢电流

$$I_{aN} = I_N = \frac{P_N}{U_N} = \frac{10 \times 10^3}{230} = 43.48 \text{ (A)}$$

电磁转矩

$$T = \frac{pN}{2a\pi} \Phi I_N = \frac{576}{2\pi} \times 0.0171 \times 43.48 = 68.16 \text{ (N · m)}$$

例 2.2　一台并励直流电动机的主要数据为:$P_N = 67$ kW,$U_N = 230$V,$n_N = 960$ r/min,电枢电阻 $R_a = 0.0271$ Ω,$2\Delta U_s = 2$ V,额定运行时时励磁回路的总电阻 $R_f = 44.5$ Ω,铁心损耗 $p_{Fe} = 779$ W,机械损耗 $p_m = 883$ W。不计附加损耗,试求:

(1)额定运行时的电磁功率;

(2)额定运行时的电磁转矩;

（3）额定运行时的效率。

解：（1）额定运行时的输出功率即为额定功率

$$P_2 = P_N = 67 \ (\text{kW})$$

根据直流电动机的功率平衡，电磁功率为

$$P_M = P_2 + p_{Fe} + p_m + p_\Delta = 67 \times 10^3 + 779 + 883 + 0 = 68662 \ (\text{W})$$

（2）额定运行时的角速度

$$\Omega_N = \frac{2 n_N \pi}{60} = \frac{2 \times 960 \times \pi}{60} = 100.53 \ (\text{rad/s})$$

电磁转矩

$$T = \frac{P_M}{\Omega_N} = \frac{68662}{100.53} = 683.00 \ (\text{N} \cdot \text{m})$$

（3）设额定运行时的电枢电流为 I_{aN}，则感应电势为

$$E_{aN} = U_N - R_a I_{aN} - 2 \Delta U_s$$

电磁功率

$$P_M = E_{aN} I_{aN} = (U_N - R_a I_{aN} - 2 \Delta U_s) I_{aN}$$

即

$$68\ 662 = (230 - 0.0271 I_{aN} - 2) I_{aN}$$

解得

$$I_{aN} = 312.78 \ (\text{A})$$

励磁电流

$$I_f = \frac{U_N}{R_f} = \frac{230}{44.5} = 5.17 \ (\text{A})$$

额定运行的输入电流

$$I_N = I_{aN} + I_{fN} = 312.78 + 5.17 = 317.95 \ (\text{A})$$

输入功率

$$P_1 = U_N I_N = 230 \times 317.95 = 73\ 127.83 \ (\text{W})$$

效率

$$\eta_N = \frac{P_2}{P_1} \times 100\% = \frac{67 \times 10^3}{73127.83} \times 100\% = 91.62\%$$

本章小结

　　直流电机的主磁场一般由套在主磁极铁心上的励磁绕组产生。励磁绕组与电枢回路之间的连接方式有他励、并励、串励、复励。不同的连接方式，使电机的运行特性产生较大的差异（在以后的两章分析）。

　　直流电机空载时的磁场分布取决于磁路的情况。而当直流电机有负载时，电枢绕组中的电枢电流将产生电枢磁势。电枢磁势的存在就要影响主磁场的分布和大小，这种影响称为电枢反应。交轴电枢磁势的电枢反应将使主磁场发生畸变，当磁路饱和时会产生去磁效

应;直轴电枢磁势的电枢反应将对主磁场起去磁作用或增磁作用(与电刷偏离几何中性线的方向有关)。

直流发电机和直流电动机是直流电机的两种运行状态。在两种运行状态下,电枢绕组中均存在感应电势,感应电势的计算公式 $E_a = C_e n \Phi$ 表明感应电势的大小正比于转速及每极磁通。在直流发电机中 $E_a > U$,在直流电动机中 $E_a < U$。

同样,在直流发电机和直流电动机中均存在电磁转矩,电磁转矩的计算公式 $T = C_T \Phi I_a$ 表明电磁转矩的大小正比于电枢电流及每极磁通。在直流发电机中电磁转矩是阻力转矩,在直流电动机中电磁转矩是拖动转矩。

直流发电机的电势平衡方程和直流电动机的电势平衡方程分别表明两种运行状态下回路中各电量之间的关系。

功率平衡方程表明输入功率和输出功率及各种损耗间的关系。电磁功率 $P_M = T\Omega = E_a I_a$ 显示了机械功率和电磁功率的转换关系。

电枢反应、感应电势的计算、电磁转矩的计算、电势平衡方程、功率平衡方程等是直流电机的基本理论,在后面分析直流发电机和直流电动机的运行性能时极为重要,必须牢固地掌握。

习题与思考题

2-1 一台直流发电机额定功率 $P_N = 11 \text{ kW}$,$n_N = 1450 \text{ r/min}$,$2p = 4$,电枢为单叠绕组,总导体数 $N = 620$ 根,每极磁通 $\Phi = 0.00834 \text{ Wb}$,试求该台发电机的空载电势为多少伏?

2-2 一台直流电机,电枢绕组为单叠绕组,磁极数 $2p = 4$,槽数 $Z = 35$,每槽有 10 根导体,转速 $n_N = 1450 \text{ r/min}$。测得感应电势为 230 V,问每极下的磁通是多少?

2-3 一台并励直流发电机,额定功率 $P_N = 82 \text{ kW}$,额定电压 $U_N = 230 \text{ V}$,额定转速 $n_N = 970 \text{ r/min}$。磁极数 $2p = 4$,电枢回路总电阻(包括电刷接触电阻)$R_a = 0.026 \ \Omega$,励磁回路总电阻 $R_f = 26.3 \ \Omega$。试求:(1)在额定运行情况下的电磁功率;(2)在额定运行情况下的电磁转矩。

2-4 一台并励直流发电机,额定功率 $P_N = 27 \text{ kW}$,额定电压 $U_N = 115 \text{ V}$,额定转速 $n_N = 1460 \text{ r/min}$。满载时电枢绕组铜耗为 0.6 kW,励磁绕组铜耗为 0.3 kW,电刷的接触压降 $2\Delta U_s = 2 \text{ V}$。试求电枢电阻 R_a、励磁回路总电阻 R_f,以及在额定运行情况下的额定电流 I_N、励磁电流 I_f、电枢电流 I_a 和电磁转矩 T。

2-5 一台并励直流发电机,已知 $P_N = 67 \text{ kW}$,$U_N = 230 \text{ V}$,$n_N = 960 \text{ r/min}$,$I_N = 291 \text{ A}$,电枢电阻 $R_a = 0.0271 \ \Omega$,$2\Delta U_s = 2 \text{ V}$,额定运行时励磁电流 $I_f = 5.12 \text{ A}$,铁心损耗 $p_{Fe} = 779 \text{ W}$,机械磨擦损耗 $p_m = 883 \text{ W}$。不计附加损耗和电枢反应的影响,试求满载时的电磁功率、电磁转矩和效率。

2-6 一台并励直流电机,接于 $U = 220 \text{ V}$ 的直流电源上运行。已知并联支路对数 $a = 1$,极对数 $p = 2$,总导体数 $N = 322$,转速 $n = 1500 \text{ r/min}$,每极磁通 $\Phi = 0.0125 \text{ Wb}$,电枢回路总电阻(包括电刷接触电阻)$R_a = 0.21 \ \Omega$,铁耗 $p_{Fe} = 360 \text{ W}$,机械损耗 $p_m = 200 \text{ W}$。不计附加损耗和电枢反应的影响,求:(1)该电机是电动机还是发电机?(2)电磁转

矩;(3)输出功率。

2－7　一台并励直流发电机,额定电压 $U_N=115$ V,额定电枢电流 $I_{aN}=15$ A,额定转速 $n_N=1000$ r/min,电枢回路总电阻(包括电刷接触电阻)$R_a=1$ Ω,励磁回路总电阻 $R_f=600$ Ω。若将这台电机作为电动机运行,接在 110 V 的直流电源上,当电动机电枢电流与发电机额定电枢电流相同时,不计附加损耗和电枢反应的影响,求电动机的转速为多少?

2－8　直流电机的励磁方式有哪几种? 各有何特点?

第3章 直流发电机

发电机由原动机拖动,一般转速是保持不变的。除转速外,由外部可测的量有三个,即:端电压、负载电流和励磁电流。本章要讨论的是当发电机正常稳态运行时,三个物理量中有一个保持不变,另外两个物理量之间的关系,这些关系曲线可以表征发电机的性能,称之为发电机的运行特性。发电机的特性曲线,随着励磁方式的不同而不同,将分别讨论。不同励磁方式的发电机适用于不同的用途。

3.1 他励直流发电机的运行特性

3.1.1 开路特性

当转速 $n=$ 常数,负载电流 $I=0$ 时,电机的开路端电压 U_0 随励磁电流 I_f 变化的关系,即 $U_0=f(I_f)$ 曲线,称为开路特性,如图3.1所示。

当负载电流 $I=0$ 时,电枢回路的电阻压降为零,则有

$$U_0 = E_a = C_e \Phi n \qquad (3.1)$$

由于 n 等于常数,所以 U_0 正比于 Φ,而励磁电流 I_f 又正比于励磁磁势 F_f,因此开路特性曲线 $U_0=f(I_f)$ 与电机的磁化曲线 $\Phi=f(F_f)$ 在形状上完全相同,只是坐标轴换个比例。一般电机额定电压时的工作点位于开路特性曲线开始弯曲的膝点附近。由开路特性可以判断出电机在额定电压下磁路的饱和程度。

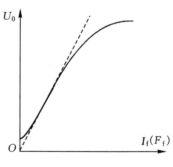

图 3.1 开路特性

3.1.2 外特性

当转速 $n=n_N=$ 常数,$I_f=I_{fN}$ 不变(I_{fN} 为额定励磁电流,是指 $n=n_N$,$U=U_N$,$I=I_N$ 时的励磁电流值),改变负载大小时,端电压 U 随负载电流 I 而变化的关系,即 $U=f(I)$ 曲线,称为外特性。

图 3.2 表示是他励直流发电机的外特性曲线,它是一条略微下垂的曲线,即端电压 U 随着负载电流 I 的增加而下降。

由发电机的电势平衡方程可知,当负载电流 I 增加时,电枢回路的电阻压降 I_aR_a 将随之增大,端电压 U 也随之而下降。其次,由于电枢电流的增加使得**电枢反应**

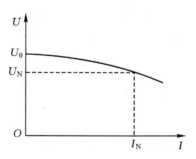

图 3.2 他励直流发电机的外特性

加强,电枢反应的作用不仅使得气隙合成磁场畸变,而且由于磁路的饱和还要产生去磁作用,电枢电流愈大,去磁作用也愈大,因此总磁通 Φ 要随着负载电流 I 的增加而减小,在转速不变的情况下,E_a 减小,端电压 U 也将进一步下降。

发电机从空载到满载的电压变化程度,可用电压调整率来表示。电压调整率

$$\Delta U = \frac{U_0 - U_N}{U_N} \times 100\% \tag{3.2}$$

式中 U_0 是励磁电流为额定时的开路电压。对一般的他励直流发电机,$\Delta U = 5\% \sim 10\%$。

3.2　并励直流发电机的运行特性

3.2.1　并励直流发电机的建压条件

并励直流发电机的励磁绕组是并在电枢绕组两端,直接由发电机本身的端电压供给励磁电流,而发电机的电压又须有了励磁电流 I_f 后才能产生,所以,并励发电机由初始的 $U=0$ 到正常运行 U 为一定值时,有一个自己建立电压的过程,称为自励过程。

下面分析一下并励直流发电机的建压过程。图 3.3 是一台并励直流发电机的接线原理图,一般并励直流发电机的电压建立是在空载情况下进行的。因为电机的主磁极通常总有剩磁存在,当原动机拖动发电机的转子旋转时,电枢绕组切割剩磁而感应一个不大的电势,剩磁电势通过电枢端点加到励磁绕组上就产生一个不大的励磁电流,因此主磁极便获得一个不大的磁势,若这个磁势产生的磁通方向和主磁极剩磁方向相同,则气隙磁通就有所增大,感应电势增大,这样,又进一步促使励磁电流增大,使气隙磁通继续增强,由于感应电势与励磁电流彼此相互促进,发电机的端电压就逐步建立起来,最后电压上升到某一稳定值;反之,如果剩磁感应电势产生的不大的励磁电流所产生的磁通方向与主磁极剩磁方向相反,剩磁反而被削弱,则发电机就不能建立起电压,此时,必须将励磁绕组和电枢绕组相接的两端互换。

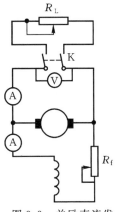

图 3.3　并励直流发电机线路图

下面进一步讨论建压过程中电压最终稳定在什么值。设励磁绕组本身电阻与励磁回路所串调节电阻总和为 R_f,励磁绕组的电感为 L_f,由于励磁电流在建压过程中是变化的,因此有自感电势,故励磁回路的电势平衡方程为

$$u_0 = i_f R_f + L_f \frac{\mathrm{d}i_f}{\mathrm{d}t} \tag{3.3}$$

式中 u_0 表示励磁回路的端电压,也就是发电机的开路电压,它也是励磁电流的函数,其函数关系 $u_0 = f(i_f)$ 即是发电机的开路特性,在图 3.4 中用曲线 1 表示。电阻压降 $i_f R_f$ 是一条过原点的直线,在图 3.4 中用直线 2 表示。图 3.4 中曲线 1 与直线 2 的差值便对应于式(3.3)中的自感电势 $L_f \dfrac{\mathrm{d}i_f}{\mathrm{d}t}$。当 i_f 由零开始增加,在电压未达到稳定值前,由于励磁电流产生的端电压 u_0 大于励磁回路的电阻压降 $i_f R_f$,因此 $L_f \dfrac{\mathrm{d}i_f}{\mathrm{d}t} > 0$,这时励磁电流和感应电势便不断上升。当 i_f 产生的 u_0 正好等于 $i_f R_f$ 时,即开路特性和电阻压降直线相交的 A 点,此时 $L_f \dfrac{\mathrm{d}i_f}{\mathrm{d}t} = 0$,励磁

电流不再增加,端电压便稳定在某一数值,A 点便是发电机的空载运行点。

稳定运行点并非固定的,它随着励磁回路的电阻值的改变而变化。改变 R_f 可以改变直线 2 和曲线 1 的交点,也就是说可以调节发电机的空载端电压。$i_f R_f$ 称为场阻线,R_f 增大,场阻线的斜率也增大。但当 R_f 增大到使得场阻线与开路特性的直线部分相切时(即图 3.4 中的直线 3),便没有固定的交点,发电机的端电压将不稳定,与直线 3 对应的励磁回路电阻值称为建压临界电阻。当励磁回路的电阻大于建压临界电阻时(即图 3.4 中的直线 4),电枢的端电压是很低的剩磁电压。

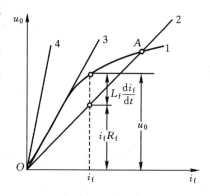

图 3.4　并励发电机的建压过程分析

从上述的建压过程可知,要使一台并励发电机能够建立电压,必须满足 3 个条件:

(1) 电机中要有剩磁;

(2) 励磁绕组并接到电枢绕组两端的极性要正确,使励磁电流产生的磁通与剩磁同方向;

(3) 励磁回路的电阻值要小于建压临界电阻。

3.2.2　开路特性

并励发电机的励磁电流很小,只占额定电流的 $1\% \sim 3\%$。这样微小的电流在电枢绕组中引起的电枢反应和电阻压降,完全可以忽略,故它的开路电压也就是电枢中的感应电势。因此,并励发电机的开路特性和他励发电机相同,可以接成他励方式通过做试验得到。

3.2.3　外特性

并励发电机的外特性 $U = f(I)$ 也是一条下降的曲线。当负载电流 I 增加时,除了电枢回路的电阻压降 $I_a R_a$ 和电枢反应去磁作用要引起发电机的端电压 U 下降之外,而且由于端电压 U 的下降,还要引起励磁电流 I_f 的减小,使每极磁通减小,故感应电势和端电压进一步减小。显然,并励直流发电机的外特性曲线的下降程度比他励直流发电机更大。两者的比较见图 3.5。曲线 1 为他励直流发电机的外特性,曲线 2 为并励直流发电机的外特性。

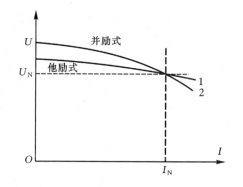

图 3.5　并励和他励直流发电机的外特性比较

3.3　复励直流发电机的运行特性

复励直流发电机的接线原理图如图 3.6,相当于并励直流发电机增加了一个串励绕组,所以,复励直流发电机中同时存在两种励磁绕组——并励绕组和串励绕组。如果两个绕组的磁势方向相同,称为加复励,如果方向相反,称为差复励。这两个绕组中,并励绕组起主要作用,以保证开路时能产生额定电压。复励直流发电机的建压过程同并励直流发电机。

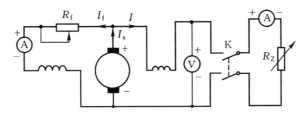

图 3.6 复励直流发电机的线路原理图

3.3.1 开路特性

开路时,负载电流为零,串励绕组不起作用,因此复励直流发电机的开路特性同并励直流发电机。

3.3.2 外特性

复励直流发电机负载运行时,负载电流流过串励绕组,也要产生励磁磁势,这个磁势影响主磁通的大小,使得感应电势和端电压发生变化,影响外特性曲线的形状。

在加复励发电机中,随着负载电流的增加,电枢回路的电阻压降 $I_a R_a$ 和电枢反应去磁作用有使端电压 U 下降的趋势,但同时串励绕组也自动起着增加励磁磁势的作用,使得端电压 U 有升高的趋势。如果串励绕组的作用较大,随着负载电流的增加,端电压上升,达到额定负载时 $U > U_N$,称为过复励;如果串励绕组的作用较小,随着负载电流的增加端电压仍然下降,达到额定负载时 $U < U_N$,称为欠复励;如果负载电流达到额定时,恰好 $U = U_N$,称为平复励。加复励发电机的这三种状态对应的外特性曲线表示在图 3.7 中。曲线 1 为过复励,曲线 2 为平复励,曲线 3 为欠复励。

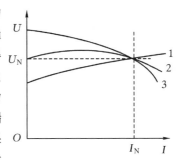

图 3.7 复励发电机的外特性

当负载电流变化时,加复励发电机的端电压变化较小,故在要求电源电压基本不变的场合中,应用比较广泛。

差复励发电机,串励绕组是一个去磁磁势,随着负载电流的增加,电机的气隙磁通减少,使电枢绕组的感应电势和端电压迅速下降。故差复励发电机只在特殊情况下采用。

例 3.1* 有一台并励直流发电机,额定数据为:$U_N = 200$ V,$I_N = 40$ A,$n_N = 1000$ r/min,电枢绕组的电阻 $R_a = 0.25$ Ω,并励绕组的电阻 $R_f = 68$ Ω。额定转速时测得的空载特性数据见表 3.1。

表 3.1 额定转速时的空载特性数据

I_f/A	0	0.5	1.0	1.5	2.0	2.5	3.0
E_0/V	5	90	175	202	210	215	217

不计电枢反应和电刷压降。试求：

(1)额定转速时的建压临界电阻值；

(2)额定运行时,励磁回路需要外加的电阻值。

解：(1) 建压临界电阻即为空载特性曲线直线段的斜率。将空载特性绘制成如图 3.8 所示的曲线①,显然第 1 点和第 2 点均处于直线段。利用这两点的坐标可求得建压临界电阻值为

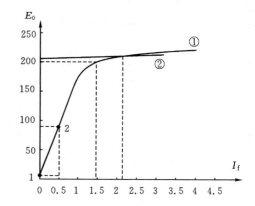

图 3.8　例 3.1 图

$$R_{f0} = \frac{90-5}{0.5-0} = 170 \ (\Omega)$$

(2)额定运行时,励磁电流为 I_f,相应的电枢电流为 $I_a = I_N + I_f$,电势平衡方程为

$$E_0 = U_N + (I_N + I_f)R_a$$

即
$$E_0 = 200 + (40 + I_f) \times 0.25 = 210 + 0.25I_f$$

据此方程画出对应曲线②,该曲线与空载特性曲线交点处的励磁电流即为额定励磁电流。

从图中可以看出,$I_f = 2.1 \text{A}$。

励磁回路的所需外串的电阻为

$$R_{f1} = \frac{U_N}{I_f} - R_f = \frac{200}{2.1} - 68 = 27.24 \ (\Omega)$$

本章小结

直流发电机是把机械能转换成电能的机械,在原动机的拖动下,当发电机的主磁极励磁绕组中通以励磁电流 I_f 时,发电机的电枢两端便建立起电压。并励和复励直流发电机的电压建立(自励过程)必须满足 3 个条件：①电机要有剩磁；②并励绕组接到电枢两端的极性要正确；③励磁回路的电阻值必须小于建压临界电阻。

直流发电机负载运行时,端电压随负载电流变化的关系外特性 $U = f(I)$ 是其最主要的运行特性。直流发电机外特性的变化趋势与其励磁方式有关。

习题与思考题

3-1　一台并励直流发电机额定功率 $P_N = 100 \text{ kW}$,额定电压 $U_N = 230 \text{ V}$,并励绕组的每极匝数为 940 匝,空载时建立额定电压需要励磁电流 7 A,而在满载时建立额定电压则需要励磁电流 8.85 A。现在将该电机改接为平复励发电机,问每极的串励绕组匝数应取多少？

3-2　一台并励直流发电机的外特性如表 3.2 所示。

表 3.2　一台并励直流发电机的外特性

端电压/V	300	285	270	253	238	230
负载电流/A	0	200	400	600	800	900

　　如果负载电阻为 4 Ω,问负载电流和端电压各为多少?

3-3　试述并励直流发电机建立稳定端电压的条件,建立起来的电压大小受哪些因素影响?

3-4　一台并励直流发电机在运行时能够正常自励,但当停机后,原动机的转向改变,而其它均没有变化,再起动后发电机是否还能自励建压? 如不能,应如何处理?

3-5　在直流发电机中,如电刷偏离几何中性线,其电枢反应将对端电压产生什么影响?

3-6　交轴电枢反应对直流发电机的外特性有什么影响?

3-7　并励直流发电机在负载运行时,它的端电压大小受哪些因素影响?

3-8　一台加复励直流发电机,如果要求它改变转向后,仍按加复励直流发电机运行,那么接线是否应该改接? 为什么?

3-9　如果要使直流发电机电刷的正负极性互换,应采取什么方法?

3-10　假如一台加复励直流发电机和一台差复励直流发电机在空载时的每极磁通相等,当发电机负载时,它们的磁通将怎样变化,哪台发电机的磁通大?

第 4 章　直流电动机

4.1　直流电动机的起动及改变转向

一台电动机要带动生产机械工作,首先要接上电源,电动机的转速从静止开始上升到稳态时,这个过程就是电动机的起动过程。起动状态是电动机转子待转还没有旋转时的状态。最初的启动电流称为启动电流,最初的起动转矩称为启动转矩。对于电动机的起动要求,主要有两条:一是启动转矩要足够大,要能够克服起动时的磨擦转矩和负载转矩,否则电动机就转不起来;二是启动电流不要太大,如启动电流太大,会对电源及电机产生有害的影响。

除了小容量的直流电动机,一般直流电动机是不允许直接接到额定电压的电源上起动(又称全压起动)的。这是因为在刚起动的一瞬间,$n=0$,反电势 $E_a=0$,直接启动电流(忽略电刷接触压降)为

$$I_{st} = \frac{U}{R_a} \tag{4.1}$$

而电枢电阻是一个很小的数值,故启动电流很大,将达到额定电流的 $10\sim20$ 倍。这样大的启动电流将引起电机换向困难及供电线路上产生很大的压降等很多问题。因此,必须采用一些适当的方法来起动直流电动机。直流电动机的起动方法有电枢回路串电阻起动及降压起动。

4.1.1　电枢回路串电阻起动

如果在电枢回路串入电阻 R_{st},电动机接到电源后,启动电流为

$$I_{st} = \frac{U}{R_a + R_{st}} \tag{4.2}$$

可见这时启动电流将减小,串的电阻愈大,启动电流愈小。当启动转矩大于负载转矩,电动机开始转动后,$E_a \neq 0$,则

$$I_{st} = \frac{U - E_a}{R_a + R_{st}} \tag{4.3}$$

随着转速升高,反电势 E_a 不断增大,启动电流逐步减小,启动转矩也逐步减小,为了在整个起动过程中保持一定的启动转矩,加速电动机起动过程,可以将启动电阻一段一段逐步切除,使电动机进入稳态运行。在电机完成起动过程后,因启动电阻继续接在电枢回路中要消耗电能,同时启动电阻都是按照短时运行方式设计的,长时间通过较大的电流会损坏电阻,起动完成后应将电阻全部切除。

起动的最初瞬间,$n=0$,$E_a=0$,启动电流 $I_{st}=\dfrac{U}{R_a+R_{st}}$,所以采用电枢串电阻起动直流电

动机之前,应将电枢回路的启动电阻(可变电阻)调至最大值,以限制启动电流;又因为启动转矩 $T_{st}=C_T\Phi I_{st}$,起动后的转速 $n=\dfrac{E_a}{C_e\Phi}\approx\dfrac{U}{C_e\Phi}$,所以起动之前应将励磁回路外串可调电阻调至最小值或者全部切除,以便产生足够大的磁通,这样可使得启动转矩较大,且能保证电机起动后的转速不致过大而产生所谓的"飞车"危险。

4.1.2　他励直流电动机降低电枢电压起动

如果是他励直流电动机,可单独调节电枢电压,则可采用降低电枢电压的方法起动。由式(4.1)可知,降低电枢电压也可减小启动电流。这种方法可使起动过程中不会有大量的能量被消耗。

串励与复励直流电动机的起动方法基本上同并励直流电动机一样,采用串电阻的方法以减小启动电流。但特别值得注意的是串励电动机绝对不允许在空载下起动,否则电机的转速将达到危险的高速,电机也会因此而损坏(原因见后)。

4.1.3　改变直流电动机转向的方法

要改变直流电动机的转向,须改变电动机电磁转矩的方向。由电动机的基本原理可知,若要改变电磁转矩的方向,需单独改变主磁极的极性或单独改变电枢电流的方向。如果是并励或他励电动机,只需将励磁绕组两引出端对调,或者将电枢绕组两引出端对调,即可改变电动机的转向;如果是复励电动机,将电枢绕组两引出端对调,也可以将并励绕组两引出端及串励绕组两引出端同时对调,这样改变转向后,其仍运行在加复励状态。

4.2　他励直流电动机的工作特性

工作特性即当电动机在 $U=U_N$, $I_f=I_{fN}$ 不变,电枢回路不串电阻的情况下,负载变化时,转速 n、转矩 T、效率 η 随输出功率 P_2 而变化的关系。图 4.1 画出了这些特性曲线,下面分别讨论各个特性。

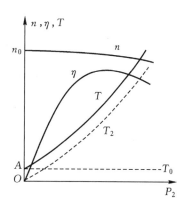

图 4.1　他励电动机的工作特性

4.2.1　转速特性

对于他(并)励电动机,当 $U=U_N$, $I_f=I_{fN}$,电枢回路不串电阻时,如果负载转矩发生变化,则电磁转矩相应变化,由 $T=C_T\Phi I_a$ 可知,电枢电流 I_a 也将随之改变,必将影响电动机的转速。

由 $U=C_e\Phi n+I_aR_a+2\Delta U_s$ 可得转速方程式

$$n=\frac{U-I_aR_a-2\Delta U_s}{C_e\Phi} \tag{4.4}$$

从式(4.4)中可以看出,影响他励电动机的转速的因素有两个:一是随着电枢电流 I_a 的增加,电枢回路的电阻压降 I_aR_a 增大,故转速趋于下降;二是随着电枢电流 I_a 的增加,电枢反应的去磁作用使磁通略为减小,使转速趋于上升。一般在实际的电机中,电枢的电阻压降的影响较电枢反应的影响大,所以,随着电枢电流 I_a 的增加,电动机的转速降低。但在直流电动机中的电枢回路的电阻值很小,因此转速下降得比较平缓。该曲线见图 4.1 中 $\eta=f(P_2)$ 曲线。

4.2.2 转矩特性

他励电动机在负载变化时转速变化不大,可近似认为 $T_0=$ 常数,由直流电动机的转矩平衡方程式

$$T = T_2 + T_0 = \frac{P_2}{2\pi n/60} + T_0$$

可以看出,如果不考虑电枢反应,则转矩特性 $T=f(P_2)$ 应为一条直线,与纵坐标交于 A 点,而 $T_2=f(P_2)$ 是一条过原点的直线;如果考虑到随着 P_2 的增大 I_a 增大,I_a 较大时转速 n 略有下降,所以 $T=f(P_2)$ 曲线在负载较大时比线性的情况略向上翘,见图 4.1。

4.2.3 效率特性

效率特性是指当 $U=U_N$,$I_f=I_{fN}$,电枢回路不串电阻时,$\eta=f(P_2)$ 的关系可由式(2.32)计算,曲线见图 4.1。

4.3 他励直流电动机的机械特性

4.3.1 机械特性方程式

机械特性 $n=f(T)$,它表明了直流电动机在一定条件下,电磁转矩与转速两个机械量之间的对应关系。

在下面分析机械特性的过程中,因为电刷接触压降较小,为公式简便将其包括在电枢回路电阻 R_a 中,同时忽略电枢反应的影响。此外考虑到一般的情况,电枢回路中串入一电阻 R_p。

将 $T=C_I\Phi I_a$ 代入转速方程式,可得

$$n = \frac{U}{C_e\Phi} - \frac{R_a + R_p}{C_e C_T \Phi^2}T = n_{0L} - \beta T \tag{4.5}$$

此式称为直流电动机的机械特性方程,其中 $n_{0L}=\dfrac{U}{C_e\Phi}$ 为理想空载转速,$\beta=\dfrac{R_a+R_p}{C_e C_T \Phi^2}$ 为机械特性的斜率。对于他励电动机,如果不考虑电枢反应去磁作用的影响,磁通量将不随负载转矩的变化而变化,机械特性曲线为一下降的直线,如图 4.2 中的曲线 1 所示。实际电机在负载运行时,随着转矩的增加,电枢电流会增大,电枢反应的去磁作用也会增强,所以 Φ 会随着转矩的增加而略有减少,β 的值会略有增加,机械特性为一条下倾的曲线,如图 4.2 中的曲线 2 所示。为了分析方便,如无特殊说明,本书将忽略电枢反应对机械特性的影响,认为他励直流电机的机械特性为一条下降的直线。

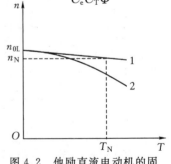

图 4.2 他励直流电动机的固有和实际机械特性

4.3.2 固有机械特性

当电压 $U=U_N$，磁通 $\Phi=\Phi_N$，电枢外串电阻 $R_p=0$ 时的机械特性，称之为固有机械特性。固有机械特性曲线如图 4.2 曲线 1 所示。

固有机械特性方程为

$$n=\frac{U_N}{C_e\Phi_N}-\frac{R_a}{C_eC_T\Phi_N^2}T \qquad (4.6)$$

由于 R_a 很小，当转矩增加时，转速下降很少，因此，他励直流电动机的固有机械特性是一条比较平的下降曲线，这种性质的特性称为"硬"特性。

4.3.3 人为机械特性

当他励直流电动机的电枢电压或电枢回路串联的电阻或励磁电流的大小改变后，其机械特性也将随之改变。如果人为地改变其中一个，而另两个保持不变，此时得到的机械特性称为人为机械特性。

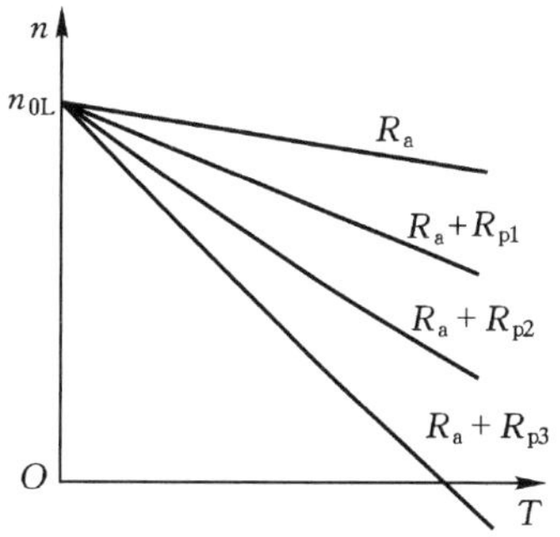

1. 电枢回路串入电阻时的人为机械特性

当保持 $U=U_N$，$\Phi=\Phi_N$，在电枢回路串入电阻 R_p 后，机械特性方程为

$$n=\frac{U_N}{C_e\Phi_N}-\frac{R_a+R_p}{C_eC_T\Phi_N^2}T \qquad (4.7)$$

对应的电枢回路串入不同的电阻值 R_p，得到不同的曲线，如图 4.3 所示，图中 $R_{p3}>R_{p2}>R_{p1}$。可以看出，这些曲线是过理想空载转速 n_{0L} 点的一簇射线，R_p 越大，曲线的斜率的绝对值越大。

2. 改变电枢电压的人为机械特性

当保持 $\Phi=\Phi_N$，电枢回路串入的电阻 $R_p=0$，只改变电枢电压时，机械特性方程为

$$n=\frac{U}{C_e\Phi_N}-\frac{R_a}{C_eC_T\Phi_N^2}T \qquad (4.8)$$

由于电机电压不能超过额定值，只能在额定值以下改变电枢电压的大小，同时由公式可以看出，理想空载转速 $n_{0L}=\dfrac{U}{C_e\Phi_N}$ 随电枢电压的改变正比变化，而斜率 $\beta=\dfrac{R_a}{C_eC_T\Phi_N^2}$ 则保持不变，因此，改变电枢电压的人为机械特性是一簇在固有特性以下并与之平行的直线，如图 4.4 所示。图中，$U_1>U_2>U_3>U_4$。

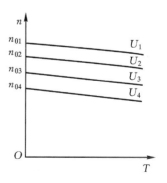

图 4.3 他励直流电动机电枢回路串入电阻时的人为机械特性

图 4.4 他励直流电动机改变电枢电压时的人为机械特性

3. 减少电动机气隙磁通的人为机械特性

改变电动机气隙磁通的大小也可改变机械特性，但实际上电机一般都运行在接近饱和状态，因此，只能在额定磁通以下改变气隙磁通的大小。

当保持 $U=U_N$，电枢回路不串电阻，仅改变气隙磁通的大小时的机械特性方程为

$$n = \frac{U_N}{C_e\Phi} - \frac{R_a}{C_e C_T \Phi^2}T \qquad (4.9)$$

如果减小电动机的励磁电流 I_f，Φ 减小，理想空载转速 $n_{0L} = \dfrac{U_N}{C_e\Phi}$ 将增大，而斜率 $\beta = \dfrac{R_a}{C_e C_T \Phi^2}$ 也越大，即曲线越倾斜，因此减少电动机气隙磁通的人为机械特性是一簇在固有特性以上的既不平行又不呈放射状的直线，见图 4.5。图中 $\Phi_4 < \Phi_3 < \Phi_2 < \Phi_1 \leqslant \Phi_N$。

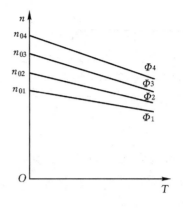

图 4.5 他励直流电动机减少气隙磁通的人为机械特性

4.4 串励直流电动机的机械特性

由直流电动机的基本方程可知，串励直流电动机的机械特性仍为

$$n = \frac{U}{C_e\Phi} - \frac{R_a}{C_e C_T \Phi^2}T \qquad (4.10)$$

但由于串励直流电动机的励磁绕组和电枢绕组是串联的，接线原理如图 4.6 所示，励磁绕组通过的电流就是电枢电流 I_a（$I_f = I = I_a$），磁通 Φ 将随 I_a 的变化而变化。

当负载较轻时，I_a 较小，Φ 也较小，可以认为串励电动机磁路处于不饱和状态，此时 Φ 和 I_a 成正比，设比例系数为 K，则有 $\Phi = KI_a$，所以

$$T = C_T\Phi I_a = C_T K I_a^2 \qquad (4.11)$$

解出 $I_a = \sqrt{\dfrac{T}{C_T K}}$，代入式(4.10)可得

$$n = \frac{U}{C_e K I_a} - \frac{R_a}{C_e K} = \frac{U}{C_e}\sqrt{\frac{C_T}{K}}\frac{1}{\sqrt{T}} - \frac{R_a}{C_e K} = \frac{K_1}{\sqrt{T}} - K_2 \qquad (4.12)$$

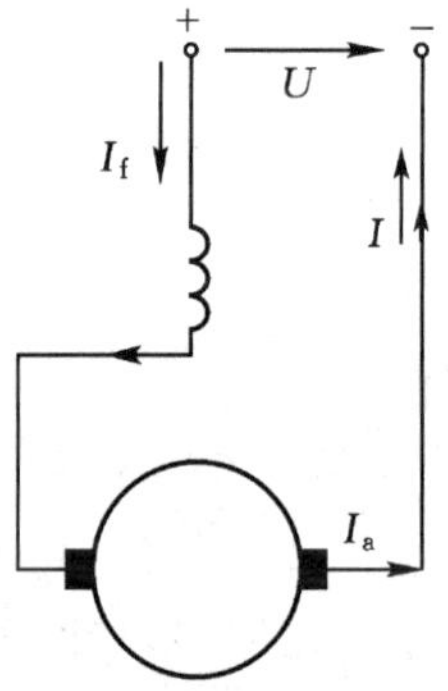

图 4.6 串励直流电动机的接线图

式中 $K_1 = \dfrac{U}{C_e}\sqrt{\dfrac{C_T}{K}}$，$K_2 = \dfrac{R_a}{C_e K}$。当电源电压不变时，$K_1$ 和 K_2 均为常数，所以 n 与 $\sqrt{T}$ 大致成反比例函数关系，当负载转矩增大时，转速下降很快。其机械特性曲线如图 4.7 所示。由图可见，串励直流电动机的机械特性是一条比较"软"的特性。

以上结论是在负载较小，电流也较小，磁路不饱和的情况下得出的。如果负载增加到一定程度，I_a 超过一定值，磁路开始饱和，当 I_a 再继续增大，磁通 Φ 变化甚微，式(4.10)的第一项是一个近似不变的数值，而转矩此时只和 I_a 的一次方成正比，又由于 $R_a \ll C_e C_T \Phi^2$，故转速随着负载增加而略微下降，特性变"硬"，接近于他励电动机，如图4.7的右面部分所示。

从式(4.12)还可以看出,当负载转矩较小时,转速将很高,甚至超过最高限度的数值,这会导致电机机械结构的损坏。所以串励直流电动机绝对不允许空载起动及空载运行。

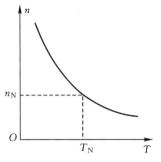

串励电动机的转矩 $T = C_T K I_a^2$,而并励电动机的转矩 $T = C_T \Phi I_a$。因此如果不考虑饱和效应,在串励电动机中,转矩正比于电流平方,而在并励电动机中转矩正比于电流的一次方。即同样大的启动电流,串励电动机能产生较大的启动转矩。因此在起动较困难的场合可采用串励电动机。

图 4.7　串励直流电动机的机械特性

电动机的输出功率 $P_2 = T_2 \Omega$。负载转矩变化时,并励电动机的转速基本不变,因而其输出功率将随着转矩正比变化,而在串励电动机中,由于转矩增加的同时转速在减小,故功率增加较慢。因此,串励电动机有较强的过载能力。

4.5　复励直流电动机的机械特性

复励直流电动机的励磁既有并励绕组,又有串励绕组,其接线原理如图 4.8 所示。一般复励电动机均为加复励,即串励绕组磁势和并励绕组磁势方向相同。当复励电动机中并励绕组起主要作用时,它的运行特性接近于并励电动机;当串励绕组起主要作用时,它的运行特性接近于串励电动机。所以加复励电动机的机械特性介于并励和串励电动机之间,如图 4.9 所示。复励电动机空载时,虽然串励绕组磁势很小,但由于并励绕组磁势的存在,电动机的空载转速不会过高。

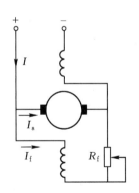

图 4.8　复励直流电动机的
接线原理图

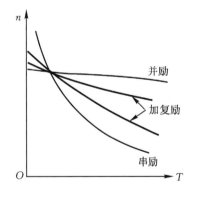

图 4.9　复励直流电动机的机械特性

4.6　负载的机械特性

一台电动机拖动负载机械运转,构成一个电力拖动系统,其工作状况不仅取决于电动机的特性,同时也取决于负载的机械特性。

负载机械的转矩与转速之间的关系,称为负载的机械特性。负载的机械特性由负载的性质所决定。

典型的负载机械特性有以下几种。

4.6.1　恒转矩负载

恒转矩负载的特点是负载转矩的大小为常量,与转速的变化无关。恒转矩负载又分为反抗性和势能性两种:

1. 反抗性恒转矩负载

由磨擦力产生转矩的负载,均属于反抗性恒转矩负载,转矩的方向总是与转速的方向相反,负载转矩永远是阻转矩,其特性曲线如图 4.10 所示,位于第Ⅰ、Ⅲ象限中。

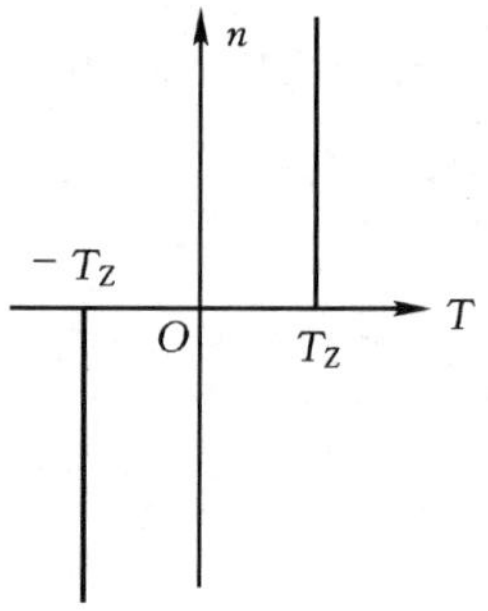

2. 势能性恒转矩负载

这种负载在实际应用中有起重机、电梯等。其特点是负载转矩由重力作用产生,其转矩方向不因转速方向的改变而变。例如,当起重机提升重物时,负载转矩为阻转矩,其作用方向和电动机转动方向相反,当起重机下放重物时,负载转矩的作用方向不变,即和电动机转动方向相同。这种负载的特性曲线如图 4.11 所示,位于第Ⅰ、Ⅳ象限中。

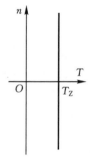

图 4.10　反抗性恒转矩
负载机械特性

图 4.11　势能性恒转矩
负载机械特性

4.6.2　泵类负载

该类负载的实际应用如水泵、通风机等,其转矩的大小与转速的平方成正比,其特性曲线如图 4.12 所示。

4.6.3　恒功率负载

在车床进行加工时,由于工艺的要求,粗加工切削量大,切削阻力大,应开低速;精加工切削量小,切削阻力小,应开高速。此种情况下用到恒功率负载在不同转速下,负载转矩基本上与转速成反比,而切削功率基本不变,特性曲线呈现恒功率的性质,如图 4.13 所示。但具体到每次切削中的切削转矩仍属于恒转矩性质的负载。

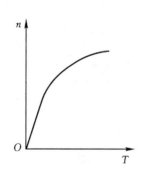

图 4.12　泵类负载的机械特性

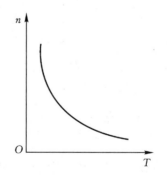

图 4.13　恒功率负载的机械特性

实际的负载可能是以一种典型情况为主与其它典型情况的组合。

4.7　电动机稳定运行的条件

前面已分别分析了电动机的机械特性和负载的机械特性,下面以一个最简单的电力拖动系统来分析一台电动机拖动负载机械运转的运行情况。所谓最简单的电力拖动系统,即电动机与生产机械轴对轴直接相连。实际的复杂的系统中,电动机可能是通过多轴变速间接地带动负载机械运转的,但均可通过折算简化为这种最简单的电力拖动系统。

电动机拖动负载运行时,一般情况下负载转矩 $T_2 \gg T_0$,在电机拖动分析中,为分析问题方便,忽略空载转矩 T_0,即 $T = T_2$。

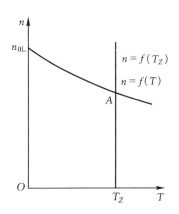

由于是同轴相连,因此在电力拖动系统中,电动机与负载的转速在任何时候都是相同的。但当电动机拖动负载旋转在任一转速时,电动机和负载的转矩分别受到各自机械特性的约束,未必是相等的。如果这时电动机的转矩大于负载转矩,这个系统处于加速状态;反之,如果电动机的转矩小于负载转矩,系统处于减速状态;只有当电动机的转矩等于负载转矩时,系统处于稳速运行状态。将电动机的机械特性和负载的机械特性画在同一坐标中,如图4.14 所示,是一台他励直流电动机和其拖动的恒转矩负载的机械特性,可以看出,只有两条曲线的交点 A 是系统的工作点。

图 4.14　他励直流电动机拖动恒
转矩负载的机械特性

两条曲线有交点仅仅是电动机可以稳定运行的必要条件,一般说的电动机稳定运行是指电动机在运行中,如果出现一些小的扰动,如电网电压波动或负载转矩大小发生变化,电动机的转速随之会发生变化,当这些扰动消失后,电动机具有恢复到原来运行状态的能力。如果具备这种能力,则电动机可以稳定运行,反之,如果经过扰动后,转速一直上升或下降到零,则电动机不能稳定运行。

例如在图 4.15 中,开始时电动机的机械特性是曲线 1,负载的机械特性是曲线 2,系统在 A 点运行,转速为 n_A。如果电源电压突然降低,使电动机的机械特性由曲线 1 变为曲线 3,刚变化的瞬间,由于机械惯性,转速不能突变,电动机的运行点变到了 B 点,这时电动机的转矩小于负载转矩,电动机会逐渐减速,一直到 C 点,电动机的转矩等于负载转矩时,系统稳定在 C 点运行。当扰动消失后,电源电压又恢复原值,电动机的机械特性又回到了曲线 1。扰动消失的瞬间,转速不能突变,电动机的运行点变到了 D 点,这时电动机的转矩大于负载转矩,电动机会逐渐加速,一直到 A 点,电动机的转矩等于负载转矩时,系统又重新稳定在 A 点运行。

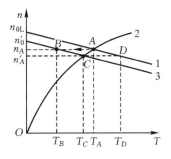

图 4.15　稳定运行情况分析

由上述对系统在 A 点运行出现扰动及扰动消失后的变化的分析,可以看出,A 点是一个稳定运行点。在分析中,由于转速变化的机械过渡过程时间比由绕组电感引起的电磁过渡过程时间长得多,因此,分析中忽略电磁过渡过程的影响。

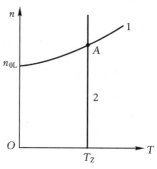

假如电动机的机械特性是一条上翘的曲线,如图 4.16 中的曲线 1,如果这时出现一些小的扰动,如电网电压下降,从类似上述的分析可知,系统将不能稳定运行。

一般地说,电动机拖动负载能够稳定运行的条件是:①两条机械特性曲线有交点;②交点处 $\dfrac{\mathrm{d}T}{\mathrm{d}n} < \dfrac{\mathrm{d}T_Z}{\mathrm{d}n}$。在一般情况下,只要电动机的机械特性曲线是下降的,整个系统就能够稳定运行。

图 4.16　不稳定运行情况

4.8　他励直流电动机的调速方法

电动机拖动一定的负载运行,其转速由工作点决定。如果调节其参数,则可以改变其工作点,即可以改变其转速。由电动机的机械特性(见式(4.5))可知,他励直流电动机有 3 种调节转速的方法:①改变电枢电压 U;②改变励磁电流 I_f,即改变磁通 Φ;③调节电枢回路串入电阻 R_p。这 3 种调速方法实质上是改变了电动机的机械特性,使之与负载的机械特性交点改变,达到调速的目的。下面分别介绍这 3 种方法,为方便设负载均为恒转矩负载。

4.8.1　改变电枢电压调节转速

由于电动机的电枢电压不能超过额定电压,因此电压只能由额定电压向低调。当磁通 Φ 不变,电枢回路不串电阻,改变电枢电压 U 时,电动机的机械特性中 n_{0L} 点改变,而斜率不变,此时机械特性为一族平行于固有特性的曲线,如图 4.17 所示,各特性曲线对应的电压 $U_1 > U_2 > U_3$。当改变电枢电压时,特性曲线与负载机械特性交于不同的工作点 A_1,A_2,A_3,可使得电动机的转速随之变化。

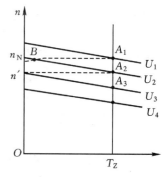

图 4.17　改变电枢电压 U 调节转速

例 4.1　一台他励直流电动机,额定功率 $P_N = 10$ kW,$U_N = 110$ V,$I_N = 107.6$ A,$n_N = 1500$ r/min,电枢回路总电阻 $R_a = 0.0824$ Ω,带动一恒转矩负载运行。在额定运行的情况下,将电枢电压降为 105 V,求稳定后电动机的转速为多少?

解:调速前为额定运行,电枢电势为

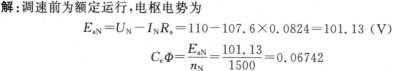

$$E_{aN} = U_N - I_N R_a = 110 - 107.6 \times 0.0824 = 101.13 \ (\mathrm{V})$$

$$C_e\Phi = \frac{E_{aN}}{n_N} = \frac{101.13}{1500} = 0.06742$$

调速前,电磁转矩与负载转矩相平衡,调速稳定后,电磁转矩仍会与负载转矩相平衡,由于电动机拖动的是恒转矩负载,所以调速稳定后的电磁转矩与调速前的电磁转矩相等。又

由于题目中的电动机为他励,磁通量也不变。

由 $T = C_T \Phi I_a$ 可知,调速稳定后,电枢电流也不变,即

$$I_a = I_N = 107.6 \ (\text{A})$$

电枢感应电势为

$$E_a = U - I_a R_a = 105 - 107.6 \times 0.0824 = 96.13 \ (\text{V})$$

转速为

$$n = \frac{E_a}{C_e \Phi} = \frac{96.13}{0.06742} = 1425.8 \ (\text{r/min})$$

如果是一台并励直流电动机,则改变电源电压时,还要考虑磁通也要相应地发生变化。

改变电枢电压 U 调节转速的方法具有较好的调速性能。由于调电压后,机械特性的"硬度"不变,因此有较好的转速稳定性,调速范围较大,同时便于控制,可以做到无级平滑调速,损耗较小。在调速要求较高时,往往采用这种方法。采用这种方法的限制是,转速只能由额定电压对应的速度向低调。此外,应用这种方法时,电枢回路需要一个专门的可调压电源,过去用直流发电机-直流电动机系统实现,由于电力电子技术的发展,目前一般均采用可控硅调压调速设备-直流电动机系统来实现。

4.8.2 调节励磁回路电阻,改变励磁电流 I_f 调节转速

调节他励(或并励)直流电动机励磁回路串入的调节电阻,改变励磁电流 I_f,即改变磁通 Φ。为使电机不致于过饱和,因此磁通 Φ 只能由额定值减小。由于 Φ 减小,机械特性的 n_0 点增大,如果负载不是很大,则可以使得转速升高。Φ 减小越多,转速升得越高。不同的 Φ 可得到不同的机械特性曲线,如图 4.18 所示,图中各条曲线对应的磁通 $\Phi_1 > \Phi_2 > \Phi_3 > \Phi_4$,各曲线和负载特性的交点 A_1、A_2、A_3、A_4,即为不同的运行点。

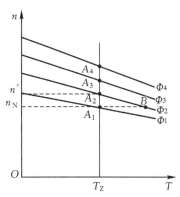

图 4.18 改变励磁电流调速

例 4.2 一台他励电动机,$U_N = 220 \ \text{V}$,$I_N = 40 \ \text{A}$,电枢回路总电阻 $R_a = 0.5 \ \Omega$,$n_N = 1\ 000 \ \text{r/min}$,拖动一恒转矩负载运行。如果增加励磁回路电阻,使磁通减少到 $\Phi' = 0.8 \Phi_N$,试求:(1)磁通刚减少瞬间的电枢电流;(2)转速稳定后的电枢电流和转速。(不计电枢反应的影响)

解:额定运行时 $E_a = U_N - I_N R_a = 220 - 40 \times 0.5 = 200 \ (\text{V})$

$$C_e \Phi_N = \frac{E_a}{n_N} = \frac{200}{1000} = 0.2$$

确定减小瞬间 $E_a' = 0.8 E_a = 160 \ (\text{V})$

$$I_a' = \frac{U_N - E_a'}{R_a} = \frac{220 - 160}{0.5} = 120 \ (\text{A})$$

此时电磁转矩 $T' = C_T \Phi' I_a' = C_T (0.8\Phi)(3 I_a) = 2.4 C_T \Phi I_a$,比原来的电磁转矩增大,如图 4.18 的 B 点,电动机转矩大于负载转矩,转速上升。

新的稳定状态 $T = C_T \Phi I_a = C_T \Phi'' I_a'' = C_T (0.8 \Phi_N) I_a''$

$$I_a'' = \frac{1}{0.8} I_a = \frac{40}{0.8} = 50 \quad (A)$$

$$E_a'' = U_N - I_a'' R_a = 220 - 50 \times 0.5 = 195 \quad (V)$$

$$n'' = \frac{E_a''}{C_e \Phi''} = \frac{195}{0.2 \times 0.8} = 1219 \quad (r/min)$$

这种调速方法的特点是由于励磁回路的电流很小,只有额定电流的 $1\% \sim 3\%$,不仅能量损失很小,且电阻可以做成连续调节的,便于控制。其限制是转速只能由额定磁通时对应的速度往高调,而电动机最高转速要受到电机本身的机械强度及换向能力的限制。

4.8.3 电枢回路串入调节电阻调节转速

一台他励(或并励)直流电动机当其电枢回路串入调节电阻 R_p 后,其机械特性公式见式(4.5)。电枢回路的总电阻为 $R_a + R_p$,使得机械特性的斜率增大。串联不同的 R_p,可得到不同斜率的机械特性,与负载机械特性交于不同的点 A_1、A_2、A_3,电动机则稳定运行在这些点,如图4.19所示。图中各条曲线对应的调节电阻 $R_{p3} > R_{p2} > R_{p1}$,即电枢回路串联电阻越大,机械特性的斜率越大,因此增大电阻 R_p 可以降低电动机的转速。

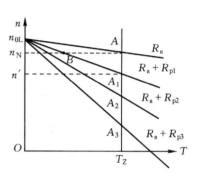

图 4.19 电枢回路串电阻调速

例 4.3 某台他励直流电动机,额定功率 $P_N = 10$ kW,$U_N = 110$ V,$I_N = 107.6$ A,$n_N = 1500$ r/min,电枢回路电阻(含电刷接触电阻)$R_a = 0.0824$ Ω。若带动一恒转矩负载运行,在运行中电枢回路串入电阻 $R_p = 0.1$ Ω后,试求:(1)刚串入电阻瞬间,电枢电流 I_a;(2)转速稳定后电枢电流 I_a;(3)转速稳定后,电动机的转速。

解:在额定运行时,工作点在 A 点,感应电势为

$$E_a = U_N - I_N R_a = 110 - 107.6 \times 0.0824$$
$$= 110 - 8.9 = 101.1 \quad (V)$$

注:他励电动机可用 I_N 直接代替 I_a,如果是并励电动机,则应先求出 I_a 后代入。

刚串入电阻的瞬间,由于转速不能突变,磁通 Φ 不变,感应电势 E_a 也不变,因此这时的电枢电流将骤然降为

$$I_a = \frac{U_N - E_a}{R_a + R_p} = \frac{110 - 101.1}{0.0824 + 0.1} = 48.794 \quad (A)$$

电枢电流减小后,电动机的电磁转矩也减小,如图 4.19 中的 B 点,在负载转矩不变的情况下,电动机的转速将降低。

随着电动机转速的降低,感应电势 E_a 也将逐渐减小,电枢电流和电磁转矩开始增大,最终增大到和负载转矩平衡,在新的稳定转速下运行,如图 4.19 中的 A_1 点。由于是恒转矩负载,所以当磁通 Φ 不变时,电动机的电磁转矩还应恢复到原来的值,即 $T = C_T \Phi I_a = $ 常数。电枢回路串入电阻 R_p 后,在新的稳定状态,电枢电流 I_a 也应等于原值,即 $I_a = I_N = 107.6$ A。

这时感应电势

$$E_{a1} = U_N - I_N(R_a + R_p) = 110 - 107.6 \times (0.0824 + 0.1)$$
$$= 110 - 19.6$$
$$= 90.4 \quad (V)$$

由电势公式 $E_a = C_e n \Phi$ 可知,在 Φ 不变时,$E_a \propto n$,所以电枢回路串入电阻稳定后的转速为

$$n_1 = n_N \frac{E_{a1}}{E_a} = 1500 \times \frac{90.4}{101.1} = 1\ 341 \quad (r/min)$$

显然,电枢回路串入电阻调速方法的特点是设备简单,但只能使电动机的转速降低,且低速时转速变化率较大;此外,由于串入的电阻流过的电流大,不易做到连续调节,因此,电动机的转速也不能连续调节;同时,所串入的电阻将消耗大量的电能,电动机的效率将会降低。

4.8.4　不同调速方式时电动机的功率与转矩

电动机的容许输出功率,主要取决于电动机的发热,而发热又主要取决于电枢电流。电动机在不同的转速下,只要电流不超过额定电流 I_N,其发热程度就不会超过容许的限度,电动机就可长期运行。如果电动机在不同转速下均能保持电流为 I_N,则电动机的额定容量在各种转速下都能得到充分利用。

对电枢回路串电阻和他励电动机降低电枢电压调速,主磁通 Φ 保持不变,由 $T = C_T \Phi I_a$ 可知,在不同转速下均保持 I_N,则电动机可以输出的转矩为恒转矩,输出功率 $P_2 = T\Omega \propto n$,与转速成正比,这两种调速为恒转矩调速方式。

对减小磁通调速,若保持 $U = U_N$,$I_a = I_N$,则 $\Phi = \dfrac{U_N - I_N R_a}{C_e n} \propto \dfrac{1}{n}$。转矩为 $T = C_T \Phi I_N \propto \dfrac{1}{n}$,功率 $P_2 = T\Omega = T \dfrac{2\pi n}{60} =$ 常数。由此可见,减小磁通调速时,若保持电流为额定,则允许输出的功率为常量,容许输出的转矩与转速成反比,称为恒功率调速方式。

以上分析均忽略空载损耗。

稳定运行时,电动机的输出功率和转矩取决于负载,所以,调速方式与负载的配合关系,决定了电动机的容量能否得到充分利用。对恒转矩负载选用恒转矩调速方式,或对恒功率负载选用恒功率调速方式较为适当,否则,电动机在一种转速下达到额定,在另外一种转速时可能过载或没有充分利用。

4.9　直流电动机的制动

在生产过程中,经常需要采取一些措施使电动机尽快停转,或者从高速降到低速运转,或者限制势能性负载在某一转速下稳定运转,这就是电动机的制动问题。实现制动既可以采用机械的方法,也可以采用电磁的方法。电磁方法制动就是使电机产生与其旋转方向相反的电磁转矩,以达到制动的目的;电磁制动的特点是产生的制动转矩大,操作控制方便。直流电机的电磁制动方法有能耗制动、反接制动和回馈制动。

4.9.1　能耗制动

1. 能耗制动过程

他励直流电动机拖动反抗性恒转矩负载运行,能耗制动的接线如图4.20所示。当闸刀合向电源,电动机处于正向电动运行状态。制动时将闸刀合向下方,励磁回路仍接在电源上,励磁电流 I_f 不变,所以主磁通 Φ 不变,电枢回路从电源断开,与电阻 R 构成一个回路。此时电动机的转动部分由于惯性继续旋转,因此感应电势 $E_a = C_e \Phi n$ 方向不变。电势 E_a 将在电枢和电阻 R 的回路中产生电流 I'_a,其方向与 E_a 一致,即与原来电动机运行时的电枢电流 I_a 方向相反,所以电磁转矩 $T = C_T \Phi I'_a$ 与转向相反,为制动转矩,使得转速迅速下降。这时电机实际处于发电机运行状态,将转动部分的动能转换成电能消耗在电阻 R 和电枢回路的电阻 R_a 上,所以称为能耗制动。从机械特性来分析,由于 $U = 0$,$\Phi = \Phi_N$,这时电动机的机械特性方程式为

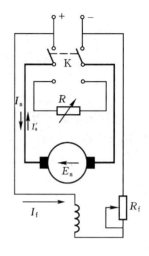

图4.20　能耗制动的接线图

$$n = -\frac{R_a + R}{C_e C_T \Phi_N^2} T \qquad (4.13)$$

它是一条过原点的直线,如图4.21所示。当闸刀合向下方瞬间,由于转速不能突变,电动机从运行点 A 过渡到能耗制动时的机械特性运行点 B,B 点的转矩 $T_B < 0$,起制动作用,在电磁制动转矩和负载转矩的共同作用下,系统减速。此后随着动能的消耗,转速下降,故 E_a 和 I'_a 随之减小,制动转矩也愈来愈小,电动机的运行点由 B 点沿着能耗制动时的机械特性下降到原点,电磁转矩和转速都为零,系统停止转动。在由运行点到停转的制动过程中,转速并非稳定在某一数值,而是一直在变化中,因此称为能耗制动

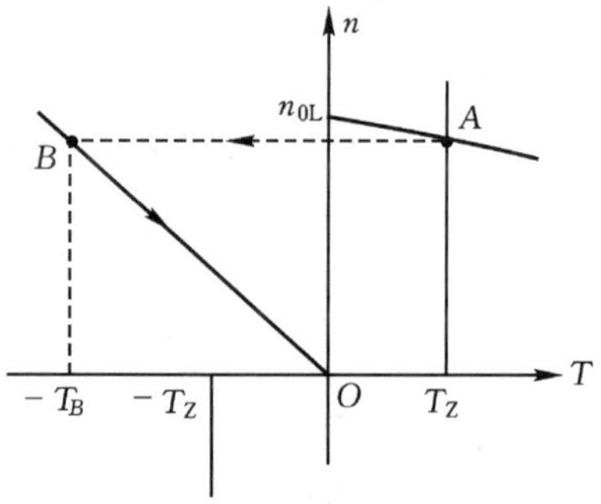

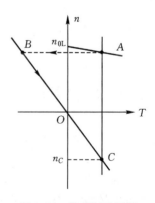

图4.21　能耗制动过程

过程。制动时回路中串入的电阻 R 越小,能耗制动开始瞬间的制动转矩和电枢电流 I'_a 越大。这种制动方法在转速较高时制动作用较大,随着转速下降,制动作用也随之减小,在低速时可配合使用机械制动装置,使系统迅速停转。

2. 能耗制动运行

他励直流电动机拖动势能性负载运行,例如起重机吊起重物。如果本来运行在正向电动状态,即图4.22中的 A 点,若突然采用能耗制动,系统就进入能耗制动过程,转速逐步降到零,即运行点由 A 变到 B 再到 O,此刻电磁转矩为零,若不采取其它措施,其后由于负载转矩的作用,系统将开始反转。反转后电动机的感应电势 E_a 将反向,I_a 和 T 也反向,对下降的重物

图4.22　能耗制动运行

起制动作用。随着转速的反向升高，E_a、I_a、T 均逐渐增大，最后和负载转矩相等时稳定运行，系统的运行点由 O 变到 C，在 C 点稳定运行，以 n_C 的速度匀速下降重物，机械特性如图 4.22 所示。这种稳定运行状态称为能耗制动运行。能耗制动运行时，电动机电枢回路串入的制动电阻不同，运转的转速也不同。

4.9.2　反接制动

1. 电压反接制动

电压反接制动的线路原理图如图 4.23 所示，双向闸刀合向上方时为正向电动机运行，合向下方为电压反接制动。电压反接制动是将正在正向运行的他励直流电动机的电枢回路的电压突然反接，电枢电流 I_a 也将反向，主磁通 Φ 不变，则电磁转矩 T 反向，产生制动转矩。

因为电动机正向运行时电压和感应电势 E_a 的方向相反，电枢电流 $I_a = \dfrac{U_N - E_a}{R_a}$，而反接后，电压 $U = -U_N$，则电枢电流 $I_a' = \dfrac{-U_N - E_a}{R_a}$，因此反接后电流的数值将非常大，为了限制电枢电流，所以反接时必须在电枢回路串入一个足够大的限流电阻 R。

电压反接制动时，$U = -U_N$，$\Phi = \Phi_N$，电枢回路总电阻为 $R_a + R$，电动机的机械特性方程式为

$$n = \frac{-U_N}{C_e \Phi_N} - \frac{R_a + R}{C_e C_T \Phi_N^2} T \tag{4.14}$$

其对应的特性曲线为过 $-n_{0L}$ 点，斜率为 $-\dfrac{R_a + R}{C_e C_T \Phi_N^2}$ 的直线，如图 4.24 中的直线 BE 所示。

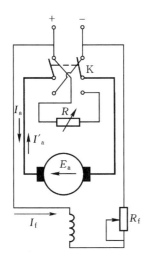

图 4.23　电压反接制动的线路图

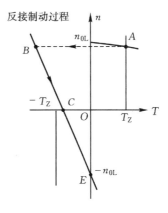

图 4.24　电压反接制动过程的机械特性

电动机拖动反抗性恒转矩负载运行在 A 点，当电压反接制动瞬间，转速不能突变，电动机从运行点 A 过渡到 B 点，此刻电枢电流和电磁转矩反向，成为制动转矩，电动机开始减速。此后电动机即沿机械特性 B 点向 C 点变化，在 C 点 $n = 0$，电压反接制动过程结束，如图

4.24 所示。如果 C 点电动机的转矩大于负载转矩,当转速到达零时,应迅速将电源开关从电网上拉开,否则电动机将反向起动,最后稳定在 D 点运行,如图 4.25 所示。电压反接制动在整个制动过程中均具有较大的制动转矩,因此制动速度快。在频繁正反转的拖动系统中,常常采用这种方法。

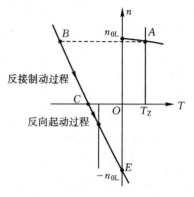

图 4.25 电压反接制动接反向
起动的机械特性

2. 电势反接制动

他励直流电动机拖动势能性恒转矩负载运行,电枢回路串入电阻,将引起转速下降,串的电阻越大,转速下降越多。如果电阻大到一定程度,将使电动机的机械特性和负载的机械特性的交点出现在第 Ⅳ 象限,如图 4.26 中所示。这时电动机按正向转动接线和加电压,转向是反转。

电势反接制动常用于起重设备低速下放重物的场合。电动机原运行在 A 点,以转速 n_A 提升重物,当电枢回路串入电阻瞬间,转速不能突变,主磁通 Φ 亦不变,感应电势 E_a 不变,电枢电流将减小,电磁转矩 T 将减小,电动机从运行点 A 过渡到 B。此后电动机开始减速,E_a 逐渐减小,I_a 和 T 逐渐增大,运行点沿机械特性曲线从 B 点向 C 点变化。在 C 点 $n=0$,感应电势 $E_a=0$,电磁转矩 T 仍小于负载转矩,故负载拖动电动机反向旋转。反转后 $n<0$,I_a 方向不变,而感应电势 E_a 改变方向,变为和电枢电压同方向,使得 I_a 和 T 继续增大,最后在 D 点和负载转矩平衡,以 n_D 的转速反向稳定运行。在这种运行方式中,电动机的电磁转矩起了制动作用,限制了重物下降的速度。改变 R 的大小,即可改变机械特性的交点,使重物稳定在不同的速度下降。

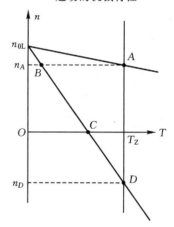

图 4.26 电势反接制动的
机械特性

采用这种制动方法时,感应电势与外加电压同方向,和前述电压反接制动情况相同,只不过前者是将外加电压反接使 U 和 E_a 同方向,而后者是由于 E_a 反向而使 U 和 E_a 同方向,故称这种制动为电势反接制动,有时也称为倒拉反转运行。

4.9.3 回馈制动

1. 正向回馈制动

他励直流电动机拖动负载原加电压为 U_N,稳定运行在 A 点,如果采用降电压调速,电压降为 U_1,其机械特性向下平移,理想空载转速由 n_0 变为 n_{01},如图 4.27 所示。在电压刚降低瞬间,转速不能突变,电动机的运行点从 A 过渡到 B,主磁通 Φ 不变,感应电势 E_a 也不变,有 $E_a>U_1$,则电枢电流 I_a 反向,电磁转矩 T 将变为负值,成为制

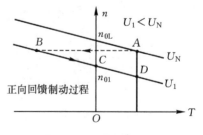

图 4.27 正向回馈制动

动转矩,在 T 和 T_Z 的作用下,使得电动机转速下降,在制动状态下运行,运行点由 B 点降到 C 点。在 C 点,$n=n_{01}$,$E_a=U_1$,I_a 和 T 均为零,制动状态结束。此后在负载转矩的作用下,

电动机继续减速,进入正向电动运行状态,$n < n_{01}$,$E_a < U_1$,I_a 和 T 均变为正值,最后稳定在 D 点运行。当电动机运行在 $\overline{BC}$ 段的过程中,由于 I_a 和 U_1 反向,电机实际是将系统具有的动能反馈回电网,且电机仍为正向转动,因此称为正向回馈制动。

电力机车在下坡时,将直流电动机接成他励,也会出现正向回馈制动。由于重力加速度的作用,使得原正向电动运行的电动机的转速高于理想空载转速 n_0,感应电势 E_a 增大,将有 $E_a > U$,则电枢电流 I_a 变负,向电网反馈能量,电磁转矩 T 也将变负,成为制动转矩,限制了电动机转速进一步上升。

2. 反向回馈制动

他励直流电动机拖动势能性恒转矩负载运行,如果采用电压反接制动,出现反向回馈制动,则机械特性曲线如图 4.28 所示。电压反接后,B 点到 C 点一直到 D 点,电动机转矩和负载转矩的方向相同,均使得电动机反向加速。到达 D 点以后,电动机的转速高于反向的理想空载转速,因此感应电势 $|E_a| > |U|$,电枢电流 I_a 反向,电磁转矩 T 也反向,成为制动转矩,在 E 点电动机转矩和负载转矩平衡,最后稳定在 E 点运行。和正向回馈制动一样,由于 I_a 和 U 反向,电机将系统具有的动能反馈回电网,电机为反向转动,因此称为反向回馈制动。反向回馈制动常用于高速下放重物时限制电动机转速。

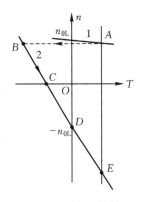

图 4.28　反向回馈制动

4.10　直流电机的换向

直流电机运行时,旋转的电枢绕组元件经过电刷从一条支路进入另一条支路,元件中的电流改变方向,这一过程称为换向。

图 4.29 表示了电枢旋转时一个单叠绕组通过电刷换向的过程,为简便起见,图中所画电刷宽度为一个换向片的宽度,电枢从右向左旋转,电刷的左边有一条支路,右边也有一条支路。在某一瞬间,电刷仅与换向片 1 相接触,两条支路的电流均由换向片 1 流到电刷,跨接在换向片 1 和换向片 2 间的线圈 1 中的电流方向为从右向左,如图 4.29(a)所示;当电枢旋转到电刷同时与换向片 1 和换向片 2 相接触时,线圈 1 被电刷短路,如图 4.29(b)所示;当电枢旋转到电刷仅与换向片 2 相接触时,如图 4.29(c)所示,两条支路的电流均由换向片 2 流到电刷,线圈 1 中的电流方向为从左向右,这就完成了这个线圈的换向过程。线圈 1 称为

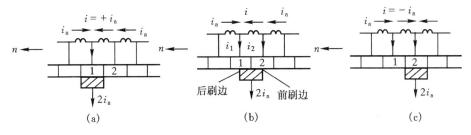

图 4.29　一个线圈的换向过程

换向元件,换向过程所需的时间 T_h,称为换向周期。在一般电机中,$T_h = 0.0005 \sim 0.002$ s,故换向周期非常短促。

有多种原因可导致直流电机的换向困难,其直接后果是在电刷下产生火花。当火花大到一定程度时,有可能损坏电刷和换向器表面,从而使电机不能正常工作。因此在直流电机中,换向过程是一个很重要的问题。

就影响换向的电磁方面的原因看,一是由于换向周期非常短,电流的改变会在换向元件中产生自感电势;二是由于电枢反应使换向元件所在处磁场不为零,从而产生切割电势。两者均可使图 4.29(b) 中处于短路状态的换向元件中产生一个电流,这个电流与电枢绕组中的支路电流叠加使得电刷两边的电流分布不均匀,从而在电刷上产生火花。

另外还有机械、化学、电刷材料等诸多方面的因素,都能影响换向过程。

从电磁方面改善换向的最有效的办法是装换向极,因此除少数小容量电机外,一般直流电机都装有换向极。换向极装在定子主磁极间,磁场的几何中性线上。换向极的磁势除主要抵消电枢反应磁势外,同时在换向元件中产生感应电势抵消自感电势,以消除电刷下的火花,改善换向。换向极的极性必须和电枢反应磁势的极性相反,换向极的磁势必须要正比于电枢电流,因此,换向极的励磁绕组要和电枢绕组串联,其接线图如图 4.30 所示。

对于未装换向极的小型串励直流电机,也可采用移动电刷位置的方法来改善换向。这种方法是将电刷从几何中性线上移开一个适当的角度,使换向元件产生的切割电

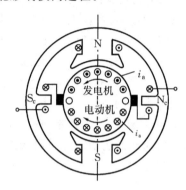

图 4.30　换向极绕组的接线

势的方向与自感电势的方向相反,相互抵消,也能达到改善换向的目的。并励电机采用这种方法换向的缺点是:当电刷移动到某一位置,切割电势的大小是一定的,而负载变化时,电枢反应磁势的大小随电枢电流正比变化,因此不能在任何负载情况下使两者相互抵消;移动电刷后,还要产生直轴去磁电枢反应,使发电机电压降低,使电动机转速升高,出现运行不稳定现象。因此,此方法只在小容量电机中有所采用。

对于机械、化学、电刷材料等方面影响换向的原因,应针对性地采取相应措施,如排除机械故障,选用合适牌号的电刷等来改善换向。

大容量及工作条件较困难的直流电机还采用装补偿绕组的办法,用补偿绕组抵消电枢反应对气隙磁场的影响,改善换向。补偿绕组嵌在主磁极极靴表面的槽中。

本章小结

直流电动机是把电能转换为机械能的动力机械。本章以他励直流电动机为主,讨论了直流电动机的机械特性,进而分析了起动、稳定运行的条件、调速、制动等。

直流电动机起动瞬间 $n = 0$,$E_a = 0$,直接起动将产生很大启动电流,为了限制启动电流必须采取降压启动或在电枢回路串电阻的方法。

直流电动机的机械特性是指,当电源电压、励磁电流及电枢回路电阻均为常量时,得出电动机两个重要的量——转速和转矩的关系的公式 $n = \dfrac{U}{C_e \Phi} - \dfrac{R_a}{C_e C_T \Phi^2} T$。他励电动机的机

械特性曲线是一条跨跃 3 个象限的直线,熟悉固有机械特性和各种人为机械特性的特点是掌握直流电动机调速、制动的基础。串励直流电动机的机械特性与他励电动机有较大的差别。

直流电动机的稳定运行是由电动机的机械特性和负载的机械特性共同决定的。

直流电动机的调速特性也是根据公式 $n = \dfrac{U}{C_e \Phi} - \dfrac{R_a}{C_e C_T \Phi^2} T$,分析和计算电压 U、磁通 Φ、电枢串联电阻 R_p 改变时电动机转速的变化。

直流电动机的制动运行是指在不同的运行条件下,转矩和转速反方向,转矩对系统起制动作用的各种运行情况,包括能耗制动、电压反接制动、电势反接制动、正向回馈制动、反向回馈制动等。分析了各种制动运行的物理过程和机械特性的曲线。

直流电机的换向是直流电机制造和运行中必须充分重视的问题,换向是否良好将直接影响电机的正常使用。直流电机的换向过程是一个比较复杂的过程,影响换向的因素和产生火花的原因包括电磁、机械、化学、电刷材料、工作环境等诸多方面的原因,这里仅对影响换向的电磁方面的原因进行了简单分析,对改善换向的主要方法进行了介绍。

习题与思考题

4-1 一台起重机由他励直流电动机拖动,$P_N = 11$ kW,$U_N = 440$ V,$I_N = 29.5$ A,$n_N = 730$ r/min,$R_a = 1.05$ Ω。若要求以 -300 r/min 的转速下放重物,可以采用哪几种方法实现?

4-2 一台直流并励电动机,$P_N = 10$ kW,$U_N = 220$ V,$n_N = 1500$ r/min,额定效率 $\eta_N = 84.5\%$,电枢回路总电阻 $R_a = 0.316$ Ω,励磁回路的电阻 $R_f = 178$ Ω。现欲使电枢启动电流限制为额定电流的 1.5 倍,求启动变阻器的电阻应为多大?

4-3 一台直流并励电动机额定数据如下:$P_N = 17$ kW,$U_N = 220$ V,$n_N = 3000$ r/min,$I_N = 88.9$ A,电枢回路总电阻 $R_a = 0.0896$ Ω,励磁回路的电阻 $R_f = 181.5$ Ω。若忽略电枢反应的影响,试求:(1) 电动机的额定输出转矩;(2) 在额定负载时的电磁转矩;(3) 额定负载时的效率;(4) 在理想空载($I_a = 0$)时的转速。

4-4 一台直流并励电动机额定数据如下:$P_N = 17$ kW,$U_N = 220$ V,$n_N = 3000$ r/min,$I_N = 88.9$ A,电枢回路总电阻 $R_a = 0.0896$ Ω,励磁回路的电阻 $R_f = 181.5$ Ω。若忽略电枢反应的影响,当电动机拖动额定的恒转矩负载运行时,电枢回路突然串入一电阻 $R = 0.15$ Ω,试求:(1) 串入电阻瞬间,电动机的电枢电流和转速;(2) 稳定后电动机的电枢电流和转速。

4-5 一台直流并励电动机,$P_N = 7.5$ kW,$U_N = 110$ V,$n_N = 1500$ r/min,$I_N = 82.2$ A,电枢回路总电阻 $R_a = 0.101\ 4$ Ω,励磁回路的电阻 $R_f = 46.7$ Ω。若忽略电枢反应的影响,试求:(1) 电动机电枢电流 $I_a = 60$ A 时的转速;(2) 假如负载转矩不随转速而改变,现将电机的主磁通减少 15%,求达到稳定状态时的电枢电流及转速。

4-6 一台直流并励电动机,$P_N = 7.5$ kW,$U_N = 110$ V,$n_N = 1500$ r/min,$I_N = 82.2$ A,电枢回路总电阻 $R_a = 0.101\ 4$ Ω,励磁回路的电阻 $R_f = 46.7$ Ω。原在额定情况下运行,现电源电压突然下降到 100 V,若负载转矩保持不变,试求:(1) 电压下降瞬间的电枢电流;(2) 稳定运行后的电枢电流;(3) 稳定运行后的转速。(分析时假定磁路不饱和,并忽略电枢反应的影响)

4-7 一台直流并励电动机,$U_N = 220$ V,电枢回路总电阻 $R_a = 0.316$ Ω,空载时电枢电流 $I_{a0} = 2.8$ A,空载转速为 1600 r/min。(1) 如在电枢满载电流为 52 A 时,将转速下降到 800 r/min,问在电枢回路中须串入的电阻值为多大?(忽略电枢反应)(2)这时电枢回路的功率百分之几真正输入到电枢中?这说明什么问题?

4-8 一台直流并励电动机,$U_N = 220$ V,电枢回路总电阻 $R_a = 0.032$ Ω,励磁回路的电阻 $R_f = 27.5$ Ω。用该电动机驱动起重机,当使重物上升时,$U = U_N$,$I_a = 350$ A,$n = 795$ r/min,而将重物下放时(重物负载不变,电磁转矩也近似不变),电压及励磁电流保持不变,转速 $n = 300$ r/min,问电枢回路中要串入多大电阻?

4-9 一台直流串励电动机 $U_N = 220$ V,$I_N = 40$ A,$n_N = 1000$ r/min,电枢回路总电阻为 0.5 Ω。假定磁路不饱和。(1)电动机电枢电流 $I_a = 20$ A 时,电动机的转速及电磁转矩为多大?(2)如果电磁转矩保持上述值不变,而电压减低到 110 V,此时电动机的转速及电流为多大?

4-10 一台并励直流电机,在发电机状态下运行时,其换向极能起改善换向作用,当其接线不作任何改变,改作电动机运行,此时换向极是否仍起改善换向作用?

4-11 如果把启动电阻按照图 4.31 的方法连接,是否恰当,为什么?正确的方法应当怎样连接?

4-12 直流电动机的启动电流取决于什么?正常工作时的工作电流又取决于什么?

4-13 如在并励电动机的励磁回路中接入熔断丝是否合理?可能出现什么后果?

4-14 在启动直流电动机后,若仍把部分启动电阻留在电枢回路内,对电动机的运行情况和启动变阻器有什么影响?

4-15 一台加复励发电机改为电动机运行时,如果串励、并励绕组以及电枢绕组间的相对连接都未改变。试问:这时是加复励电动机还是差复励电动机,为什么?

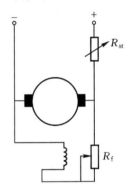

图 4.31 习题 4-11 图

4-16 如何改变以下电机的转动方向:(1)串励电动机;(2)并励电动机;(3)复励电动机。仅仅改变电源的正、负极性,能使转向改变吗?

4-17 为什么并励电动机可以空载运行,而串励电动机不能空载运行?

4-18 一台并励电动机,如果电源电压 U、励磁电流 I_f、和拖动的负载转矩 T_z 都不变,若在电枢回路串入适当电阻,电枢电流会不会改变?电动机的输入功率和输出功率有没有变,为什么?

4-19 一台并励电动机,如果电源电压 U 和拖动的负载转矩 T_z 都不变,若减小励磁电流 I_f,试问电枢电流、转速、电动机的输入功率及输出功率将会怎样变化?

4-20 改变励磁回路的电阻调速时,电动机的最高转速和最低转速受什么因素限制?

4-21 采用调压调速时,电动机的励磁绕组为什么要接成他励,如果仍并联在电枢两端会产生什么影响?

4-22 一台励磁电动机在拆装时不小心变动了电刷位置,之后在运行过程中负载增大时,电动机的转速愈来愈高,不能稳定运行,试分析这是什么原因引起的。

4-23 某一台串励直流电动机如果接在额定电压不变的 50 Hz 交流电源上,则该电动机能产能转矩吗?如果能产生转矩,转向是恒定的或是交变的?

第二篇

变压器

变压器的作用是将一种电压的交流电能转换为同频率的另一种电压的交流电能,是电力系统中最主要的设备之一。变压器的原理与其它类型电机一样,也是建立在电磁感应定律基础上,所以可以认为它是一种静止感应电机。本篇以电力变压器为主,分析了变压器工作原理和运行特性,也介绍了三相变压器、几种特殊变压器及变压器暂态运行的问题。

第5章　变压器的结构、原理及额定值

5.1　变压器的用途和工作原理

变压器类属于静止电机,它可将一种电压、电流的交流电能转换为同频率的另一种电压、电流的交流电能。从电力的生产、输送到分配,使用着各式各样的变压器。首先,从电力系统来讲,变压器就是一种主要设备。我们知道,要将大功率的电能输送到很远的地方去,采用较低的电压及相应的大电流来传输是不可能的。这是由于:一方面,大电流将在输电线上产生大的功率损耗;另一方面,大电流还将在输电线上引起大的电压降落,致使电能根本送不出去。为此,需要变压器来将发电机的端电压升高,相应电流即减小了。一般来说,当输电距离愈远,输出功率愈大时,要求的输出电压也愈高。例如,当采用 110 kV 的电压时就可以将 5×10^4 kW 的功率输送到约 150 km 的地方;而当采用 $500 \sim 750$ kV 的高压时,就可以将约 200×10^4 kW 的功率输送到约 1 000 km 的地方。因此随着输电距离、输送容量的增长,对变压器的要求也就越来越高。

对于大型动力用户只需要 3 kV、6 kV 或 10 kV 等电压,而小型动力与照明用户只需要 220 V 或 380 V 电压,这就必须用降压变压器把输电线上的高电压降低到配电系统的电压,由配电变压器满足各用户用电的电压。图 5.1 即为变压器在电能传输、分配中的地位示意图。

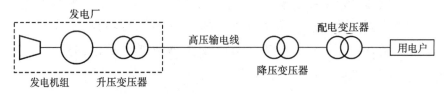

图 5.1　变压器在电能传输、分配中的地位示意图

由上可知,在电力系统中变压器的地位是非常重要的,不仅需要变压器的数量多,而且要求性能好、技术经济指标先进,还要保证运行时安全可靠。

变压器除了在电力系统中使用之外,还用于一些工业部门中。例如,在电炉、整流设备、电焊设备、矿山设备、交通运输的电车等设备中,都要采用专门的变压器。此外,在实验设备、无线电装置、无线电设备、测量设备和控制设备(一般又叫控制变压器,容量都较小)中,也使用着各式各样的变压器。

单相变压器的工作原理图如图 5.2 所示。在闭合铁心上绕有两个线圈(对变压器而言,

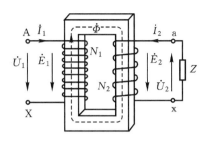

图 5.2 单相变压器工作原理图

线圈也可称为绕组),其中接受电能即接到交流电源的一侧叫做一次侧(也可称为原边或初级)绕组,而输出电能的一侧叫二次侧(也称为副边或次级)绕组。变压器的工作原理建立在电磁感应原理的基础上,即通过电磁感应,在两个电路之间实现电能的传递。铁心是闭合铁心,用硅钢片叠压制成。

由于原绕组接通交流电源后,流过原绕组的电流是交变的,因此在铁心中就会产生一个交变磁通,这个交变磁通在原副绕组中感应出交流电势 e_1 和 e_2,该电势的大小 E_1 和 E_2 均正比于磁通的变化率与对应绕组的匝数,由于闭合铁心中的交变磁通原、副绕组共用,则有

$$\frac{E_1}{E_2} = \frac{N_1}{N_2} \tag{5.1}$$

式中 E_1——原绕组的感应电势有效值;

   E_2——副绕组的感应电势有效值;

   N_1——原绕组的匝数;

   N_2——副绕组的匝数。

如果略去绕组电阻压降和漏抗压降,则可认为 $U_1 \approx E_1$,$U_2 \approx E_2$,于是有

$$\frac{U_1}{U_2} = \frac{N_1}{N_2} \tag{5.2}$$

此关系式说明了一、二次侧电压之比近似等于其匝数比。因此在原绕组不变的情况下改变副绕组的匝数,就可以达到改变输出电压的目的。若将副绕组与负载相接,副边就会有电流流过,这样就把电能传输给了负载,从而实现了传输电能、改变电压(实质上电流、阻抗也改变了,但主要用来改变电压)的要求,这就是变压器工作的基本原理。

5.2 变压器的结构及类型

从变压器的基本原理知,变压器主要是由铁心以及绕在铁心上的原、副绕组所组成。因此,绕组和铁心是变压器的最基本部件——电磁部分。此外,根据结构和运行的需要,变压器还有油箱及冷却装置、绝缘套管、调压和保护装置等主要部件。下面以绕组和铁心为重点来介绍各部件的结构和作用。

5.2.1 绕组

绕组是变压器的电路部分,它用绝缘扁导线或圆导线绕成。变压器的绕组一般都绕成圆形,因为这种形状的绕组在电磁力的作用下有较好的机械性能,不易变形,同时也便于绕制。为了适应不同容量与电压等级的需要,电力变压器绕组有多种型式,常用的同心式绕组结构如图 5.3 所示。

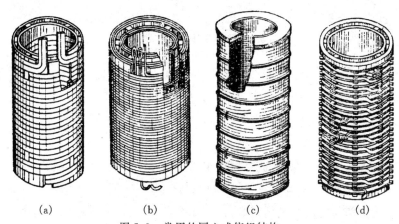

图 5.3 常用的同心式绕组结构

(a)双层式;(b)多层式;(c)分段式;(d)纠结式

根据高压绕组与低压绕组的相对位置,绕组又可分为同心式与交叠式两类。

同心式绕组适用于心式变压器。心式变压器的结构如图 5.4 所示。大部分同心绕组都将低压绕组套在里面,高压绕组套在外边。另外,高、低压绕组之间,绕组和铁心之间都必须有一定的绝缘间隙,并用绝缘纸筒把它们隔开。同心式绕组根据绕线方式可分为双层式、连续式、分段式、纠结式等,具体如图 5.3 所示。可以看出,为了便于绝缘,低压绕组套装在靠近铁心柱的地方。

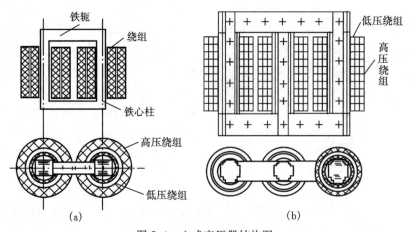

图 5.4 心式变压器结构图

(a)单相心式变压器;(b)三相心式变压器

交叠式绕组应用得不多,只是壳式变压器和电压低、电流大的电炉变压器等才采用这种绕组。壳式变压器的结构图如图 5.5 所示。

所谓交叠式绕组就是高压绕组和低压绕组各分别做成若干个线饼沿铁心柱高度依次交错放置的绕组,其结构图如图 5.6 所示。由于绕组均为饼形,因此这种绕组也称为"饼式"绕组。

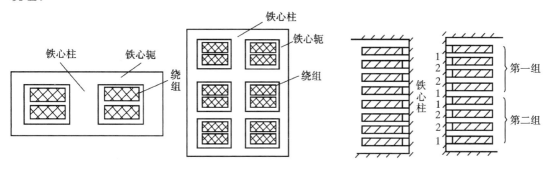

图 5.5　壳式变压器结构图　　　　　　　图 5.6　交叠式绕组的线饼结构图
(a)单相壳式变压器;(b)三相壳式变压器　　　　　1—低压绕组;2—高压绕组

按绕组型式(不论是单相或三相)还可将变压器分为双绕组变压器、三绕组变压器和自耦变压器。其中双绕组变压器是最常用的,即有一个原边,一个副边;而三绕组变压器有一套原绕组接交流电源,副绕组有两套,可同时供两个负载;自耦变压器的原、副边绕组有共同耦合的部分(详见 8.1 节)。

5.2.2　铁心

铁心是变压器的磁路部分,它由薄的硅钢片叠压而成。变压器的铁心有两种基本型式,即心式和壳式。铁心本身由铁心柱和铁轭两部分组成。被绕组包围着的部分称为铁心柱,铁轭则作为闭合磁路之用。

在图 5.4(a)所示的单相心式变压器中,绕组放在两个铁心柱上,两柱上的对应边绕组可接成串联或并联。在图 5.4(b)的三相心式变压器中,每相各有一个心柱,用两个铁轭把所有的铁心柱连接起来。

图 5.5(a)的所示的单相壳式变压器具有两个分支的闭合磁路,铁心围绕着绕组的两面,好像是绕组的"外壳"。图 5.5(b)所示的三相壳式变压器可以看作是 3 个并排在一起的单相壳式变压器。

心式变压器较壳式变压器的结构简单,绕组的安置和绝缘比较容易,因而心式变压器目前应用得最为广泛。在我国,壳式变压器一般只在小容量变压器以及某些特种变压器(如电炉变压器)上采用。

变压器铁心内的磁通是交变的。因而会产生磁滞损耗和涡流损耗,为了减少这些铁耗,铁心通常用含硅量 5％左右、厚度为 0.23 mm、0.27 mm 或 0.3 mm(也有用其它不同厚度的)且两面涂有绝缘漆的硅钢片叠成。硅钢片又分为冷轧与热轧两种。冷轧硅钢片的电磁性能较热轧硅钢片要好。

　　变压器铁心的交叠方式,就是把裁成长条形的硅钢片用几种不同的排法交错叠压,每层将接缝错开。图 5.7 到图 5.10 分别表示变压器铁心的不同叠装方式,即每层用四片式、六片式、七片式、渐开线式等形式交错叠装。这样的好处是各层磁路的接缝不在同一地方,气隙小,磁阻小,可以减少接缝处的铁耗。当硅钢片叠到合适尺寸后,用螺杆或夹件夹紧,即成为一个坚固的铁心整体。在装绕组时,先把上面铁轭的钢片抽出套上绕组后再将铁轭钢片插回去重新夹紧。

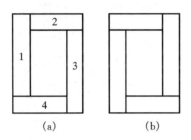

图 5.7　四片式铁心叠装方法
(a)奇数层;(b)偶数层

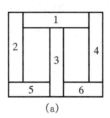 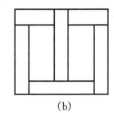

图 5.8　六片式铁心叠装方法
(a)奇数层;(b) 偶数层

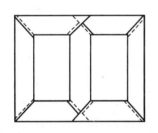

图 5.9　七片式铁心的斜切叠装法

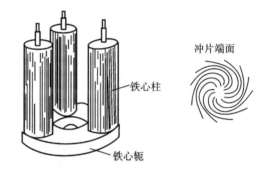

图 5.10　渐开线式铁心的叠装法

　　图 5.10 所示的渐开线式铁心和一般电力变压器的铁心一样,是由铁心柱和铁轭所组成,渐开线式铁心柱是由专门的成形机辊压成为渐开线型叠片,然后拼装成渐开线式铁心的变压器。其三相铁心柱呈等边三角形分布;铁轭是由钢带卷制成环形。该变压器的主要优点是节省材料,结构简单,便于标准化、通用化;主要缺点是由于铁轭与铁心柱采用对接式装配,因而空载损耗较大。

　　铁心柱的截面在小型变压器里是方形或长方形的,而在大型变压器里为了充分利用空间,铁心柱的截面是阶梯形的,容量大的变压器级数多。各种形状的铁柱截面如图 5.11 所示。

　　铁心轭截面有方形的,也有阶梯形的,几种铁心轭的截面如图 5.12 所示。当然,铁心柱为阶梯形时,铁心轭也应采用阶梯形截面,这样磁通在铁轭中的分布才能比较均匀。

　　在大容量变压器中,铁柱和铁轭的尺寸都很大,为了保证变压器工作时铁心内部能可靠地冷却,在叠片间留有油道,它的方向与硅钢片的方向平行或垂直,分别称为纵向油道和横向油道,具有一个纵向、两个横向油道的铁心柱截面如图 5.13 所示。

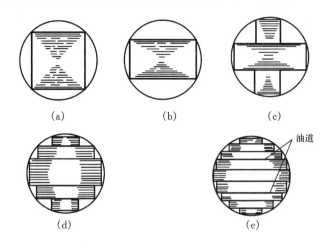

图 5.11 各种形状的铁心柱截面

(a)方形铁心;(b)长方形铁心;(c)十字形铁心;(d)无油道多级铁心;(e)有油道多级铁心

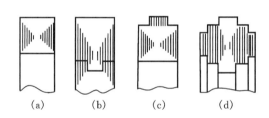

图 5.12 几种铁心轭的截面

(a)方形;(b)T 字形;(c)倒 T 字形;(d)多级阶梯形

图 5.13 具有一个纵向、两个横向
油道的铁心柱截面图

5.2.3 油箱和冷却装置

为了加强绝缘和冷却,一般电力变压器的铁心和绕组都浸入变压器油中,只是在一些特殊场合,例如要求防火、防爆的地方(如矿井)才采用无油的干式变压器。

变压器油通常有两个作用:一是作为变压器的相与相、相与地之间的绝缘用,二是通过油在受热后的对流作用或强迫油循环的方法散热。变压器油是一种矿物油,使用变压器油时,应当注意它的介质、黏度、着火点以及杂质含量等等是否符合国家标准。变压器油要求十分纯洁。水分对变压器油的绝缘强度影响很大,如其中含有 0.004% 的水分时,绝缘强度将降低约 50%;若要保持 100% 的绝缘强度,则水分的含量必须在0.000 8% 以下。此外,变压器油在较高温度下长期与空气接触时还将逐渐老化。所谓老化主要是产生氧化作用,在油内产生悬浮物,同时油的酸度增

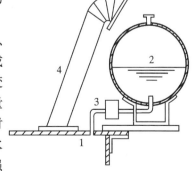

图 5.14 储油柜的装设图

1—主油箱;2—储油柜;

3—气体继电器;4—安全气道

加。悬浮物将积附在绕组和铁心表面上,阻碍传热并堵塞油道,酸度会影响绝缘材料的绝缘性能。所以运行中的变压器每1~2年需将变压器油过滤或进行处理一次。

在变压器的油箱上面旁侧装设有一圆筒形的储油柜(也叫油枕),它的装设如图 5.14 所示。油枕的作用是减缓油箱内油受潮及老化的速度。由于一般变压器的温度总是随着气温和负荷而变化的,油的体积随着温度变化而膨胀收缩,油面高度也要变动。因此,油上面的空气也不断在与箱外空气替换,空气中的潮气有可能在箱内凝结成水而进入主油箱内。同时由于储油柜的油面与油箱内油面相比要小得多,因此油和空气的接触面大大减小,受潮和氧化机会就少,而且储油柜内油的温度也较主油箱内的油温低得多,因此老化的过程可以大大减缓。而油内产生的悬浮物,也将沉积在储油柜的底部而很少进入主油箱。图 5.14 中的气体继电器与安全气道是在故障时保护变压器安全的辅助装置。

现代电力变压器中也有采用另一种新技术来取代储油柜的。

5.2.4 总体结构

任何一台变压器的结构都是由许多作用不同的部分所组成。图 5.15 所示为常用的中等容量的一台油浸式电力变压器实物图,从图上可以看出它的结构大致有以下几个部分:绕组、铁心、油箱、高低压套管、调压分接开关、储油柜和气体继电器等。

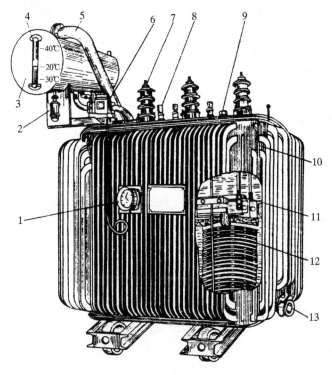

图 5.15 油浸式电力变压器实物图
1—信号式温度计;2—吸湿器;3—储油柜;4—油表;
5—安全气道;6—气体继电器;7—高压套管;8—低压套管;
9—分接开关;10—油箱;11—铁心;12—线圈;13—放油阀门

在上述这些部分中,绕组、铁心和油箱是属于变压器的本体部分,是结构的最基本部分,常称为"器身";而高、低压套管,调压分接开关,储油柜等等,则是属于变压器的辅助部分,又称为变压器的"组件"。其中高、低压套管是将变压器内部的高、低压引出线(即输入和输出引线)引到油箱外部作为引线绝缘之用的,调压分接开关是用于在一定范围内调整变压器的输出电压的。

5.3　变压器的额定值

变压器的额定值,又叫铭牌值,是指变压器制造厂在设计、制造时给变压器正常运行所规定的数据,指明该台变压器在什么样的条件下工作,承受多大电流,外加多高电压等等。制造厂都把这些额定值刻在变压器的铭牌上。变压器的主要额定值如下:

(1) 额定电压 U_{1N}/U_{2N},单位为 V 或 kV。U_{1N} 是指变压器正常运行时电源加到原边的额定电压;U_{2N} 是指变压器原边加上额定电压后,变压器处于空载状态时的副边电压。在三相变压器中,额定电压均指线电压。

(2) 额定容量 S_N,单位为 VA 或 kVA(容量更大时也用 MVA)。它表示变压器额定时的视在功率。通常把变压器的原、副边绕组的额定容量设计得相同。

(3) 额定电流 I_{1N}/I_{2N},单位为 A 或 kA。它是变压器额定运行时所能承担的电流,I_{1N}、I_{2N} 分别称为原、副边的额定电流。在三相变压器中,额定电流均指线电流。

对单相变压器则有
$$I_{1N} = \frac{S_N}{U_{1N}}, \qquad I_{2N} = \frac{S_N}{U_{2N}} \tag{5.3}$$

对三相变压器则有
$$I_{1N} = \frac{S_N}{\sqrt{3}U_{1N}}, \qquad I_{2N} = \frac{S_N}{\sqrt{3}U_{2N}} \tag{5.4}$$

(4) 额定频率 f_N,单位为 Hz,我国一般采用 50 Hz。

(5) 接线图与联结组别(见 7.2 节)。

此外,铭牌上还记载着相数 m、阻抗电压 u_k、型号、运行方式、冷却方式、重量等。变压器的型号中各量所表示的意义,可查阅上海科学技术出版社出版的《电工手册》。例如:SFP7—360000/220 型电力变压器。其中,各符号和数字的含义为:

S——三相变压器;

F——风冷却;

P——强迫油循环;

7——第 7 次改型设计;

360000——该变压器的额定容量为 360 MVA(即 36 万 kVA);

220——该变压器高压侧的额定线电压为 220 kV。

本章小结

变压器是把一种电压的电能转换成另一种电压的电能的交流静止电器设备。主要用来改变电压的大小,以满足电能传输、分配以及国民经济各部门的需要,变压器的工作是建立在电磁感应原理基础之上的。

变压器的主要部件是铁心和绕组,其各自的类型、作用及其它组件等基本结构,读者要有一定的了解。对于从事设计、制造变压器的人员,这些内容就显得尤为重要。

本章的重点是掌握变压器的几个主要额定值的物理意义,并注意额定容量与原、副边额定电压和额定电流之间的关系。

习题与思考题

5-1 有一台单相变压器,额定容量 $S_N = 250$ kVA,原、副绕组的额定电压为 $U_{1N}/U_{2N} = 10$ kV/0.4 kV,试计算原、副绕组的额定电流 I_{1N} 和 I_{2N}。

5-2 有一台三相变压器,主要铭牌值为 $S_N = 5000$ kVA,$U_{1N}/U_{2N} = 66$ kV/10.5 kV,一次侧为 Y 接法,二次侧为 d 接法。试求:(1)额定电流 I_{1N}、I_{2N};(2)线电流 I_{1L}、I_{2L};(3)相电流 I_{1p}、I_{2p}。

5-3 简述变压器的基本工作原理。

5-4 变压器的用途有哪些?

5-5 变压器的主要结构部件有哪些? 各自的作用是什么?

5-6 变压器的额定值中有哪些应注意的问题?

5-7 变压器按铁心如何分类?

5-8 变压器按绕组如何分类?

第 6 章 变压器的基本理论

本章是对变压器的运行情况进行比较深入的分析,通过分析逐步找出变压器的各种内在规律。在本章中将着重分析磁通、磁势、电流、电压、功率传递等关系,从而进一步了解变压器的各种特性。

分析时将从双绕组单相变压器入手,其分析结果可以推广到其它变压器中去。在具体分析时,将从变压器的空载运行开始,然后再分析负载运行。

6.1 变压器的空载运行

变压器的原绕组接在交流电源上而副绕组开路时的运行叫作空载运行。即原绕组流过的电流用 $\dot{I}_1 = \dot{I}_0$,副绕组的电流用 $\dot{I}_2 = 0$ 来表示。空载运行是比较简单的,按照从简单到复杂、由浅入深的认识规律,先从变压器空载运行开始分析。

6.1.1 变压器空载运行时的物理分析

变压器空载运行时的物理模型图如图 6.1 所示。图上在一个公共闭合铁心上,套有原、副两个绕组,它们的匝数分别为 N_1 与 N_2。A - X 是原绕组出线端,这时加上具有额定频率 f_1 和正弦波形的额定电压 u_1。a - x 是副绕组的出线端,这时两端开路,因而副边没有电流,处于空载运行状态。

在电压 u_1 的作用下,原绕组内将流过空载电流 i_0 并产生相应的空载磁势($F_0 = I_0 N_1$),在磁势 F_0 的作用下铁心内将要产生磁通 ϕ。由于 i_0 主要产生空载磁通,又被称为空载电流或励磁电流,F_0 又被称为励磁磁势。

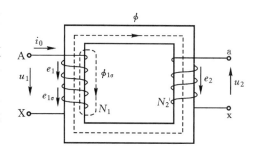

图 6.1 变压器空载运行的物理模型图

空载时铁心内产生的磁通可分为两个部分。其中,主要的一部分磁通 ϕ 是以闭合铁心为路径,它既和原绕组相匝链,又和副绕组相匝链,是变压器能量传递的主要因素,属于工作磁通,称它为主磁通;还有另一部分磁通 $\phi_{1\sigma}$,它仅和原绕组相匝链而不与副绕组相匝链,主要通过非磁性介质(变压器油或空气)而形成闭路,属于非工作磁通,这部分磁通就称为原绕组的漏磁通。

由于变压器的铁心都是用高导磁材料硅钢片制成的,它的导磁系数 μ 为空气的 2000 倍以上。因此,空载运行时绝大部分磁通都在铁心中闭合,只有很少部分漏在铁心外面。根据试验分析和计算,在空载运行时主磁通占全部磁通的 99% 以上,而漏磁通仅占全部磁通的 1% 以下。

根据电磁感应定律,任一交变磁通都将在与其相匝链的绕组中感应出相应的电势。因此,主磁通 ϕ 将分别在原、副绕组中感应电势 e_1 和 e_2;而漏磁通 $\phi_{1\sigma}$ 则只是在原绕组中感应出漏感电势 $e_{1\sigma}$。在图 6.1 中所取定的参考正方向下,原、副绕组的感应电势可以分别用下列方程式来表示:

$$e_1 = -N_1 \frac{\mathrm{d}\phi}{\mathrm{d}t} \tag{6.1}$$

$$e_2 = -N_2 \frac{\mathrm{d}\phi}{\mathrm{d}t} \tag{6.2}$$

$$e_{1\sigma} = -N_1 \frac{\mathrm{d}\phi_{1\sigma}}{\mathrm{d}t} \tag{6.3}$$

6.1.2 磁通和电势、电压的相互关系

为了进一步了解变压器的空载运行情况,还需对磁通和感应电势、电压的相互关系再做分析。

假设主磁通 ϕ 是按正弦规律变化的,则有

$$\phi = \Phi_{\mathrm{m}} \sin \omega t \tag{6.4}$$

式中,Φ_{m} 为主磁通的幅值。

将式(6.4)分别代入式(6.1)与(6.2)内可得

$$e_1 = -N_1 \frac{\mathrm{d}\phi}{\mathrm{d}t} = -N_1 \frac{\mathrm{d}(\Phi_{\mathrm{m}}\sin\omega t)}{\mathrm{d}t} = N_1 \omega \Phi_{\mathrm{m}} \sin(\omega t - 90°)$$

$$= E_{1\mathrm{m}} \sin(\omega t - 90°) \tag{6.5}$$

同理有
$$e_2 = E_{2\mathrm{m}} \sin(\omega t - 90°) \tag{6.6}$$

从式(6.5)、式(6.6)可以看出,当主磁通按正弦规律交变时,它所产生的感应电势也按正弦规律交变,而且感应电势在时间相位上永远滞后于它所匝链的主磁通 90°。

若电势用有效值表示,则因最大值 $E_{1\mathrm{m}} = N_1 \omega \Phi_{\mathrm{m}}$,而有效值 $E_1 = \frac{E_{1\mathrm{m}}}{\sqrt{2}} = \frac{1}{\sqrt{2}} N_1 \omega \Phi_{\mathrm{m}}$,且 $\omega = 2\pi f$,故可得

$$E_1 = \frac{1}{\sqrt{2}} (2\pi f) N_1 \Phi_{\mathrm{m}} \approx 4.44 \, f N_1 \Phi_{\mathrm{m}} \tag{6.7}$$

同理有
$$E_2 \approx 4.44 \, f N_2 \Phi_{\mathrm{m}} \tag{6.8}$$

由于它们都是按照正弦规律变化的,故可以用复数式来表示:

$$\dot{E}_1 = -\mathrm{j}4.44 f N_1 \dot{\Phi}_{\mathrm{m}} \tag{6.9}$$

$$\dot{E}_2 = -\mathrm{j}4.44 f N_2 \dot{\Phi}_{\mathrm{m}} \tag{6.10}$$

同理,根据式(6.3),对漏感电势 $e_{1\sigma}$ 可以有

$$e_{1\sigma} = -N_1 \frac{\mathrm{d}\phi_{1\sigma}}{\mathrm{d}t} = \omega N_1 \Phi_{1\sigma\mathrm{m}} \sin(\omega t - 90°) \tag{6.11}$$

或
$$\dot{E}_{1\sigma} = -\mathrm{j}4.44 f N_1 \dot{\Phi}_{1\sigma\mathrm{m}} \tag{6.12}$$

上式也可以表示成电抗压降的形式,即

$$\dot{E}_{1\sigma} = -\mathrm{j}\dot{I}_0 \omega L_{1\sigma} = -\mathrm{j}\dot{I}_0 X_{1\sigma} \tag{6.13}$$

式中 $X_{1\sigma} = \omega L_{1\sigma}$ 是对应于漏磁通的原绕组的漏电抗,它是一个常数,不随电流的大小而变。这是由于漏磁通主要通过非磁性介质,由于它的磁阻很大,几乎消耗了回路全部的磁压降,而且它的导磁率 μ_0 是常数,因此 $\phi_{1\sigma}$ 的磁路的磁导也是一个不变的值,所以漏电抗 $X_{1\sigma}$ 也是一个常数。

此外,在原绕组中由于存在电阻 R_1,当电流从绕组中流过时,还将产生电阻压降 $\dot{I}_0 R_1$。

于是根据图 6.1 所规定的正方向,可得原边用相量表示的电势平衡方程式为

$$\dot{U}_1 = -\dot{E}_1 - \dot{E}_{1\sigma} + \dot{I}_0 R_1 \tag{6.14}$$

将式(6.13)代入式(6.14)可得

$$\dot{U}_1 = -\dot{E}_1 + \mathrm{j}\dot{I}_0 X_{1\sigma} + \dot{I}_0 R_1 = -\dot{E}_1 + \dot{I}_0 Z_1 \tag{6.15}$$

式中, $Z_1 = R_1 + \mathrm{j}X_{1\sigma}$ 为原绕组的漏阻抗。此外,空载时由于副边没有电流,所以也就不产生压降,变压器的副边电压就等于它的感应电势,即

$$\dot{E}_2 = \dot{U}_2 \tag{6.16}$$

从公式(6.14)可以看出,与电源电压 $\dot{U}_1$ 相平衡的 3 个压降应为感应电势 $\dot{E}_1$、原绕组的漏感电势 $\dot{E}_{1\sigma}$ 以及原绕组上的电阻压降 $\dot{I}_0 R_1$。但是,在这几个因素中,到底哪个是决定感应电势 $\dot{E}_1$ 的主要因素呢? 在此有必要从数量上加以进一步的分析比较。

变压器原绕组中的电阻压降通常是很小的,即使当 $I_1 = I_{1N}$ 时,原绕组的电阻压降 $I_{1N} R_1$ 也不到 U_{1N} 的 1%。因此完全可以把 $I_1 R_1$ 一项忽略掉。如前所述,原边漏磁通 $\phi_{1\sigma}$ 只占全部磁通的 1% 以下,因此它所产生的漏感电势 $E_{1\sigma}$ 也是不大的。通过实测分析,发现即使当 $I_1 = I_{1N}$ 时, $E_{1\sigma}$ 的大小也不会超过 U_{1N} 的 10%。因此, $E_{1\sigma}$ 在进行定性分析时也可以忽略不计。

在忽略电阻压降 $I_0 R_1$ 及漏感电势 $E_{1\sigma}$ 之后,公式(6.14)即变为

$$-\dot{E}_1 \approx \dot{U}_1 \tag{6.17}$$

公式(6.17)表明:在数值上 $E_1 \approx U_1$;在波形上, e_1 和 u_1 近似相同;在相位上, e_1 和 u_1 相差 $180°$。

比较式(6.9)与式(6.17)可知:

$$\dot{U}_1 \approx -\dot{E}_1 = \mathrm{j}4.44 f N_1 \dot{\Phi}_m \tag{6.18}$$

从上式可以看出,变压器内部的主磁通,主要决定于外加电源电压和频率。可以这样认为,由于外加电源电压要求变压器产生一定的主磁通 ϕ_m,以便能够在原绕组上感应出一定的电势 E_1 来和它相平衡。因此,也可以认为变压器的主磁通主要是由外加电源电压 $\dot{U}_1$ 制约的,这是变压器的一个重要特性。

显然,对于已经运行的变压器,由于它的匝数 N_1 是确定的,则 $\dot{\Phi}_m$ 的大小主要决定于电源电压 $\dot{U}_1$ 的大小和频率。而在设计与制造变压器时,如果外加电源电压 $\dot{U}_1$ 和频率 f 已经给定,则变压器主磁通的大小就取决于变压器原绕组的匝数 N_1。

6.1.3　变压器的变比 k 和电压比 K

1. 变比 k

通常,把变压器原绕组感应电势 E_1 对副绕组感应电势 E_2 之比称为变压器的变比,用符

号 k 来表示,即

$$k = \frac{E_1}{E_2} = \frac{4.44 f N_1 \Phi_{\mathrm{m}}}{4.44 f N_2 \Phi_{\mathrm{m}}} = \frac{N_1}{N_2} \tag{6.19}$$

上式表示的变比 k 也就等于原、副绕组的匝数比。当单相变压器空载运行时,由于 $U_1 \approx E_1$, $U_2 = E_2$,因此单相变压器的变比还可以近似地认为等于空载运行时的每相电压之比,即

$$\frac{U_{1\text{相}}}{U_{2\text{相}}} \approx \frac{E_1}{E_2} = \frac{N_1}{N_2} = k \tag{6.20}$$

从公式(6.19)可以看出:如果 $N_2 > N_1$,则 $E_2 > E_1$,这就是升压变压器;反之,如果, $N_2 < N_1$,则 $E_2 < E_1$,这就是降压变压器。因此,变压器之所以能够改变电压,根本原因就是两个绕组的匝数不同,主要是在设计制造时适当选择原、副绕组的匝数比即可实现人们所要求的电压变换。但是,应当着重指出,原绕组的匝数并不是可以任意选定的,它必须符合式(6.18),即

$$U_1 \approx 4.44 f N_1 \Phi_{\mathrm{m}} = 4.44 f N_1 B_{\mathrm{m}} S$$

或

$$N_1 \approx \frac{U_1}{4.44 f B_{\mathrm{m}} S} \quad (\text{匝}) \tag{6.21}$$

式中　U_1——电源电压(V);

　　　Φ_{m}——磁通量的最大值(Wb);

　　　B_{m}——磁通密度的最大值(T),通常,在采用热轧硅钢片时取 $1.1 \sim 1.475$ T,对冷轧硅钢片取 $1.5 \sim 1.7$ T;

　　　S——铁心的有效截面积(m^2);

　　　f——电源频率。

通常在设计制造变压器时,电源电压 U_1 和频率 f 都是已知的,只要根据铁心材料即可决定 B_{m},再选取一定的铁心截面积 S,运用式(6.21)即可很方便地确定原绕组匝数 N_1 的大致范围,再根据变比 $k = N_1/N_2$,就可以确定副绕组的匝数 N_2 了。

变比 k 是变压器的重要参数,无论是单相变压器或者是三相变压器,k 对变压器的设计、制造和运行检修都有着密切关系。对三相变压器而言,k 是相绕组匝数比或相电压之比。

2. 电压比 K

变比 k 为相电势之比或每相电压之比,又是匝数之比,但绝非线电压之比。而电压比 K 定义为线电压之比,仅在讨论三相变压器联结组或联结组实验时才用到电压比 K。试验时的计算公式为

$$K = \left(\frac{U_{\mathrm{AB}}}{U_{\mathrm{ab}}} + \frac{U_{\mathrm{BC}}}{U_{\mathrm{bc}}} + \frac{U_{\mathrm{CA}}}{U_{\mathrm{ca}}} \right) \times \frac{1}{3} \tag{6.22}$$

6.1.4　变压器空载运行时的等效电路和相量图

如前所述,变压器空载运行时,空载电流 i_0 产生励磁磁势 F_0,F_0 建立主磁通 ϕ,产生所需要主磁通的电流叫做励磁电流,用 i_{m} 表示。空载时 $i_{\mathrm{m}} = i_0$。而交变的磁通 ϕ 将在原绕组内产生感应电势 e_1。励磁电流 i_{m} 又包括两个分量,其中单独产生磁通的电流为磁化电流 $\dot{I}_{0\mathrm{w}}$,$\dot{I}_{0\mathrm{w}}$ 与电势 $\dot{E}_1$ 之间的夹角是 $90°$,故 $\dot{I}_{0\mathrm{w}}$ 是一个纯粹的无功电流。铁心中的磁通交变,一

定存在着涡流损耗和磁滞损耗,励磁电流还应包括一个对应于铁心损耗的有功电流 $\dot{I}_{0y}$。即 $\dot{I}_m = \dot{I}_{0w} + \dot{I}_{0y}$,考虑铁耗影响的变压器的相量图如图 6.2 所示。所以考虑铁心损耗的影响后,产生 $\dot{\Phi}_m$ 所需要的励磁电流 $\dot{I}_m$ 便超前 $\dot{\Phi}_m$ 一个小角度 α。

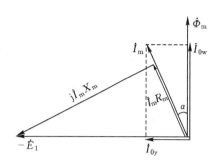

图 6.2　考虑铁耗影响的变压器相量图

将主磁通感应的电势 $-\dot{E}_1$ 沿 $\dot{I}_m$ 方向分解为分量 $\dot{I}_m R_m$ 和分量 $\dot{I}_m X_m$ 的相量之和,以便得出空载时的等效电路。故从图 6.2 相量图知

$$-\dot{E}_1 = \dot{I}_m R_m + j\dot{I}_m X_m = \dot{I}_m Z_m \qquad (6.23)$$

式中,**励磁电阻 R_m 是反映铁耗的等效电阻。励磁电抗 X_m 是主磁通 $\dot{\Phi}$ 引起的电抗,反映了变电器铁心的导磁性能,代表了主磁通对电路的电磁效应。**

用一个支路 $R_m + jX_m$ 的压降来表示主磁通对变压器的作用,再将原绕组的电阻 R_1 和漏电抗 $X_{1\sigma}$ 的压降在电路图上表示出来,即得到变压器空载时的等效电路图如图 6.3 所示。

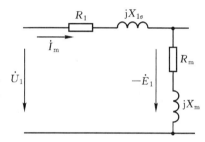

图 6.3　变压器空载时的等效电路

原绕组的电阻 R_1 和漏磁通 $\dot{\Phi}_{1\sigma}$ 引起的电抗 $X_{1\sigma}$ 基本上是不变的常量,或者说,R_1 和 $X_{1\sigma}$ 不受饱和程度的影响。但是,由于铁心存在着饱和现象,**使得 R_m 和 X_m 都是随着饱和程度的增加少而减少的,**在实际应用中应当注意这个结论。但是,变压器在正常工作时,由于电源电压变化范围很小,故铁心中主磁通的变化范围不大,励磁阻抗 Z_m 也基本保持不变。

6.2　变压器的负载运行

6.2.1　变压器负载时的磁势平衡方程

1. 变压器的规定正方向

交流电路分析时,为了使用相量运算,一定要先标出各电量的正方向才能列出方程式进行求解。在研究交流电机和变压器时,由于每种电机的电路是一定的,电机学中对各量的正方向进行了规定,形成所谓的"惯例"。变压器负载运行时的规定正方向如图 6.4 所示。如果不按此"惯例",得到的电路方程正负号形式便不同。这样做除了带来不方便,也并无什么益处。

图 6.4 中变压器的正方向为什么如此规定? 简单解释如下:电源电压 $\dot{U}_1$ 的正方向(即"箭头"方向)为由上至下的电位降方向;原方绕组流过电流 $\dot{I}_1$,其正方向即从绕组的首端 A 流入。原方电流 $\dot{I}_1$ 产生的磁动势所建立的主磁通和漏磁通分别是 $\dot{\Phi}$ 和 $\dot{\Phi}_{1\sigma}$,则电流和磁通之间的正方向应符合右手螺旋关系。主磁通同时匝链原、副方绕组并在其中感应电势 $\dot{E}_1$ 和 $\dot{E}_2$。据电磁感应定律,$\dot{E}_1$、$\dot{E}_2$ 正方向与 $\dot{\Phi}$ 的正方向,$\dot{E}_{1\sigma}$ 和 $\dot{E}_{2\sigma}$ 与 $\dot{\Phi}_{1\sigma}$ 和 $\dot{\Phi}_{2\sigma}$ 的正方向,均应符合右手螺旋关系。注意,这里的电势 $\dot{E}_1$、$\dot{E}_2$ 等的正方向均指电位升方向,并非电位降。这

样副方电压 $\dot{U}_2$ 和电流 $\dot{I}_2$ 的正方向就是由下至上。因此就得到了变压器负载运行时的规定正方向,如图 6.4 所示。

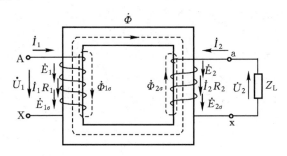

图 6.4 变压器负载运行时的规定正方向

2. 磁势平衡方程式

变压器负载运行时,副方电流所产生的磁势 $\dot{I}_2 N_2$ 也作用于铁心上,力图改变铁心中的主磁通 $\dot{\Phi}$ 及其感应的电势 $\dot{E}_1$,由电势平衡方程式(6.15)知,原方电流也变化为 $\dot{I}_1$,但是,实际变压器中的原边漏阻抗 Z_1 很小,其电压降 $\dot{I}_1 Z_1$ 远小于 $\dot{E}_1$,因此 $\dot{U}_1$ 的数值由电网电压所决定,可认为不变。这样变压器负载运行时的主磁通及产生它所需要的合成磁势 $\dot{I}_1 N_1 + \dot{I}_2 N_2$ 应该与空载运行时的磁势 $\dot{I}_0 N_1$ 相等,故磁势平衡方程式为

$$\dot{F}_1 + \dot{F}_2 = \dot{F}_m \approx \dot{F}_0 \tag{6.24}$$

或

$$\dot{I}_1 N_1 + \dot{I}_2 N_2 = \dot{I}_m N_1 \approx \dot{I}_0 N_1 \tag{6.25}$$

式中 $\dot{F}_1$——原绕组磁势;

      $\dot{F}_2$——副绕组磁势;

      $\dot{F}_m$——建立主磁通所需要的合成磁势,也叫励磁磁势,计算时用空载磁势 $\dot{F}_0$ 代替。

将式(6.25)第一个等号两边同除以 N_1,整理后并考虑 $k = N_1 / N_2$,得

$$\dot{I}_1 = \dot{I}_m + \left(-\frac{\dot{I}_2}{k}\right) = \dot{I}_m + \dot{I}_{1L} \tag{6.26}$$

式中

$$\dot{I}_{1L} = -\frac{\dot{I}_2}{k} \tag{6.27}$$

从式(6.26)可以看出,当变压器负载后,原边电流 $\dot{I}_1$ 可以看成由两个分量组成:一个分量是励磁电流分量 $\dot{I}_m$,它在铁心中建立起主磁通 $\dot{\Phi}$;另一个分量是随负载变化的分量 $\dot{I}_{1L}$,用来抵消负载电流 $\dot{I}_2$ 所产生的磁势,所以 $\dot{I}_{1L}$ 又称为原边电流的负载分量。

由于在额定负载时,$\dot{I}_m$ 只是 $\dot{I}_1$ 中的一个很小的分量,一般只占 I_{1N} 的 $2\% \sim 8\%$,因此在分析负载运行的许多问题时,都可以把励磁电流忽略不计,这样从式(6.26)可以有

$$\dot{I}_1 + \frac{1}{k}\dot{I}_2 \approx 0 \tag{6.28}$$

从数值上则可认为

$$I_1 / I_2 \approx N_2 / N_1 = 1/k \tag{6.29}$$

上式是表示原、副方绕组内电流关系的近似公式。同时说明了变压器原、副方绕组电流大小与变压器原、副方绕组的匝数大致成反比。由此可见,由于变压器原、副方绕组匝数不

同,所以它不仅能够起到变换电压的作用,而且也能够起到变换电流的作用。

6.2.2　负载运行时的电势平衡方程

变压器负载运行时的各电磁量的物理过程如下:

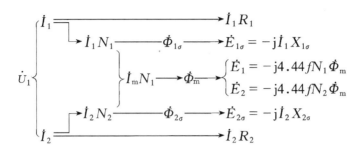

变压器负载时,除了铁心内的主磁通 $\dot{\Phi}_m$ 外,还分别有原、副方绕组漏磁通 $\dot{\Phi}_{1\sigma}$ 与 $\dot{\Phi}_{2\sigma}$ 单独与原、副方绕组相匝链,二者分别相应由原、副方绕组的磁势单独产生。

主磁通 $\dot{\Phi}_m$ 将在原、副方绕组内分别感应出电势 $\dot{E}_1$ 与 $\dot{E}_2$;而漏磁通 $\dot{\Phi}_{1\sigma}$ 与 $\dot{\Phi}_{2\sigma}$ 也将分别感应出原绕组漏感电势 $\dot{E}_{1\sigma}$ 及副绕组漏感电势 $\dot{E}_{2\sigma}$。

根据图 6.4 所示的参考方向,我们可以分别列出负载时原、副边的电势平衡方程式。

负载时原边的电势平衡方程式与空载时的电势平衡方程式基本相同,即

$$\dot{U}_1 = -\dot{E}_1 + \dot{I}_1 R_1 + j\dot{I}_1 X_{1\sigma}$$
$$= -\dot{E}_1 + \dot{I}_1(R_1 + jX_{1\sigma}) = -\dot{E}_1 + \dot{I}_1 Z_1 \tag{6.30}$$

同样,也可求出副边的电势平衡方程式为

$$\dot{U}_2 = \dot{E}_2 - \dot{I}_2 R_2 + \dot{E}_{2\sigma}$$
$$= \dot{E}_2 - \dot{I}_2 R_2 - j\dot{I}_2 X_{2\sigma}$$
$$= \dot{E}_2 - \dot{I}_2(R_2 + jX_{2\sigma}) = \dot{E}_2 - \dot{I}_2 Z_2 \tag{6.31}$$

式中　$\dot{E}_{2\sigma}$——副绕组的漏感电势,它同样可以用副绕组的漏抗压降来表示,即

$$\dot{E}_{2\sigma} = -j\dot{I}_2 X_{2\sigma} \tag{6.32}$$

　　R_2——副绕组的电阻;

　　$X_{2\sigma}$——副绕组的漏电抗;

　　Z_2——副绕组的漏阻抗。

6.3　变压器的等效电路和相量图

通过前面两节的分析得出了变压器的基本方程式(6.26)、(6.30)和(6.31),但是要直接运用这些公式去解析变压器的问题,仍然是比较复杂的。这主要是由于原、副方绕组的匝数不同,使得原边和副边的电量均为独立的量,这两边是靠磁耦合的,计算时很不方便,画相量图也比较困难。因此,在实际分析计算时希望有一种简便的方法,这就是本节所要介绍的折算法和等效电路。

6.3.1 变压器的折算法

如前所述,在实际的变压器中,由于 $N_1 \neq N_2$,就使得变压器的分析计算复杂化了。如果设想能够把实际的副绕组用一个匝数和原绕组相同,而占有原来副绕组同样的几何位置的等效副绕组来代替,使得变比 $k=1$,则变压器的分析计算工作将会大大简化。

所谓等效副绕组,就是说用其代替实际的副绕组以后对变压器原边的运行丝毫没有影响。由上一节的分析可知,副绕组内的负载电流是通过它的磁势来影响原绕组中的电流的,因此,只要保证副绕组能产生同样的磁势 F_2,那么从原边看过去,效果将完全一样。然而要产生同样的 F_2,副绕组的匝数却可以自由选定,并不一定必须是 N_2。

现在完全可以保持原绕组和铁心不变,而把副绕组的匝数换成 N_1,并相应地改变此绕组和负载的阻抗值,使得副边的电流变为 $\dot{I}_2'$,以满足 $\dot{I}_2'N_1 = \dot{I}_2 N_2 = \dot{F}_2$ 的关系。而这个电流为 $\dot{I}_2'$、匝数为 N_1 的绕组和原来电流为 $\dot{I}_2$、匝数为 N_2 的副绕组,对原边来说则完全是等效的。

应用这种方法把实际的副绕组用一个和原绕组具有相同匝数的等效副绕组来代替,就称为副绕组折合到原边或称为副边折算到原边。这种方法就称为**变压器的折算法**。另外,按同样的原则也可以把原边的量折算到副边。在实际应用中,应当折算到哪一边去主要看解决哪一边的问题方便而定。通常以副边折算到原边的情况为多。

经过折算后,由于原、副绕组的匝数相同,故它们的电势相同,因此就有可能把它们连接成为一个等效电路。这样,变压器原来具有的两个电路和一个磁路的复杂问题就可以简化成为一个等效的纯电路问题,从而大大简化了变压器的分析计算。

显然,这种折算法只是人们处理问题的一种方法,因此在折算后,变压器的磁势、功率以及损耗等都不应有改变。换句话说,采用折算法并不改变变压器的电磁物理过程。

下面具体来推导折算后的变压器和实际变压器副边各量之间对应的关系式。现把等效变压器副边各量都加上一撇(′)来标记,并称为折算值。

1. 电势和电压的折算

折算后,变压器两侧绕组有着相同的匝数,即 $N_1 = N_2'$,由于电势的大小与绕组的匝数成正比,故

$$\frac{E_2'}{E_2} = \frac{N_2'}{N_2} = \frac{N_1}{N_2} = k$$

式中　k——变比。

故
$$E_2' = E_2 k \tag{6.33}$$

上式说明了要把副边电势折合到原边,只需乘以变比 k。

同理,副边其它电势和电压也应按同一比例折算,得

$$E_{2\sigma}' = E_{2\sigma} k \tag{6.34}$$
$$U_2' = U_2 k$$

2. 电流的折算

在将副边电流折算到原边时,磁势不应改变,即:$I_2' N_2' = I_2 N_2$。所以

$$I_2' = I_2 \frac{N_2}{N_2'} = I_2 \frac{N_2}{N_1} = I_2 \frac{1}{k} \tag{6.35}$$

即经过折算后的电流为折算前实际值的 $\frac{1}{k}$ 倍。

3. 阻抗的折算

要把二次侧的阻抗折算到一次侧去,必须遵守有功功率和无功功率不变的原则。因此

$$I_2'^2 R_2' = I_2^2 R_2$$

故 $$R_2' = R_2 \left(\frac{I_2}{I_2'}\right)^2 = R_2 k^2 \tag{6.36}$$

同理 $$I_2'^2 X_{2\sigma}' = I_2^2 X_{2\sigma}$$

故 $$X_{2\sigma}' = X_{2\sigma} \left(\frac{I_2}{I_2'}\right)^2 = X_{2\sigma} k^2 \tag{6.37}$$

故阻抗折算时,必须将折算前的阻抗乘以 k^2。

注意到副方电压和负载阻抗也一定要进行折算,即

$$U_2' = U_2 k, \quad Z_L' = Z_L k^2 \tag{6.38}$$

6.3.2 变压器负载运行时的等效电路

前面分析了变压器空载运行时的等效电路,下面进一步分析负载运行时的等效电路。

变压器负载运行示意图如图 6.5 所示,这是根据前述方程式画出的。图中副绕组所有量均已折算到原边。$Z_2' = R_2' + jX_{2\sigma}'$ 为副绕组的漏阻抗;副边输出端接有负载,其阻抗为 Z_L';副边电压为 $\dot{U}_2'$;副边感应电势为 $\dot{E}_2'$。由于所有副边各量都已折算到原边,而 $N_2' = N_1$,所以可以把它看作是匝数比为 1 的变压器,故 $\dot{E}_1 = \dot{E}_2'$。换句话说,端点 b - d 和 c - e 分别是等电位的,故可以把它们连接起来,如图中虚线所示。这样做并不破坏原、副边电路的独立性,因此在连线上并无电流流过,所以运行情况仍不变。既然两个绕组已经通过连线并联起来,便可以合并成一个绕组,看作是有励磁电流 $\dot{I}_m = \dot{I}_1 + \dot{I}_2'$ 流过,因 $I_2' = I_2/k$,则这样就与式(6.26)完全等值。这样合并后的绕组连同变压器铁心在内就相当于一个绕在铁心上的电感线圈,如前所述就可以用等值阻抗 $Z_m = R_m + jX_m$ 来代替,这样就得到了变压器负载运行时的等效电路,如图 6.6 所示。

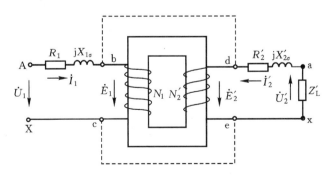

图 6.5 变压器负载运行示意图

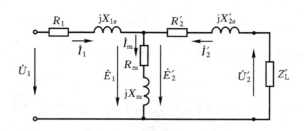

图 6.6 变压器负载运行时的等效电路

以上说明,负载运行时的变压器完全可以用图 6.6 所示的"T"形电路来代替。原边支路的参数为漏阻抗 Z_1,有电流 $\dot{I}_1$ 流过;励磁支路是励磁阻抗 Z_m,有电流 $\dot{I}_m$ 流过;与励磁支路并联的副边支路是副边阻抗 Z_2' 和负载阻抗 Z_L' 的串联,有电流 $\dot{I}_2'$ 流过。

在图 6.6 的等效电路中,消耗在 R_1 及 R_2' 中的功率损耗 $I_1^2 R_1$ 和 $I_2'^2 R_2'$ 分别代表原绕组和副绕组中的铜损耗;消耗在 R_m 中的损耗 $I_m^2 R_m$ 代表变压器内的铁损耗;$U_1 I_1$ 为输入视在功率;$U_2' I_2'$ 为输出视在功率;$E_1 I_1 = E_2' I_2' = E_2 I_2$ 是原边通过电磁感应传递给副边的电磁视在功率。图 6.6 中的等效电路中的各电量的正方向均应按 6.2 节所规定的正方向画出。

图 6.6 所示的"T"形等效电路虽然能正确反映变压器负载运行的情况,但是它含有串联及并联的支路,计算时较复杂。在一般变压器中,励磁阻抗 Z_m 比漏阻抗要大得多(例如 SJ —100 kVA 变压器的参数:$Z_m = 5\,550\ \Omega$,$Z_1 = 9.9\ \Omega$),因此如果把励磁回路移到原边漏阻抗 Z_1 的左边,就成为近似(或"Γ"形)等效电路,如图 6.7 所示。这对 $\dot{I}_1$,$\dot{I}_2'$ 和 $\dot{E}_1$ 都不会引起很大误差,但计算上却大大简化。

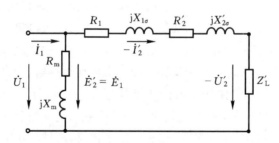

图 6.7 变压器的近似等效电路

此外,在分析变压器运行的某些问题时,例如副边绕组的端电压变化、变压器并联运行的负载分配等,由于励磁电流 I_m 相对于额定电流是比较小的(I_m 只占 I_{1N} 的 $2\% \sim 8\%$),因此在分析上述问题时常常可以把 I_m 忽略不计,从而将电路进一步简化为一个串联阻抗电路,简化等效电路如图 6.8 所示。用 Z_k 表示变压器的全部漏阻抗,包括原边和副边的漏阻抗,即

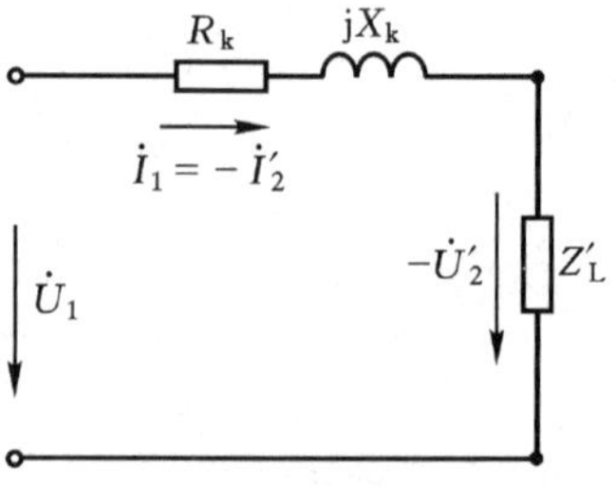

$$Z_k = R_k + jX_k \tag{6.39}$$

式中
$$R_k = R_1 + R_2' = R_1 + R_2 k^2 \tag{6.40}$$

$$X_k = X_{1\sigma} + X_{2\sigma}' = X_{1\sigma} + X_{2\sigma} k^2 \tag{6.41}$$

图 6.8 简化等效电路

Z_k 称为短路阻抗；R_k 称为短路电阻；X_k 称为短路电抗，可以用稳态短路试验求出（详见下节）。在采用图 6.8 所示的简化等效电路后，分析将十分简便，而所得结果的准确度也能满足工程上的要求。

当需要在副边的电压基础上分析问题时，就应该用折算到副边的等效电路。从上可以看出，一台变压器的阻抗，不论 Z_k 或 Z_m，从高压边或低压边看进去数值是不同的，因此若用欧姆数来说明阻抗的大小时，必须说明它是折算到哪一边的数值，或是在哪个电压基础上的，不然意义就不明确。可以看出，如果高压和低压的变比是 k，那么从高压边看进去的阻抗值是从低压边看进去的 k^2 倍。

总的说来，折算法和等效电路是一种很重要的分析方法。它是一种分析两个绕组之间通过电磁感应来传递能量时的相互关系的常用方法，不仅用来分析变压器的问题，也可用于其它电机的分析中。

6.3.3　变压器负载运行的相量图

应用变压器负载运行时的基本公式和折算法，可以把负载时原、副绕组的电势、电压和电流之间的相位关系用相量图来清楚地表示。一般把相量图作为定性分析的工具。图 6.9 为变压器电感性负载时的相量图。下面就来简单介绍它的绘制情况。

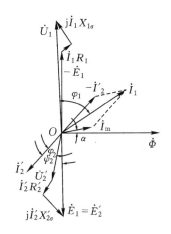

图 6.9　变压器感性负载时的相量图

（1）先将主磁通 Φ 作为参考相量画在水平轴方向（也可以画在垂直轴方向）；

（2）根据 $\dot{E}_1 = \dot{E}_2' = -\mathrm{j}4.44fN_1\Phi_m$ 画出相量 $\dot{E}_1 = \dot{E}_2'$，它落后于主磁通 90°，此图是垂直向下的；

（3）副边电流 $\dot{I}_2'$ 的大小和相位由副边电势 $\dot{E}_2'$ 和副边电路的总阻抗 $Z_2' + Z_L'$ 的性质所决定，即

$$\dot{I}_2' = \frac{\dot{E}_2'}{Z_2' + Z_L'} \tag{6.42}$$

此电流落后于 $\dot{E}_2'$（当感性负载时）一个 ψ_2 角

$$\psi_2 = \arctan \frac{X_{2\sigma}' + X_L'}{R_2' + R_L'}$$

式(6.42)中的 $Z_L' = R_L' + \mathrm{j}X_L'$ 为负载阻抗。根据以上两式求出的 $\dot{I}_2'$ 及 ψ_2 值，可在图上画出相量 $\dot{I}_2'$。ψ_2 为 $\dot{I}_2'$ 与 $\dot{E}_2'$ 之间的夹角，被称为内功率因数角。

（4）根据副边漏感电势 $\dot{E}_{2\sigma}' = -\mathrm{j}\dot{I}_2'X_{2\sigma}'$ 落后于 $\dot{I}_2'$ 90°以及 $\dot{U}_2' = \dot{E}_2' - \dot{I}_2'Z_2'$，在相量 $\dot{E}_2'$ 上依次减去 $\mathrm{j}\dot{I}_2'X_{2\sigma}'$ 和 $\dot{I}_2'R_2'$，即可求得副边电压相量 $\dot{U}_2'$，$\dot{U}_2'$ 和 $\dot{I}_2'$ 之间的夹角 φ_2 决定于负载的功率因数。

（5）根据励磁电流 $\dot{I}_m$ 相量应超前于主磁通 Φ 一个 α 角的原则（参见空载时的相量图），作出 $\dot{I}_m$ 相量，再按公式 $\dot{I}_1 = -\dot{I}_2' + \dot{I}_m$ 在图上作出原方电流 $\dot{I}_1$ 相量。

（6）在与相量 $\dot{E}_1$ 相差 180°的方向作出相量 $-\dot{E}_1$，再按原边电势平衡方程式 $\dot{U}_1 = -\dot{E}_1 + \dot{I}_1R_1 + \mathrm{j}\dot{I}_1X_{1\sigma}$，分别在相量$(-\dot{E}_1)$ 的末端加上电阻压降 $\dot{I}_1R_1$ 及电抗压降 $\mathrm{j}\dot{I}_1X_{1\sigma}$，于是得出原边电压相量 $\dot{U}_1$。标出 $\dot{I}_1$ 与 $\dot{U}_1$ 的夹角 φ_1 即该变压器的功率因数角。至此，图 6.9 中的相量

图即全部画成。

按照同样的原则及方法,可以绘制出在纯电阻负载下的相量图和容性负载时的相量图。绘制的过程读者可以自行分析推导,这里不再详述。

以上已经全面介绍了变压器的基本方程式、相量图和等效电路这样 3 种分析变压器的工具和方法,它们虽然形式不同,但实质上是一致的。例如,与"T"形等效电路(图 6.6)对应的方程式如下:

$$\begin{cases} \dot{U}_1 = -\dot{E}_1 + \dot{I}_1(R_1 + jX_{1\sigma}) \\ \dot{U}_2' = \dot{E}_2' - \dot{I}_2'(R_2' + jX_{2\sigma}') \\ \dot{I}_m = \dot{I}_1 + \dot{I}_2' \end{cases} \tag{6.43}$$

将以上两式的副方折算量(即带"′"者)用对应的 6.3.1 节的有关公式代入到式(6.43)后,可得到未折算前的实际方程式,则式(6.43)中第二式的实际公式只是将各物理量的"′"去掉了。这说明折算的确是等效的。3 种分析方法中,基本方程式是基础,而相量图和等效电路则是基本方程式的另一种表达方式。通常,在做定性分析时,应用相量图分析比较清楚;在做定量计算时,用等效电路使计算顺利进行。

6.4 变压器的参数测定和标幺值

等效电路中的各种电阻、电抗、阻抗和变比,如 R_1、X_m、Z_m、Z_k、k 等,称为变压器的参数,它们对变压器的运行性能有直接的影响。知道了变压器的参数后,就可以得出变压器的等效电路,也就可以利用等效电路去分析、计算变压器的运行性能。同时,从设计、制造的观点看,合理选择参数对变压器的产品成本和技术经济性能都有较大的影响。

关于在设计时计算与选择变压器参数的问题将在有关课程中详细讨论,这里不再提及,下面只介绍参数的试验测定。通常,变压器的参数可以通过变压器的空载试验和稳态短路试验来求得。

6.4.1 变压器的空载试验

变压器空载试验的主要目的为:①测量空载电流 I_0;②测定变比 k;③测量该变压器的铁损耗 p_{Fe};④测定励磁参数 $Z_m = R_m + jX_m$。

图 6.10 为单相变压器空载试验接线图。试验时副边开路,原边加上额定电压,然后通过仪表分别测量出 U_1、U_{20}、I_0 和空载输入功率 p_0。

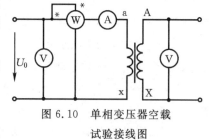

图 6.10 单相变压器空载
试验接线图

由于变压器空载运行时副绕组开路,故本身不存在铜损耗,在原绕组中虽有空载电流产生的铜损耗,但因 I_0 较小,因而可忽略不计。故可以认为变压器空载时的输入功率 p_0 完全是用来抵偿变压器的铁损耗,即 $p_0 \approx p_{Fe}$。$I_0 = I_m$,即等于励磁电流。

这样,根据空载试验所测出的 U_1、U_{20}、I_0 和 p_0 即可算出

$$z_{m} = \frac{U_1}{I_0} \qquad (6.44)$$

$$R_{m} = \frac{p_0}{I_0^2} \qquad (6.45)$$

$$X_{m} = \sqrt{z_{m}^2 - R_{m}^2} \qquad (6.46)$$

变比为
$$k = \frac{U_1}{U_{20}} = \frac{U_{高压}}{U_{低压}} \qquad (6.47)$$

式中 U_{20}——空载时测出的副边电压。

应当注意,由于 Z_{m} 与磁路的饱和程度有关,不同电压下测出的数值是不一样的,故应取额定电压下的数据来计算励磁阻抗。

原理上,空载试验可以在高压边做也可以在低压边做,但为了方便与安全起见,空载试验常在低压边做。但应注意,低压边所测得的励磁阻抗 Z_{m2} 要折算到高压边还必须乘以 k^2,即 $Z_{m} = Z_{m2} k^2$。详见例 6.1 中励磁阻抗 Z_{m} 的计算方法。

此外,对于三相变压器来说在应用上述公式时,必须根据一相的损耗以及相电压和相电流来计算各参数。关于空载实验的其它问题还可参考有关书籍。

6.4.2 稳态短路试验

当变压器的副边直接短路时,副边电压是等于零的,这种情况就是变压器的短路运行方式。如原边在额定电压下运行时,副边发生短路,就会产生很大的短路电流,这种情况称为突然短路,这在变压器运行时是不允许的。在本节中讨论稳态短路试验,以前曾叫短路试验。

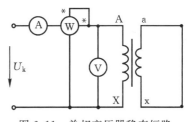

图 6.11 单相变压器稳态短路试验接线图

单相变压器稳态短路试验接线图如图 6.11 所示。为了使短路电流不致很大,试验时外加电源电压一般必须降低到额定电压的 10% 以下,为此原边一般通过调压器接到电源上。试验时,电压从零逐步增加,直到高低压绕组电流达额定值为止,然后读取短路电流 I_k、原边短路电压 U_k 和短路损耗 p_k 等数据,并记录试验时的环境温度 θ。

通常把短路试验在原边电流为额定时的短路电压实际值 U_k 用原边额定电压的百分数表示,常称为阻抗电压 u_k,即

$$u_{k} = \frac{U_k}{U_{1N}} \times 100\% \qquad (6.48)$$

在进行短路试验时,当副绕组电流达额定值 I_{2N} 时,原绕组中的电流也达 I_{1N},这时绕组中的铜耗就相当于额定负载时的铜耗(故把该试验又叫负载损耗的测定)。从简化的等效电路可以看出,当副边短路而原边通入额定电流时,原边所加的端电压只是为了与变压器的阻抗压降 $I_{1N} Z_k$ 相平衡。由于短路试验时所加的电压 U_k 很低,所以铁心中的主磁通也非常小,故完全可以忽略励磁电流与铁耗,这时输入的功率被认为就是绕组的铜损耗。

根据试验所测出的各个数据,可以分别计算出变压器的各短路参数,即

$$U_{k} = I_{1N} z_{k}, \quad 故 \quad z_{k} = \frac{U_k}{I_{1N}} \qquad (6.49)$$

由于 $\qquad\qquad p_{k} = I_{1N}^{2}R_{k}, \quad 故 \quad R_{k} = p_{k}/I_{1N}^{2}$ $\qquad$ (6.50)

从而短路电抗为

$$X_{k} = \sqrt{z_{k}^{2} - R_{k}^{2}} \qquad\qquad (6.51)$$

此外,根据规定,在计算变压器的性能时,绕组电阻应换算到 75 ℃时的数值,即(注:绕组材料为铜时的系数为 234.5,若绕组材料为铝,将系数换成 228 即可)

$$R_{k75} = \frac{234.5 + 75}{234.5 + \theta}R_{k} \qquad\qquad (6.52)$$

式中 $\quad \theta$——进行短路试验前的绕组温度(℃)。

因而,在 75 ℃时相应的短路阻抗为

$$z_{k75} = \sqrt{R_{k75}^{2} + X_{k}^{2}} \qquad\qquad (6.53)$$

同空载试验一样,上面所列的只是单相的计算方法,对三相变压器应该用每相的值来计算。另外,式(6.52)使用于铜导线构成的绕组。注意到没有特殊声明时,R_{k}、z_{k} 被认为已经是 75 ℃时的值。

应当指出,阻抗电压 u_{k} 值是变压器的重要参数,它的大小主要决定于变压器的设计尺寸,但 u_{k} 值的选择却涉及到变压器的成本、效率、电压稳定性、短路电流大小等等。通常从正常运行的角度看,希望变压器的短路电压小一些,这样可以减少运行时的电压降落,从而使端电压的波动受负荷变化的影响小一些。此外,u_{k} 小还可降低铜损耗。但是,为了降低突然短路时的短路电流,又希望 u_{k} 值大一些。因此变压器阻抗电压 u_{k} 值的选择,应当具体情况具体分析,要处理正常运行与事故时的不同要求,并考虑变压器制造成本等因素来正确地解决。

6.4.3 标幺值

在电机或电力工程的计算工作中,有时不采用实际的物理单位来表示各物理量(例如电阻的单位用"Ω"、电压的单位用"V"、电流的单位用"A"表示),而采用实际值与某对应单位值的比值来表示。此对应单位值就是基值,一般取对应的额定值,而**标幺值就是实际值与该基值的比值**。例如:三相变压器的 U_{1Np},I_{1Np} 就是原边相电压、相电流的基值;而原边阻抗(含电阻和电抗)的基值就是 $z_{1N} = U_{1Np}/I_{1Np}$;变压器总损耗(含功率)的基值就是 $S_{N} = mU_{1Np}I_{1Np}$。

以原边物理量为例,用标幺值表示的实际值如下。

原边电压的标幺值为 $U_{1}^{*} = U_{1}/U_{1Np}$;原边电流的标幺值为 $I_{1}^{*} = I_{1}/I_{1Np}$;原边电阻、电抗、阻抗和变压器空载损耗的标幺值分别为

$$R_{1}^{*} = R_{1}/z_{1N} = \frac{I_{1Np}R_{1}}{U_{1Np}} \qquad\qquad (6.54)$$

$$X_{1\sigma}^{*} = X_{1\sigma}/z_{1N} = \frac{I_{1Np}X_{1\sigma}}{U_{1Np}} \qquad\qquad (6.55)$$

$$p_{0}^{*} = p_{0}/S_{N} = \frac{p_{0}}{m_{1}U_{1Np}I_{1Np}} \qquad\qquad (6.56)$$

副边量类推。因此标幺值是与实际值一一对应的,各物理量的标幺值的表示方法就是在各对应物理量的右上(或下)角加" * "号。显然,标幺值是无量纲的。

由于原、副边的额定电压和额定电流是不相同的,所以原、副边的阻抗基值也不同,不难看出,这二者也是相差 k^2 倍。在具体计算某一边阻抗的标幺值时,必须与同一边的基值相比较。但变压器的短路阻抗的基值为原方的额定值 $z_{1N} = U_{1Np}/I_{1Np}$,则如下式表示:

$$z_k^* = \frac{z_k}{z_{1N}} = \frac{I_{1Np}z_k}{U_{1Np}} \tag{6.57}$$

又根据稳态短路实验时的 $I_{1Np}z_k = U_k$,则式(6.57)右端又可表示成

$$\frac{I_{1Np}z_k}{U_{1Np}} = \frac{U_k}{U_{1Np}} = U_k^* = u_k \tag{6.58}$$

故采用标幺值后,短路阻抗和短路电压的标幺值就相等了,即

$$z_k^* = U_k^* = u_k \tag{6.59}$$

这就是将短路电压叫阻抗电压的原因所在,条件是要采用标幺值表示。它的有功分量 U_R^* 和无功分量 U_X^* 分别称为电阻电压和漏抗电压如下式表示:

$$\begin{cases} U_R^* = R_k^* = \dfrac{I_{1Np}R_k}{U_{1Np}} \\ U_X^* = X_k^* = \dfrac{I_{1Np}X_k}{U_{1Np}} \end{cases} \tag{6.60}$$

显然,$z_k^* = \sqrt{R_k^{*2} + X_k^{*2}}$

采用标幺值进行计算有如下好处:

(1)采用标幺值表示比实际值更能明确表示其运行状态。例如,实际值 $I_2 = 3000$ A;而此值的对应 $I_2^* = 1.5$,说明变压器过载了。

(2)计算方便,便于性能比较。例如,不论变压器的大小,形状如何,变压器的两个主要指标的大小一般为 $I_0^* = (2 \sim 8)\%$,$U_k^* = (5 \sim 17.5)\%$,因此各种工程手册中用标幺值表示各有关物理量当然是屡见不鲜的了。

(3)采用标幺值后,等效电路中各参数无需再进行折算。例如 $R_2^* = R_2'^*$。说明如下:

$$R_2'^* = \frac{R_2'}{z_{2N}'} = \frac{R_2k^2}{z_{2N}k^2} = \frac{R_2}{z_{2N}} = R_2^*$$

6.5　变压器运行时副边电压的变化和调压装置

6.5.1　电压调整率

当变压器的副边流过负载电流时,由于绕组内存在着一定的漏阻抗,所以将产生一定的电压降落,这就使得负载时的副边电压 U_2 不同于空载时的副边电压 U_{20}。当原边电压 U_1 保持不变时,变压器从空载到负载,其副边电压相应的变化数值与负载电流的大小、负载的性质(即 $\cos\varphi_2$ 的大小)以及变压器本身的参数等有关。通常,副边电压的变化程度用电压调整率来表示。

所谓变压器的电压调整率是指空载时的副边电压 U_{20} 与负载时的副边电压 U_2 之差与额定副边电压 U_{2N} 之比值,用百分数来表示,即

$$\Delta U = \frac{U_{20} - U_2}{U_{2N}} \times 100\% \tag{6.61}$$

由于空载时的副边电压 U_{20} 就等于副边的额定电压 U_{2N}，故上式也可如下表示：

$$\Delta U = \frac{U_{2N} - U_2}{U_{2N}} \times 100\% \tag{6.62}$$

上式即为电压调整率的定义表达式，是用副边量表示的，若将上式右边分子、分母同乘以变比 k，则为用原边量（或折合到原边）表示：

$$\Delta U = \frac{U_{1N} - U_2'}{U_{1N}} \times 100\% \tag{6.63}$$

下面来推导一个有实用意义的公式，即式(6.65)。

变压器的简化等效电路对应的相量图如图 6.12 所示，用标幺值表示各相量大小，并作辅助线（即图中虚线）。

由式(6.62)知，$\Delta U = 1 - U_2^*$，由于实际 γ 角很小，略去后，线段 $\overline{OA} = \overline{OD}$，由几何关系知，又因为

$$\overline{OD} = \overline{DC} + \overline{CO} \approx \overline{OA} = U_{1N}^* = 1.0$$

所以

$$\begin{aligned}
\Delta U &= \overline{DO} - \overline{CO} = \overline{DC} \\
&= \overline{CF} + \overline{FD} = \overline{CF} + \overline{BE}
\end{aligned} \tag{6.64}$$

在 $\triangle BCF$ 中存在 $\quad \overline{CF} = \overline{BC}\cos\varphi_2 = I_1^* R_k^* \cos\varphi_2$

又在 $\triangle ABE$ 中存在 $\quad \overline{BE} = \overline{AB}\sin\varphi_2 = I_1^* X_k^* \sin\varphi_2$

将以上两式代入式(6.64)并考虑引入 β 为负载系数，其式为 $\beta = \dfrac{I_1}{I_{1N}} = \dfrac{I_2}{I_{2N}}$ 或 $\beta = I_1^*$ 则得

$$\Delta U = \beta(R_k^* \cos\varphi_2 + X_k^* \sin\varphi_2) \times 100\% \tag{6.65}$$

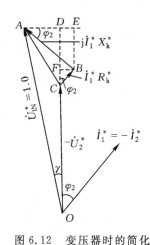

图 6.12 变压器时的简化等效电路对应的相量图

上式为计算变压器的电压调整率的实用公式。由此式可以看出变压器的电压调整率与以下 3 个因素有关：①变压器负载的大小，用 β 表示；②负载的性质，由 φ_2 表示；③变压器本身的漏阻抗 R_k 和 X_k。显然这 3 个因素中，③是副方电压变化的内在原因，而①和②是副方电压变化的外部条件。注意到用式(6.65)计算 ΔU 时，当负载为感性时 φ_2 应取正值，若为容性负载时 φ_2 应取负值。所以，变压器的负载为容性时，一则会出现副边电压随着负载电流的增加而增加的现象，可能使 ΔU 值为负；二则容性负载时的 ΔU 也可能会等于零，有时也有 ΔU 大于零的情况。通过实验可求取变压器在 3 种负载性质下的外特性曲线，如图6.13所示。

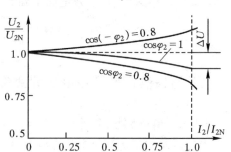

图 6.13 变压器在三种负载性质下的外特性曲线

6.5.2* 变压器的稳压装置

如前所述，变压器在负载运行时它的副边电压是会经常变化的。如果电压变化范围太大，则会给用户带来很大的影响。例如异步电动机对电压变动就是比较敏感的，当电压低到额定电压的 70% 以下时，电动机甚至将停止转动或损坏。因此，通常规定供电给用户的电压

变化范围一般不得超过额定值的 ±5%（即相当于额定电压的 95%～105% 的范围）。

为了保证供电电压的稳定，在一定范围之内必须进行电压调整。调整电压的方法较多，但改变变压器的变比来稳定电压是一种有效方法。

改变变比来调压是通过改变绕组的匝数（通常是改变高压绕组的匝数）来实现的。当副边电压下降时，可以减少高压绕组的匝数借以减小变比；当副边电压上升时，可以增加高压绕组的匝数，借以提高变比。为此，可在高压绕组上引出几个分接抽头，以供改变该绕组的匝数，从而为改变变比之用。中、小型变压器一般有 3 个分接头，中间一个分接头相当于额定电压，上、下分接头各相当于额定电压改变 ±5%。大型变压器一般有 5 个分接头，相应的电压调节范围为 ±2.5% 和 ±5%。

通常，变压器的调压方式又分为无励磁调压与有载调压两种，下面就无励磁调压为例予以说明。

无励磁调压（以往称为无载调压）是指切换分接头时必须将变压器从电网中切除，即在不带电的情况下进行切换的调节稳压方式。这时，连接与切换分接头的装置就称为无励磁分接开关（以往称为无载分接开关）。其原理接线图如图 6.14 所示（图上只画了 A 相作为代表）。其中图 6.14(a) 为中性点调压方式，分接头 X_1 圈数最多，为 +5% 级，分接头 X_2 相当于设计的额定电压，分接头 X_3 匝数最少，为 -5% 级。这种方式适用于中、小型变压器。图 6.14(b) 也属中性点调压方式，但绕组分为两半，末端的分接头从绕组中部引出。

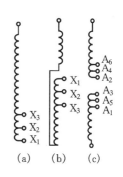

图 6.14　无励磁调压的原理接线图

图 6.14(c) 为三相中部调压方式，这种方式适合于大容量变压器。以 A 相为例，若连接 A_2A_3 则绕组的全部匝数都在线路中；连 A_3A_4 时，则一部分匝数被切除；连 A_4A_5 时则更多匝数被切除，依次类推。因此，只要分别连 A_2A_3，A_3A_4，A_4A_5，A_5A_6，A_6A_1 即可获得 ±(2×2.5)% 的 5 个调压级。

无载分接开关的原理线路图如图 6.15 所示。其中图 6.15(a) 与图 6.14(a) 的调压方式相对应；图 6.15(b) 与图 6.14(c) 的相对应。无载分接开关一般采用手动操作，操作手柄装在变压器油箱的侧壁上或油箱的顶盖上。

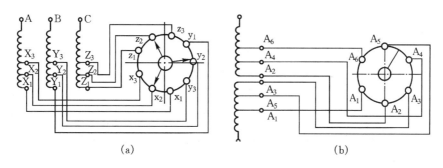

图 6.15　无载分接开关的原理线路图

(a) 三相中性点调压；(b) 三相中部调压（仅表示一相）

6.6　变压器的损耗和效率

6.6.1　变压器的损耗

变压器的损耗可分为铁耗、铜耗(对铝线变压器应为铝耗,下同)两大类。每类损耗中又有基本损耗与附加损耗(又称杂散损耗)之分。通常,变压器的空载损耗主要是铁耗,而短路损耗主要是铜耗。下面来分别介绍。

1. 铁耗

变压器的基本铁耗主要是磁滞与涡流损耗。磁滞损耗与硅钢片材料的性质、磁通密度的最大值以及频率等有关。涡流损耗主要与硅钢片厚度、磁通密度最大值以及频率等有关。由于变压器的铁心常采用较薄的硅钢片,因此在总铁耗中涡流损耗所占比重较小,占较大比重的主要是磁滞损耗,约占总铁耗的 60%～70%。

附加铁耗主要有:在铁心接缝等处,由于磁通密度分布不均匀所引起的损耗;在拉紧螺杆、铁轭夹件、油箱壁等构件处所产生的涡流损耗等等。

附加损耗是难以准确计算的,通常对小容量变压器,它的影响很小,但对大容量变压器,当磁通密度超过一定数值时,各种附加损耗都显著增加。例如:国产 SFPL－120000/110 型变压器其附加铁耗为基本铁耗的 45%。

此外,在油箱以及各种结构零件中所产生的附加铁耗还将引起各构件的局部过热,对一些大容量变压器有时甚至将达到不容许的地步。因此,现代的一些大容量变压器都采取了一定的措施来降低附加损耗以防止局部过热。常用的措施有:在油箱内壁采用铝板或硅钢片做成电磁屏蔽;铁心用非磁性材料绑扎固定;夹件和压圈采用非磁性材料制作等等。

2. 铜耗

变压器的基本铜耗是指原、副绕组内电流所引起的欧姆电阻损耗。附加铜耗是指由于集肤效应和邻近效应所引起电流沿导线截面分布不均匀所产生的额外损耗。

通常在 630 kVA 以下的小容量变压器中,附加铜耗仅占基本铜耗的 3%～5%,但在 8 000 kVA 以上的变压器中,附加铜耗可能占到基本铜耗的 10%～20%甚至更大。对容量 $(30\sim60)\times10^4$ kVA 的巨型变压器,当不采取任何措施时,其附加铜耗甚至可达基本铜耗的 120%～150%。目前,为了减少附加铜耗,大容量变压器广泛应用了导线换位等措施。当采用这些措施后,其附加铜耗即可大大降低。

如上节所述,变压器的铁耗与铜耗可以分别通过空载试验与稳态短路试验求出。此外,在制造厂的产品目录中也都列出了变压器的损耗值。一般电力变压器的铁耗与铜耗的比值是在1/4～1/3的范围内。

6.6.2　效率

变压器的效率是指变压器输出的有功功率 P_2 与输入的有功功率 P_1 的百分比。在电机中,效率一般规定用 η 来表示,即

$$\eta = \frac{P_2}{P_1} \times 100\% \tag{6.66}$$

变压器属于静止电机,由于没有转动部分而使其效率比较高,大多在 95%以上,而大型

变压器效率可达 99％以上。试验求取变压器的效率时一般不采用直接测量 P_2 和 P_1，因为这样做误差可能较大。通常都是用计算变压器的损耗来确定它的效率。

因为 $P_1 = P_2 + \sum p$，其中 $\sum p$ 是变压器的总损耗，这样上式可改写为

$$\eta = \frac{P_2}{P_1} = \frac{P_2}{P_2 + \sum p} = \frac{P_2}{P_2 + p_{Fe} + p_{Cu}} \times 100\% \tag{6.67}$$

而总损耗 $\sum p$ 应为铁耗与铜耗之和，即

$$\sum p = p_{Fe} + p_{Cu}$$

在采用式(6.67)计算效率时，还采取了下列假定：

(1)以额定电压时的空载损耗 p_0 作为铁耗 p_{Fe}，并认为铁耗不随负载而变。

(2)以额定电流时的短路损耗 p_{kN} 作为额定电流时的铜耗 p_{Cu}，并认为铜耗与负载系数的平方 β^2 成正比，即不考虑空载电流 I_0 对铜损耗的影响。

故
$$p_{Cu} = \beta^2 p_{kN} \tag{6.68}$$

(3)计算 P_2 时采用下列公式：

$$P_2 = m U_2 I_2 \cos\varphi_2 = \beta m U_{2Np} I_{2Np} \cos\varphi_2 = \beta S_N \cos\varphi_2 \tag{6.69}$$

式中　m——相数(注：交流电机的相数均用 m 来表示)；

　　　　S_N——变压器的额定容量。

即式(6.69)忽略了负载运行时 U_2 的变化。

在采用上述假定后，效率公式变为

$$\eta = \frac{\beta S_N \cos\varphi_2}{\beta S_N \cos\varphi_2 + p_{Fe} + \beta^2 p_{kN}} \times 100\% \tag{6.70}$$

对于一定的变压器，p_0 与 p_{kN} 的值是一定的，可以用试验测定。因而效率 η 的大小还与负载的大小及功率因数有关。在一定的 $\cos\varphi_2$ 下，效率与负载系数的关系 $\eta = f(\beta)$，即变压器的效率曲线如图 6.16 所示。从图上可以看出，输出功率等于零时，效率也等于零，输出功率增大时，效率开始很快增高，达到最高值后又开始下降。应当指出，变压器效率曲线的这种变化规律也是各种电机的效率特性所共有的。式(6.70)是很重要的计算公式。其效率曲线可以通过变压器的负载试验来求取。

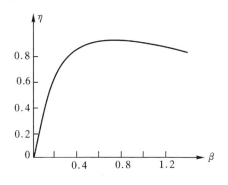

图 6.16　变压器的效率曲线

产生最大效率的负载系数可以用简单的求导法求得，最大效率发生在

$$\frac{\mathrm{d}\eta}{\mathrm{d}\beta} = 0 \tag{6.71}$$

处。按此，将上式对 β 求导并令其等于零，可以求得产生最大效率时的负载系数为

$$\beta_{max} = \sqrt{\frac{p_0}{p_{kN}}} \tag{6.72}$$

或
$$\beta_{max}^2 p_{kN} = p_0$$

上式表明，当**可变损耗等于不变损耗时**，效率最高。

效率曲线的形状可以用式(6.67)来解释。当输出为零时,该式的 $\eta=0$。在从 $\eta=0$ 到 $\eta=\eta_{max}$ 的范围内,效率值几乎随负载(即 β)正比增加,但此时其分母中不变损耗 p_{Fe} 占有较大比重而可变损耗 p_{Cu} 所占比重较小,故效率几乎随 β 而正比例增加,一直到可变损耗等于不变损耗,效率 $\eta=\eta_{max}$ 时为止。以后,当 β 再升高时,式(6.70)中的分母的第 3 项主要又随 β^2 正比例增加,此时分母增长比分子快,因而总的趋势是随 β 增加而减小。

由此可见,变压器运行效率的最高点,基本上决定于变压器铜耗与铁耗的比例,因此在变压器设计时往往首先选定所希望的负载系数 β_{max}。然后使铜耗与铁耗的比例符合 $\beta_{max}^2 p_{kN} = p_0$ 的要求。由于一般变压器都不是长期在额定负载下运行,因此 β_{max} 值约选在 $0.5 \sim 0.7$ 之间。

例 6.1 有一台单相变压器,$S_N = 630$ kVA,$U_{1N}/U_{2N} = 35$ kV/6.6 kV,$f_N = 50$ Hz,其空载试验和稳态短路试验数据如下:空载试验在低压侧进行,当 $U_{02} = U_{2N}$ 时,测得空载损耗 $p_0 = 3.8$ kW,空载电流 $I_{02} = 5.1$ A;稳态短路试验在高压侧进行,当 $I_1 = I_{1N}$ 时,测得短路损耗 $p_k = 9.5$ kW,稳态短路电压为 2.27 kV。试求:

(1) 折算到高压侧的励磁阻抗及短路阻抗(即 Z_m 和 Z_k);

(2) 设 $R_1 = R_2'$,$X_{1\sigma} = X_{2\sigma}'$,绘出其等效电路;

(3) 当低压侧接负载 $Z_L = 57 + j43.5$ 时,利用 T 形等效电路求解其功率因数和原、副方电流及副方电压(即 $\cos\varphi_1, I_1, I_2, U_2$)。

解:(1)求 Z_m 和 Z_k。

① 根据空载试验数据先求出折算到低压侧的励磁阻抗 Z_{m2}:

$$z_{m2} = \frac{U_{02}}{I_{02}} = \frac{6600}{5.1} = 1294.1 \ (\Omega)$$

$$R_{m2} = \frac{p_0}{I_{02}^2} = \frac{3800}{5.1^2} = 146.10 \ (\Omega)$$

$$X_{m2} = \sqrt{z_{m2}^2 - R_{m2}^2} = 1285.8 \ (\Omega)$$

② 折合到高压侧的励磁阻抗 Z_m:

由于变比 $k = \dfrac{U_{1N}}{U_{2N}} = \dfrac{35}{6.6} = 5.303$ 则

$$z_m = z_{m2}k^2 = 1294.1 \times 5.303^2 = 36392.0 \ (\Omega)$$

$$R_m = R_{m2}k^2 = 146.1 \times 5.303^2 = 4109.0 \ (\Omega)$$

$$X_m = X_{m2}k^2 = 1285.8 \times 5.303^2 = 36159.0 \ (\Omega)$$

故 $\qquad Z_m = R_m + jX_m = 4109 + j\,36159 = 36392 \underline{/83.517°} \ (\Omega)$

③ 根据稳态短路数据计算折合到高压侧的短路阻抗 Z_k:

$$z_k = \frac{U_k}{I_{1N}} = \frac{2270}{18} = 126.11 \ (\Omega)$$

其中 $\qquad I_{1N} = \dfrac{S_N}{U_{1N}} = \dfrac{630}{35} = 18 \ (A)$

$$R_k = \frac{p_k}{I_{1N}^2} = \frac{9500}{18^2} = 29.321 \ (\Omega)$$

$$X_k = \sqrt{126.11^2 - 29.321^2} = 122.65 \ (\Omega)$$

故　　　　　　　$Z_k = R_k + jX_k = 29.321 + j\,122.65 = 126.11 \angle 76.555° \,(\Omega)$

（2）绘出等效电路。

据已知 $R_1 = R_2'$，　$X_{1\sigma} = X_{2\sigma}'$，又知 $R_k = R_1 + R_2'$，　$X_k = X_{1\sigma} + X_{2\sigma}'$

则　　　　　　　　　　　　$R_1 = R_2' = \dfrac{R_k}{2} = 14.661 \,(\Omega)$

$$X_{1\sigma} = X_{2\sigma}' = \dfrac{X_k}{2} = 61.325 \,(\Omega)$$

故该变压器的 T 形等效电路如图 6.17 所示。

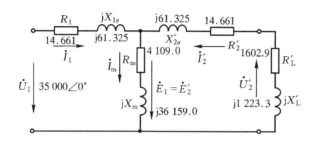

图 6.17　该变压器的 T 形等效电路

上图中的负载阻抗 $Z_L' = R_L' + jX_L'$ 也应经过折算才能画在电路图上：

$$Z_L' = Z_L k^2 = (57 + j43.5) \times 5.303^2 = 1602.9 + j1223.3$$
$$= 2016.4 \angle 37.35° \,(\Omega)$$

（3）计算变压器的 $\cos\varphi_1$、I_1、I_2、U_2。

① 先计算出上图从左端看进去的总阻抗 Z_z：

$$Z_z = Z_1 + \frac{Z_m(Z_2' + Z_L')}{Z_m + Z_2' + Z_L''}$$

$$= 14.661 + j61.325 + \frac{36392 \angle 83.517° \times (14.661 + 1602.9 + j1284.63)}{(4109 + 14.661 + 1602.9) + j(36159 + 61.325 + 1223.3)}$$

$$= 2035.9 \angle 41.705° \,(\Omega)$$

② 变压器的功率因数 $\cos\varphi_1 = \cos 41.705° = 0.746\,58$

③ 原边电流 $\dot{I}_1 = \dfrac{35000 \angle 0°}{2035.9 \angle 41.705°} = 17.191 \angle -41.705° \,(A)$

　　即 $I_1 = 17.191 \,(A)$

④ 副方电流折算值 I_2'（用分流公式）和实际值 I_2

$$I_2' = I_1 \left| \frac{Z_m}{Z_m + Z_2' + Z_L'} \right| = 17.191 \times \left| \frac{36392 \angle 83.517°}{37879 \angle 81.305°} \right| = 16.516 \,(A)$$

故副边电流为

$$I_2 = I_2' k = 16.516 \times 5.303 = 87.584 \,(A)$$

⑤ 副边电压的实际值为

$$U_2 = I_2 z_L = 87.584 \times \sqrt{57^2 + 43.5^2} = 6.280 \,(kV)$$

注意：上述 U_2 并非等于 U_2'，即等效电路中的折算值

$$U_2' = I_2' z_L' = 16.516 \times 2\,016.4 = 33.303 \text{ (kV)}$$

其值与原边电压 U_{1N} 较接近。

例 6.2 一台三相变压器，$S_N = 1000$ kVA，50 Hz，Y/△接法，10/6.3 kV，当 $U_1 = U_{1N}$ 时，$p_0 = 4.9$ kW，$I_0^* = 5\%$；当短路电流为稳态额定时，短路损耗 $p_k = 15$ kW，短路电压为额定电压的 5.5%，试求：(设 $R_1 = R_2'$，$X_{1\sigma} = X_{2\sigma}'$)

(1) 折算到一次侧的等效电路各个参数值及标幺值；

(2) 画出 T 形等效电路，各参数用实际值表示；

(3) 当有额定负载且 $\cos\varphi_2 = 0.8$(滞后)时的电压调整率 ΔU；

(4) 当有额定负载且 $\cos\varphi_2 = 0.8$(滞后)时的效率 η_N；

(5) 当功率因数 $\cos\varphi_2 = 0.8$(滞后)时的最大效率 η_{max}。

解：(1)求一次侧各参数及标幺值。

① 额定值：

$$\begin{cases} I_{1Np} = I_{1N} = \dfrac{1000 \times 10^3}{\sqrt{3} \times 10 \times 10^3} = 57.735 \text{ (A)} \\[3mm] U_{1Np} = \dfrac{10 \times 10^3}{\sqrt{3}} = 5773.5 \text{ (V)} \\[3mm] z_{1N} = U_{1Np}/I_{1Np} = 100 \text{ (}\Omega\text{)} \end{cases}$$

② 励磁参数：

$$z_m = \frac{U_{1Np}}{I_0} = \frac{U_{1Np}}{I_0^* I_{1Np}} = \frac{5773.5}{0.05 \times 57.735} = 2000 \text{ (}\Omega\text{)}$$

$$R_m = \frac{p_0}{3I_0^2} = \frac{4900}{3 \times 2.8868^2} = 195.99 \text{ (}\Omega\text{)}$$

$$R_m^* = \frac{195.99}{100} = 1.9599$$

$$X_m = \sqrt{z_m^2 - R_m^2} = 1990.4 \text{ (}\Omega\text{)}$$

$$X_m^* = \frac{1\,990.4}{100} = 19.904$$

③ 短路参数：

$$U_k = U_k^* U_{1Np} = 0.055 \times 5773.5 = 317.54 \text{ (V)}$$

$$z_k = U_k/I_k = \frac{317.54}{57.735} = 5.5000 \text{ (}\Omega\text{)}$$

$$R_k = p_k/(3I_k^2) = \frac{15\,000}{3 \times 57.735^2} = 1.5 \text{ (}\Omega\text{)}$$

$$R_k^* = \frac{1.5}{100} = 0.015$$

$$X_k = \sqrt{z_k^2 - R_k^2} = 5.2915 \text{ (}\Omega\text{)}$$

$$X_k^* = \frac{5.291\,5}{100} = 0.052915$$

$$R_1 = R_2' = \frac{R_k}{2} = 0.75 \ (\Omega)$$

$$R_1^* = R_2^* = 0.0075$$

$$X_{1\sigma} = X_{2\sigma}' = \frac{X_k}{2} = 2.6458 \ (\Omega)$$

$$X_{1\sigma}^* = X_{2\sigma}^* = 0.026458$$

（2）画出 T 形等效电路。

例 6.2 的变压器 T 形等效电路如图 6.18 所示：此图是用实际值表示，若用标幺值表示则其等效电路如图 6.19 所示。

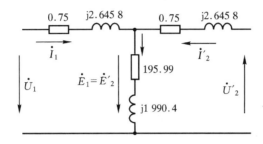

图 6.18　例 6.2 的变压器 T 形等效电路（实际值表示各参数）

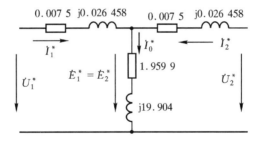

图 6.19　例 6.2 的变压器 T 形等效电路（标幺值表示各参数）

（3）求 ΔU（注：额定负载的 $\beta = 1$）。

$$\Delta U = \beta(R_k^* \cos\varphi_2 + X_k^* \sin\varphi_2) = 1 \times (0.015 \times 0.8 + 0.052915 \times 0.6)$$
$$= 4.3749\%$$

（4）求 η_N（注：$\beta = 1$，$\cos\varphi = 0.8$，$p_{kN} = 15$ kW，$p_0 = 4.9$ kW 应用 η 公式），有

$$\eta_N = \frac{\beta S_N \cos\varphi_2}{\beta S_N \cos\varphi_2 + p_0 + p_{kN}\beta^2} = \frac{1 \times 1000 \times 10^3 \times 0.8}{8 \times 10^5 + 4900 + 15000 \times 1^2} = 97.573\%$$

（5）求 η_{max}。因当有最高效率时

$$p_0 = \beta^2 p_{kN}, \ \beta = \sqrt{\frac{4.9}{15}} = 0.57155,\ 代入效率公式得$$

$$\eta_{max} = \frac{\beta S_N \cos\varphi_2}{\beta S_N \cos\varphi_2 + p_0 + \beta^2 p_{kN}} = \frac{0.57155 \times 1000 \times 0.8}{457.24 + 4.9 \times 2} = 97.903\%$$

本章小结

本章是变压器的理论基础。在学习本章时,首先应注意,在变压器内存在着电势平衡关系和磁势平衡关系,变压器的负载对原绕组的影响是通过副绕组的磁势起作用的,而这两个电磁关系又通过电磁定律和磁势平衡方程联系在一起的。

分析变压器内部的电磁规律可以采用基本方程式、相量图和等效电路这 3 种方法。基本方程式是从电磁关系出发推导出来的,相量图是基本方程式的一种图示表示法,而等效电路则是从基本方程式出发用电路来模拟实际的变压器。三者是完全一致的,并且紧密地互相联系着。由于基本方程式的求解比较复杂,因此在实际应用中若做定性分析,则采用相量图比较直观而且简便;若做定量计算,则用等效电路比较方便。但在应用等效电路时,应注意原、副边各量的折算关系和规定正方向时不可出错。

应当注意,等效电路法的提出是为了把实际变压器中的电磁场问题简化为电路问题去研究,因而等效电路中的各个电抗如 X_m、$X_{1\sigma}$ 等都与磁路中相应的磁通对应。主磁通所产生的电势 E_1 与 E_2,既影响原绕组的电势平衡关系,也影响副绕组的电势平衡关系,故主磁通起着传递电磁功率的桥梁作用。漏磁通不起能量传递作用,只产生电抗压降,但漏抗对变压器的运行性能(如电压调整率等)的影响却是较大的。

对已制成的变压器的参数可以通过空载试验与稳态短路试验求出,利用试验数据来计算各参数的方法应当牢固掌握。

变压器的电压调整率和效率是衡量变压器运行性能很重要的指标。一般来说,ΔU 的大小表明了变压器运行时副边电压的稳定性,直接影响供电的质量;而效率的高低则直接影响变压器运行的经济性。它们主要取决于负载的大小和性质(受 $\cos\varphi_2$ 影响)以及变压器的各参数(如漏阻抗、铜耗、铁耗等),因而,在设计时要正确选择变压器的各参数,就不仅要考虑到制造成本和经济性,还要考虑到对运行性能的影响。要针对各种变压器的不同特点,抓住主要矛盾,综合地加以解决。

习题与思考题

6-1 有一台单相变压器,$f=50$ Hz,高、低压侧的额定电压 $U_{1N}/U_{2N}=35$ kV/6 kV。铁心柱的有效截面积为 $S=1120$ cm²,取铁心柱的最大磁密 $B_m=1.45$ T。试求高、低压绕组的匝数和变压器的变比。

6-2 有一台三相变压器,已知:$U_{1N}/U_{2N}=6300$ V/400 V,Y/△接法,若电源电压由6300 V改为 10000 V,假定用改换高压绕组的办法来满足电源电压的变换,保持低压绕组匝数每相为 40 匝不变,则高压绕组每相匝数应改为多少?

6-3 一台单相变压器,已知 $U_{1N}/U_{2N}=6600$ V/220 V,$I_{1N}/I_{2N}=100$ A/3000 A,现已知原边负载电流为 80 A,问这时副边的电流约为多少?

6-4 一台单相变压器容量为 10 kVA,额定电压为 380 V/220 V,50 Hz,已知:$R_1=0.14$ Ω,$X_{1\sigma}=0.22$ Ω,$R_2=0.035$ Ω,$X_{2\sigma}=0.055$ Ω,当变压器空载时,高压侧 $U_{01}=380$ V 时,

$I_0=1$ A,$p_0=80$ W。现高压侧加 380 V 电压,低压侧接一感性负载,$R_L=3$ Ω,$X_L=4$ Ω。试求:(1) 画出 T 形等效电路,并计算总阻抗(含负载);(2) 根据 T 形等效电路计算 I_1 和 $\cos\varphi_1$;(3) 副方电流 I_2,电压 U_2 的实际值;(4) 用简化等效电路计算 I_2,U_2 值。

6-5　有一单相变压器,主要额定数据为:$S_N=1000$ kVA,$U_{1N}/U_{2N}=66$ kV/6.6 kV;当变压器空载实验(电源接低压侧)时,$U_{02}=6.6$ kV,$I_{02}=19.1$ A,$p_0=7.49$ kW;而稳态短路实验(电源接高压侧)时,$U_k=3.24$ kV,$I_k=15.15$ A,$p_{kN}=9.3$ kW。试求:(1) 变压器折算到高压边的励磁阻抗 Z_m 和短路阻抗 Z_k;(2) 当 $\cos\varphi_2=0.8$(滞后)时该变压器的最大效率 η_{max}。

6-6　有一台单相变压器,额定容量 $S_N=10$ kVA,额定电压 $U_{1N}/U_{2N}=2200$ V/220 V,$R_1=3.6$ Ω,$R_2=0.036$ Ω,$X_{1\sigma}=X'_{2\sigma}=13$ Ω,已知在额定电压下的铁耗 $p_{Fe}=70$ W,空载电流的标幺值为 $I_0^*=0.05$。试求:(1) 下列参数标幺值,即:R_m^*,X_m^*,R_2^*,$X_{1\sigma}^*$;(2) T 形等效电路中各参数,并用标幺值表示各物理量。

6-7　有一台单相变压器,$S_N=100$ kVA,$U_{1N}/U_{2N}=6000$ V/230 V,$f=50$ Hz。原、副边参数分别为 $R_1=4.32$ Ω,$R_2=0.006$ Ω,$X_{1\sigma}=8.9$ Ω,$X_{2\sigma}=0.013$ Ω。试求:(1) 短路电阻 R_k^*,短路电抗 X_k^* 的标幺值及阻抗电压 u_k;(2) 在额定负载下,$\cos\varphi_2=1$,$\cos\varphi_2=0.8$(滞后)及 $\cos\varphi_2=0.8$(超前)这 3 种情况下的电压调整率 ΔU。

6-8　一台单相变压器,$S_N=100$ kVA,$U_{1N}/U_{2N}=6000$ V/230 V,$u_k=5.5\%$,$p_{kN}=2.1$ kW,$p_0=600$ W。试求:(1) 额定负载时,$\cos\varphi_2=0.8$(滞后)时的 ΔU 及 η 值;(2) 变压器在 $\cos\varphi_2=0.9$(滞后)时的最大效率值 η_{max}。

6-9　变压器定量分析时要进行折算,折算条件是什么? 在折算前后,原、副边的各参数、电势、电流、电压是如何变化的?

6-10　变压器的额定电压为 220 V/110 V,如不慎将低压侧误接到 220 V 电源上,励磁电流将会发生怎样的变化?

6-11　为什么变压器过载运行时只会烧坏绕组? 对铁心是否有致命的损伤?

6-12　变压器副边开路时,原边加额定电压,R_1 很小,但为什么电流不会很大? R_m 和 X_m 的物理意义是什么? 电力变压器不用铁心用空心行不行? 若 N_1 增加 10%,而其余条件不变,X_m 又如何变化?

6-13　一台 50 Hz 的单相变压器,若原方绕组接在直流电源上,其电压大小与铭牌原方额定电压一样,此时变压器的稳态直流电流如何?

6-14　变压器的阻抗电压 u_k 对变压器的运行性能有哪些影响?

6-15　为什么变压器空载试验时所测得的损耗,可以认为基本上等于铁耗? 为什么变压器稳态短路试验时所测得的损耗,又可以认为基本上等于变压器绕组的铜耗?

6-16　变压器的电压调整率的大小与哪些因素有关?

6-17　变压器运行时产生最大效率应满足什么条件?

6-18　变压器在高压侧和低压侧进行空载试验,并施加各对应额定电压,所得铁耗是否相同?

6-19　某变压器的额定电压为 220 V/127 V,若将原方接到 380 V 的交流电源上,等效电路中的励磁电抗 X_m 将如何变化?

第7章 三相变压器

因为三相制较为经济,效率又较同容量的单相变压器高,所以几乎世界各国的电力系统均采用三相制。从运行原则和分析方法来说,三相变压器在对称条件下运行,各相电压、电流、磁通的大小相等,相位依次落后120°,故对三相变压器只需取某一相进行分析,在对称条件下三相变压器等效电路、方程式、相量图也和单相变压器完全一样,因此,前一章提到的分析方法同样适用于三相变压器在对称条件下的运行情况。本章将着重研究三相变压器本身的一些主要问题:①三相变压器的铁心结构;②三相绕组的联络方式;③电势的波形;④变压器的并联运行和三相不对称运行等问题。

7.1 三相组式和心式变压器

7.1.1 三相组式变压器

三相组式变压器由3台容量、变比等完全相同的单相变压器按三相连接方式连接而组成。Yy联结的三相组式变压器示意图如图7.1所示,此图的原、副边均接成星形,也可用其它接法。三相组式变压器的特点是:三个铁心独立;三相磁路互不关联;三相电压对称时,三相励磁电流和磁通也对称。三相组式变压器又称三相变压器组。

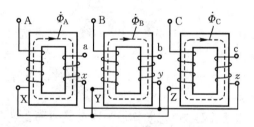

图 7.1 Yy 联结的三相组式变压器示意图

7.1.2 三相心式变压器

三相心式变压器的磁路系统是由组式变压器演变过来的,其铁心演变过程图如图7.2所示。当把三台单相变压器的一个边(即铁心柱)贴合在一起,各相磁路就自然主要通过未贴合的一个柱上,如图7.2(a)所示。这时,在中央公共铁心柱内的磁通为三相磁通之和,即$\dot{\Phi}_{\Sigma}=\dot{\Phi}_A+\dot{\Phi}_B+\dot{\Phi}_C$。当三相变压器正常运行(即三相对称)时,合成磁通$\Phi_{\Sigma}=0$,这样公共铁心柱内的磁通也就为零。因此中央公共铁心柱可以省去,则三相变压器的磁路系统如图7.2(b)所示。为了工艺上能制造方便起见,把3个相的铁心柱排在一个平面上,于是就得到了目前广泛采用的如图7.2(c)所示的三相心式变压器的磁路系统。

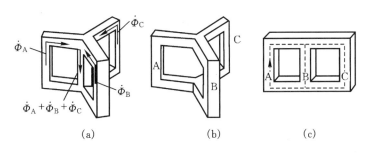

图 7.2　三相心式变压器的铁心演变过程图
(a)3 个铁心柱贴合；(b) 中央公共铁心柱取消；(c) 三相心式铁心

三相心式变压器的磁路系统是不对称的,中间一相的磁路比两边要短些,中间相的励磁电流比另外两相的小。因此,由于三相电源电压对称,则根据式(6.18)(三相磁通也应对称),又由于励磁电流在变压器负载运行时所占比重较小,故三相变压器仍然正常对称运行。

比较心式和组式三相变压器可以知道,在相同的额定容量下,三相心式变压器具有省材料、效率高、经济等优点；但组式变压器中每一台单相变压器却比一台三相心式变压器体积小,重量轻,便于运输。对于一些超高电压、特大容量的三相变压器,当制造及运输发生困难时,一般采用三相组式变压器。

7.2　三相变压器的联结组

三相变压器的原边和副边都分别有 A、B、C 三相绕组,它们之间到底如何联接,对变压器的运行性能有很大的影响,本节将主要研究三相绕组的联接方式,也就是联结组的问题。

7.2.1　原、副方绕组感应电势之间的相位关系(即单相变压器的联结组)

为了说明三相变压器三相绕组的联结问题,首先要说明每一相中原、副绕组之间感应电势的相对相位关系,也就是同一铁心柱上两个绕组感应电势是同相还是反相的问题。

图 7.3 表示一个单相变压器或三相变压器中同一铁心柱的原、副绕组感应电势的相对相位关系分析图,感应电势的正方向规定为自末端 X 到始端 A 和 x 到 a。图 7.3 中的 4 个图,副边绕组的绕向或 a,x 的标注是各不相同的。在图 7.3(a)中,原边绕组自末端 X 到始端 A 的绕向与副边绕组自末端 x 到始端 a 的绕向相同。故交变的主磁通 Φ 在原、副边绕组中所感应出的电势相位是相同的,说明 A 与 a 是同极性端,图中分别标一黑点"·"。在图 7.3(b)中,由于原边绕组与副边绕组的绕向相反,虽 a,x 标记与图(a)相同,但 A 与 a 不是同极性端,所以原边电势与副边电势的相位相反。在图 7.3(c)中,尽管原、副边绕组的绕向一致,但副边绕组的标记 a,x 相反,A 与 a 也不是同极性端,故原、副边电势也正好反相。同理,图 7.3(d)的情况中的 $\dot{E}_1$ 与 $\dot{E}_2$ 应同相。

通过对图 7.3 的分析,已经知道原、副边绕组的感应电势(或电压)究竟是同相或反相的,判断原则是"绕向"和"标号"。绕向用标有"·"的同极性端标注。如果是原、副方绕组的绕向相同、标号相同(图 7.3(a)的情况),或绕向相反、标号相反(图 7.3(d)的情况),则原、副

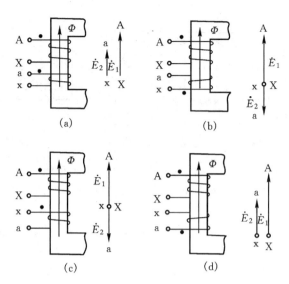

图 7.3　原、副绕组感应电势的相对相位关系分析图

绕组的感应电势同相;但如果是原、副方的绕向相反,标号相同,或者绕向相同、标号相反,分别如图 7.3 的(b)和(c)所示,则原、副边绕组的感应电势反相。

　　为了区别变压器原副边之间对应电压和电势的相位关系,一般采用联结组的方法来表示。单相变压器的联结组符号只有两种,即"Ii0"和"Ii6"。联结组符号的"I"表示单相高压边绕组,"i"表示低压边绕组,"0"和"6"分别表示原、副边绕组的感应电势同相和反相。可理解为:钟表的时针和分针之间的夹角分别表示高压和低压绕组的感应电势相量的夹角是 0°和180°。

7.2.2　三相变压器的联结组

　　三相变压器联结组用于表示高、低压边对应线电势或线电压之间的相位关系。其关系判断的依据:①高、低压绕组的绕向;②高、低压绕组的标志方式(简称标号);③三相绕组的联结方式,例如 Y 接法、△接法、Z 接法等。显然,三相变压器高、低压边线电势之间的相位不只是同相和反相,还有其它多种相位,但恰巧是 30°的倍数。由于钟表的表面刻度是每一个整点相差 30°几何角度,这就提醒人们用"钟时序法"来表示不同的联结组是一种好方法。根据国家标准 GB1094 有如下分析方法(注:国家标准规定三相变压器的原、副方线电势的箭头正方向均为 A 指向 B)。

1. 钟时序法

　　国标规定,时钟的长针(即分针)表示高压侧的某线电势相量(例如 $\dot{E}_{AB}$),而时钟的短针(即时针)表示低压侧对应线电势相量(例如 $\dot{E}_{ab}$)。这样就使分析或表示各种联结组简化了。注意到,$\dot{E}_{AB}$ 相量永远指向钟表的 12 点钟,可理解为相量图上的点 A 为分针的轴,点 B 为分针(亦即 $\dot{E}_{AB}$)的矢端;而 $\dot{E}_{ab}$ 相量为时针的 a 点指向 b 点的方向,也就是对应的"几点钟"了。此外,联结组符号中的"Y"、"D"和"Z"分别表示高压侧的三相绕组联结为"星形"、"三角形"和"曲折形"接线,而"y"、"d"和"z"分别表示低压侧的三相接线。Y 后有 N 或 y 后有 n 表示有零线。举例如下。

例 7.1　联结组符号为"Yd5"（也曾用过"Y/△－5"），则表示：一次侧三相绕组为 Y 接，二次侧为△接，$\dot{E}_{ab}$ 滞后 $\dot{E}_{AB}$150°。对应的钟时序法示意图如图 7.4 所示。

例 7.2　联结组别为"Yy_n0"（曾用"Y/Y_0－12"），则表示：一次侧三相绕组为 Y 接，二次侧为带中线的 Y 接，$\dot{E}_{ab}$ 与 $\dot{E}_{AB}$ 同相。

例 7.3　联结组别为"Dd6"（曾用"△/△－6"），则表示：一次侧△接，二次侧三相绕组仍为△接，$\dot{E}_{AB}$ 与 $\dot{E}_{ab}$ 反相。

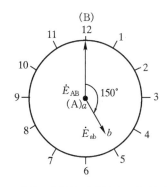

图 7.4　Yd5 时的钟时序法（150°时）示意图

2. 根据绕组联结图画出对应的相量图和确定联结组符号

下面通过具体例子来说明。

例 7.4　某三相变压器的绕组实际接线图如图 7.5(a)所示，图 7.5(b)为其电路图，试确定其联结组别。

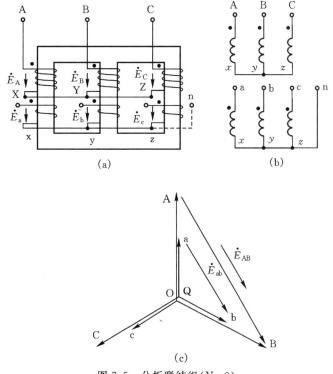

图 7.5　分析联结组（Yy_n0）

(a)实际接线图；(b)绕组联结图；(c)（电势）相量图分析

析:按本节第一个内容的结论，高、低压方相电势之间的相位关系如下确定：本例中高、低压方的 A 相和 a 相绕组是位于同一铁心柱上，其感应电势 $\dot{E}_{AX}$ 和 $\dot{E}_{ax}$ 符合"标号相同、绕向相同"的原则，即 $\dot{E}_{AX}$ 和 $\dot{E}_{ax}$ 同相。分析时需画相量图，画相量图有两种方法，即**钟表法和重心重合法**。钟表法是要强调高、低压边 A,a 同电位，可参考其它文献[2]；这里采用重心重合法,即设高、低压边的相量图的"重心"分别为 O 和 Q,令 Q、O 同电位,则 $\overrightarrow{Qa}$ 对应的 $\dot{E}_{ax}$ 和 $\overrightarrow{OA}$ 对应的 $\dot{E}_{AX}$ 同相,相当于钟表的时针和分针重合。将两个星形相量图画完后,这种情况又和线电势 $\dot{E}_{ab}$ (时针 a 到 b 的指向)与 $\dot{E}_{AB}$ (分针 A 到 B 的指向)之间的相位差(此例为 $0°$)相一致,如图 7.5(c)所示。故此例的联结组别为"Yyₙ0"。相量图每相箭头的正方向均规定为末端指向首端。

注:重心重合法规定高压侧的 A 相量为 O 指向 A,对应于钟表的分针;低压侧的 a 相为 Q 指向 a,对应于钟表的时针。由几何关系可以看出,重心重合法与钟表法比较得知, $\dot{E}_{oa}$ 和 $\dot{E}_{QA}$ 之间的相位差与 $\dot{E}_{ab}$ 和 $\dot{E}_{AB}$ 之间的位差是相同的。

例 7.5　某变压器的实际接线图见图 7.6(a),试确定其联结组符号。

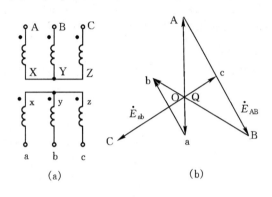

图 7.6　分析联结组(Yy6)
(a)实际接线图;(b)相量图分析

析:本例中 A 与 a 不是同极性端, $\dot{E}_{AX}$ 和 $\dot{E}_{ax}$ 符合"标号相反、绕向相同"的原则,即 $\dot{E}_{AX}$ 和 $\dot{E}_{ax}$ 反相。故先画出原边星形联结的相量图,按 A→B→C(注意顺时钟方向读 A,B,C)的次序画出,然后令两个相量图的"重心"O、Q 同电位,画出 $\overrightarrow{Qa}$ 指向 6 点钟,再按 a→b→c(即顺钟向读 a,b,c 的原则)的次序画出副边的星形接线图,显然 $\dot{E}_{ab}$ 和 $\dot{E}_{AB}$ 反相,即钟表法与重心重合法的结论一致,故其联结组符号为"Yy6"。

例 7.6　某变压器的实际接线图见图 7.7(a),试确定其联结组别。

析:可先画出原方星形图,原方"重心"为 O,如图 7.7(c)中 A,B,C 相量。再按照"标号相同,绕向相同"的原则,画出副边三角形接线图,如图 7.7(b)所示,并找出"重心"Q 点。将图 7.7(b)平移到图 7.7(c)中使 Q、O 重合,即得 $\overrightarrow{Qa}$ 和 $\overrightarrow{OA}$ 的方向也差 $30°$,这时与 $\dot{E}_{ab}$ 超前 $\dot{E}_{AB}$ $30°$ 是一致的。故该联结组别为"Yₙd11"。

例 7.7　某变压器的实际接线图见图 7.8(a),试确定其联结组别。

析:设 O 点为高压侧三角形的"重心"。建议 $\overrightarrow{OA}$ 方向一律向上(同前)。再经 A 点作 △ABC,并按照末端指向首端的正方向画出相电压的方向,如图 7.8(b)中 X→A,Y→B,Z→C 所示。经 O 点(与 Q 点重合)作 $\overrightarrow{Qb}$ 与 $\overrightarrow{XA}$ 反向,即处于同一铁心柱上的 $\dot{E}_{by}$ 和 $\dot{E}_{AX}$ 反相(因符合"标号相同,绕向相反")。再分别滞后 $120°$ 画出低压方的 c 相量和 a 相量,则 $\overrightarrow{Qa}$ 在 $\overrightarrow{OA}$ 方向的右侧 $90°$ 位置,相当于钟表的 3 点钟,故该联结组符号为"Dy3"。

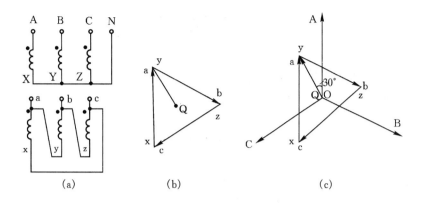

图 7.7　分析联结组(Y_Nd11)

(a)实际接线图；(b)低压边相量图；(c)相量图分析

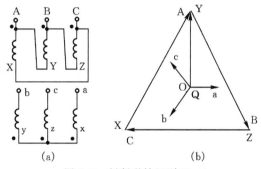

(a)　　　　　　　　(b)

图 7.8　判断联结组别(Dy3)

(a)实际接线图；(b)相量图分析

例 7.8　某变压器的实际接线图如图 7.9(a)所示,试确定其联结组别。

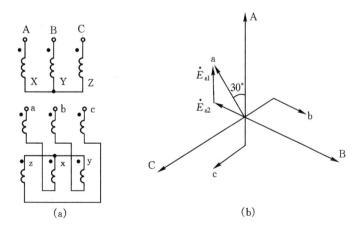

(a)　　　　　　　　(b)

图 7.9　判断联结组别(Yz11)

(a)实际接线图；(b)相量图分析

析:该变压器的副方为曲折形联结,可视为 $\dot{E}_a = \dot{E}_{a1} + \dot{E}_{a2}$。而 $\dot{E}_{a2}$ 和原方 B 相的 $\dot{E}_{BY}$ 反相(因星形接时,必须尾端短接,$\dot{E}_{a2}$ 与 $\dot{E}_{BY}$ 符合"标号相反,绕向相同"的原则)。显然 $\dot{E}_{a1}$ 和 $\dot{E}_{AX}$ 同相。依此类推,得到相量图如图 7.9(b)所示。连接 $\overrightarrow{Qa}$ 与 $\overrightarrow{OA}$ 差 30°,相当于钟表的 11 点钟,故该联结组符号为"Yz11"。

顺便说明,对于有 Z 形联结的联结组(还有"Dz0"联结组,请读者据前述理论自己画出其接线图)适用于防雷性能高的配电变压器上。因高压侧或低压侧遭受冲击过电压时,同一铁心柱上的两个半绕组的磁势互相抵消,一次侧不会感应过电压或逆变过电压。只是副方绕组需增加约 15.5% 的材料用量。

3. 根据联结组符号画出相量图和接线图

解决这个问题的理论与前述相同,只是步骤上的改变而已。

例 7.9　画出"Yd5"的相量图和接线图

析:画相量图时,先画出原方的星形,$\overrightarrow{OA}$ 垂直向上,令副方的重心 Q 和原方的重心 O 重合,画 $\overrightarrow{Qa}$ 与钟表时针的 5 点方向平行,再经 a 点作等边三角形 △abc,三角形的边应与原方符合"三组两两平行"的原则。注意到凡是 △联结时必须标出末端(x,y,z)和相电势的正方向。标出末端时,△连时 x 可以在 b 点也可以在 c 点,即答案不唯一,但只画一个即可,例如 x 和 b 短接。标相电势正方向时,与前规定相同,由末端指向首端,即 x→a,y→b,z→c,由图上知,$\dot{E}_{ax}$ 和 $\dot{E}_{BY}$ 两相量平行且同相,故接线图上必须是副方的 a 相和原方的 B 相位于同一铁心柱上,其余类推。Yd5 联结组的相量图分析和接线图分别如图 7.10(a)和(b)所示。

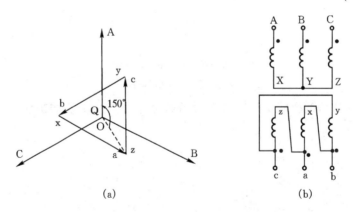

图 7.10　画"Yd5"联结组的接线图

(a)相量图分析;(b)绕组接线图

注意到,对于 Y 或 △接线,三相变压器的原、副方接线相同时,其组号一定是偶数(例如:Yy6 或 Dd8),反之为奇数(例如 Yd11 或 Dy5 等)。

7.2.3　三相变压器的标准联结组

变压器可能联结的组别很多,但为了制造及并联运行时的方便,国家标准规定以下 5 种作为标准联结组:Yyₙ0;Yd11;Y_Nd11;Yz11;Dz0。其中符号 z 表示曲折形联接。其中"Yyₙ0"联结组的二次侧可以引出中线,成为三相四线制,用于配电变压器可供动力和照明用电;"Yd11"联结组用于二次侧电压超过 400 V 的线路上,此时变压器副方为三角形接线对

运行有利;"Y_Nd11"联结组主要用于高压输电线路中,使电力系统的高压侧可以接地;有 Z
形联结的变压器适用于防雷性能高的配电变压器上。

7.3　三相变压器的励磁电流和电势波形

7.3.1　单相变压器励磁电流的波形

在前一章分析时,都是假定变压器铁心中的主磁通 ϕ 波形呈正弦形,磁通所需要的励磁
电流 i_m 波形也呈正弦形。但是,由于铁磁材料具有饱和现象,当铁心中磁感应强度较大时,
它的导磁率 μ 不是常数,而是随磁感应强度 B_m 的增大而减小,这就使得空载电流和主磁通
的关系复杂化了。以下先从简单的单相变压器开始分析。

当铁心中的磁感应强度较低时,例如当用热轧硅钢片、磁感应强度在 0.8 T 以下时,磁
路是不饱和的,这时励磁电流与磁通成正比。因而当铁心中的磁通波形呈正弦形时,励磁电
流也呈正弦形,相应的磁化曲线及 ϕ、i_m 的波形图如图 7.11 所示。

当变压器中磁感应强度为大于 0.8～1.3 T 时,磁化曲线转入弯曲部分,而当磁感应强
度 B_m 超过1.3 T时,磁化曲线进入饱和部分(通常,采用热轧硅钢片制作的电力变压器其磁
感应强度选择为 1.1～1.475 T)。当磁路饱和后,励磁电流 i_m 不再与磁通 ϕ 成正比变化,而
将比磁通增加得更快。若磁通依旧为正弦形,则励磁电流将是一个尖顶的波形,其尖的程度
与磁路的饱和程度有关。磁路饱和时,励磁电流的波形可由磁化曲线及磁通波求得,其各
波形分析如图7.12所示。

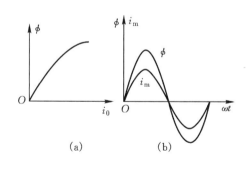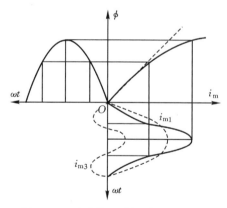

图 7.11　磁路不饱和时的磁化曲线及 ϕ、i_m 波形　　　　图 7.12　磁路饱和时得到正弦波的磁
　　　　(a)磁化曲线;(b)ϕ 和 i_m 的波形　　　　　　　　　　　　通、励磁电流的波形分析图

若将 i_m 波形进行分析,励磁电流 i_m 除基波 i_{m1} 外,还包含有显著的 3 次谐波 i_{m3} 以及其
它各奇次谐波(图上只画了 3 次谐波),但以 3 次谐波最强。因此,**为了得到正弦波的磁通,
励磁电流中的谐波分量尤其是 3 次谐波分量是十分必要的**。如果励磁电流中的 3 次谐波分
量不能流通(例如三相组式变压器 Y/Y 联结时),则磁通波将为平顶波,其分析方法如图
7.13所示。也就是说,在磁通中将有谐波存在。若在磁通波中有谐波,则由它所感应的电势
当然也有谐波分量。这些结论对分析三相变压器的电势波形非常重要。

当空载电流的波形为非正弦的尖顶波时,它的有效值应按谐波分析的方法去求得,即

$$I_m = \sqrt{\left(\frac{I_{m1m}}{\sqrt{2}}\right)^2 + \left(\frac{I_{m3m}}{\sqrt{2}}\right)^2 + \left(\frac{I_{m5m}}{\sqrt{2}}\right)^2 + \cdots}$$

(7.1)

式中　I_m——励磁电流的有效值;

I_{m1m},I_{m3m},I_{m5m}——分别为基波、3 次、5 次谐波电流的幅值。

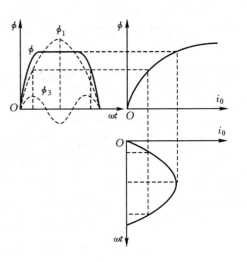

图 7.13　磁路饱和时正弦励磁电流产生的主磁通波形的分析

7.3.2　三相变压器不同联结组中的电势波形

如上所述,为了保证磁通波形和感应电势波形为正弦形,则励磁电流中的 3 次谐波分量是需要的。在单相变压器中,3 次谐波电流和基波电流都有自己的回路,且可自由流通,因此,磁通 ϕ 和电势 e 的波形总是正弦形。但对三相变压器来说,情况就要复杂一些,由于三相绕组中的 3 次谐波电流具有大小相等、时间相位相同的特征,所以当三相 Y 接,又无中线引出时,3 次谐波电流无法同时流入或流出中点,因而这种情况下 3 次谐波电流也就不能流通。但当三相为 D 接或 Y_N 接时,3 次谐波电流可以在△构成的闭路或 Y_0 的中线流通。故在三相变压器中 3 次谐波电流的流通情况与绕组的联结密切相关。下面来分别说明。

1. "Y_Ny"或"Dy"联结的三相变压器

例如图 7.7(a) 的接线图。在 Y_N 联结时,中线上的 3 次谐波电流等于每相绕组中的 3 次谐波电流的 3 倍。这两种联结组,原边接通三相交流电源后,3 次谐波电流均可在原绕组畅通,因此即使在磁路饱和的情况下,铁心中的磁通和绕组中的感应电势仍呈(或接近)正弦形。而且不论是线电势(或电压)、相电势(或电压),还是原边或是副边电势,其波形均呈正弦形。

2. "Yy"联结组

例如图 7.6(a) 的接线图。由于原边中无中线,原边 3 次谐波电流不能存在,亦即 i_0 波形近似呈正弦形。磁路饱和时,铁心中的磁通为一平顶波(图 7.13 中已有分析),说明磁通中的奇次谐波分量存在,而且 3 次谐波磁通影响最大。但是 3 次谐波磁通是否能够流通,将取决于三相变压器是何种铁心结构(即组式或心式),下面分别介绍。

(1) 三相组式变压器。在图 7.1 所示的三相组式变压器中,它们各相之间的磁路互不关联,因此,3 次谐波磁通 ϕ_3 可以同在基波磁通 ϕ_1 的路径流通。ϕ_3 所遇磁阻很小,故对幅值的影响较大。所以,每相感应电势中将包含有较大的 3 次谐波电势 e_3。三相变压器组联成"Y,y"联结组时感应电动势的波形如图 7.14 所示。但是,由于三相中的 3 次谐波电势各相是同相的、大小又相同,所以在线电压(势)中它们互相抵消,因而线电压波形仍呈正弦波形。但这个 3 次谐波电势却使相电压增高,若略去 5 次及以上的谐波,则每相电势有效值应为

$$E_p = \sqrt{E_{1p}^2 + E_{3p}^2}$$

(7.2)

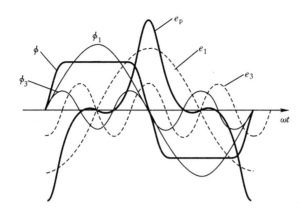

图 7.14　三相变压器组联成"Y,y"联结组时感应电动势的波形

式中,E_{1p},E_{3p} 为每相感应电势的基波、3 次谐波分量。

　　按上式计算出的相电势的有效值将比基波电势 E_1 增大 $10\%\sim17\%$。而电势 e_p 的幅值则将比基波电势的幅值增大 $45\%\sim60\%$,这样将危及变压器绕组的绝缘。因此,在电力变压器中不能采用"Yy"联结组的三相组式变压器(也叫三相变压器组)。

　　(2)三相心式变压器。在三相心式变压器中,由于三相铁心互相关联,所以方向相同的 3 次谐波磁通不能沿铁心闭合,只能通过非磁性介质(变压器油或空气)及箱壁形成回路,三相心式变压器中 3 次谐波磁通的路径分析如图 7.15 所示,其中 $\dot{\Phi}_{3A}$、$\dot{\Phi}_{3B}$、$\dot{\Phi}_{3C}$ 将遇到很大的磁阻,使 3 次谐波磁通大为削弱,则主磁通仍接近于正弦波,从而使每相电势也接近正弦波。即使铁心饱和的情况下,相电势、线电势仍可以认为是具有正弦波形。所以在中、小型三相心式变压器中,"Yy"联结组还是可以采用的。

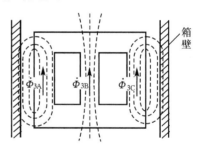

图 7.15　三相心式变压器中 3 次谐波磁通的路径分析图

3. "Yd"联结组

　　当变压器的副边(或"Dy"联结组)有△接法的绕组时(参见图 7.16),情况就和"Yy"联结组大不相同了。因为在△接法的绕组内可以存在方向相同的 3 次谐波电流,用以供给励磁电流中所需的 3 次谐波电流分量。因此就可以保持电势接近于或达到正弦波形。由于铁心内的磁通决定于原绕组和副绕组的总磁势,所以△接法的绕组在原边或副边是没有区别的。因此,这种接法还被规定为国家标准联结组之一。"Yd"联结组中三角形内部的 3 次谐波环流示意如图 7.16 所示。

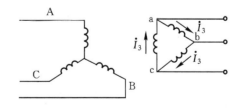

图 7.16　"Yd"联结组中三角形内部的 3 次谐波环流示意图

在超高压、大容量电力变压器中，有时为了满足电力系统运行的需要，使变压器原、副边的中点都接地外，然后再加上一个第三绕组接成△接法，具有第三绕组的变压器接线图如图 7.17 所示。这个第三绕组的主要任务就是为了提供 3 次谐波电流的通路，以保证主磁通波形接近或达到正弦波形，从而改善电势波形。

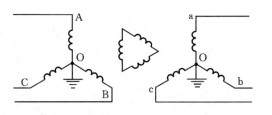

图 7.17　具有第三绕组的变压器接线图

7.4　变压器的并联运行

变压器的并联运行，就是将两台或两台以上的变压器的原、副方绕组分别接在各自的公共母线上，同时对负载供电。图 7.18 是两台单相变压器并联运行中环流示意图。因而它们的原绕组具有共同的电压 $\dot{U}_1$，副绕组有共同的电压 $\dot{U}_2$。

在电力系统中的发电厂和变电所，往往都是几台变压器并联运行，而不采用只装设一台变压器的方式。这是由于：①可提高运行效率。当几台变压器并联运行时，在轻负载时可以切除一部分变压器，从而减少空载损耗，使供电更加经济；②可提高供电可靠性。若某台变压器发生故障或检修时，可切除这台变压器，其它变压器仍能供给用电户，以减少停电事故；③能适应用电量的增多，以满足国民经济发展的需要。

变压器若要并联运行，理想情况下要满足下述条件：①变压器的变比相等；②联结组组号应相同；③各并联变压器的输出电流同相位；(4)各台变压器的阻抗电压（或叫短路电压标幺值）相等。以下再做进一步分析。

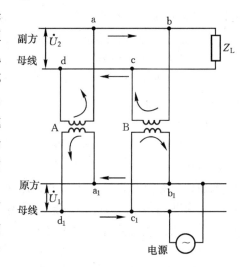

图 7.18　两台单相变压器并联运行中环流示意图

1. 变比问题

如果并联运行的变压器的变比都相等，在其它条件也满足时，就保证了空载时各并联变压器所构成的回路中无环流（环流路径如图 7.18 所示）；若同时满足联结组组号相同，则保证了各副边电压的相位一致。于是，各变压器仍如单独空载时一样，只有一定的空载电流。

反之，当变压器的变比和联结组均不同时，即使变压器空载，在并联所构成的回路中也有环流流通。设两台变压器并联，在变比不等的情况下，两变压器 A 和 B 的副边每相开路电压分别为 $\dot{U}_A$ 和 $\dot{U}_B$，则两台变压器并联后，每相绕组中循环电流 $\dot{I}_S$ 可用下式计算：

$$\dot{I}_S = \frac{\dot{U}_A - \dot{U}_B}{Z_{kA} + Z_{kB}} = \frac{\dfrac{\dot{U}_1}{k_A} - \dfrac{\dot{U}_1}{k_B}}{Z_{kA} + Z_{kB}} = \frac{\dot{U}_1\left(\dfrac{1}{k_A} - \dfrac{1}{k_B}\right)}{Z_{kA} + Z_{kB}} \qquad (7.3)$$

式中 Z_{kA}，Z_{kB} 分别为变压器 A 和 B 折算到副边的短路阻抗，$\dot{U}_1$ 为原边电压，k_A，k_B 分别为两台变压器的变比。

例 7.10[*]　今有一台 100 kVA，6000 V/230 V 的变压器和一台 100 kVA，6000 V/220 V 的变压器并联运行，两台变压器的联结组相同，Y/Y 接法，已知：$u_{kA} = u_{kB} = 5.5\%$，短路阻抗角 α 相同，试求并联运行时的循环电流 I_S 为多大？

解：由已知 $U_A = 230$ V，$U_B = 220$ V，可知额定相电压 $U_{NA} = 133$ V，$U_{NB} = 127$ V

由

$$z_k = \frac{u_k\%}{100} \times \frac{U_N}{I_N}$$

可得

$$z_{kA} = \frac{5.5}{100} \times \frac{U_{NA}}{I_{NA}} = \frac{5.5}{100} \times \frac{133}{251} = 0.0291 \ (\Omega)$$

$$z_{kB} = \frac{5.5}{100} \times \frac{U_{NB}}{I_{NB}} = \frac{5.5}{100} \times \frac{127}{262} = 0.0267 \ (\Omega)$$

由式(7.3)进一步推导得

$$\dot{I}_S = \frac{\dot{U}_1\left(\dfrac{1}{k_A} - \dfrac{1}{k_B}\right)}{Z_{kA} + Z_{kB}} = \frac{\dot{U}_1\left(\dfrac{1}{k_A} - \dfrac{1}{k_B}\right)}{|Z_{kA}|\angle\alpha_A + |Z_{kB}|\angle\alpha_B}$$

$$|\dot{I}_S| = \frac{|\dot{U}_1|\left(\dfrac{1}{k_A} - \dfrac{1}{k_B}\right)}{|Z_{kA}| + |Z_{kB}|} = \frac{3464.1 \times \left(\dfrac{1}{26.1} - \dfrac{1}{27.3}\right)}{0.0291 + 0.0267}$$

$$= \frac{5.834}{0.0558} = 105 \quad (A)$$

从上面这个例子可以清楚地看出，尽管两台变压器的副边电压只相差 $\dfrac{230-220}{220} \times 100\% = 4.54\%$，却产生 105 A 的空载循环电流，它相当于变压器 A 的额定电流的 $\dfrac{105}{251} \times 100\% = 41.8\%$，空载时有这样大的循环电流显然是不允许的。

因此，对并联运行的变压器，其变比只能允许有极小的偏差。通常，规定并联运行的变压器，其变比之差不得超过 1%，否则所产生的循环电流将是不允许的。

2. 联结组问题

并联运行的其他条件满足时，联结组组号一定要相同，保证副边电压的相位一致，至无环流。反之，当联结组组号不一致时，副边电压就将产生相位差。例如，一台变压器的组号是"12"，而另 1 台的组号为"11"时，则这两台变压器并联运行的副边线电压相量将相差 30°，对应相量图如图 7.19 所示。这时并联运行的各变压器，即使它们的变比相等，它们的副边相应端点间也将存在着电压差 ΔU 的作用。由于 ΔU 是直接加在两台变压器的副边端点上，故所作用的电路内只有该变压器的很小的短路阻抗。这样，无疑将产生超过其额定电流好几倍的循环电流。所以不同组别的变压器，绝对不允许并联运行。

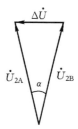

图 7.19　两台变压器并联运行的副边线电压相位差为 30°时的相量图

3. 输出电流同相位问题

希望各台要并联的变压器的电流同相位,只有如此,才能使整个并联组得到最大的输出电流,各台变压器的装机容量才能得到充分应用。其相量图分析如图 7.20 所示。显然图 7.20(a)的 $\dot{I}_2$ 较小,没有得到充分应用;而图 7.20(b)各并联变压器得到了充分应用。

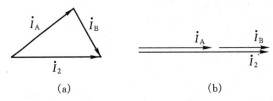

图 7.20 两台变压器并联运行时输出电流间的相量关系分析

(a) 不同相时;(b) 同相时

4. 阻抗电压问题

阻抗电压主要影响到并联运行变压器之间的负载分配。两台变压器并联运行时的等效电路如图 7.21 所示。图中各量折算到副边来进行计算(也可以折算到原边)。图中变压器 A 的短路阻抗为 $Z_{kA}=R_{kA}+jX_{kA}$;变压器 B 的短路阻抗为 $Z_{kB}=R_{kB}+jX_{kB}$。据电路理论,两台变压器的电流的分配应反比于它们的阻抗,即

$$\frac{\dot{I}_A}{\dot{I}_B}=\frac{Z_{kB}}{Z_{kA}}=\frac{\mid Z_{kB}\mid\angle\alpha_B}{\mid Z_{kA}\mid\angle\alpha_A} \tag{7.4}$$

则可得

$$\frac{I_A}{I_B}=\frac{\mid Z_{kB}\mid}{\mid Z_{kA}\mid} \tag{7.5}$$

再将上式等号两边同乘以 $\dfrac{I_{BN}}{I_{AN}}$,再乘以 $\dfrac{U_N}{U_N}$ 则

$$\frac{U_N}{U_N}\frac{I_{BN}}{I_{AN}}\cdot\frac{U_N}{U_N}\frac{I_A}{I_B}=\frac{I_{BN}}{I_{AN}}\frac{U_N}{U_N}\frac{\mid Z_{kB}\mid}{\mid Z_{kA}\mid}$$

再考虑各对应变压器的 $S_N=U_N I_N$ 和 $u_k=U_k^*=\dfrac{z_k I_N}{U_N}$ 后得

$$\frac{S_A}{S_{AN}}:\frac{S_B}{S_{BN}}=\frac{1}{u_{kA}}:\frac{1}{u_{kB}} \tag{7.6}$$

式(7.6)描述了负载分配和阻抗电压的关系,对其可再做进一步讨论。

(1) 当 $u_{kA}=u_{kB}$ 时,则 $\quad\dfrac{S_A}{S_{AN}}=\dfrac{S_B}{S_{BN}}$

或

$$\frac{S_A}{S_B}=\frac{S_{AN}}{S_{BN}} \tag{7.7}$$

式(7.7)说明了:如果并联变压器的阻抗电压相等,则各变压器所承担的负载与其额定容量成正比例分配。

(2) $u_{kA}\neq u_{kB}$ 时,设 $u_{kA}<u_{kB}$,由式(7.6)知

$$\frac{S_A}{S_{AN}}>\frac{S_B}{S_{BN}}$$

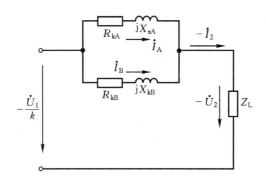

图 7.21　两台变压器并联运行的等效电路

此式说明了:如果并联组所承担的负载增加时,设变压器 A 的阻抗电压小,则变压器 A 先达到满载。

由此可见,如果阻抗电压相等时,各变压器所承担的负载与它们的额定容量成正比例分配;如果阻抗电压有差别时,式(7.6)可计算并联时两台变压器的负载分配情况,同时说明阻抗电压小的那一台变压器承担的负载更接近它的额定容量。因此,为了不致浪费设备容量,并联运行的变压器的阻抗电压值规定相差不应超过±10%。

此外,并联运行的变压器在容量上还不能相差太多,通常容量比一般不得超过 3∶1。

例 7.11　设有两台三相变压器并联运行,其数据如下:

容量/kVA	高压电压/kV	低压电压/kV	阻抗电压 u_k
1000	35	6.3	6.25%
1800	35	6.3	6.6%

试求:(1) 当总负载为 2000 kVA 时,各变压器所承担的负载 S_A, S_B 为多少?

(2) 在不使任一台变压器过载的情况下,并联组能供给的最大负载 S_{max} 为多少?

解: (1) 根据公式(7.6)可得

$$\begin{cases} \dfrac{S_A}{1000} : \dfrac{S_B}{1800} = \dfrac{1}{6.25} : \dfrac{1}{6.6} \\ S_A + S_B = 2000 \end{cases}$$

联立求解,得　$S_A = 739.50$ kVA;　$S_B = 1260.5$ kVA。

(2) 由于变压器 A 的阻抗电压较小。所以变压器 A 先满载。在变压器 A 满载后,$\dfrac{S_A}{S_{AN}} = 1$,再按此代入公式(7.6)即可得此时变压器 B 的方程式为

$$1 : \dfrac{S'_B}{1800} = \dfrac{1}{6.25} : \dfrac{1}{6.6}$$

解后可得 $S'_B = 1704.5$ kVA,因此,在变压器 A 不过载的情况下,并联组所能供给的最大负载为 $S_A + S'_B = (1000 + 1704.5)$ kVA = 2704.5 kVA。

从上例可以看出,由于两者阻抗电压略有差别,则即使变压器 A 已达满载,变压器 B 的容量仍未能得到充分利用,整个并联组的利用率只达到了 2704.5/2800×100% = 96.589%。

7.5 三相变压器的不对称运行

变压器在实际运行时,三相负载有可能出现不对称的情况。例如,在变压器上接有单相电炉或电焊机等单相负载时,或者照明负载在三相上不平衡时;当一相断开检修,另外两相继续供电时,或采用大地来代替一相导线的供电方式时等等,都有可能出现不对称运行的情况。当不对称负载不超过变压器的额定电流时,它还明显地导致副边端电压的变化,因为变压器的阻抗所引起的端电压变化很小,只占百分之几,故在本节中对此不再分析。但是,对于"Yyₙ"联结的组式变压器,在不对称负载时,将产生中性点偏移的现象,副边相电压变化较大,这是本章所要讨论的。

在电机工程中分析不对称运行问题常采用**"对称分量法"**。下面首先简要介绍"对称分量法",然后利用它去具体分析"Yyₙ"联结变压器的不对称运行问题。

7.5.1 对称分量法的原理

对称分量法是基于电工基础中的叠加原理,它是把一组不对称的三相电流或电压看成是三组对称的电流或电压的叠加,后者称为前者的 3 组对称分量。

对称分量的合成分析图如图 7.22 所示。图 7.22 中的(a),(b),(c)是 3 组互不相关的三相电流,它们都是三相对称的,但是有不同的相序。在图(a)中,$\dot{I}_A$ 领先 $\dot{I}_B$ 120°,$\dot{I}_B$ 领先 $\dot{I}_C$ 120°,这是一般三相制的情况,我们称它为正序分量;在图(b)中相序相反,$\dot{I}_A$ 领先 $\dot{I}_C$ 120°,$\dot{I}_C$ 领先 $\dot{I}_B$ 120°,把它称为负序分量;在图(c)中三相电流都同相,不分先后,称为零序分量。正序、负序和零序分量的值分别在电流符号右下角加注"+"、"−"、"0"的符号以示区别。如果这 3 组对称的电流同时存在于一个系统之中,则它们的合成电流如图 7.22(d)所示,是一组三相不对称的电流。其中:

$$\left.\begin{aligned}
\dot{I}_A &= \dot{I}_{A+} + \dot{I}_{A-} + \dot{I}_{A0} \\
\dot{I}_B &= \dot{I}_{B+} + \dot{I}_{B-} + \dot{I}_{B0} \\
\dot{I}_C &= \dot{I}_{C+} + \dot{I}_{C-} + \dot{I}_{C0}
\end{aligned}\right\} \tag{7.8}$$

由此可以看出,3 组对称的电流分量叠加在一起的时候,就可以得到一组三相不对称的电流。

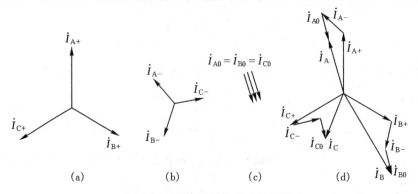

图 7.22 对称分量的合成分析图
(a)正序;(b)负序;(c)零序;(d)各相序合成

反过来,任何一组不对称的三相电流可分解出一定的三相对称分量。从图7.22中可以看出各相序分量中各相电流的关系为

$$\left.\begin{array}{l} \dot{I}_{B+} = a^2 \dot{I}_{A+}; \qquad \dot{I}_{C+} = a \dot{I}_{A+} \\[2mm] \dot{I}_{B-} = a \dot{I}_{A-}; \quad \dot{I}_{C-} = a^2 \dot{I}_{A-} \\[2mm] \dot{I}_{A0} = \dot{I}_{B0} = \dot{I}_{C0} \end{array}\right\} \qquad (7.9)$$

式中,a 是复数运算符号,$a = \mathrm{e}^{\mathrm{j}120°}$,或 $a = 1 \underline{/120°}$,即它是一个单位相量,幅值为1,角度为120°,称为旋转因子。它的展开式为

$$a = 1 \underline{/120°} = \cos \frac{2}{3}\pi + \mathrm{j}\sin \frac{2}{3}\pi = -\frac{1}{2} + \mathrm{j}\frac{\sqrt{3}}{2}$$

$$a^2 = 1 \underline{/240°} = -\frac{1}{2} - \mathrm{j}\frac{\sqrt{3}}{2}$$

因而 $1 + a + a^2 = 0$。

将(7.9)代入式(7.8)后可得

$$\left.\begin{array}{l} \dot{I}_A = \dot{I}_{A+} + \dot{I}_{A-} + \dot{I}_{A0} \\[2mm] \dot{I}_B = a^2 \dot{I}_{A+} + a \dot{I}_{A-} + \dot{I}_{A0} \\[2mm] \dot{I}_C = a \dot{I}_{A+} + a^2 \dot{I}_{A-} + \dot{I}_{A0} \end{array}\right\} \qquad (7.10)$$

如果已知不对称的三相电流 $\dot{I}_A, \dot{I}_B, \dot{I}_C$,需要求出 A 相的各对称分量值,即对式(7.10)求解可得

$$\left.\begin{array}{l} \dot{I}_{A+} = \dfrac{1}{3}(\dot{I}_A + a \dot{I}_B + a^2 \dot{I}_C) \\[3mm] \dot{I}_{A-} = \dfrac{1}{3}(\dot{I}_A + a^2 \dot{I}_B + a \dot{I}_C) \\[3mm] \dot{I}_{A0} = \dfrac{1}{3}(\dot{I}_A + \dot{I}_B + \dot{I}_C) \end{array}\right\} \qquad (7.11)$$

由于各相序分量都是对称的,在描述出 A 相的分量后,B 相和 C 相的分量就可以根据式(7.9)来确定。显然式(7.11)与式(7.10)是可逆的,而式(7.11)更常用而且更为重要。

上面是举的三相电流不对称的例子,对称分量法同样可用于分析三相电压、电势、磁通等的不对称情况。

7.5.2 "Yyₙ"联结变压器的单相短路时的接线图

上面说明了对称分量法的基本原理,下面我们就应用它来分析变压器不对称运行的一种最简单的情况——"Yyₙ"联结变压器的单相短路。

"Yyₙ"联结的三相变压器,当副边单相短路时的接线如图 7.23 所示。图中所标注的电流,大写字母代表原边,小写字母代表副边。

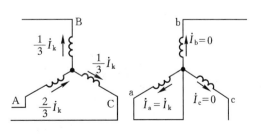

7.23 "Yyₙ"联结变压器的副边单相短路时的接线图

现假设副边 a 相短路,b,c 相开路,故这时副绕组内的电流为

$$\left.\begin{array}{l} \dot{I}_a = \dot{I}_k \\ \dot{I}_b = \dot{I}_c = 0 \end{array}\right\} \tag{7.12}$$

因此,副边电流是一个不对称的系统,可用对称分量法把它分解为 3 个对称分量系统,把式(7.12)代入式(7.11)后,即可得

$$\left.\begin{array}{lll} \dot{I}_{a+} = \dfrac{1}{3}\dot{I}_k; & \dot{I}_{a-} = \dfrac{1}{3}\dot{I}_k; & \dot{I}_{a0} = \dfrac{1}{3}\dot{I}_k \\[2mm] \dot{I}_{b+} = \dfrac{1}{3}a^2\dot{I}_k; & \dot{I}_{b-} = \dfrac{1}{3}a\dot{I}_k; & \dot{I}_{b0} = \dfrac{1}{3}\dot{I}_k \\[2mm] \dot{I}_{c+} = \dfrac{1}{3}a\dot{I}_k; & \dot{I}_{c-} = \dfrac{1}{3}a^2\dot{I}_k; & \dot{I}_{c0} = \dfrac{1}{3}\dot{I}_k \end{array}\right\} \tag{7.13}$$

在式(7.13)中,$\dot{I}_{a+}$,$\dot{I}_{b+}$,$\dot{I}_{c+}$ 构成正序系统,$\dot{I}_{a-}$,$\dot{I}_{b-}$,$\dot{I}_{c-}$ 构成负序系统,$\dot{I}_{a0}$,$\dot{I}_{b0}$,$\dot{I}_{c0}$ 构成零序系统。

如果不考虑励磁电流的影响,根据磁势平衡的原理,针对副边的正序、负序、零序电流系统,原边也将产生与它大小相等而方向相反的 3 个电流系统,以相应产生磁势来抵消副边电流的磁势。假设副边各量均已折合到原边,则得原边电流的对称分量为

$$\left.\begin{array}{ll} \dot{I}_{A+} = -\dfrac{1}{3}\dot{I}_k; & \dot{I}_{A-} = -\dfrac{1}{3}\dot{I}_k \\[2mm] \dot{I}_{B+} = -\dfrac{1}{3}a^2\dot{I}_k; & \dot{I}_{B-} = -\dfrac{1}{3}a\dot{I}_k \\[2mm] \dot{I}_{C+} = -\dfrac{1}{3}a\dot{I}_k; & \dot{I}_{C-} = -\dfrac{1}{3}a^2\dot{I}_k \end{array}\right\} \tag{7.14}$$

由于原绕组没有中线,故零序电流不能在原边流通,原边各相电流之值应为

$$\left.\begin{array}{l} \dot{I}_A = \dot{I}_{A+} + \dot{I}_{A-} = -\dfrac{2}{3}\dot{I}_k \\[2mm] \dot{I}_B = \dot{I}_{B+} + \dot{I}_{B-} = \dfrac{1}{3}\dot{I}_k \\[2mm] \dot{I}_C = \dot{I}_{C+} + \dot{I}_{C-} = \dfrac{1}{3}\dot{I}_k \end{array}\right\} \tag{7.15}$$

从以上各分量可以分别作出"Yy$_n$"联结的变压器单相短路时,原、副边电流的相量关系如图 7.24 所示。

从以上分析可以看出,在短路以前副边感应电势 $\dot{E}_a$,$\dot{E}_b$,$\dot{E}_c$ 为一对称的三相系统,铁心中的磁通 $\dot{\Phi}_A$,$\dot{\Phi}_B$,$\dot{\Phi}_C$ 也是一个对称的三相系统。在短路以后,正、负序电流将在变压器的原、副边内分别形成正常的三相电流系统,存在着磁势平衡的关系。唯独副边的零序电流得不到原边相应的电流(或磁势)来平衡,因而它将在各相的铁心中激励一零序磁通 $\dot{\Phi}_0$,且 $\dot{\Phi}_0$ 在各相中大小相等、方向相同。$\dot{\Phi}_0$ 将和原、副绕组相匝链,如不考虑铁心的饱和,可认为 $\dot{\Phi}_0$ 叠加在磁通 $\dot{\Phi}_A$,$\dot{\Phi}_B$,$\dot{\Phi}_C$ 上。这样,由于零序磁通的存在,将使三相磁通成为一个不对称的系统,即 $\dot{\Phi}_A'$,$\dot{\Phi}_B'$,$\dot{\Phi}_C'$。由于感应电势是和磁通成正比的,所以各相感应电势也就成为不对称系统,即 $\dot{E}_a'$,$\dot{E}_b'$,$\dot{E}_c'$。Yy$_n$ 联结的变压器单相短路时磁通和电势的相量图分析后引起的中点浮动分析图如图 7.25 所示。

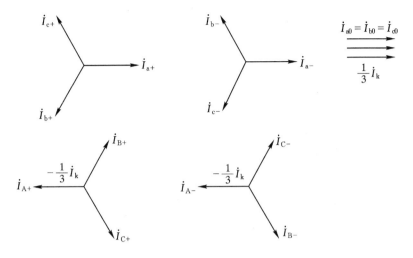

图 7.24　"Yy$_n$"联结的变压器单相短路时原、副边电流的相量关系

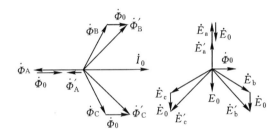

图 7.25　"Yy$_n$"联结的变压器单相短路时的中点浮动分析图

　　在忽略漏抗压降的影响时,则电势的变化也就是相电压的变化。因此,由于电势 $\dot{E}_0$ 的存在将引起变压器中性点的偏移。这就是说,尽管外加线电压是一个平衡的三相电压,但由于副边电流的不对称,使相电压的中点电位将自电压三角形的几何中点向下移动,从而使 a 相的电压下降,b 相和 c 相的电压上升。这种情况称为中点浮动或中性点位移。中点浮动的程度将依零序磁通的大小,即零序阻抗的大小而定。

　　在三相组式变压器中,若采用"Yy$_n$"联结而遇到单相短路时,零序磁通将在各变压器的铁心中自由流通,从而引起上述的中点浮动现象,以致使得接在 b,c 相上的负载与电气设备受到危险的过电压。因此,在三相组式变压器中不允许采用"Yy$_n$"联结。

　　但是在三相心式变压器中,情况就不一样。这时零序磁通必须以油及油箱为回路,这种情况下回路的磁阻较大,因而零序磁通将比三相组式变压器时小得多,所以中点浮动不会太严重。因此,这种接法的心式变压器在容量不大的配电变压器中还可以采用。

本章小结

　　本章主要研究了三相变压器的几个特殊问题:一是磁路系统,二是联结组,三是变压器的电势及励磁电流的波形问题。此外,还研究了变压器的并联运行和不对称运行的问题。

　　　三相变压器在对称负载下运行时,它的每一相就相当于一个单相变压器,所以完全可以用分析单相变压器的方法来对待它。上一章中所采用的基本方程式、等效电路图、相量图等分析方法都可以应用于三相变压器上。但要注意这时有关各量都是相值,即在**三相变压器中要特别注意线、相值的区别**。另外,空载试验、稳态短路试验等实测变压器参数的方法也同样适用于三相变压器,但也要注意试验中所测得的数据一般为线电压、线电流和三相的总损耗,在计算参数时,都要换算到每相的数值。

　　　在磁路系统中要区别三相组式磁路系统和三相心式磁路系统的特点。

　　　在联结组的问题上要注意极性对电势相量方向的关系,不同相的绕组联结时两者相电势相量的相对关系以及联结后低压边线电势与高压边对应线电势的相位(即钟时序法)的关系。要掌握如何根据联结组别画出接线图,且根据实际接线图确定联结组符号,这在实际中很有用。

　　　在波形问题上,首先应了解问题的根源是铁磁材料具有饱和性能。要掌握励磁电流和磁通及电势三者间在波形上的相互关系。励磁电流的波形和三相绕组的联结方式有关,磁通的波形除了和励磁电流的波形有关外,还与变压器的磁路系统和结构特点有关。而电势的波形,则仅决定于磁通的波形。

　　　要注意掌握变压器并联运行时应满足的基本条件。变比相等和联结组相同保证了空载时不致产生环流,是变压器能否并联运行的前提。而阻抗电压相等则保证了负载可按变压器容量的比例进行分配,从而使设备容量得到充分利用。在不对称运行问题上首先要掌握对称分量法的原理以及如何把一个不对称的三相系统分解为三个对称的系统。其次,要了解如何运用对称分量法去分析"Yy_n"联结变压器的单相短路问题,注意中点浮动现象产生的原因及其对运行的影响。

习题与思考题

7-1　试画出下列联结组的接线图及对应之相量图(相序均为 A—B—C):
　　　(1)Yd5;　　　(2)Dy11;　　　(3)Yd9

7-2　图 7.26(a),(b),(c)中,试判断联结组符号(注:已知相序 A—B—C;位置对应的高、低压绕组位于同一铁心柱上)。

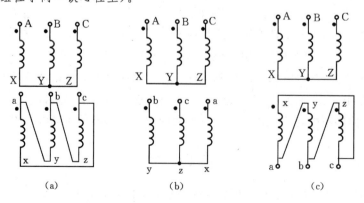

图 7.26　习题 7-2 的三相变压器接线图

7-3　有一台三相变压器,$S_N = 5600$ kVA,$U_{1N}/U_{2N} = 10$ kV/6.3 kV,"Yd 11"联结组。变压器的空载及稳态短路试验数据见下表。

试验名称	线电压/V	线电流/A	三相功率/W	备　注
空载	6300	7.4	6800	电压加在低压边
短路(稳态)	550	324	18000	电压加在高压边

试求:(1)变压器的等效电路的各参数,设 $R_1 = R'_2$,$X_{1\sigma} = X'_{2\sigma}$;

　　　(2)利用简化等效电路求满载、$\cos\varphi_2 = 0.8$(滞后)时副边电压 U_2 及电压调整率 ΔU。

7-4　某变电所共有两台变压器,数据如下:

(a) $S_N = 3\,200$ kVA,$U_{1N}/U_{2N} = 35$ kV/6.3 kV,$u_k = 6.9\%$;

(b) $S_N = 5\,600$ kVA,$U_{1N}/U_{2N} = 35$ kV/6.3 kV,$u_k = 7.5\%$。

变压器均为"Yy_n0"联结组。

试求:(1)当变压器(a)与变压器(b)并联运行,输出的总负载为 8 000 kVA 时,每台变压器应分担的容量 S_A 和 S_B 分别为多少?

　　　(2)当两台变压器并联运行时,在不许任何一台变压器过载的情况下输出的最大总负载 S_{max} 为多少? 其利用率 k_L 是多少?

7-5　试将三相不对称电压 $\dot{U}_A = 440\angle 0° $ V,$\dot{U}_B = 440\angle -150°$ V,$\dot{U}_C = 360\angle -240°$ V 分解为对称分量。

7-6　已知三相不对称系统中 A 相电流的对称分量 $\dot{I}_{A+} = 20\angle 0°$ A,$\dot{I}_{A-} = 5 - j0.866$ A,$\dot{I}_{A0} = j5$ A。试求三相不对称电流 $\dot{I}_A$、$\dot{I}_B$、$\dot{I}_C$。

7-7　三相组式变压器和三相心式变压器的磁路系统各有何特点?

7-8　高、低压边相电势、线电势之间的相位关系,判断原则各是什么?

7-9　某台变压器,原边有两个线圈,每个线圈的额定电压为 220 V,绕向相同,标号也相同(即 AX 和 ax)。如果(1)Xa 短接,A 和 x 接到 440 V 交流电源;(2)Aa 短接,Xx 之间接到 440 V 交流电源。各有什么后果?

7-10　在某台三相组式变压器中,若接成"Yd"(或表示成 Y/△),在△开口未闭合前,将一次侧合上电源,发现开口处有较高电压;但开口闭合后,电流又非常小。为什么?

7-11　当正弦电压加到"Yy"(或 Y/Y)联结的组式变压器时,问:(1)原边线电流中有无 3 次谐波分量?(2)副边相电流和线电流中有无 3 次谐波?(3)一次侧相电压和线电压中有无 3 次谐波分量?(4)主磁通中有无 3 次谐波分量?

7-12　如何从试验中确定原、副边变压器的绕向?

7-13　两台变压器并联运行,它们具有不同变比,不同阻抗电压,试分别说明各个因素对负载分配的影响。

7-14　变比不等的变压器并联运行,副边绕组内有环流,为什么原边绕组也有?

7-15　变压器理想并联运行的条件是什么?

7-16　三相变压器的"中点浮动"是何意义?"对称分量法"的概念是什么?

第8章 自耦变压器、三绕组变压器和互感器

前面章节主要讨论了每相只有一个原绕组和一个副绕组的双绕组变压器,这种变压器内部的电磁过程及分析方法颇具代表性,也是研究其它各类变压器的理论基础。在生产实际中所应用的变压器则是多种多样的,下面再介绍3种较常见的特种用途的变压器,重点介绍三绕组变压器、自耦变压器和互感器的性能和结构上的特点。

8.1 自耦变压器

8.1.1 定义

从双绕组变压器到自耦变压器的演变过程如图 8.1 所示,图 8.1(a)为普通双绕组变压器的原理图。设 N_{ab} 匝的原边绕组与 $N_{b'c'}$ 匝的副边绕组共同套在一个铁心柱上,被同一个主磁通 Φ 所匝链,因此在 N_{ab} 和 $N_{b'c'}$ 上每一匝的感应电势都相同。若我们在 N_{ab} 上找一点 c 并使 N_{bc} 和 $N_{b'c'}$ 相等,则相应的 $\dot{E}_{bc} = \dot{E}_{b'c'}$。于是,当我们把 bc 和 b'c' 对应点短接起来也不会有何影响(如图 8.1(b)所示),这样就可以使用一个绕组(如图 8.1(c)所示)。这种**原、副边绕组有共同耦合部分的变压器就称为自耦变压器**。自耦变压器原副边间有直接电的联系。

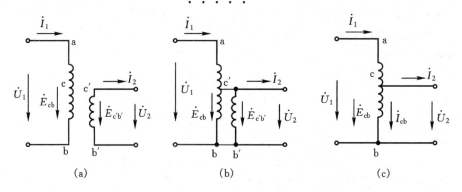

(a)　　　　　　　(b)　　　　　　　(c)

图 8.1　从双绕组变压器到自耦变压器的演变过程

8.1.2 变比k_a

当自耦变压器空载运行时,如图 8.1(c)所示,若略去漏阻抗压降,则有

$$U_2 = U_{bc} = \left(\frac{U_1}{N_{ab}}\right) N_{bc} = \frac{U_1}{N_{ab}/N_{bc}} = \frac{U_1}{k_a} \tag{8.1}$$

式中　U_1/N_{ab}——每匝的电压降;

k_a——自耦变压器的变比。

$$k_a = \frac{U_1}{U_2} = \frac{N_{ab}}{N_{bc}} \tag{8.2}$$

8.1.3　磁势平衡

自耦变压器的副边接上负载后便有电流 $\dot{I}_2$ 流过,按照 6.2.1 节的思路,则其磁势平衡方程式为

$$\dot{I}_1 N_{ac} + (\dot{I}_1 - \dot{I}_2) N_{bc} = \dot{I}_0 N_{ab}$$

或

$$\dot{I}_1 (N_{ab} - N_{bc}) + (\dot{I}_1 - \dot{I}_2) N_{bc} = \dot{I}_0 N_{ab}$$

当不计 $\dot{I}_0$ 时,则有

$$\dot{I}_1 N_{ac} + \dot{I}_{cb} N_{bc} = 0$$

或

$$\dot{I}_{ac} N_{ac} = \dot{I}_{bc} N_{bc} \tag{8.3}$$

上式说明了一个绕组本身的两段就存在着磁势平衡,且 $\dot{I}_{ac}$ 与 $\dot{I}_{bc}$ 同相。

8.1.4　容量关系

自耦变压器的容量和双绕组变压器的容量计算方法相同,因为双绕组变压器的原、副边容量相等,即

$$S_N = U_{1N} I_{1N} = U_{2N} I_{2N} \tag{8.4}$$

自耦变压器绕组 ac 段的容量为

$$S_{ac} = U_{ac} I_{1N} = \left(U_{1N} \frac{N_{ab} - N_{bc}}{N_{ab}} \right) I_{1N} = S_N \left(1 - \frac{1}{k_a} \right) \tag{8.5}$$

自耦变压器绕组 bc 段的容量为

$$S_{bc} = U_{bc} I_{bc} = U_{bc} (I_{2N} - I_{1N}) = U_{2N} I_{2N} \left(1 - \frac{1}{k_a} \right) = S_N \left(1 - \frac{1}{k_a} \right) \tag{8.6}$$

由自耦变压器的实验和容量关系分析知,其电流 I_2、I_1 和 I_{bc} 的有效值之间的关系应符合如下规律:

$$I_2 = I_1 + I_{bc} \tag{8.7}$$

由式(8.4)~(8.6)的分析可以看出,若变压器的容量为 S_N,则绕组 ac、bc 的容量都比 S_N 小,即都只有 S_N 的 $\left(1 - \frac{1}{k_a} \right) \times 100\%$。而一般双绕组变压器的原、副边容量相等,在额定运行时就等于额定容量。

将自耦变压器与双绕组变压器比较下一就可以看出,自耦变压器不仅可以省去一个绕组,而且在容量相同时,自耦变压器的绕组容量比双绕组变压器要小。这样就可以减少硅钢片、铜(铝)等材料的消耗,并使损耗降低,效率提高。同样,在一定容量的条件下,还使得变压器的外形尺寸缩小,以达到节省材料,减少成本的目的。此外,用自耦变压器改接成**调压器**是很方便的,如图 8.1(c)若将 c 点做成滑动接触形式就演变成调压器了。

显然,上述优点的产生是由于自耦变压器的绕组容量小于一般变压器容量所致,即 $S_{ac} = S_{bc} = S_N \left(1 - \frac{1}{k_a} \right) < S_N$。可以看出,当 k_a 越接近 1 时,系数 $\left(1 - \frac{1}{k_a} \right)$ 就越小,自耦变压器的优

点也就越是显著。因此,自耦变压器更适用于原、副边电压比不大的场合(一般希望 $k_a < 2$)。

8.1.5　传导容量和电磁容量

在一般双绕组变压器中,只有靠电磁感应传递容量。而自耦变压器传递的容量分为两部分,一部分是由电磁感应传递的容量叫**电磁容量** S_{dc},另一部分是由电路连接而直接传递的容量叫**传导容量** S_{cd}。自耦变压器电流之间的关系如图 8.2 所示,降压自耦变压器中,副边电压为 U_2,输出电流为 $I_2 = I_1 + I_{bc}$,此式中电流的相量加变成代数加是该变压器的特点之一,因此由原边传递到副边的总容量应为

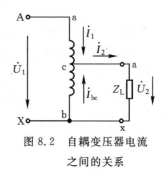

图 8.2　自耦变压器电流
之间的关系

$$S_2 = U_2 I_2 = U_2 I_1 + U_2 I_{bc} \tag{8.8}$$

式中:$U_2 I_1$ 为传导容量 S_{cd},$U_2 I_{bc}$ 为电磁容量 S_{dc}。因为 I_{bc} 是由于电磁感应作用而产生的电流,故满足磁势平衡关系式(8.3)。那么两部分容量各占百分比分别如下式:

电磁容量占　$S_{dc}/S_2 = I_{bc}/I_2 = (1 - \dfrac{1}{k_a}) \times 100\%$ (8.9)

传导容量占　$S_{cd}/S_2 = I_{ac}/I_2 = \dfrac{1}{k_a} \times 100\%$ (8.10)

此外,由于自耦变压器的原边和副边有直接的电的联系,为了防止由于高压边单相接地故障而引起低压边的过电压,用在电网中的三相自耦变压器的中点必须可靠地接地。

同样,由于原、副边有直接电的联系、高压边遭受到过电压时,会引起低压边的严重过电压,为避免这种危险,需要在原副边都装设避雷器。

8.2　三绕组变压器

8.2.1　结构和用途

三绕组变压器结构示意图如图 8.3 所示,即在铁心柱上安装了 3 个绕组。当一个绕组接在电源上后,另外两个绕组就感应出不同的电势。这种变压器用于需要两种不同电压等级的负载,这样就可以用一台三绕组变压器来代替两台双绕组变压器,以达到减少设备、降低成本的目的。尤其发电厂和变电所就常出现 3 种不同电压等级的电网,所以在电力系统中三绕组变压器应用是比较广泛的。

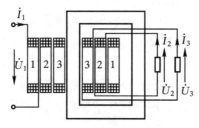

图 8.3　三绕组变压器结构示意图

三绕组变压器每相的高、中、低压绕组均套在同一铁心柱上。为了绝缘结构的合理使用,一般把高压绕组放在最外层,中压和低压绕组放在内层。对升压用的三绕组变压器低压绕组放在高、中压绕组之间,对降压变压器是将中压绕组放在高、低压绕组之间。

三绕组变压器的额定容量是指容量最大的那个绕组的容量。三个绕组的容量百分比按高压、中压、低压顺序为 $100/100/50,100/50/100$ 和 $100/100/100$ 三种型式,二、三次侧一般不能同时满载运行。

8.2.2　三绕组变压器的特性

三绕组变压器将有 3 个变比和 3 个阻抗值。通过空载试验即可求出变压器的空载电流、铁耗和变比。若此时这 3 个绕组上的相电压分别为 U_1,U_{20},U_{30},则三绕组变压器的 3 个变比应为

$$\left.\begin{aligned} k_{12} &= N_1/N_2 \approx U_1/U_{20} \\ k_{13} &= N_1/N_3 \approx U_1/U_{30} \\ k_{23} &= N_2/N_3 \approx U_{20}/U_{30} \end{aligned}\right\} \tag{8.11}$$

三绕组变压器若负载运行,3 个绕组中均流过电流,其能量传递过程与双绕组变压器完全是一样的,只不过多 1 个绕组而已。所以,当负载时,若略去 I_0,则变压器的磁势平衡应为

$$\dot{I}_1 N_1 + \dot{I}_2 N_2 + \dot{I}_3 N_3 = 0 \tag{8.12}$$

或

$$\dot{I}_1 + \frac{1}{k_{12}}\dot{I}_2 + \frac{1}{k_{13}}\dot{I}_3 = 0$$

代入折算关系,亦即

$$\dot{I}_1 + \dot{I}_2' + \dot{I}_3' = 0 \tag{8.13}$$

不考虑 I_0 时,三绕组变压器的简化等效电路如图 8.4 所示。它是经过较繁杂的推导过程求出的。具体推导过程读者如需要可参看有关书籍,这里不再详述。在图 8.4 中,$Z_1 = R_1 + jX_1$ 为第 1 绕组的等效阻抗;$Z_2' = R_2' + jX_2'$ 为第 2 绕组折算到第 1 绕组的等效阻抗;$Z_3' = R_3' + jX_3'$ 为第 3 绕组折合到第 1 绕组的等效阻抗。因此图 8.4 中共有 6 个参数,即 R_1,R_2',R_3' 和 X_1,X_2',X_3'。这 6 个参数可以通过 3 次短路试验求得。该三绕组变压器短路试验时的原理接线图如图 8.5 所示,试验按下列顺序进行:

(1)在图 8.5(a)中,给绕组 1 加电压,绕组 2 短路,绕组 3 开路,可得

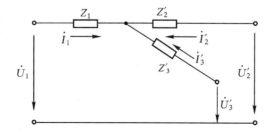

图 8.4　三绕组变压器的简化等效电路

$$Z_{k12} = R_{k12} + jX_{k12} = (R_1 + R_2') + j(X_1 + X_2') \tag{8.14}$$

（2）在图 8.5(b)中，给第 1 绕组加电压，绕组 2 开路，绕组 3 短路，可得

$$Z_{k13} = R_{k13} + jX_{k13} = (R_1 + R_3') + j(X_1 + X_3') \tag{8.15}$$

（3）在图 8.5(c)中，绕组 1 开路，给绕组 2 上加电压，绕组 3 短路，可求得 Z_{k23}。把 Z_{k23} 由绕组 2 折算到绕组 1，可得

$$Z_{k23}' = Z_{k23}k_{12}^2 = R_{k23}' + jX_{k23}' = (R_2' + R_3') + j(X_2' + X_3') \tag{8.16}$$

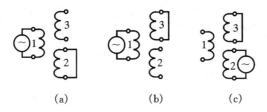

图 8.5　三绕组变压器短路试验时的原理接线图

由以上 3 次试验结果中的实数和虚数部分别求解，即可得

$$
\left.
\begin{aligned}
R_1 &= \frac{1}{2}(R_{k12} + R_{k13} - R_{k23}'), \quad X_1 = \frac{1}{2}(X_{k12} + X_{k13} - X_{k23}') \\
R_2' &= \frac{1}{2}(R_{k12} + R_{k23}' - R_{k13}), \quad X_2' = \frac{1}{2}(X_{k12} + X_{k23}' - X_{k13}) \\
R_3' &= \frac{1}{2}(R_{k13} + R_{k23}' - R_{k12}), \quad X_3' = \frac{1}{2}(X_{k13} + X_{k23}' - X_{k12})
\end{aligned}
\right\} \tag{8.17}
$$

知道了三绕组变压器的参数，就可以利用它的等效电路来计算分析了。

8.3　互感器

　　互感器（又称仪用互感器）是一种测量用装置，它是按照变压器原理来工作的。互感器实质上是一种大变比的辅助测量大电流、高电压的变压器。互感器可分为电流互感器与电压互感器两种。

　　对于大电流、高电压的电路，这时已不能直接用普通的电流表、电压表进行测量，必须借助互感器将原电路的电量按比例变化为某一较小的电量后，才能进行测量，因此互感器具有以下双重的任务：

　　（1）将大的电量按一定比例变换为能用普通标准仪表直接进行测量的电量。通常**电流互感器的副边额定电流为 1 A 或 5 A**，电压互感器副边的额定电压为**100 V 或 150 V**。这样，还可使仪表规格统一，从而降低生产成本；

　　（2）使测量仪表与高压电路隔离，以保证可能接触测量仪表的工作人员的安全。

　　互感器除用于电流和电压之外，还要用以供电给各种继电保护装置（一种在电气设备事故时保护设备安全的装置）的测量系统，因此它的应用是十分广泛的。

　　由于互感器是一种测量用设备，所以它必须保证测量的准确度，因此它的基本特性就是

准确等级,人们首先关心的也就是它的测量误差有多大。显然,对互感器的许多问题的考虑和分析都以此为重点。以下对两种互感器分别做进一步介绍。

8.3.1 电流互感器

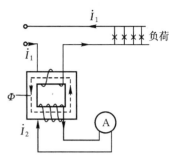

图 8.6 电流互感器原理接线图

电流互感器的原理接线图如图 8.6 所示。它的原绕组是由一匝或几匝截面较大的导线构成,并串联接入待测电流的电路中。相反,副绕组的匝数比较多,截面积较小,而且与阻抗很小的仪表(如电流表、功率表的电流线圈)构成闭路。因此,电流互感器的运行情况实际上就相当于一个副边短路的变压器。由于电流互感器要求误差较小,所以希望励磁电流 I_0 越小越好,因而一般选择电流互感器铁心中的磁通密度 B 的值较低,一般取 $B = 0.08 \sim 0.1$ T($800 \sim 1000$ Gs),如果忽略产生这样低的磁通密度所需的极小的励磁电流 I_m,那么 $I_1 / I_2 = N_2 / N_1 = k$。$k$ 称为电流互感器的变比。由于电流互感器内总有一定的励磁电流 I_m 存在,因而电流互感器测量电流总是有误差的。按照误差的大小,电流互感器被分为 0.2,0.5,1,3 和 10 这 5 个标准等级。例如,1 级准确度就表示在额定电流时,原、副边电流变比的误差不超过 1%。

电流互感器在运行中必须特别注意下列两点:

(1)为了使用安全,**电流互感器的副边绕组必须可靠地接地**,以防止由于绕组绝缘破坏,使原边的高电压传到副边发生人身伤害事故。

(2)**电流互感器的副绕组绝对不允许开路**。这是由于开路时互感器成了空载状态,这时铁心的磁通密度比它在额定时高出好多倍,可达到 $1.4 \sim 1.8$ T($14000 \sim 18000$ Gs)。这样,不但增加了铁心损耗,使铁心过热,影响电流互感器的性能,更严重的是,因为二次侧绕组开路,没有去磁磁势,一次侧电流将全部用于励磁,这样在匝数很多的二次侧绕组中就感应出高电压,有时可高达数千伏,这无疑对工作人员是十分危险的。因此,电流互感器在使用时,任何情况下都不容许副边开路。当我们在运行中要换接电流表量程时必须事先把电流互感器的副边短路。

8.3.2 电压互感器

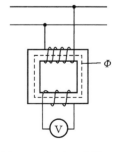

图 8.7 电压互感器原理接线图

电压互感器的原理接线图如图 8.7 所示,它实际上相当于一个空载运行的变压器,只是它的负载为阻抗较大的测量仪表,所以它的容量比一般变压器要小得多。影响电压互感器误差的原因有两个方面,一是负载过大,副边电流过大,引起内部压降大;二是励磁电流 I_m 过大。为了保证一定的测量准确度,要求:①电压互感器副边的负载不能接得太多;②互感器要用性能好的硅钢片做成,且铁心磁密不饱和(一般为 $0.6 \sim 0.8$ T,即 $6000 \sim 8000$ Gs)。**电压互感器在使用时应注**

意副边不能短路，否则将产生大的短路电流。此外，为了安全起见，**电压互感器的副边连同铁心，都必须可靠地接地**。

本章小结

对自耦变压器应首先了解它的特点在于原、副边之间不仅有电磁感应的联系，还直接有电的联系，因而一部分传导功率可以直接传给负载，这是一般双绕组变压器所没有的。所以自耦变压器可以比同容量的双绕组变压器少用材料、降低损耗、提高效率且缩小尺寸。其次，还应掌握自耦变压器原副边电流、功率间的相互关系并与双绕组变压器进行比较。

对三绕组变压器运行分析的方法基本上与双绕组变压器相同。三绕组变压器的参数同样可以通过空载试验与稳态短路试验求得。但应注意三绕组变压器的变比有 3 个，而稳态短路试验也需要分别进行 3 次。此外，还应掌握各短路参数的计算公式。

对电流互感器与电压互感器应了解它的基本原理以及使用中应注意的问题。

习题与思考题

8-1 有一台单相自耦变压器，其额定电压为 $U_{1N}/U_{2N} = 220 \text{ kV}/180 \text{ kV}$，$I_2 = 400 \text{ A}$。试求：(1)变压器的各部分电流；(2)电磁容量 S_{dc} 和传导容量 S_{cd} 分别占额定容量的百分比。

8-2 如何根据稳态短路试验的结果来计算三绕组变压器的各参数？

8-3 为什么在采用自耦变压器时希望它的变比不要超过 2？

8-4 在额定容量相同时，自耦变压器的绕组容量为什么小于双绕组变压器的绕组容量？

8-5 电流互感器与电压互感器在使用中应注意什么问题？为什么？

第 9 章 变压器的暂态运行

变压器的不正常运行有两种:一种是不对称运行(见 7.5 节),仍属于稳态;另一种就是暂态运行。暂态运行是由于变压器运行情况突变而引起,例如:负载突然变化、空载合闸、副边突然短路、雷击、开关的通断等等。这时变压器将从一种稳定状态过渡到另一种稳定状态,这种情况就称为变压器的暂态运行。尽管暂态运行的持续时间很短,但对变压器或电力系统的影响却很大。有时会产生严重的过电流或过电压以致损坏变压器。故有必要对变压器的暂态运行进行分析和研究。

9.1 变压器空载合闸

由于变压器铁心的饱和现象和剩磁的存在,当变压器空载接入电网的合闸瞬间,可能有很大的冲击电流,此电流值将大大超过正常的空载电流值,如不采取措施的话,则很可能引起开关合闸不成功,以致变压器无法接入电网。下面我们就对这种现象进行初步分析。

变压器空载合闸的接线图如图 9.1 所示。副边空载,设原边绕组在 $t=0$ 时接到正弦变化的电网电压 u_1 上,在接通过程中,变压器原边电路的方程式应为

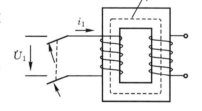

$$u_1 = i_1 R_1 + N_1 \frac{\mathrm{d}\phi}{\mathrm{d}t} = \sqrt{2}U_1 \sin(\omega t + \alpha) \quad (9.1)$$

式中　ϕ——与原绕组相匝链的所有磁通;

　　α——在变压器接通($t=0$)时,电压的初相角。

图 9.1　变压器空载合闸的接线图

在式(9.1)中,电阻压降 $i_1 R_1$ 实际上是较小的,在分析暂态过程的初始阶段完全可以忽略它。不过,它的存在确是使暂态分量衰减的主要原因。

在不考虑压降 $i_1 R_1$ 时,式(9.1)可以写成

$$N_1 \frac{\mathrm{d}\phi}{\mathrm{d}t} = \sqrt{2}U_1 \sin(\omega t + \alpha) \tag{9.2}$$

从而有

$$\mathrm{d}\phi = \frac{\sqrt{2}U_1}{N_1} \sin(\omega t + \alpha) \mathrm{d}t$$

解得

$$\phi = -\frac{\sqrt{2}U_1}{\omega N_1} \cos(\omega t + \alpha) + C \tag{9.3}$$

式中 C 为积分常数,由初始条件决定。为简化起见,设 $t=0$ 时,如无剩磁,即 $\phi_{t=0}=0$,则代入 (9.3)式后可得

$$\phi_{t=0} = -\frac{\sqrt{2}U_1}{\omega N_1}\cos\alpha + C = 0$$

因此
$$C = \frac{\sqrt{2}U_1}{\omega N_1}\cos\alpha \tag{9.4}$$

故式(9.2)的解为

$$\phi = \frac{\sqrt{2}U_1}{\omega N_1}[\cos\alpha - \cos(\omega t + \alpha)] = \Phi_m[\cos\alpha - \cos(\omega t + \alpha)] \tag{9.5}$$

式中,$\Phi_m = \dfrac{\sqrt{2}U_1}{\omega N_1}$为稳态磁通的最大值。

从式(9.5)中可以看出,在暂态过程中,主磁通 ϕ 的大小与合闸相角 α 密切相关,经过分析可知,当 $\alpha=0$ 时,暂态过程将出现最严重的情况,这时的主磁通 ϕ 为

$$\phi = \Phi_m(1 - \cos\omega t) \tag{9.6}$$

$\alpha=0$ 合闸时的磁通变化波形分析图如图 9.2 所示。从图上可以看出,主磁通一开始由 0 增加到 $2\Phi_m$,也就是多了一项非周期磁通 $\Phi_a = \Phi_m$,如图 9.2 中的虚线所示,它是磁通的暂态分量,只有在它衰减后,变压器才能过渡到稳态运行。

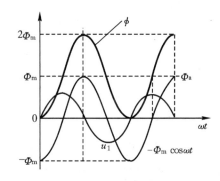

图 9.2 $\alpha=0$ 合闸时的磁通变化波形分析图

由以上的分析结果可知,变压器空载接入电网的合闸过程实际上主要表现为主磁通的暂态变化,而暂态磁通的大小主要取决于合闸相角 α,在最严重情况下,铁心主磁通将达到稳态最大值的 2 倍。

应当指出,在考虑铁心原有剩磁的情况下,暂态过程中铁心主磁通的最大值还要更大。由于剩磁一般为稳态运行的主磁通 Φ_m 的$(20\sim30)\%$,故在计入剩磁后,**空载合闸时铁心主磁通的最大值就有可能达到稳态运行时主磁通的$(2.2\sim2.3)$倍**。

利用磁化曲线即可找出变压器空载合闸时相应的励磁电流的变化情况。由磁化曲线确定励磁电流的波形分析如图 9.3 所示。从图上可以看出,在最不利的空载合闸情况下,主磁通增大一倍之多,铁心的饱和情况将非常严重,因而**励磁电流的数值将很大**,可超过稳态励磁电流 i_0 的几十倍到百余倍,**可达额定电流的 6～8 倍**。

由于电阻 R_1 的存在,将使这个电流脉冲逐渐衰减,而不致维持太久。变压器空载合闸电流的波形如图 9.4 所示。衰减的快慢由时间常数 $T = L_1/R_1$ 所决定(L_1 为原绕组的电

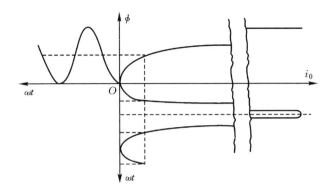

图 9.3　由磁化曲线确定励磁电流的波形分析图

感）。一般在 1 s 之内，暂态电流即已大大衰减。小型变压器衰减快，巨型变压器衰减较慢，有时达 20 s。

　　空载合闸电流的冲击对变压器本身没有直接的危害，但是当它衰减较慢时，变压器继电保护装置起作用而合不上开关。为了避免这种现象，可以在变压器上串联一个小电阻以加速电流的衰减过程，这个电阻在合闸完毕后去掉。

　　对于三相变压器而言，由于三相的相位互差 120°，当合闸时，总有一相电压的初相角接近于零，而使合闸电流达到很大的数值。

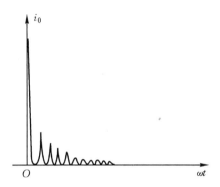

图 9.4　变压器空载合闸电流的波形图

9.2　变压器暂态短路

　　一台正常运行的变压器，当外界发生故障而引起副绕组突然短路时，在原、副绕组中将有很大的短路电流产生，短路电流所产生的机械力和发热现象将危及变压器的可靠运行，如果变压器设计不当，往往会因此而遭受破坏。

9.2.1　副绕组突然短路时的短路电流

　　变压器副边突然短路时，也和稳态短路时一样可以忽略励磁电流，这时变压器的等效电路可以采用简化等效电路，在这个电路内串联有短路电阻 $R_k = R_1 + R_2'$ 和短路电抗 $X_k = X_{1\sigma} + X_{2\sigma}' = \omega L_k$。如前所述，由于漏磁通主要通过非磁性介质，故可以认为漏电感 L_k 为常数，这样，变压器副绕组突然短路时的情况就与 RL 电路接到正弦电压上的情况相似，完全可以用电工基础中分析 RL 电路过渡过程的方法去分析变压器副绕组突然短路时的暂态过程。

　　今假设变压器的原边是接到一个容量相当大的电网上，即电压不变，变压器副边短路瞬间电网电压的相角为 α，则变压器原边的电压方程为

$$u_1 = \sqrt{2}U_1 \sin(\omega t + \alpha) = i_k R_k + L_k \frac{\mathrm{d}i_k}{\mathrm{d}t} \tag{9.7}$$

式中，i_k 为突然短路时的短路电流。

对式(9.7)的常系数微分方程求解，可知它的解有两个分量，即稳态分量与暂态分量。于是，短路电流 i_k 等于稳态分量 i'_k 及暂态分量 i''_k 之和，即

$$i_k = i'_k + i''_k \tag{9.8}$$

通常，在变压器发生短路之前，可能已经带上负载。但是一般来说负载电流要比暂态短路电流小得多，故可以忽略负载电流，或认为短路是在空载情况下发生，即认为 $t=0$ 时，$i_k = 0$。根据这个初始条件，解式(9.7)可得

$$i_k = i'_k + i''_k = \frac{\sqrt{2}U_1}{\sqrt{R_k^2 + (\omega L_k)^2}}\left[\sin(\omega t + \alpha - \varphi_k) - \sin(\alpha - \varphi_k)e^{-\frac{R_k}{L_k}t}\right] \tag{9.9}$$

或

$$i_k = -\sqrt{2}I_k\left[\cos(\omega t + \alpha) - \cos\alpha \, e^{-\frac{R_k}{L_k}t}\right] \tag{9.10}$$

上式中：

$\varphi_k = \arctan\dfrac{\omega L_k}{R_k} \approx 90°$——短路阻抗角（由于在变压器中 $\omega L_k \gg R_k$）；

$I_k = \dfrac{U_1}{\sqrt{R_k^2 + (\omega L_k)^2}} = \dfrac{U_1}{z_k}$——稳态短路电流的有效值。

分析式(9.10)可知，最严重的情况发生在 $\alpha = 0$（即在端电压经过零值发生突然短路）时，在变压器最严重情况下的突然短路电流波形分析如图9.5所示。突然短路电流的瞬时值在 $\omega t = \pi$ 时达到最大数值，即为

$$I_{k\,max} = -\sqrt{2}I_k\left(\cos\pi - e^{-\frac{R_k}{L_k}\cdot\frac{\pi}{\omega}}\right) = k_k\sqrt{2}I_k \tag{9.11}$$

式中，$k_k = 1 + e^{-\frac{R_k}{\omega L_k}\pi}$，为短路电流的最大瞬时值与稳定短路电流的幅值之比，它主要决定于衰减系数 R_k/L_k（即时间常数 L_k/R_k 的倒数）比值的大小。一般情况下 $k_k = 1.5 \sim 1.8$。

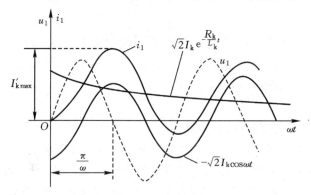

图 9.5　在变压器最严重情况下的突然短路电流波形分析图

公式(9.11)如以漏阻抗标幺值 Z_k^*（即 u_k）来表示，则有

$$I_{k\,max} = (1.5 \sim 1.8)\frac{1}{Z_k^*}\sqrt{2}I_{1N} \tag{9.12}$$

例如某台变压器 $Z_k^* = 0.06$，则有

$$\frac{I_{k\,max}}{\sqrt{2}\,I_{1N}} = (1.5 \sim 1.8) \times \frac{1}{0.06} \approx 25 \sim 30$$

在这种情况下,最大短路电流将为额定电流的 25～30 倍,这将是一个很大的电流,必须引起注意。

9.2.2　暂态短路时的机械力

绕组中的电流与漏磁场相互作用,在绕组的各导线上将产生机械力,其大小决定于漏磁场的磁密与导线电流的乘积。导线每单位长度受力的计算式为:$F = B_\sigma i$。当变压器正常运行时作用在导线上的力很小。例如,当导线电流 $I = 100$ A,漏磁密 $B_\sigma = 0.1$ T时,作用在每米导线上的力仅有10 N。但当发生暂态短路时,由于电流要增加近 30 倍,则 $B_\sigma \propto I$,又 $f \propto I^2$,所以每米长的导体上所受的机械力约为10000 N,这样大的力可能使绕组等构件损坏。

变压器突然短路时绕组受到的机械力分析图如图 9.6 所示。在图 9.6 中,由于高、低压绕组的电流方向相反,作用于绕组上的力的方向是径向力 $\dot{F}_p$,即

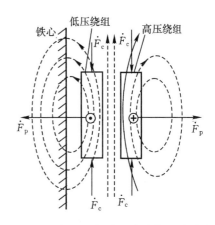

图 9.6　变压器突然短路时绕组受到的机械力分析图

将两个绕组推开,从而使低压绕组受到压力,高压绕组受到张力。此外,还有轴向力 $\dot{F}_c$,而轴向力的方向是同时将两个绕组从上下两端向中间压缩。径向力将有使绕组拉断的可能,轴向力将可能会使线圈产生轴向变形。为了防止突然短路时绕组产生变形或损坏,设计、制造变压器绕组时,合理使用绝缘结构(例如绕组压环及夹件、垫块等)并有足够的机械强度,以承受暂态短路时所产生的电磁力。

9.3　过电压现象

变压器运行中若因某种原因使得电压幅值超过它的额定电压时,变压器就将产生过电压。变压器产生过电压现象总的来说有两种,即大气过电压与操作过电压。输电线上的直接雷击、带电的云层与输电线的静电感应和放电等称为**大气过电压**。当变压器或线路的开关合闸与拉闸时,因系统中产生电磁能量转换而产生的过电压称为**操作过电压**。不管哪种过电压,作用时间都是很短的,仅有几十微秒。

操作过电压的数值一般为额定相电压的 2～4.5 倍,而大气过电压数值则很高,可达额定相电压的 8～12 倍。对 2.5 倍以下的过电压变压器是能承受的,但超过 2.5 倍的过电压,不管是哪种情况,都有损坏变压器绝缘的可能,必须采用专门设备和措施来保护。

过电压在变压器中破坏绝缘有两种方式:一是将绕组与铁心或油箱之间的绝缘或高压绕组与低压绕组之间的绝缘击穿,造成绕组接地故障,另一种情况是在同一个绕组内将匝与匝之间或一段线圈与另一段线圈之间的绝缘击穿,造成匝间短路故障。在大气过电压情况

下,这两种方式的破坏都可能发生。过电压的波形是根据过电压的性质来决定的。变压器全波过电压波形如图 9.7 所示,它模拟了发生雷击时的典型波形图。它的持续时间只有几十微秒,而电压由零升到最大值的时间只有几微秒。曲线由零上升到最大值的部分称**波前**,下降部分称**波尾**。这种波称为**全波**,也就是变压器冲击电压试验时的标准波形(1.5 μs/40 μs 波)。图 9.8 为另一种波形,称为**截断波**,这是在电压上升的过程中,变压器端的线路上发生了闪络放电,于是电压突然下降,同时由于电磁能量的变化而引起了衰减振荡现象。

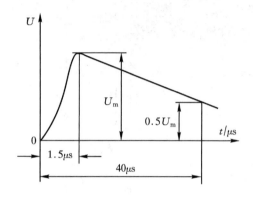

图 9.7　变压器全波过电压波形

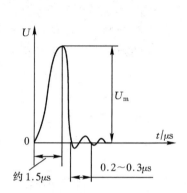

图 9.8　截断波过电压波形

　　全波和截断波均作为模拟大气过电压时冲击试验的标准波形,这种波形可由实验室的冲击电压发生器产生。

　　在操作过电压中,也常引起周期性的冲击波,操作过电压波形如图 9.9 所示。有的很快衰减,有的不衰减。不衰减的波形,表示线路产生的电压谐振,这种情况对变压器等设备的危害最大,在电力网络等设计时,应设法防止电压谐振。

　　由过电压理论知,冲击波的频率很高。在研究变压器过电压时,只考虑电阻和电感的等值电路不能再采用。因为实际的变压器,在绕组的线匝之间,各个绕组之间以及绕组对地(亦即对铁心)间都存在一定数值的电容。在 50 Hz 时的电压下,容抗 $\frac{1}{\omega C}$ 很大,而感抗 ωL 很小,因此完全可

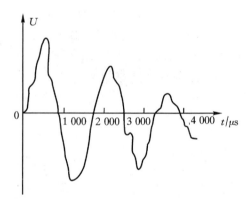

图 9.9　操作过电压波形

以略去电容的影响。但对于冲击过电压波而言,由于它的等效频率很高,故其变压器的容抗 $\frac{1}{\omega C}$ 将很小,而感抗 ωL 则很大,这时就必须考虑电容数值的影响。

　　当过电压一进入高压绕组,由于绕组对地电容和匝间电容的存在,使绕组高度方向电压分布不均匀,由于频率太高,在前几个线圈里,最高的匝间电压可能高达额定电压的 50~200 倍。为了保证变压器的安全可靠运行,一定要采取过电压保护措施。主要措施为:①避雷器

保护;②加强绝缘;③增大匝间电容;④采用中点接地系统。

　　为了保证变压器在运行时,不致在过电压作用下被破坏,在变压器出厂前,除了必须在工频电压下进行过电压试验外,还要按一定标准经过冲击过电压波的耐压试验检验后方能认为产品是合格的。

本章小结

　　本章主要讨论了变压器在暂态运行时的过电流和过电压问题。

　　变压器空载合闸时的过电流主要是由于铁磁材料的饱和现象所造成的。要了解在合闸时磁通的变化规律及如何由磁化曲线来确定励磁电流。还应了解降低空载合闸过电流的措施。

　　对变压器副边突然短路时的过电流,完全可以用电工基础中分析 RL 电路与正弦电压接通时的过渡过程的方法来分析它。要注意最大短路电流的数值和发生的条件以及与变压器的阻抗电压值(u_k)的关系。突然短路时作用于绕组上的机械力是由漏磁通与短路电流相互作用所引起的。此外对机械力可分为轴向力与径向力应有一定的初步概念。

　　变压器运行中的过电压现象有大气过电压与操作过电压两种。过电压波的特点是频率高,这时要考虑变压器的等效电路中电容的影响,因为它将影响到绕组电压的分布,从而增大过电压倍数。此外,应进一步了解各种过电压的保护措施。

习题与思考题

9-1　若磁路饱和,则变压器空载合闸电流的最大值将达多少?

9-2　变压器在什么条件下合闸时,可以立即进入稳态而不产生暂态过程?

9-3　当短路发生在电压经过最大值时,这时的突然短路电流为多少?

9-4　变压器的短路电压值(u_k)与突然短路电流值之间的关系怎样? 为什么大容量变压器的阻抗电压 u_k 值选得较大?

9-5　为什么心式变压器的绕组多采用圆形而不用其它形状?

9-6　为什么在过电压波作用下变压器的等效电路必须考虑电容? 考虑电容后给绕组在冲击下的电压分布带来哪些影响?

9-7　从变压器本身的结构来看,常采用的过电压保护措施有哪几种?

第三篇

异步电机

交流旋转电机主要包括两大类：异步电机和同步电机。这两类电机在结构特点和分析方法上既有较大的差别，又有共同之处。其共同之处主要包括交流旋转电机（电枢）绕组的构成，交流电势和交流磁势的分析、计算方法，这些内容是进一步分析各种交流旋转电机运行的理论基础，一并在本篇前三章介绍。

异步电机（又称感应电机）主要作为电动机运行，在各种场合得到非常广泛的使用。本篇在前三章介绍的交流绕组、交流电势、交流磁势的基础上，对三相异步电动机的原理、结构、基本理论和分析方法及各种特性、起动、调速问题做了详细的介绍和论述。之后，对单相异步电动机也做了简要介绍。

第 10 章　交流旋转电机的绕组

10.1　三相同步发电机的工作原理

三相同步发电机是电力系统中的重要设备,用来将机械能转换成三相交流电能。本节通过介绍同步发电机原理,帮助读者了解三相交流绕组及其电势的产生机理颇为方便,为后面分析计算感应电动势打下基础。

图 10.1(a)给出了三相同步发电机工作原理示意图。与直流电机类似,同步发电机最核心的部件是用来产生磁场的磁极和进行能量转换的**电枢绕组**。磁极一般安装在转子上,当激磁绕组中通过直流电流,并用原动机带动转子以固定的转速旋转时,便会在电机内产生一个旋转磁场。电枢绕组则嵌放在定子内圆的槽中,图中用三个对称分布的线圈 AX、BY、CZ 代表 A、B、C 三相对称交流绕组。

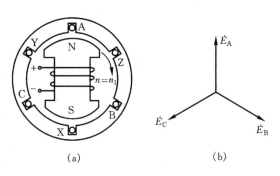

图 10.1　三相同步发电机工作原理示意图
(a)工作原理图；(b)电势相量图

当转子旋转时,N、S 极的磁通交替地被定子导体所切割,所以对于具体某相导体而言,其中产生的感应电势是交变的,即为**交流电势**。从整个三相来看,旋转磁通被 A、B、C 三相导体依次切割,由于三相的匝数和结构完全一样,且在圆周空间依次相差 120°对称分布,所以三相绕组中的感应电势大小相等,在时间上相互间有 120°相位差,即三相感应电势是**对称**的。图 10.1(b)给出了三相感应电势的相量图。可见,同步发电机可以产生三相对称的交流电势,该交流电势的频率、大小和波形将在相关章节中分析与计算。

通过了解同步发电机的原理,我们看到**交流绕组是交流电机进行机电能量转换的核心部件之一**,本章接下来的内容将对交流绕组的构成原则和方法进行介绍。

10.2　交流绕组概述

直流电机的电枢绕组必须是闭合的,即从绕组的任意一点出发,顺着绕向前进,最后仍会回到出发点。而交流电机的电枢绕组(简称**交流绕组**)几乎都采用开启式结构,即各相有自己的始端和终端。例如三相绕组有 A、X、B、Y、C、Z 六个端点,其中 A、B、C 为三相首端,X、Y、Z 为三相末端,如果把 X、Y、Z 接在一起作为中点,即构成 Y 联结法；如把 X 与 B、Y 与

C、Z 与 A 分别连接,便得到△联结法。

图 10.1(a)所示的同步发电机模型中给出的绕组 AX、BY、CZ 虽然能够满足三相对称的要求,但由于每相线圈集中地放置在一对槽中,势必要求槽做得很大,无法合理利用相与相之间的空间。实用的三相交流电机都不采用这种**集中绕组**,而是采用**分布绕组**。分布绕组的槽数较多,存在着线圈如何正确连接的问题,所以交流分布绕组的构成和分析要比集中绕组复杂。下面从描述交流绕组的相关术语开始对其进行介绍。

10.2.1 相关概念和术语

1. 绕组元件(线圈)

绕组元件也就是构成绕组的线圈,它是绕组的基本单元。一个绕组元件可以是单匝的,也可以是多匝的,三种线圈示意图见图 10.2。绕组元件放置在槽内的直线部分是切割气隙磁通并进行机电能量转换的有效部分,称为**有效边**。伸出槽外的部分,仅起连通电路的作用,称为**端部**。为了节省材料,在不影响工艺操作的情况下,端部应尽可能缩短。

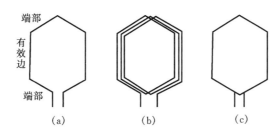

图 10.2 三种线圈示意图

(a)单匝线圈;(b)多匝线圈;(c)多匝线圈简图

2. 极距 τ

极距是指沿电枢圆周每个磁极所占的圆弧区域,可以用弧长或者槽数来表示。用弧长表示

$$\tau = \frac{\pi D}{2p} \quad (\text{m}) \tag{10.1}$$

式中 D ——电枢内圆直径(m);

p ——磁极对数。

用每极所占的槽数来表示,设电枢总槽数为 Z_1,则极距

$$\tau = \frac{Z_1}{2p} \quad (\text{槽}) \tag{10.2}$$

3. 电角度

在电机中,每一对 N、S 极对应一个完整的磁场周期,从电磁角度来看,一个周期即为 360°,所以我们称一对磁极对应电机圆周空间的角度为 360°**电角度**。如果电机整个圆周空间有 p 对磁极,则对应的角度为 $p \times 360°$ 电角度,习惯上一个圆周所对应的机械角度为 360°,所以

$$\text{电角度} = p \times \text{机械角度} \tag{10.3}$$

以 4 极交流电机为例,说明电角度与机械角度的关系。4 极交流电机的电角度与机械角度的比较分析图如图 10.3 所示。

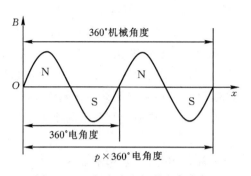

图 10.3 4 极交流电机的电角度与机械角度的比较分析图

4. 线圈节距 y

一个线圈的两个有效边之间所跨过的槽数称为**节距**。当 $y=\tau$ 时,称为**整距线圈**;当 $y<\tau$ 时,称为**短距线圈**;当 $y>\tau$ 时,称为**长距线圈**。

5. 相带

绕组元件沿电枢内圆分布排列,这些元件分别属于不同的相。为了使三相对称,通常令一个极域内每相所占的圆弧区域相等,这个区域称为**相带**。一个极域相当于 180° 电角度,分配到三相时,每相的相带为 60°。按 60° 相带排列的绕组称为 **60°相带绕组**。

还有一种划分相带的方法,就是将一对极域 360° 平均分配给三相,每相占 120°,依此相带排列的绕组称为 **120°相带绕组**。一般的三相电机多采用 60°相带绕组。

6. 每极每相槽数 q

q 就是每个相带包含的槽数。当总槽数 Z_1、极对数 p、相数 m 给定时,q 按下式计算:

$$q=\frac{Z_1}{2pm} \quad (槽) \tag{10.4}$$

7. 槽距角 α

α 就是相邻两个槽之间的电角度数。当总槽数 Z_1、极对数 p 给定时,α 按下式计算:

$$\alpha=\frac{p\times360^\circ}{Z_1} \quad (电角度) \tag{10.5}$$

8. 单层绕组和双层绕组

交流电机常用的绕组形式可以分为**单层绕组**和**双层绕组**两大类。单层绕组在每个槽中只放置一个元件边。双层绕组在每个槽中放置上下两个元件边,中间用绝缘层隔开。每个元件的两个边,总是一个处于某槽的上层,另一个则处于另一槽的下层,采用双层绕组时,绕组总元件数等于总槽数。

10.2.2 交流绕组的构成原则

排列绕组时,首先要将电枢槽及槽内导体按极数平均划分到各个极域,再将同一极域内的槽及导体均匀对称地分配到每一相,对称是指分属于三相的槽及导体在圆周空间依次应错开 120° 电角度,这就是所谓的均匀对称原则。

例 10.1 某单层绕组数据为:$Z_1=24$ 槽,$p=2$ 对极,$m=3$ 相,试将槽及槽中的导体分配到 A、B、C 三相。

解:将槽及槽中导体统一编号为 $1,2,3,\cdots,24$

每极槽数 $\tau=\dfrac{Z_1}{2p}=\dfrac{24}{2\times2}=6$(槽)

每极每相槽数 $q=\dfrac{\tau}{m}=\dfrac{6}{3}=2$（槽）

槽距角 $\alpha=\dfrac{p\times360^\circ}{Z_1}=\dfrac{2\times360^\circ}{24}=30^\circ$（电角度）

按对称性原则，A、B、C 三相之间错开的槽数为 $\dfrac{120^\circ}{30^\circ}=4$（槽）

根据以上分析计算可以给出三相槽及导体分配如表 10.1 所示。

表 10.1　三相槽及导体分配

相带 极对	N 极						S 极					
	A		Z		B		X		C		Y	
第一对极	1	2	3	4	5	6	7	8	9	10	11	12
第二对极	13	14	15	16	17	18	19	20	21	22	23	24

排列绕组的任务就是将属于同一相的所有导体以适当的方式连接起来，组成一个相绕组。处于 N 极域导体的感应电势与处于 S 极域导体的感应电势方向相反，在将导体连成线圈时，应当遵循**电势相加原则**，即沿绕组回路上所有导体的感应电势应当相加。在具体组成线圈时，可以有多种连接形式，本章 10.3 和 10.4 节将分别对单层和双层两大类绕组的常见连接方法和形式进行介绍。

10.2.3　电势星形图

构成交流绕组的每个导体均匀地分布于每一个槽中，处于磁场中不同的位置，其感应电势在时间上有一定的相位差。如果将一对极下面所有导体的电势相量绘出来，便可得到一个圆周的放射状相量图，即各槽导体电势相量构成一个辐射状的星形图，称之为**电势星形图**，也称为电势星相图。

图 10.4 给出的是例 10.1 中绕组的电势星形图。图中相量 1～12 代表第一对极域内 1～12 号导体的电势相量，它们之间依次错开一个槽距角 30° 电角度。13～24 代表第二对极

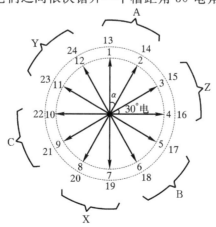

图 10.4　三相 4 极 24 槽交流绕组的电势星形图

域内 13～24 号导体的电势相量。由于 1 与 13,2 与 14,……,12 与 24 在磁场中的位置完全对应,其电势相量重合,所以两对极的电势星形图完全重合。图 10.4 还用 A、B、C、X、Y、Z 标出了各导体所在的相带。利用电势星形图可以有效地分析交流绕组的构成和计算交流绕组的感应电势。在电势星形图中,交流绕组的极对数、相带和导体(或线圈)的分配情况一目了然。

10.3　三相单层绕组

我们以例 10.1 中的三相 4 极 24 槽电机为例,介绍单层绕组的连接方法和步骤。

首先用 24 根竖直的直线段表示 24 个槽和槽内导体,根据例 10.1 的方法**将 24 个槽及导体均匀对称地分配到 4 个极域和 3 相**。属于不同极域内的导体中感应电势的方向分别用上、下箭头表示出。

将一对极域属于同一相的所有导体按照电势相加的原则连成线圈,即 q 个线圈构成一个线圈组。在用导体组成线圈时,必须使得每个线圈的两个边处于相异极性的极域内,才能保证每个线圈回路中电势相加。在本例中,第一对极域内属于 A 相的导体有 4 根,1、2 号导体位于 N 域,7、8 号导体位于 S 域,如果将 1、8 构成一个线圈,2、7 构成另外一个线圈,则会得到两个大小不同的同心线圈,再按照电势相加的原则将这两个线圈串联成一个**线圈组**。用同样的方法可以将第二对极域内属于 A 相的 4 根导体 13、14、19、20 串联成另一个线圈组。可见,**对单层绕组来说,每相线圈组的数目等于极对数**。在本例中,有 2 对极,则每相有 2 个线圈组。

将属于同一相的线圈组进行串联或者并联,构成完整的一相绕组。在将两个线圈组串联时,同样应该遵循电势相加的原则。对于三相 4 极 24 槽交流绕组,单层 A 相同心式绕组展开图见图 10.5。如果两线圈组串联,则该绕组的每相并联支路数 $a=1$(注意:直流电机中的 a 为支路对数);如果并联,则每相并联支路数 $a=2$。

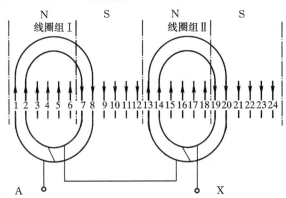

图 10.5　单层 A 相同心式绕组展开图

确定好 B、C 相的起点,按照与 A 相同样的规律连接 B、C 相绕组。在本例中,每个槽距角为 30°电角度,与 A 相起点 1 号槽(导体)相距 120°电角度的槽应该是 5 号,所以 B 相的起点应该是 5 号槽,属于 B 相的导体为 5、6、11、12(位于第一对极内)和 17、18、23、24(位于第二对极内),这些导体可以构成 B 相的两个线圈组。C 相的起点与 B 相起点 5 号槽(导体)相距 120°电角度,即 9 号槽,所以属于 C 相的导体为 9、10、15、16(位于第一对极域)和 21、22、3、4(位于第二对极域),这些导体构成 C 相的两个线圈组。在将线圈组连接成相绕组时,应该注意各相的线圈组的串并联方案完全一致,以保证三相绕组的对称性。

将连好的 A、B、C 三个单相绕组连接成星形或者三角形,构成完整的三相绕组。4 极 24 槽的三相单层同心式绕组展开图见图 10.6。

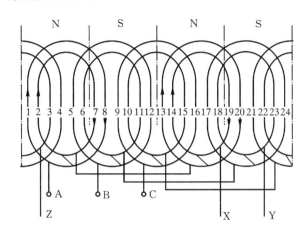

图 10.6　三相单层同心式绕组展开图

单层绕组除了上面介绍的**同心式绕组**外,还有**等元件式整距绕组和交叉链式绕组**等。

4 极 24 槽 A 相单层等元件式整距绕组展开图见图 10.7。在第一对极域内,属于 A 相的 1、7 号槽内的导体组成一个线圈,2、8 号槽内导体组成另一个线圈,然后将它们串联成一个线圈组。同样,在第二对极域内属于 A 相的 13、19 槽导体组成一个线圈,14、20 槽导体组成另一个线圈,两者串联成另一个线圈组。两个线圈组可以并联或者串联构成一个相绕组。B、C 相绕组的连接和 A 相完全一致。由于这种绕组的所有元件都是大小相同的整距线圈,故称为**等元件式整距绕组。**

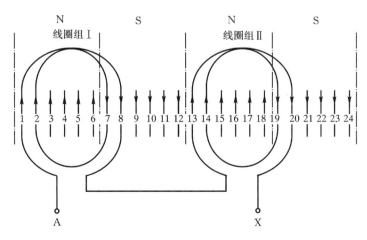

图 10.7　4 极 24 槽 A 相单层等元件式整距绕组展开图

　　4 极 24 槽单层交叉链式 A 相绕组展开图见图 10.8,其接线方式是把某一极域内属于 A 相的导体与邻近极域内属于 A 相的导体组合成线圈。本例中是将 2、7 槽导体组合成线圈,8、13 槽导体组合成线圈,14、19 槽导体组合成线圈,20、1 槽导体组合成线圈,然后将四个线圈按电势相加的原则串联而得到相绕组。B、C 相绕组的连接和 A 相完全一致。由于这种绕组平面展开图中各线圈呈链状排列,交叉连接,故称为**交叉链式绕组**。由于链式绕组的每个线圈都是短距线圈,所以比较省材料。

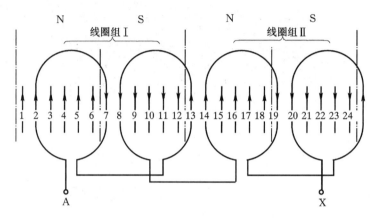

图 10.8　4 极 24 槽单层交叉链式 A 相绕组展开图

　　再例如,4 极 36 槽三相单层交叉链式绕组展开图见图 10.9。据计算知,每极每相槽数 $q=3$,再根据对应的电势星形图(由读者自己画出)知,属于 A 相的导体为 1、2、3、10、11、12、19、20、21、28、29、30 槽内的 12 根导体,可以把 2 和 10、3 和 11 分别组合成两个整距大线圈,再把 12 和 19 组合成一个短距小线圈,这三个线圈按电势相加原则串联成一个线圈组;同样把 20 和 28、21 和 29 组合成两个整距大线圈,把 30 和 1 组合成一个短距小线圈,并把这三个线圈按电势相加原则串成另一个线圈组,两个线圈组经过适当的连接可以组成一个完整的 A 相绕组。由于这种绕组中大线圈与小线圈交叉排列,故称为**交叉链式绕组**。

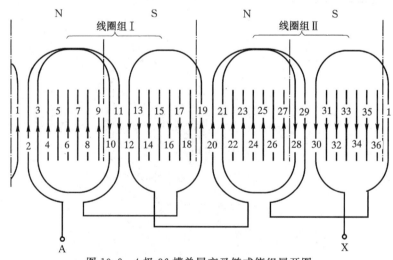

图 10.9　4 极 36 槽单层交叉链式绕组展开图

比较以上各种连接方法可知：不论采用哪一种方法，组成同一相的导体并不发生改变，当通以三相交流电流时，它们在空间产生的磁势的大小和波形都完全相同，具有相同的电磁性质，只是端接部分的形式、节距、线圈连接的先后次序不同而已。**尽管组成不同形式单层绕组的线圈可能会是短距、整距或者长距线圈，但电磁效果与等元件式整距绕组是完全一样的，也就是说它们都是整距绕组。**

单层绕组的优点是：槽内无需层间绝缘，槽利用率高，嵌线较为方便，制造效率高。缺点是：不能制成短距绕组，对削弱高次谐波不利；电机功率较大时，单层绕组端部排列和整形较为困难。所以单层绕组适合于功率较小的异步电机。

10.4　三相双层绕组

双层绕组每一槽内的导体分为上下两层，它的线圈总是由一个槽的上层导体与另一槽的下层导体组合而成，各个线圈的形状相同，端部排列很整齐。双层绕组线圈的节距可以根据需要选择。选择适当的短距(节距 y 通常略小于极距 τ)时，可以削弱高次谐波电势，从而改善电动机的性能，所以**双层绕组通常都做成短距绕组**。我们仍以三相 4 极 24 槽电机为例，来介绍三相双层绕组的绕制方法，假定线圈的节距 $y_1 = \dfrac{5}{6}\tau = \dfrac{5}{6} \times 6 = 5$ 槽。

10.4.1　双层叠绕组

此时的电势星形图与同极同槽的单层绕组的画法相同，只是对于双层绕组的电势星形图上的编号在这里仅为元件的上层编号即元件号即可。例如三相 4 极电机中，24 个槽中的 24 根上层导体(用实线表示)和 24 根下层导体(用虚线表示)。按照上节介绍的分极和分相方法求得属于 A 相的有 1、2、7、8、13、14、19、20 共 8 个槽即 8 个元件。4 极 24 槽双层短距叠绕组展开图见图 10.10。由于线圈的节距 $y_1 = 5$，因此 1 号槽的上层导体与 6 号槽的下层导体构成 A 相的第一个线圈，2 号槽的上层导体与 7 号槽的下层导体构成 A 相的第二个线圈，这两个线圈的上层边在同一个极域内，将其串联就得到了一个线圈组。用同样的方法可以得到另外三个极域内属于 A 相的线圈组。可见**双层绕组每相的线圈组数目等于极数 $2p$**。这 $2p$ 个线圈组可以再进行串联或者并联，从而构成完整的 A 相绕组。要特别注意的是，在

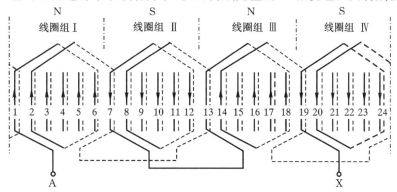

图 10.10　4 极 24 槽双层短距叠绕组展开图

线圈与线圈、线圈组与线圈组之间串联时,一定要遵循**电势相加**的原则。

按照同样的方法,可以得到 B 相和 C 相绕组。将三个单相绕组按照 Y 形或者△联结,就可以得到完整的三相交流双层绕组。由于这种绕组相邻槽内的线圈依次叠压,所以称为**叠绕组**。

叠绕组的优点是:做成短距时线圈端部可以节省部分用铜量,缺点是极间连线较长,在极数较多时相当费铜。叠绕线圈一般为多匝,主要用于普通电压等级、额定电流不太大的中、小型交流电机定子绕组中。

10.4.2 双层波绕组

从上面讲述的三相双层叠绕组的连接规律可知,叠绕组的线圈组数目等于极数,比如 4 极电机就有 4 个线圈组。由于线圈组之间需要另外的导线连接,当极数较多时,连线的消耗量就相当可观,所以在多极电机中采用叠绕组是不经济的。为了改进叠绕组的这一缺点,多极、支路导线截面较大的电机,常常采用**波绕组**。如果将图 10.10 所示的叠绕组改成波绕组,就得到如图 10.11 的双层短距波绕组展开图。

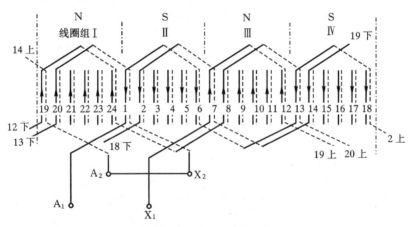

图 10.11 双层短距波绕组展开图

在图 10.11 中,首先把属于 A 相的四个线圈 1、13、2、14 依次串联,得到一个线圈组 $A_1 - A_2$,然后把属于 A 相的另外四个线圈 7、19、8、20 依次串联,得到另外一个线圈组 $X_1 - X_2$,最后再把这两个线圈组按照电势相加的方向串联起来,便得到了整个 A 相绕组。

波绕组与叠绕组的区别仅在于线圈之间的连接次序不同,而组成绕组的线圈并未改变。对于波绕组来说,不论磁极数目是多少,波绕组只有两个线圈组,每相只需要一根组间连接导线,所以多极电机采用波绕组可以节省材料。

本章小结

单层绕组制造工艺简单,但是不容易设计成短距以改善电势波形,再加上导线较粗时,端部排列布置困难,因而只用在小容量电机中。而双层绕组能方便地设计成短距,可以充分发挥利用短距来改善电势波形和节约端部材料的优点,因此得到广泛应用。

波绕组设计成短距以后,并不能节省端部材料,而只能改善电势波形。但波绕组只有两条支路,只需一根组间连线,在极数较多时就显得有利,因为组间连线少,既省铜,又便于端部绑扎固定。

习题与思考题

10-1　有一个三相单层绕组,$Z_1 = 36$,$2p = 4$,试绘出 A 相的交叉链式绕组展开图。

10-2　有一个三相单层绕组,$Z_1 = 24$,$2p = 4$,绘出电势星形图和支路数 $a = 2$ 的 A 相链式绕组展开图。

10-3　有一个三相双层绕组,$Z_1 = 24$,$2p = 2$,$y = 10$,绘出支路数 $a = 1$ 的一相单叠绕组展开图。

10-4　已知三相交流电机双层叠绕组的极对数 $p = 3$,定子槽数 $Z_1 = 36$,线圈节距 $y = \dfrac{5}{6}\tau$(τ 是极距),支路数 $a = 2$。试求:(1)每极下有几个槽;(2)计算用槽数表示的线圈节距 y;(3)计算槽距角 α;(4)计算每极每相槽数 q;(5)画基波电势星形图;(6)按 $60°$ 相带法分相;(7)画出绕组联结展开图。

10-5　电角度的意义是什么? 它与机械角度之间有怎样的关系?

第 11 章 交流绕组中的感应电势

交流电机的定、转子之间的气隙中有**旋转磁场**存在,该旋转磁场可以由原动机拖动转子上的磁极旋转而形成,也可以由三相交流绕组通入三相对称电流而产生,前者属于**机械旋转磁场**,后者属于**电气旋转磁场**。本章我们主要研究旋转磁场的**基波分量**被定子上的交流绕组切割时在其中产生的感应电势的计算方法。由于绕组是由许多线圈按一定规律排列和连接而成,故研究绕组电势时,先从一个线圈电势开始介绍,然后逐步讨论线圈组和整个相绕组的电势。

11.1 一个线圈的感应电势

11.1.1 导体的感应电势

导体感应电势分析如图 11.1 所示,其中图 11.1(a)表示一台 4 极同步发电机模型图,其定子圆周上画出了一个线圈 AX,磁极随转子以转速 n_1 旋转,将在气隙圆周空间形成旋转磁场,气隙基波磁通密度波形如图 11.1(b)所示。该基波旋转磁场被线圈 AX 的两个有效边(导体)所切割,将在导体中产生交变的感应电势。下面从感应电势的波形、频率和大小三个方面进行分析。

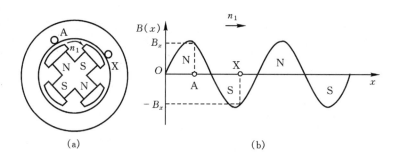

图 11.1 导体感应电势分析图

(a)4 极同步发电机模型图;(b)基波磁场分布波形图

1. 感应电势的波形

根据电磁感应原理,导体中感应电势的瞬时值为

$$e_x = B_x l v \tag{11.1}$$

式中 B_x——导体所在位置的瞬时磁通密度(T);

l ——导体在磁场中的有效长度(m);

v ——导体与磁场的相对速度(m/s)。

对于已经制造好的电机，l 是一定的，若 v 不变，当磁场运动时，相当于导体连续切割不同位置处的磁通密度，所以导体中的感应电势随时间变化的波形与磁通密度 $B(x)$ 在气隙圆周空间的分布波形相同。当只考虑基波时，磁通密度为正弦分布，导体中感应电势也随时间作正弦变化，导体电势波形如图 11.2 所示。

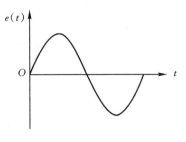

图 11.2　导体电势波形图图

2. 感应电势的频率

旋转磁场每转过一对磁极，导体中感应电势就变化一个周期，如果旋转磁场的极对数为 p，则每转过一周，导体中感应电势将变化 p 个周期。如果旋转磁场的转速为 n_1，则每秒转过的圈数为 $\frac{n_1}{60}$，所以导体感应电势每秒变化的周期数也即频率为

$$f = \frac{p n_1}{60} \tag{11.2}$$

3. 感应电势的有效值

假定磁通密度沿气隙圆周空间的分布为正弦波，其幅值为 B_m，则导体感应电势的幅值为

$$E_m = B_m l v \tag{11.3}$$

其中导体切割磁场的相对速率为

$$v = \frac{\pi D n_1}{60} = 2 \frac{\pi D}{2p} \frac{p n_1}{60} = 2\tau f \tag{11.4}$$

式中　　D ——定子内圆直径(m)；

　　　　n_1 ——转子转速(r/min)；

　　　　f ——感应电势频率(Hz)；

　　　　$\tau = \pi D / (2p)$ ——极距(m)。

按正弦分布的磁通密度最大值 B_m 与平均值 B_p 之间存在下列关系：

$$B_m = \frac{\pi}{2} B_p \tag{11.5}$$

所以感应电势的最大值为

$$E_m = \frac{\pi}{2} \times B_p \times l \times 2\tau f = \pi f B_p l \tau = \pi f \Phi_1$$

其中，$\Phi_1 = B_p l \tau$ 为每极磁通量。因此单根导体感应电势有效值为

$$E_d = \frac{\pi f \Phi_1}{\sqrt{2}} = 2.22 f \Phi_1 \tag{11.6}$$

11.1.2　线圈的电势

一个线圈由两个导体(即元件边)组成，这两根导体之间在磁场中跨过一定的距离即线圈节距 y，也就是说，这两个导体在磁场中处于不同的位置。对旋转磁场的某根磁力线而言，被这两个导体切割的瞬间不同，有一定的时间差，反映在感应电势相量上就是存在一定

的相位差。线圈的电势就是两根导体电势沿线圈回路方向的相量和。

1. 整距线圈的电势

整距线圈的电势分析如图 11.3 所示。对整距线圈来说，$y=\tau$，即线圈的两个有效边在圆周空间正好错开一个极距，而一个极距对应的电角度为 180°，所以一个边处于 N 极下时，另一边必定处于 S 极下对应的位置，如图 11.3(a)所示。可见，整距线圈两个圈边电势的瞬时值总是大小相等而极性相反。如果用相量 $\dot{E}_{d1}$ 和 $\dot{E}_{d2}$ 来表示这两个边中的电势，则 $\dot{E}_{d1}$ 和 $\dot{E}_{d2}$ 的有效值相等，相位差为 180°，见图 11.3(b)。顺着线圈回路看，线圈的感应电势量 $\dot{E}_y$ 应是 $\dot{E}_{d1}$ 和 $\dot{E}_{d2}$ 相量差，即 $\dot{E}_y=\dot{E}_{d1}-\dot{E}_{d2}=\dot{E}_{d1}+(-\dot{E}_{d2})=2\dot{E}_{d1}$，所以单匝整距线圈电势的有效值为

$$E_y=2E_{d1}=4.44f\Phi_1 \tag{11.7}$$

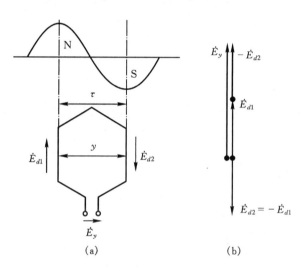

图 11.3 整距线圈的电势分析图
(a)整距线圈示意图；(b)相量图

2. 短距线圈的电势

短距线圈的电势分析如图 11.4 所示。对短距线圈来说 $y<\tau$，即线圈的两个有效边之间在圆周空间错开的电角度比一个极距对应的 180°电角度要小一些，缩小的这个角度称为**短距角**，用 β 表示。参看图 11.4(a)，不难看出：

$$\beta=\alpha(\tau-y) \tag{11.8}$$

短距时，线圈的两个有效边之间错开的电角度为 $(180°-\beta)$，两个边的电势相量 $\dot{E}_{d1}$ 和 $\dot{E}_{d2}$ 的时间相位差也为 $(180°-\beta)$ 电角度，如图 11.4(b)所示。根据相量图，可求得短距线圈的电势为

$$\dot{E}_y=\dot{E}_{d1}-\dot{E}_{d2}$$

由几何关系可求得电势有效值为

$$E_y=2E_{d1}\cos\frac{\beta}{2}=2E_{d1}k_y \tag{11.9}$$

式中

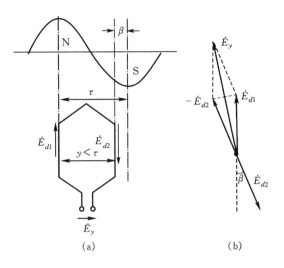

图 11.4　短距线圈的电势分析图

(a)短距线圈示意图；(b)相量图

$$k_y = \cos\frac{\beta}{2} = \frac{短距线圈电势}{整距线圈电势} = \frac{2E_{d1}\cos\frac{\beta}{2}}{2E_{d1}} \tag{11.10}$$

k_y 称为**短距系数**，短距时的 k_y 总是小于 1，所以做成短距线圈时，电势要比做成整距线圈时小一些。考虑到一般情况下线圈不止一匝，如果将线圈匝数用 N_y 表示，则短距线圈的感应电势计算式为

$$E_y = 4.44 f N_y \Phi_1 k_y \tag{11.11}$$

11.2　交流分布绕组的感应电势

11.2.1　线圈组的电势

线圈组的电势分析如图 11.5 所示。参看图 11.5(a)，对一般的交流绕组来说，线圈组是由 q 个线圈(图中 $q=3$)串联而成的，q 个线圈在磁场中依次错开 α 电角度，它们的感应电势的时间相位差也应为 α，线圈组的电势就是 q 个线圈感应电势的相量和。

图 11.5(b)给出了 q 个线圈的电势相量图，1、2、3 代表三个线圈的电势相量，它们之间的相位差依次为 α。图 11.5(c)是将这 q 个电势相量做多边形相加，R 是多边形的外接圆半径，添加适当的辅助线后，从几何关系可知合成电势为

$$E_q = 2R\sin\frac{q\alpha}{2}$$

而半径 R 与线圈电势 E_y 之间的关系为

$$E_y = 2R\sin\frac{\alpha}{2}$$

由以上两式消去 R，可以得到

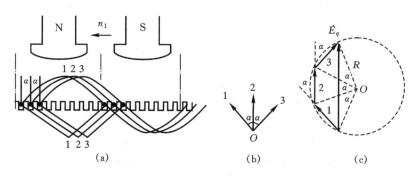

图 11.5 线圈组的电势分析图

(a)线圈组示意图;(b)线圈电势相量;(c)线圈组的电势

$$E_q = E_y \frac{\sin \dfrac{q\alpha}{2}}{\sin \dfrac{\alpha}{2}} = qE_y \frac{\sin \dfrac{q\alpha}{2}}{q\sin \dfrac{\alpha}{2}} = qE_y k_q \tag{11.12}$$

假如 q 个线圈集中地放置在同一个槽中而组成集中线圈组,则它们在磁场中处于相同的位置,其感应电势均同相。所以对于集中线圈组而言,q 个线圈的合成电势应为 qE_y,因此从上式可知

$$k_q = \frac{E_q}{qE_y} = \frac{\text{分布线圈组合成电势}}{\text{集中线圈组合成电势}} = \frac{\sin \dfrac{q\alpha}{2}}{q\sin \dfrac{\alpha}{2}} \tag{11.13}$$

k_q 称为**分布系数**。E_q 是相量和,而 qE_y 为代数和,所以 $E_q < qE_y$,即分布系数 $k_q < 1$。

可见,q 个 N_y 匝的线圈串联成的线圈组的合成电势为

$$E_q = 4.44(qN_y)f\Phi_1 k_y k_q = 4.44(qN_y)f\Phi_1 k_w \tag{11.14}$$

式中 $k_w = k_q k_y$ 称为**绕组系数**。

11.2.2 单层绕组的相电势

对极对数为 p 的单层绕组而言,每相绕组共有 p 个线圈组,这 p 个线圈组处于**磁场中不同极对下相同的电磁位置,其电势相位相同**。如果这 p 个线圈组全部串联构成一相绕组,则相绕组的合成电势为 pE_q;如果这 p 个线圈组分成 a 条并联支路,则每条支路有 p/a 个线圈组,支路电势 $\dfrac{p}{a}E_q$ 即为相绕组的电势。为了简明地表示相绕组的电势,引入**每相串联匝数** N 的概念,即

$$N = \frac{p}{a}qN_y \tag{11.15}$$

相绕组的感应电势公式便可以写为

$$E_p = \frac{p}{a}E_q = \frac{p}{a}4.44(qN_y)f\Phi_1 k_w = 4.44Nf\Phi_1 k_w \tag{11.16}$$

由上一章的介绍可知,**各种类型的单层绕组从电磁效果上来说都等同于等元件式整距**

绕组,也就是说,它们都属于整距绕组,其短距系数 $k_y = 1$,故单层绕组的相电势为

$$E_p = 4.44 N f \Phi_1 k_q \tag{11.17}$$

11.2.3　双层绕组的相电势

对极对数为 p 的双层叠绕组而言,每相绕组共有 $2p$ 个线圈组,这 $2p$ 个线圈组处于**磁场中不同极下相应的电磁位置**,其电势同相或者反相。如果这 $2p$ 个线圈组全部串联(正串和反串)构成一相绕组,则相绕组的合成电势为 $2pE_q$;如果这 $2p$ 个线圈组分成 a 条并联支路,则每条支路有 $2p/a$ 个线圈组,支路电势 $\dfrac{2p}{a}E_q$ 即为相绕组的电势。双层绕组的**每相串联匝数**为

$$N = \frac{2p}{a} q N_y \tag{11.18}$$

其相绕组的感应电势公式与单层绕组一样,可以写为

$$E_p = 4.44 N f \Phi_1 k_w \tag{11.19}$$

11.3　高次谐波电势及其削弱方法

在交流电机中,要使得磁极所产生的磁场为纯粹的正弦分布是极其困难的,因此,在气隙中除了基波磁通外,还有一系列高次谐波磁通(参看图 11.6)。由于磁场相对于磁极中心线是对称的,所以谐波中只有奇次分量。令 ν 代表谐波次数,则 $\nu = 1, 3, 5, \cdots$。

气隙磁场中的高次谐波分析如图 11.6 所示。从图中可以看出,ν 次谐波的磁极对数是基波的 ν 倍,即 $p_\nu = \nu p_1$。由于谐波磁通和基波磁通都由磁极产生,所以两者在空间的转速是一样的,即 $n_\nu = n_1$。高次谐波磁通也被定子绕组切割而在绕组中产生感应电势。仿照式(11.2)可知,高次谐波电势的频率为

$$f_\nu = \frac{p_\nu n_\nu}{60} = \nu \frac{p_1 n_1}{60} = \nu f_1 \tag{11.20}$$

它是基波电势频率的 ν 倍。参照式(11.19)的推导过程,可得 ν 次谐波的感应电势为

$$E_\nu = 4.44 f_\nu N \Phi_\nu k_{y\nu} k_{q\nu} \tag{11.21}$$

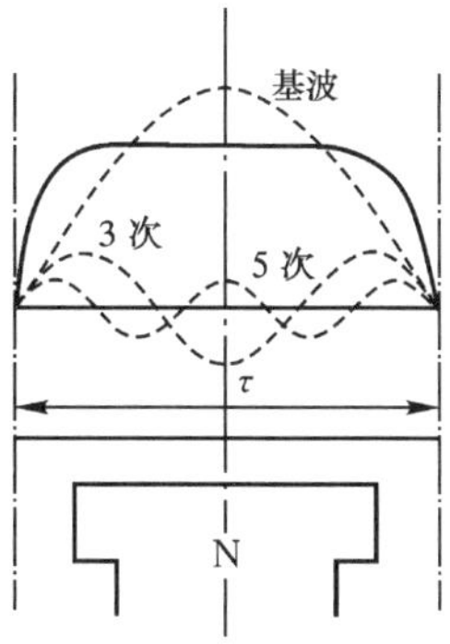

图 11.6　气隙磁场中的高次谐波分析图

式中　Φ_ν——ν 次谐波的每极磁通量;

　　　$k_{y\nu}$,$k_{q\nu}$——ν 次谐波的短距系数和分布系数。

谐波电势是有害的,它会增加电机的损耗,并会使输电线路对周围的通信线路产生干扰。因此,应该尽可能地削弱谐波电势,以使电势波形接近正弦波。如同变压器中所分析的情况一样,故通过三相连接可以消除线电势中的 3 次谐波分量。则在设计电机时,主要是设法削弱 5 次和 7 次谐波。削弱的方法有:

(1)采用三相交流电机

采用三相绕组联结就可以消除 3 次谐波线电势,据电路理论,三相绕组线电势中的 3 次谐波电势 $E_{AB3} = E_{A3} - E_{B3} = 0$,故此结论成立。

　　(2)使气隙磁场分布尽可能接近正弦波

　　在设计制造转子磁极时,减少磁极表面的曲率,使得磁极中心处的气隙最小,而磁极边缘处的气隙最大,以改善磁通分布情况。气隙磁通密度分布由平顶波改进为正弦波的分析如图 11.7 所示,图中虚线表示气隙均匀时的磁场分布,而实线则表示气隙不均匀时的磁场分布,显然,实线比虚线更接近正弦波。

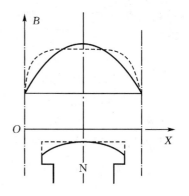

图 11.7　气隙磁密度分布由平顶波改进为正弦波的分析图

　　(3)采用短距绕组

　　由于 ν 次谐波的极对数是基波的 ν 倍,而电角度与极对数成正比,所以,对应同样的圆弧区域,不同的谐波具有不同的电角度。例如,在图 11.6 中,极距所跨过的空间对基波而言为 180°电角度;而对于 3 次谐波而言,却是 $3 \times 180°$电角度,对 5 次谐波而言,为 $5 \times 180°$电角度。所以在短距绕组中,如果线圈对基波磁场来说缩短了 β 电角度,那么对于 ν 次谐波来说,缩短的电角度数为 $\nu\beta$,所以 ν 次谐波的短距系数为

$$k_{y} = \cos\left(\frac{1}{2}\nu\beta\right) \tag{11.22}$$

　　由式(11.21)可知,当 $k_{y} = 0$ 时,谐波电势便为零。只要令 $\frac{1}{2}\nu\beta = \frac{\pi}{2}$,即 $\beta = \frac{\pi}{\nu}$,便可以使得 $k_{y} = 0$。由此可以得出一个重要结论:**线圈缩短的电角度为 $\frac{\pi}{\nu}$ 时,就可以消灭 ν 次谐波电势**。为了能同时削弱 5 次和 7 次谐波电势,一般令 $\beta = \frac{1}{6}\pi$ 左右。

　　短距线圈能够削弱或消灭谐波电势的原因,可以用图 11.8 来解释。图中实线表示一个 $y_1 = \tau$ 的整距线圈,此时该线圈一个边切割 5 次谐波的正波峰,另一边切割 5 次谐波的负波峰。在线圈回路中 5 次谐波电势大小相等,方向一致,所以整距线圈的 5 次谐波电势为单根导体中 5 次谐波电势的两倍。图中的虚线表示一个 $\beta = \frac{1}{5}\pi$ 的短距线圈,此时该线圈的两个边均切割 5 次谐波的正波峰,所以线圈回路中的 5 次谐波电势大小相等而方向相反,因此可以互相抵消为零。

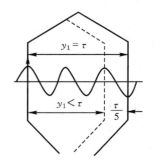

图 11.8　短距线圈消除 5 次谐波电势分析图

　　缩短绕组节距,虽然使基波电势略有减小,但对于消除或削弱谐波电势,却是一个有效的方法,同时端部缩短以后,还可以节省用铜量,因此短距绕组应用十分广泛。

　　(4)采用分布绕组

　　分布绕组相邻两个线圈在基波磁场中的角位移是 α 电角度,那么它在 ν 次谐波磁场中的角位移便为 $\nu\alpha$ 电角度。仿照式(11.22)的推导过程,可得 ν 次谐波的分布系数为

$$k_{q\nu} = \frac{\sin q \dfrac{\nu\alpha}{2}}{q\sin \dfrac{\nu\alpha}{2}} \qquad (11.23)$$

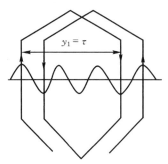

例如,$q=3$ 时,$k_{q1}=0.960$,$k_{q3}=0.667$,$k_{q5}=0.217$。可以看出,谐波的分布系数 $k_{q\nu}$ 远小于基波的分布系数 k_{q1}。由于电势与分布系数成正比,所以采用分布绕组后,虽然基波电势略有减小,但谐波电势减小得更多,因而可以改善电势波形。

图 11.9　分布绕组消除 5 次谐波电势分析图

分布绕组可以消除或者削弱谐波电势。分布绕组消除 5 次谐波电势分析如图 11.9 所示。图中 2 个整距线圈中都存在 5 次谐波电势,但两个整距线圈串联成分布线圈后就能使 4 根导体中的 5 次谐波电势相互抵消,消除了 5 次谐波电势。

本章小结

交流绕组中感应电势频率 $f=pn_1/60$。由于 $f=50$ Hz 是一个常数,因此极对数 p 与旋转磁场的转速 n_1 之间的关系是固定的。

短距系数 $k_y=\cos\dfrac{\beta}{2}<1$,这是因为短距线圈的两个圈边并不同时位于磁极中心之下,它们的电势达到最大值的时间有先有后,因而短距线圈的电势并不像整距线圈那样等于导体电势的 2 倍,而是略小一些的数值。短距系数就代表了短距线圈电势相对于整距线圈电势的减小程度。

分布系数 $k_q=\dfrac{\sin\dfrac{q\alpha}{2}}{q\sin\dfrac{\alpha}{2}}<1$,这是因为一个线圈组中 q 个分布线圈的电势不同相,按相量相加求得的总电势不像集中绕组那样是一个线圈电势的 q 倍,而是略小一些的数值。分布系数就代表了分布绕组电势的减小程度。

交流绕组的感应电势为 $E=4.44fN\Phi_m k_w$。这个公式的推导过程及其绕组系数的物理意义是本章的重点。

谐波电势是有害的,在设计电机时,应尽可能地削弱谐波电势。削弱的方法有:①采用不均匀气隙,以改善气隙磁场分布情况;②采用短距绕组;③采用分布绕组。

习题与思考题

11-1　一台三相交流电机接于频率为 50 Hz 的电网运行,每相感应电势的有效值 $E_1=350$ V,定子绕组的每相串联匝数 $N=312$ 匝,绕组系数为 $k_w=0.96$,求每极磁通量 Φ。

11-2　一台三相同步发电机,定子绕组为双层绕组,$f=50$ Hz,$n_1=1000$ r/min,定子铁心长 $l=40.5$ cm,定子铁心内径 $D=270$ cm,定子槽数 $Z_1=72$,线圈节距槽 $y_1=10$,每相串联匝数 $N=144$,磁通密度的空间分布近似为 $B=7660\sin x$ Gs。试求:(1)绕组

系数 k_{w1}；(2)每相感应电势有效值 E_1。

11-3 已知一台三相 4 极交流电机，定子是双层分布短距绕组，定子槽数 $Z_1=36$，线圈节距 $y=\dfrac{7}{9}\tau$，定子绕组为 Y 接法，线圈匝数 $N_y=2$，每极气隙基波磁通量 $\Phi_1=0.73$ Wb，绕组并联支路数 $a=1$。试求：(1)基波绕组系数 k_{w1}；(2)基波相电势 E_{p1}；(3)基波线电势 E_{L1}。

11-4 交流电机的频率、极数与旋转磁场转速之间有什么关系？在相同的转速下，为什么极数少的电机感应电势频率较低？

11-5 分布系数和短距系数表示什么意义？是如何推导出来的？

11-6 为什么短距绕组的电势小于整距绕组电势？为什么分布绕组电势小于集中绕组电势？交流电机的绕组为什么不采用集中绕组？

11-7 电角度的意义是什么？它与机械角度之间有什么关系？

11-8 采用短距绕组和分布绕组为什么会削弱或消除有害的谐波电势？

第 12 章　交流绕组产生的磁势

旋转磁场是交流电机工作的基础,磁场是由磁势建立的。如果交流电机的定子三相对称绕组通入(或送出)三相对称电流时,电机内部必然会产生圆形基波旋转磁势与磁通。本章先分析单相基波脉振磁势的物理概念,然后再分析三相绕组的合成磁势即基波旋转磁势的产生及其计算公式,最后以异步电机为例分析其主磁通、漏磁通及漏电抗。

12.1　交流电机定子单相绕组中的磁势——脉振磁势

交流电机的定子单相绕组如果通入单相交流电流(电动机)或送出单相交流电流(发电机)时,电机内部必然会产生单相磁势及其磁通,单相绕组产生的是一种脉振磁势,分析如下。

12.1.1　整距集中绕组的磁势

整距单线圈产生的矩形波磁势分析如图 12.1 所示。其中图 12.1(a)是一台两极电机示意图。定子及转子铁心是同心的圆柱体,所以定、转子之间的气隙是均匀的。为简明起见,我们只在定子上画出一相的整距集中线圈。当线圈中流过电流时,便产生一个两极磁场。按照右手螺旋定则,磁场方向如图中箭头所示。从实验知道,磁场的强弱与线圈的匝数及其中流过的电流有关。线圈中的电流 i_y 愈大或线圈的匝数 N_y 愈多,则产生的磁场愈强。磁场的强弱决定于线圈的匝数与线圈中电流的乘积 $N_y i_y$,我们把 $N_y i_y = f_y$ 称为线圈产生的磁势。磁势的单位是安培匝数(简称安匝),也可用 A。与电流在电路中流过时要遇到阻力(电阻)并产生电压降落的情况相似,磁通在流通的途径中同样要遇到阻力(磁阻),并产生磁压降。根据磁路的基尔霍夫第二定律,在磁通流过的整个闭合磁路中,总的磁压降刚好等于作

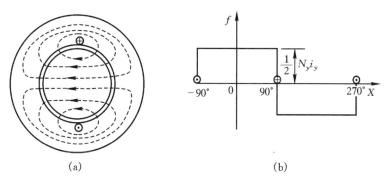

(a)　　　　　　　　　　　　(b)

图 12.1　整距单线圈产生的矩形波磁势分析图

(a)两极电机示意图;(b)两极矩形波磁势的波形图

用于该磁路途径中的磁势,即等于磁力线所包围的全部安匝数 $N_y i_y$。由图 12.1(a)可以看出,图中每一条磁力线包围的安匝数都是 $N_y i_y$,所以作用在任何一条磁力线回路中的磁势都是 $N_y i_y$。从图中还可以看出,每一条磁力线都要通过定子铁心、转子铁心并两次穿过气隙。铁磁材料的磁阻比空气的磁阻小得多,假如略去定、转子铁心中的磁阻,则磁势 $N_y i_y$ 便全部消耗在两个气隙中,任一磁力线在每个气隙中消耗的磁势都是 $\frac{1}{2}N_y i_y$,所以沿气隙圆周的磁势为均匀分布。把图 12.1(a)所示电机的定子内圆展开后,可得图 12.1(b)所示的气隙磁势波形,它在空间的分布为一矩形波,矩形波的幅值为 $f_y = \frac{1}{2}N_y i_y$(安匝)。例如线圈中的

电流 i_y 是稳恒电流,它的数值和方向则恒定不变,矩形波磁势的幅值也将恒定不变。然而在异步电动机线圈中流过的是交变电流($i_y = \sqrt{2}I_y\cos\omega t$),电流的大小和方向都随时间变化,因此矩形波磁势的幅度也将随时间而变化,即

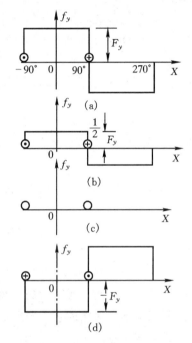

$$f_y = \frac{1}{2}N_y i_y = \frac{1}{2}\sqrt{2}N_y I_y\cos\omega t = F_y\cos\omega t$$
$$(12.1)$$

$$F_y = \frac{\sqrt{2}}{2}N_y I_y(安匝) \qquad (12.2)$$

F_y 是矩形波磁势的幅值。

由式(12.1)可以看出,在一个整距集中线圈里通过余弦变化的交流电时,它所产生的矩形波磁势的幅值将随着时间按余弦规律变化。当 $\omega t = 0$,电流达最大值时,矩形波的幅度也达最大值 F_y;当 $\omega t = 90°$,且电流为零时,矩形波的高度也为零。当电流为负值时,磁势也随之改变方向;矩形波磁势随时间变化的分析如图 12.2 所示。由图 12.2 可以看出:在任何瞬间,磁势在空间的分布为一矩形波;在空间的任何一点,磁势的大小随时间按正弦规律脉动。我们称这种在空间位置固定,大小随时间变化的磁势称为脉振磁势。

图 12.2　矩形波磁势随时间变化
分析图

(a) $\omega t = 0°$ 　$f_y = F_y$;

(b) $\omega t = 60°$ 　$f_y = \frac{1}{2}F_y$;

(c) $\omega t = 90°$ 　$f_y = 0$;

(d) $\omega t = 180°$ 　$f_y = -F_y$

12.1.2　矩形波磁势的谐波分析法

从上面的分析知道,一个整距线圈产生的是矩形波磁势。假如我们直接利用矩形波磁势去分析一台电机产生的总磁势,将会感到很不方便。例如某交流电机的每极每相槽数 $q = 3$ 的单层绕组,A 相绕组的每个线圈组由 3 个整距线圈串联而成,各相邻线圈在空间依次相隔槽距角 $\alpha = 20°$电角度。三线圈构成的线圈组的阶梯波合成磁势如图 12.3 所示。因此各个线圈所产生的矩形波磁势在空间依次相差 20°电角度,把它们逐点相加后所得到的合成波形是阶梯形波,如图 12.3 中的粗实线所示。如果线圈数不同,合成波形也不同。这样,就使分析比较复杂,不能用一个简单的数学公式来进行分析。

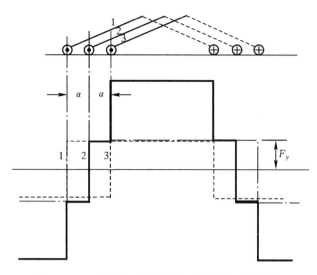

图 12.3　三线圈构成的线圈组的阶梯波合成磁势

为了简化分析,人们采用了理论上的谐波分析法。所谓谐波分析法就是把一种周期的非正弦曲线分解成一系列不同周期的正弦曲线。利用数学(傅里叶级数)的分析方法知道,一个矩形波可以分解成正弦波形的基波以及 3,5,7,9…个奇次谐波。基波的幅值是矩形波高度的 $\frac{4}{\pi}$ 倍。第 ν 次($\nu=1,3,5,7,9,\cdots$)谐波曲线的幅值是基波的 $\frac{1}{\nu}$ 倍,变化周期数是基波的 ν 倍。

一个整距线圈产生的磁势沿气隙圆周是按矩形波分布,因而可以分解为基波磁势和 3,5,7,…次谐波磁势。3,5,…次谐波磁势的幅值分别为基波幅值的 $\frac{1}{3}$,$\frac{1}{5}$,…。3,5,…次谐波磁势的极数分别为基波极数的 3,5,…倍,矩形波磁势的分解如图 12.4 所示。当矩形波磁势的幅度达最大值 F_y 时,基波磁势的幅值也达最大值 F_{y1},代入式(12.2)得

$$F_{y1} = \frac{4}{\pi}F_y = \frac{4}{\pi}\frac{\sqrt{2}I_yN_y}{2} = 0.9I_yN_y \qquad (安匝) \qquad (12.3)$$

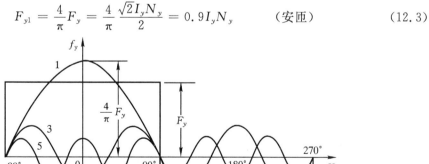

图 12.4　矩形波磁势的分解

3 次谐波磁势的极数是基波的 3 倍,它的极距是基波磁势极距的 $\frac{1}{3}$,其幅值是基波的 $\frac{1}{3}$,因此 3 次谐波的幅值

$$F_{y3} = \frac{1}{3}F_{y1} = \frac{1}{3} \times 0.9 I_y N_y, \qquad (安匝) \qquad (12.4)$$

同理,5 次谐波的极距是基波的 $\frac{1}{5}$,其幅值是基波的 $\frac{1}{5}$

$$F_{y5} = \frac{1}{5}F_{y1} = \frac{1}{5} \times 0.9 I_y N_y, \qquad (安匝) \qquad (12.5)$$

$$\vdots$$

$$F_{y\nu} = \frac{1}{\nu}F_{y1} = \frac{1}{\nu}0.9 I_y N_y \qquad (安匝) \qquad (12.6)$$

在交流电机中,谐波磁势对电机性能有不良影响,例如,会使电机损耗增大,若是电动机将起动困难。所以总是设法把谐波磁势削弱到很小,电机定子采用分布绕组及短距绕组等等方法均可削弱谐波磁势,使磁势的波形非常接近于正弦波。本章在下面的分析中只考虑基波磁势。

若取线圈的中心线为纵坐标轴,基波磁势的分析如图 12.5 所示,其幅值如图 12.5 的 $X=0$ 处。基波磁势的,其幅值($=F_{y1}\cos X$)随着电流而变化,在任意点 X 处的基波磁势

$$f_{y1} = F_{y1}\cos X\cos\omega t \qquad (12.7)$$

根据式(12.7),可以画出基波磁势在不同瞬间的波形,如图 12.5 所示。从图中可以知道:空间上基波磁势幅值的位置固定不动,并且在任何瞬间都按 $\cos X$ 的规律分布;时间上任何一点的磁势的高度都按照 $\cos\omega t$ 变化,所以一个线圈产生的基波磁势是一个脉振磁势。

12.1.3　整距分布绕组的磁势及分布系数

分布绕组的每极每相槽数 $q>1$。如图 12.3 的单层整距绕组 $q=3$,每个线圈组由 3 个线圈组成。由于相邻槽所置线圈之间的角度是槽距角 α 电角度,每个线圈产生的矩形波磁势在空间也相差 α 电角度。对于一个线圈组,基波磁势空间相量分析如图 12.6 所示,把各矩形波都分解成基波和一系列谐波,则各基波之间在空间的位移角也是 α 电角度,如图 12.6(a)所示。

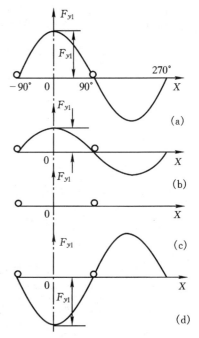

图 12.5　基波脉振磁势的分析图
(a) $\omega t=0°$;(b) $\omega t=60°$;
(c) $\omega t=90°$;(d) $\omega t=180°$

把 q 个线圈的基波磁势逐点相加,可求得它们的合成基波磁势,其幅值为 F_{q1}。从图 12.6(a)可知,分布绕组时,q 个线圈产生的合成基波磁势必略小于这些线圈集中在一起时产生的磁势。由于基波磁势在空间按正弦分布,故可用空间相量来表示。这些相量的长度代表各个基波磁势的幅值,而各相量之间相隔的角度就是基波磁势在空间的位移角 α,把这 q 个相量相加便得到如图 12.6(b)所示的磁势相量图。

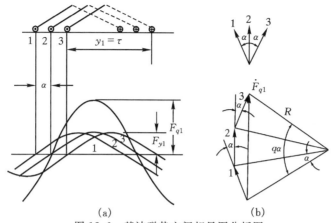

图 12.6　基波磁势空间相量图分析图

(a)q 个空间基波磁势；(b)磁势相量相加

由于 q 个磁势相量大小相等，又依次移过 α 电角度，因此从几何上相加之后则构成了正多边形的一部分。为这一正多边形作一个外接圆，并以 R 表示外接圆的半径，从图 12.6(b)中的几何关系上可得 q 个(图中 $q=3$)磁势的合成基波磁势幅值为

$$F_{q1} = 2R\sin\frac{q\alpha}{2} \qquad (12.8)$$

从图中又可得出一个线圈基波磁势幅值为

$$F_{y1} = 2R\sin\frac{\alpha}{2} \qquad (12.9)$$

以上二式的比值将消去 $2R$，并使等号两端除以 q，解得

$$F_{q1} = qF_{y1}\frac{\sin\frac{q\alpha}{2}}{q\sin\frac{\alpha}{2}} = qF_{y1}k_{q1} \qquad (12.10)$$

式中，k_{q1} 为分布系数，它的物理意义是：假如 q 个线圈不是分布在 q 个不同的槽内，而是集中在同一个槽内(称为集中绕组)，这时每个线圈产生的基波磁势幅值为 F_{y1}，q 个线圈产生的基波磁势幅值即为 qF_{y1}；实际情况是 q 个线圈分布在不同的槽内，各线圈产生的磁势在空间不同相位(依次差 α 电角度)，它们的合成基波磁势幅值比集中绕组时要小。故把分布绕组的合成基波磁势幅值与集中绕组时的合成基波磁势幅值的比叫做分布系数，即

$$k_{q1} = \frac{\text{分布绕组合成基波磁势幅值}}{\text{集中绕组合成基波磁势幅值}} = \frac{F_{q1}}{qF_{y1}} = \frac{\sin\frac{q\alpha}{2}}{q\sin\frac{\alpha}{2}} \qquad (12.11)$$

由式(12.11)并将式(12.3)代入得

$$F_{q1} = qF_{y1}k_{q1} = 0.9I_yqN_yk_{q1} \quad \text{(安匝)} \qquad (12.12)$$

12.1.4　双层短距绕组的磁势及短距系数

例如，一台三相 2 极 18 槽电动机的 A 相绕组的线圈分布情况，则单相双层短距绕组磁势

空间相量分析如图 12.7 所示。每极每相槽数 $q=\dfrac{18}{3\times2}=3$，即每个线圈组由 3 个线圈串联组成，第一个线圈组由线圈 1、2、3 组成。现采用短距绕组，极距 $\tau=9$ 槽，线圈节距为 $y=\dfrac{8}{9}\tau=8$ 槽，该电机的槽距角 $\alpha=\dfrac{p\times360°}{Z_1}=\dfrac{1\times360°}{18}=20°$ 电角度，则短距角 $\beta=\alpha(\tau-y)=20°\times(9-8)=20°$ 电角度。线圈 1 由槽 1 的上层导体和槽 9 的下层导体组成，线圈 2 和 3 分别由槽 2 和 3 的上层导体与槽 10 和 11 中的下层导体连接而成。第二线圈组由线圈 10,11,12 串联组成，它们分别由槽 10,11,12 中的上层导体与槽 18,1,2 中的下层导体组成。

从绕组中通过电流产生磁场的观点看，磁势的大小及波形只取决于导体的分布情况以及导体中电流的大小和方向，而与导体之间的连接次序无关。为了分析问题方便，可以认为槽 1,2,3 与槽 10,11,12 中的上层导体组成了一个 $q=3$ 的整距线圈组产生 $\dot{F}_{q上}$；而槽 9,10,11 与槽 18,1,2 中的下层导体又组成了一个 $q=3$ 的整距线圈组产生 $\dot{F}_{q下}$。这两个线圈组在空间相隔的角度正好等于线圈所缩短的电角度 β（本例中，$\beta=20°$ 电角度）。上层及下层线圈组产生的基波磁势幅值可利用式(12.12)求得。由于两个线圈组在空间相隔 β 电角度，因而这两个线圈组产生的基波磁势在空间相位上也彼此相差 β 电角度。如果把这两个基波磁势用相量表示，则可以将这两个相量分别画在两个线圈组的轴线上，这时它们之间的夹角刚好是 β 电角度，$\dot{F}_{q上}+\dot{F}_{q下}=\dot{F}_{p1}$ 为合成磁势，如图 12.7 所示。

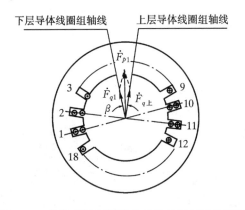

图 12.7　单相双层短距绕组磁势空间相量分析图

从图 12.7 的几何关系中可得出它们的合成磁势的幅值 F_{p1}，并将式(12.12)代入得

$$F_{p1}=2F_{q1}\cos\frac{\beta}{2}=2F_{q1}k_{y1}=0.9I_y(2qN_y)k_{q1}k_{y1}\quad（安匝）\tag{12.13}$$

式中 $k_{y1}=\cos\dfrac{\beta}{2}$ 为基波磁势的短距系数，它的物理意义是：当两个线圈组均采用整距绕组时，上层导体与下层导体产生的基波磁势在空间同相位，因而基波磁势幅值为 $2F_{q1}$；但是两个线圈组均采用短距线圈时，造成上层导体产生的基波磁势与下层导体产生的基波磁势在空间相位上相差 β 电角度，因而合成基波磁势 F_{p1} 略小，即 $\dot{F}_{q上}$ 与 $\dot{F}_{q下}$ 的相量相加略小于 $\dot{F}_{q上}$ 与 $\dot{F}_{q下}$ 的代数相加的值。其短距系数为

$$k_{y1}=\frac{\text{短距绕组基波磁势幅值}}{\text{整距绕组基波磁势幅值}}=\frac{2F_{q1}\cos\dfrac{\beta}{2}}{2F_{q1}}=\cos\frac{\beta}{2}\tag{12.14}$$

为了使公式在实际使用时更为简便,一般在公式中都用每相电流 I_1 及每相串联匝数 N_1 来表示。I_y 是线圈中流过的电流,也就是每条支路中的电流,如果绕组的支路数为 a,则 $I_y = \dfrac{I_1}{a}$。双层绕组中每相(每个支路)的串联匝数 $N_1 = \dfrac{2pqN_y}{a}$,整理后可得 $2qN_y = \dfrac{aN_1}{p}$。把上述关系代入式(12.13),于是基波合成磁势的幅值为

$$F_{p1} = 0.9 \frac{I_1}{a} \times \frac{aN_1}{p} k_{q1} k_{y1} = 0.9 \frac{I_1 N_1}{p} k_{w1} \quad (安匝) \tag{12.15}$$

式中,$k_{w1} = k_{q1} k_{y1}$,是基波磁势的绕组系数。

基波磁势为

$$f_{p1} = F_{p1} \cos X \cos \omega t \tag{12.16}$$

单相绕组产生的基波磁势仍是一个脉振磁势,其物理意义为:对于某瞬时来说,磁势的大小沿定子内圆方向作余(或正)弦分布;对气隙中某一点而言,磁势的大小随时间作余(或正)弦变化(即脉振);**基波磁势幅值的位置与绕组的轴线相重合**。

12.2　单相脉振磁势的分解

原始的单相电动机定子绕组就是只有一相绕组,在人为起动后就会连续运行。其工作原理就来源于:单相基波脉振磁势可以分解为两个基波旋转磁势。以下用两种方法来证明这个分解结论。

12.2.1　数学分解

设 x 的长度单位为 m,而式(12.16)中 X 的单位为电角度,故 X 与 x 两者的关系应符合 $X = \dfrac{\pi}{\tau} x$,将此关系再代入式(12.16)并进行分解得

$$
\begin{aligned}
f_{p1} &= F_{p1} \cos \omega t \cos \frac{\pi}{\tau} x \\
&= \frac{1}{2} F_{p1} \cos\left(\omega t - \frac{\pi}{\tau} x\right) + \frac{1}{2} F_{p1} \cos\left(\omega t + \frac{\pi}{\tau} x\right) \\
&= f_+ + f_-
\end{aligned}
\tag{12.17}
$$

可见,一个脉振磁势可以分解为两个旋转磁势 f_+ 和 f_-。以下具体分析这两个磁势。

1. $f_+ = \dfrac{1}{2} F_{p1} \cos\left(\omega t - \dfrac{\pi}{\tau} x\right)$　定义为正向旋转磁势。

(1) **幅值恒为**原单相脉振磁势最大值的一半,即 $\dfrac{1}{2} F_{p1}$。

(2) 幅值不变的**正向旋转磁势**。正向的含义是磁势的幅值方向是向 x 的正方向旋转。取幅值 $\dfrac{1}{2} F_{p1}$ 这点来研究,即上式中的 $\omega t - \dfrac{\pi}{\tau} x = 0$,解出此式

$$x = \frac{\tau}{\pi} \omega t \tag{12.18}$$

亦即幅值的空间位置 x 是随时间而移动,所以它是一个幅值恒为 $\dfrac{1}{2} F_{p1}$ 的正向旋转磁势。

(3) **转速**为 $v = \dfrac{\mathrm{d}x}{\mathrm{d}t}$,代入式(12.18)中得

$$v = \frac{\mathrm{d}x}{\mathrm{d}t} = \frac{\omega\tau}{\pi} \qquad\qquad (12.19)$$

因为磁势移动线速度 $v = \frac{\pi D n_1}{60}$，角频率 $\omega = 2\pi f$，极距 $\tau = \frac{\pi D}{2p}$，再将这三式代入式(12.19)得：

$$n_1 = \frac{60 f}{p} \quad (\mathrm{r/min}) \qquad\qquad (12.20)$$

这是一个很重要又很常用的定子旋转磁场的转速表达式。

2. $f_- = \frac{1}{2} F_{p1} \cos\left(\omega t + \frac{\pi}{\tau} x\right)$　定义为反向旋转磁势。其幅值也恒为 $\frac{1}{2} F_{p1}$，其转速也是

$n_1 = \frac{60 f}{p}$，所不同的是其转向与 f_+ 相反，即其幅值的位置是随时间向 x 的反方向转动。

12.2.2　图解分析

单相脉振磁势可分解为两个旋转磁势的分析如图 12.8 所示。空间向量 $\boldsymbol{F}_{p1}$ 表示单相绕组的脉振磁势，其幅值位置在空间固定不变，大小随时间脉振。在脉振过程中的每一个瞬

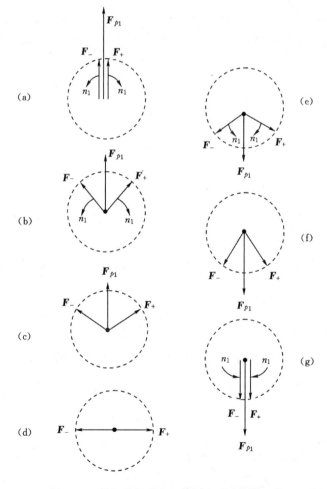

图 12.8　单相脉振磁势可分解为两个旋转磁势

间,都可以理解为两个旋转向量的向量相加,而且这两个向量大小相等、转速相同、转向相反,由图 12.8(a)到图 12.8(g),两个旋转磁势分别转过 180°。当脉振磁势的幅值达正(或负)的最大时,两个旋转磁势的向量位置恰好与脉振磁势的向量重合或同向。综上所述,可得如下结论:

1. 一个基波(以下没有特殊声明可以省略)**脉振磁势可以分解为大小相等、转速相同** ($n_1 = \dfrac{60f}{p}$)**转向相反的两个圆形(指轨迹)旋转磁势;**

2. 脉振磁势的数学表达式分别为

(1) 幅值式　$F_{p1} = 0.9 \dfrac{I_1 N_1}{p} k_{w1}$

(2) 瞬时式　$f_{p1} = F_{p1} \cos\omega t \cdot \cos\dfrac{\pi}{\tau} x$

其物理意义可描述如下:

对某瞬时来说,磁势的大小沿定子内圆周长方向作余(或正)弦分布;**对气隙中某一点而言,**磁势的大小随时间作余(或正)弦变化(即脉振);其幅值的位置就在该相绕组的轴线上。

3. 旋转磁势的瞬时值表达式为 $f_1 = F_1 \cos(\omega t \pm \dfrac{\pi}{\tau} x)$,式中 F_1 为旋转磁势的幅值;单相时 $F_1 = \dfrac{1}{2} F_{p1}$,三相时 $F_1 = \dfrac{3}{2} F_{p1}$,详细说明见 12.3 节所述。

12.3　三相绕组的基波合成磁势——旋转磁势

以上两节所述单相绕组流过单相交流电流,产生的是基波脉振磁势,本节将证明三相对称绕组流过三相对称电流时,电机内部将产生一个圆形旋转磁势。因为基波磁势对电机影响最大,故以下研究的磁势无特殊说明时均属基波磁势。

12.3.1　三相绕组中的各相磁势

三相绕组是由 3 个单相绕组所组成,这 3 个单相绕组分别产生脉振磁势,要了解它们的合成磁势,首先必须分析这 3 个单相脉振磁势之间的关系。

(1) 电机三相对称绕组所通入的三相对称电流的幅值相等,而时间相位上 A、B、C 三相依次落后 120°,即

$$i_A = \sqrt{2} I \cos\omega t$$
$$i_B = \sqrt{2} I \cos(\omega t - 120°)$$
$$i_C = \sqrt{2} I \cos(\omega t - 240°)$$

由上节可知,这 3 个电流各自产生的磁势性质都是脉振的,这 3 个脉振磁势在随时间变化的关系上,依次存在 120°的相位差。

(2) 三相对称绕组的轴线在空间依次相隔 120°电角度,所以它们各自产生的基波磁势在空间的分布也依次相隔 120°电角度。对称绕组还应满足三相绕组的匝数、绕组型式、导线

直径均应相同。

根据上述两个特点,我们可以分别写出 3 个单相基波磁势的方程式。

取 A 相绕组的轴线为纵坐标轴,A 相绕组产生的基波磁势幅值在 A 相绕组的轴线上,即在 $X=0$ 处,并且它的幅值随 i_A 的变化规律而脉振。B 相绕组产生的基波磁势幅值在 $X=120°$ 处,C 相绕组产生的基波磁势幅值在 $X=240°$ 处,所以 A、B、C 三相的基波磁势分别为

$$f_{A1} = F_{p1}\cos\omega t\cos X \tag{12.21}$$

$$f_{B1} = F_{p1}\cos(\omega t - 120°)\cos(X - 120°) \tag{12.22}$$

$$f_{C1} = F_{p1}\cos(\omega t - 240°)\cos(X - 240°) \tag{12.23}$$

12.3.2 用数学变换求合成磁势

用数学分析的方法可以得出三相基波合成磁势的表达式。利用三角学中的公式 $\cos A\cos B = \dfrac{1}{2}[\cos(A-B) + \cos(A+B)]$。把上述三式进行数学变换为

$$f_{A1} = F_{p1}\cos\omega t\cos X$$
$$= \frac{1}{2}F_{p1}\cos(\omega t - X) + \frac{1}{2}F_{p1}\cos(\omega t + X) \tag{12.24}$$

$$f_{B1} = F_{p1}\cos(\omega t - 120°)\cos(X - 120°)$$
$$= \frac{1}{2}F_{p1}\cos(\omega t - X) + \frac{1}{2}F_{p1}\cos(\omega t + X - 240°) \tag{12.25}$$

$$f_{C1} = F_{p1}\cos(\omega t - 240°)\cos(X - 240°)$$
$$= \frac{1}{2}F_{p1}\cos(\omega t - X) + \frac{1}{2}F_{p1}\cos(\omega t + X - 120°) \tag{12.26}$$

把上列三式相加,可得三相交流电机中的合成磁势方程式为:

$$f_1 = f_{A1} + f_{B1} + f_{C1} = \frac{3}{2}F_{p1}\cos(\omega t - X) \tag{12.27}$$

F_1 为三相基波合成磁势的幅值,代入式(12.15)得

$$F_1 = \frac{3}{2}F_{p1} = \frac{3}{2} \times 0.9\frac{I_1 N_1}{p}k_{w1} = 1.35\frac{I_1 N_1}{p}k_{w1} \quad (安匝) \tag{12.28}$$

根据式(12.27)可以很方便地画出任意时刻三相合成磁势的分布波形及位置。合成磁势在旋转的分析如图 12.9 所示,例如:$\omega t=0°$ 时,由式(12.27)可得 $f_1 = \dfrac{3}{2}F_{p1}\cos X$,其波形如图 12.9(b)中的曲线①,磁势的幅值位于 $X=0°$ 处。同样,当 ωt 等于 $120°$,$240°$ 时,将 ωt 的值代入式(12.27),可以画出如图 12.9 中合成磁势的波形曲线②与③。它们的空间位置依次比 $\omega t=0°$ 时转过 $120°$,$240°$ 电角度,说明合成磁势 f_1 在旋转。

比较式(12.27)和式(12.24)的第一项,发现它们的形式完全相同,可以判断出式(12.24)的第一项同样是一个正向旋转磁势。式(12.24)的第二项,其变化规律是 $\dfrac{1}{2}F_{p1}\cos(X+\omega t)$,随着时间 t 的增加,其波幅位置向着 X 的反方向移动,因而它是一个反向旋转的磁势。

从式(12.24)看出,A 相绕组的脉振磁势,可以分解成为两个大小相同、转速相等、转向相

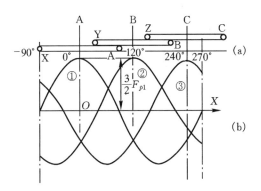

图 12.9 合成磁势在旋转的分析

(a) 绕组位置；(b) 不同时刻的磁势位置

① $\omega t = 0°$ 时，$f_1 = \dfrac{3}{2} F_{p1} \cos X$；

② $\omega t = 120°$ 时，$f_1 = \dfrac{3}{2} F_{p1} \cos(X - 120°)$；

③ $\omega t = 240°$ 时，$f_1 = \dfrac{3}{2} F_{p1} \cos(X - 240°)$

反的旋转磁势；从式(12.25)和式(12.26)可以看出，B相和C相绕组的脉振磁势，均可分解为两个旋转磁势。三相绕组的正向旋转的磁势相位相同，故其合成磁势是每相正向旋转磁势幅值的 3 倍；而三个绕组的反向旋转的磁势相位依次差 120°，其三相反向合成磁势为零。

12.3.3 三相基波合成磁势的结论

(1) 三相对称电流通入三相对称绕组产生的三相基波合成磁势是一个以转速为 n_1 ($= \dfrac{60f}{p}$) 的圆形旋转磁势，其幅值 F_1 恒等于每相脉振磁势幅值 F_{p1} 的 $\dfrac{3}{2}$ 倍。

当三相对称绕组流过三相对称电流时，它所产生的一定是个圆形旋转磁势。这个概念不仅可以用上面的数学分析来证明，而且还可以进一步用图解法来分析旋转磁势。基波旋转磁势的图解分析如图 12.10 所示，图中 AX、BY、CZ 是定子上的三相绕组，它们在空间依次间隔 120°电角度。在图 12.10 中假定：正值电流是从绕组的首端流入而从尾端流出（即头进尾出为正），负值电流则从绕组的尾端流入而从首端流出（即尾进头出为负）。在图 12.10(a)中，当 $\omega t = 0$ 时，A 相电流具有正的最大值。因此 A 相电流是从 A 相绕组的首端 A 点流入，而从尾端 X 点流出。此时 B 相及 C 相电流均为负值，所以电流分别从 B 相绕组及 C 相绕组的尾端 Y 和 Z 点流入，而从它们的首端 B 和 C 点流出。从图中电流的分布情况可以清楚地看到：合成磁势的轴线正好与 A 相绕组的中心线相重合。在图 12.10(b)中，当 $\omega t = 120°$时，B 相电流达到正的最大值，此瞬间，B 相电流从 B 点流入，Y 点流出，而 A 相电流及 C 相电流为负值，A 相及 C 相电流分别从它们的尾端 X 和 Z 点流入，而从首端 A 和 C 点流出，此时合成磁势的轴线便与 B 相绕组的中心线相重合。根据同样的方式可以解释图 12.10(c)，当 $\omega t = 240°$时，C 相电流有最大值，合成磁势的轴线便与 C 相绕组的中心线相重合。图 12.10(d)中合成磁势轴线较图 12.10(a)已经旋转一周了。分析图 12.10(a)、(b)、(c)、(d) 4

个图形中磁势的位置,可以明显地看出:合成磁势是一个旋转磁势,而且对于本例为 2 极电机,电流变化一个周期,旋转磁势恰好转过一转。

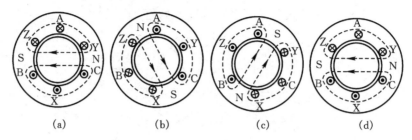

图 12.10 基波旋转磁势的图解分析

(a) $\omega t = 0, i_A = I_m, i_B = i_C = -\dfrac{I_m}{2}$; (b) $\omega t = 120°, i_B = I_m, i_A = i_C = -\dfrac{I_m}{2}$;

(c) $\omega t = 240°, i_C = I_m, i_A = i_B = -\dfrac{I_m}{2}$; (d) $\omega t = 360°, i_A = I_m, i_B = i_C = -\dfrac{I_m}{2}$

(2) 三相基波合成磁势在空间旋转,它的转速可以根据方程式(12.20)计算,即基波合成磁势的转速 $n_1 = \dfrac{60f}{p}$ (r/min)。这就是磁势的同步速度。我国电力系统的频率为 50 Hz,因而 2 极电机同步速度为 3 000 r/min,4 极电机同步速度为 1 500 r/min,6 极电机同步速度为 1 000 r/min,依此类推。

(3) 当某一相电流达到最大值时,旋转磁势的波幅刚好转到该相绕组的轴线上。

(4) 旋转磁势的转向永远是从带有超前电流的相转到带有滞后电流的相。例如 A 相电流首先达到正的最大值,而后依次是 B 相和 C 相电流达到正的最大值,即 A 相中的电流比 B 相超前,合成磁势的旋转方向是从 A 相到 B 相,再转到 C 相,与电流的相序一致。

如果电流的相序反了,电流达最大值的顺序首先是 A 相,而后是 C 相,依次是 B 相,则磁势的旋转方向也将反向,将从 A 相转到 C 相,然后再转到 B 相。因此要改变旋转磁势的转向,亦即使交流电动机反向转动时,只要改变通入电机电流的相序即可。在具体操作时,将三相绕组连接电源的 3 根接线中的任意 2 根对调就可以了。

(5) 用同样的方法可以证明,在一个对称的 $m(m \geqslant 2,$正整数)相绕组中流过对称的 m 相电流时,合成磁势永远是一旋转磁势。合成磁势的幅值为每相脉振磁势幅值 F_{p1} 的 $\dfrac{m}{2}$ 倍,即

$$F_1 = \frac{m}{2} F_{p1} \tag{12.29}$$

12.4* 三相合成磁势中的高次谐波磁势

若将 A、B、C 三相绕组所产生的 ν 次谐波磁势相加,即得三相 ν 次谐波合成磁势 $f_\nu(X,t)$ 为

$$f_\nu(X,t) = f_{A\nu}(X,t) + f_{B\nu}(X,t) + f_{C\nu}(X,t)$$
$$= F_{p\nu}\cos\nu X\cos\omega t + F_{p\nu}\cos\nu(X-120°)\cos(\omega t-120°)$$
$$+ F_{p\nu}\cos\nu(X-240°)\cos(\omega t-240°) \tag{12.30}$$

经过计算分析知：

（1）当 $\nu=3k(k=1,3,5,\cdots)$，亦即 $\nu=3,9,15,\cdots$ 时，三相合成磁势 $f_\nu=0$，这说明**在对称三相绕组的合成磁势中不存在 3 次及 3 的倍数次谐波磁势。**

（2）当 $\nu=6k+1(k=1,2,3,\cdots)$，亦即 $\nu=7,13,19,\cdots$ 时，三相合成磁势为

$$f_\nu = \frac{3}{2}F_{p\nu}\cos(\omega t - \nu X) \tag{12.31}$$

这说明此时的**合成磁势是一个正向旋转，转速为** n_1/v，**幅值为** $\frac{3}{2}F_{p\nu}$ **的旋转磁势。**

（3）当 $\nu=6k-1(k=1,2,3,\cdots)$，亦即 $\nu=5,11,17,\cdots$ 时，三相合成磁势为

$$f_\nu = \frac{3}{2}F_{p\nu}\cos(\omega t + \nu X) \tag{12.32}$$

这说明此时的**合成磁势是一个反向旋转，转速为** n_1/v，**幅值为** $\frac{3}{2}F_{p\nu}$ **的旋转磁势。**

例如在异步电机中，谐波磁势所建立的谐波磁场会产生一定的附加转矩，将影响该电机的起动性能，有时将使电机根本不能启动或达不到正常转速。在同步电机中，谐波磁场将在转子上产生铁心损耗，引起电机发热，并使电机效率降低。因此，必须设法削弱谐波磁势。削弱谐波磁势的方法除采用分布、短距绕组（此时的线圈节距拟选择在 $0.8\tau\sim0.83\tau$ 的范围内）外，条件允许时也可采用分数槽绕组或正弦绕组（可参考有关书籍）等方法。

12.5　交流旋转电机中的主磁通和漏磁通

以三相异步电机为例，其定子绕组接到电网后，电机内部便产生了旋转磁势，在磁势作用下电机中便产生磁通。根据磁通经过的路径和性质，可以把磁通分为主磁通和漏磁通两大类。

12.5.1　主磁通

基波旋转磁势所产生的经过气隙的磁通，它同时与定子绕组及转子绕组相切割和匝链，主磁通对应的磁力线分布如图12.11所示，使转子绕组产生感应电势，并产生电流；电流与旋转磁场作用而产生转矩使电机旋转。异步电机依靠这部分磁通来实现定子和转子间的能量转换，所以称这部分磁通为主磁通，它属于工作磁通。

12.5.2　漏磁通及漏电抗

当定子绕组通过三相电流时，除产生主磁通外，还产生非工作磁通，称为定子漏磁通。

定子绕组的漏磁通可以分为 3 部分：

（1）**槽漏磁通**　穿过由槽之一壁横越至槽的另一壁的漏磁通，槽漏磁通示意图见图12.12(a)。

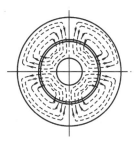

图 12.11　主磁通对应的磁力线分布图

（2）**端部漏磁通** 匝链绕组端部的漏磁通，端部漏磁通示意图见图 12.12(b)。

（3）**谐波漏磁通** 定子绕组通入三相交流电时，由 12.4 节知除产生基波旋转磁场外，在空间还产生一系列高次谐波磁势及磁通。当异步电机正常运行时，它们不会产生有用的转矩，所以谐波磁通虽然也能同时切割并匝链定、转子绕组，但也被认为是漏磁通。

当电流交变时，漏磁通也随着变化，于是在定子绕组中产生感应电势 $\dot{E}_{1\sigma}$。我们用漏电抗压降 $-j\dot{I}_1 X_{1\sigma}$ 来表示 $\dot{E}_{1\sigma}$，即 $\dot{E}_{1\sigma} = -j\dot{I}_1 X_{1\sigma}$，$X_{1\sigma}$ 称为定子绕组漏电抗。

转子绕组中通过电流时，同样会产生非工作磁通，即转子漏磁通，它们也会在转子绕组中产生感应电势，我们用转子漏电抗压降 $-j\dot{I}_2 X_{2\sigma}$ 表示。$X_{2\sigma}$ 为转子绕组的漏电抗，它属于交流电机中的电路参数之一。

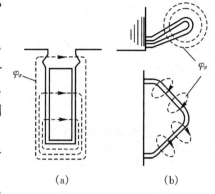

图 12.12 槽漏磁通与端部漏磁组示意图
(a)槽漏磁通；(b)端部漏磁通

12.5.3 影响漏电抗大小的因素

漏电抗的大小对电机的运行性能有很大的影响。以下简要地分析一下影响漏电抗大小的因素。由电路知识知道一个线圈的电抗

$$X = 2\pi f L \tag{12.33}$$

式中 f 是电流频率，L 是线圈的电感，它在数值上等于线圈中通过单位电流时产生的磁链，即

$$L = \frac{N\Phi}{i}$$

式中 N 是线圈匝数，Φ 是电流 i 流过线圈时所产生的磁通

$$\Phi = \frac{磁势}{磁阻} = \frac{F}{R_M} = \frac{Ni}{R_M} \tag{12.34}$$

把式(12.34)及 L 的关系式代入式(12.33)，则得

$$X = 2\pi f L = 2\pi f \frac{N^2}{R_M} \tag{12.35}$$

式中 R_M 表示磁路的磁阻。

上式说明**电抗的大小与线圈的匝数平方成正比**（匝数愈多，电抗就愈大），**与磁通经过的路径中所遇的磁阻成反比**（磁阻愈大，电抗愈小），还**与频率成正比**。这个结论对所有电抗都是适用的。例如每槽的槽漏电抗的大小与每槽中线圈的匝数平方成正比，与槽漏磁通经过的路径中所遇的磁阻成反比。在槽漏磁通经过的路径中，槽部为空气，其余部分都是硅钢片。由于空气的磁阻比铁心的磁阻大得多，因此经过铁心时的磁阻可略去不计。影响槽漏抗的大小分析如图 12.13 所示。在图

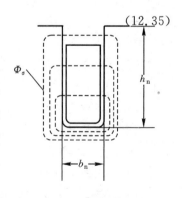

图 12.13 影响槽漏抗的大小分析图

12.13 中,如果槽的宽度 b_n 愈宽,槽漏磁通经过空气部分的长度愈长,磁阻愈大[①],槽漏电抗就愈小。如果槽的深度 h_n 愈大,则槽漏磁通经过的截面积愈大,磁阻愈小,因而漏电抗就愈大。同样,如果绕组的端部增长,则通过端部的漏磁通的磁路截面积增大,磁阻减小,漏电抗就增大。

本章小结

单相绕组通入交流电流产生一个脉振磁势,其基波幅值为 $F_{p1}=0.9\dfrac{I_1 N_1}{p}k_{w1}$。单相脉振磁势可以分解为两个幅值相等、转向相反、转速相同的圆形旋转磁势。

三相对称绕组通入三相对称交流电流,产生的基波磁势为一圆形旋转磁势,其幅值 $F_1=\dfrac{3}{2}\times 0.9\dfrac{I_1 N_1}{p}k_{w1}$,其转向为由超前电流的相转到落后电流的相,其转速 $n_1=\dfrac{60f}{p}$ (r/min),当某相绕组电流达最大值时,旋转基波磁势的幅值位置则位于该相绕组的轴线上。要使基波磁势反转,只要改变通入电机绕组的电流相序即可。

绕组系数 $k_{w1}=k_{q1}k_{y1}$,其中分布系数 $k_{q1}=\dfrac{\sin\dfrac{q\alpha}{2}}{q\sin\dfrac{\alpha}{2}}$,短距系数 $k_{y1}=\cos\dfrac{\beta}{2}$,与求电势时的绕组系数计算方法相同。

习题与思考题

12-1　有一台三相同步发电机,$P_N=6\,000$ kW,$U_N=6.3$ kV,$\cos\varphi_N=0.8$,$2p=2$,Y 接法,双层叠绕组,$Z_1=36$ 槽,$N_1=72$ 匝,$y=15$ 槽,$f=50$ Hz,$I=I_N$。试求:(1) 单相绕组所产生的基波磁势幅值 $\dot{F}_{p1}$;(2) 三相绕组所产生的合成磁势的基波幅值 F_1 及其转速 n_1。

12-2　有一台三相交流电机,$2p=4$,定子为双层叠绕组,$Z_1=36$ 槽,$y=\dfrac{7}{9}\tau$,每相串联匝数 $N_1=96$ 匝,今在绕组中通入频率为 50 Hz,有效值为 35 A 的对称三相电流,计算基波旋转磁势的幅值 F_1。

12-3　有一台三相交流电机,$2p=6$,定子为双层绕组,$Z_1=54$ 槽,$y=7$ 槽,Y 连接,支路数 $a=1$,每一个线圈的匝数是 10 匝。今在绕组中通入频率为 50 Hz,有效值为 10 A 的对称的三相电流。试求:(1) 基波旋转磁势的幅值 F_1;(2) 基波旋转磁势的转速 n_1。

12-4　已知三相绕组产生的合成磁势表达式分别为

①$f_\alpha=F_{a5}\sin(\omega t+5X)$;　②$f_\beta=F_{\beta5}\sin(5\omega t-X)$

试求:(1) 这两种磁势的极对数 p_{a5} 和 $p_{\beta5}$,极距 τ_{a5} 和 $\tau_{\beta5}$,空间转速 n_{a5} 和 $n_{\beta5}$ 与基波相应各量 (p,τ,n_1) 之间的关系式;(2) 这两种磁势的转向如何?

---

①　磁阻与磁路的长度成正比,与磁路的截面积和磁导率成反比。

12-5 两相绕组通以两相电流是否会产生旋转磁势？试分析原因。

12-6 单相绕组的磁势具有什么性质,它的振幅是如何计算的?

12-7 从物理意义来解释为什么三相绕组产生的磁势是旋转磁势？旋转磁势的大小、转向及转速是如何确定的?怎样才能改变旋转磁势的转向?

12-8 原 Y 接的三相绕组接在三相电源上,如果有一相意外断路,则绕组所产生的磁势具有怎样的性质?

12-9 在三相对称绕组中通入时间上同相的电流,则绕组所产生的合成磁势如何分析?

12-10 为什么说分布系数和短距系数在本质上相同?

12-11 某台交流电机的三相绕组为△连接,若该电机正在运行时,有一相绕组意外断路,则绕组所产生的磁势具有怎样的性质?

12-12 试述谐波电势和谐波磁势产生的原因。

第13章 异步电机的基本理论

13.1 异步电机的结构及额定值

异步电机的绝大多数是作为电动机运行。异步电机的结构主要包括以下两个部分：静止部分——定子；转动部分——转子。定子铁心内圆与转子铁心外圆之间有一个很小的间隙，称为气隙。某台封闭式笼型三相异步电机结构图如图 13.1 所示。以下简要地介绍异步电机各主要部件的结构及作用。

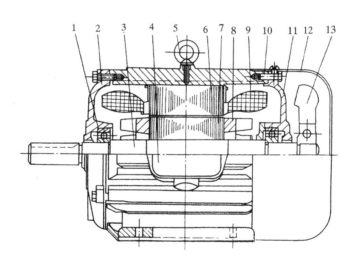

图 13.1 封闭式笼型三相异步电机结构图

1—轴承； 2—前端盖； 3—转轴； 4—接线盒； 5—吊攀； 6—定子铁心；7—转子铁心；
8—转子绕组； 9—定子绕组； 10—机座； 11—后端盖； 12—风罩； 13—风扇

13.1.1 定子

1. 定子铁心

定子铁心是电机磁路的一部分，异步电动机中产生的是旋转磁场。该磁场相对于定子以同步转速旋转，定子铁心中磁通的大小及方向都是变化的。为了减少磁场在定子铁心中引起的涡流损耗和磁滞损耗，定子铁心由薄的硅钢片叠压而成。对于容量较大的电动机（中心高 160 mm 以上），在硅钢片两面涂以绝缘漆，作为片间绝缘之用。定子硅钢片叠装压紧之后，成为一个整体的铁心，固定于机座内，定子硅钢片上的齿槽由冲床冲制而成，故也称为冲片。异步电机的定、转子冲片如图 13.2 所示。

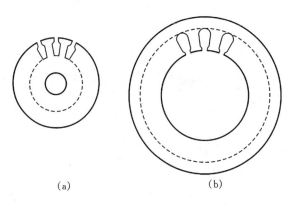

(a)　　　　　　　　(b)

图 13.2　异步电机的定、转子冲片

(a)转子冲片；(b)定子冲片

　　对于大型及中型异步电动机,为了使铁心的热量能更有效
地散发出去,在铁心中设有径向通风沟或叫风道,这时铁心沿
长度方向被分成数段,每段铁心长约 40～60 mm。两段铁心之
间的径向通风沟宽约 10 mm。对于小型异步电动机,由于铁心
长度较短,散热较容易,因此不需要径向通风沟,定子铁心如图
13.3所示。

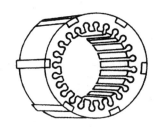

　　在定子铁心内圆表面上均匀地分布着许多形状相同的槽,
用以嵌放定子绕组。槽的形状由电机的容量、电压及绕组的形

图 13.3　定子铁心

式决定。异步电动机常用的定子槽形及槽内线圈布置如图 13.4 所示。容量在 100 kW 以下
的小型异步电动机一般都采用图 13.4(a)所示的半闭口槽,槽口的宽度小于槽宽的一半,定
子绕组由高强度漆包圆铜线绕成,经过槽口分散嵌入槽内。在线圈与铁心间衬以绝缘纸作
为槽绝缘。半闭口槽的优点是槽口较小,可以减少主磁路的磁阻,使产生旋转磁场的励磁电
流减少。其缺点是嵌线不方便。

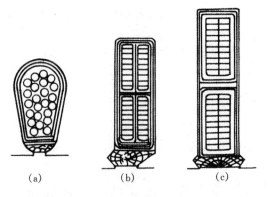

(a)　　　　　　　(b)　　　　　　　(c)

图 13.4　定子槽形及槽内线圈布置

(a)半闭口槽；(b)半开口槽；(c)开口槽

电压在 500 V 以下的中型异步电动机,通常用图 13.4(b)所示的半开口槽。半开口槽的槽口宽度稍大于槽宽的一半。这时绕组用高强度漆包扁铜线,或用玻璃丝包扁铜线绕成。线圈沿槽内宽度方向布置双排。

对于高电压的中型或大型异步电动机通常用开口槽,如图 13.4(c),槽口的宽度等于槽宽,嵌线方便。

2. 定子绕组

定子绕组是由线圈按一定的规律嵌入定子槽中,并按一定的方式连接起来的。第 10 章已经详细介绍过定子绕组的连接规律。定子槽形及槽内线圈布置如图 13.4 所示。根据定子绕组在槽中的布置情况,可分为单层及双层绕组。容量较大的异步电动机都采用双层绕组。双层绕组在每槽内的导线分为上下两层,如图 13.4(b)及(c)所示,上层及下层线圈之间需要用层间绝缘隔开。对于小容量异步电动机(中心高 160 mm 及以下)常采用单层绕组,这时每槽中只有一层导线,如图 13.4(a)所示。

3. 机座与端盖

机座的作用主要是固定和支撑定子铁心。中小型异步电动机一般都采用铸铁机座,并根据不同的冷却方式而采用不同的机座型式。例如小型封闭式电动机,电机中损耗产生的热量全都要通过机座散出,为了加强散热能力,在机座的外表面均匀分布有很多散热片,以增大散热面积。对于大容量的异步电动机,一般采用钢板焊接的机座。

异步电机端盖固定于机座上,端盖上设有轴承室,以放置轴承并支撑转子。

13.1.2　气隙

定子铁心与转子铁心间的气隙是很小的,在中小型异步电动机中,气隙 δ 一般为 0.2～1 mm。气隙小的原因是因为空气的磁阻比铁大得多。气隙愈大,磁阻愈大,要产生同样大小的旋转磁场,需要的激磁电流也愈大。激磁电流主要是无功电流,激磁电流大将使电机的功率因数 $\cos\varphi$ 降低。为了减小激磁电流,气隙应尽可能的小。但是气隙太小,会使机械加工成本提高。所以异步电动机中气隙的最小值是由制造工艺以及运行可靠性等因素决定的。

13.1.3　转子

转子是电动机的旋转部分,电动机的工作转矩就是由转子轴输出的。异步电动机的转子是由转子铁心、轴和转子绕组等组成,见图 13.1。转子铁心一般用 0.5 mm 厚的硅钢片叠成,转子硅钢片的外圆上冲有嵌放线圈的槽。转子冲片见图 13.2。转子轴由中碳钢制成,两端的轴颈与轴承相配合,一般支撑在端盖上,轴的伸出端铣有键槽用以固定皮带轮或联轴器与被拖动的机械相连。根据转子绕组的型式,可分为笼型转子和绕线式转子两大类。

1. 笼型转子

笼型转子如图 13.5 所示。笼型转子的铁心外圆处均匀分布着槽,每个槽中有一根导条,在伸出铁心两端,用两个端环(或称短路环)分别把所有导条的两端都连接起来,起着导通电流的作用。假设去掉铁心,整个绕组的外形好像一个"笼子"。转子笼绕组如图 13.5(a)所示。导条与端环的材料可以用铜或铝。当用铜时,铜导条与端环之间须用铜焊或银焊的方法把它们焊接起来。因为铝的资源比铜要多,价格较便宜,且铸铝的劳动生产率高,铸铝转子的导条、端盖及内风叶可以一起铸出,如图13.5(b)所示。故中小容量的笼型电机一般多采用铸铝转子。

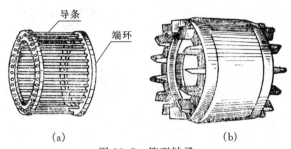

图 13.5　笼型转子

(a)转子笼绕组;(b)铸铝转子铁心和绕组

2. 绕线式转子

绕线式转子的绕组与定子绕组相似,也需要绕制线圈和嵌入线圈,再用绝缘的导线连接成三相对称绕组,然后接到转子轴上的 3 个集电环(或称滑环)上,再通过电刷把电流引出来。异步电机绕线转子分析图见图13.6。

绕线式转子的特点是可以通过集电环和电刷在转子回路中接入适当的附加电阻,可以改善起动(使启动转矩增大,启动电流减小)或调速性能。有的绕线式异步电动机还装有一种提刷短路装置,当电动机起动完毕而又不需调节速度的情况下,移动手柄,使电刷被提起而与集电环脱离,同时使 3 个集电环(又叫滑环)彼此短接起来,这样可以减少电刷与集电环间的机械损耗和磨损,以提高运行的可靠性。

笼型转子的优点是结构简单、制造容易、坚固耐用、价格低廉,但它的起动性能不如绕线式转子的电动机。在要求启动电流小、启动转矩大,或在要求一定调速范围的场合,就应该考虑采用绕线式异步电动机。

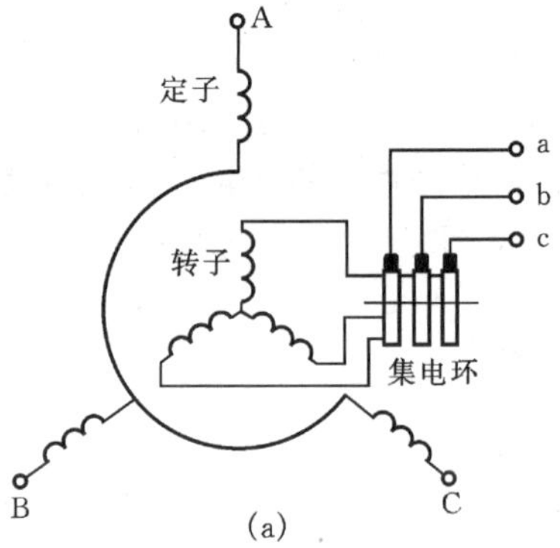

图 13.6　异步电机绕线转子分析图

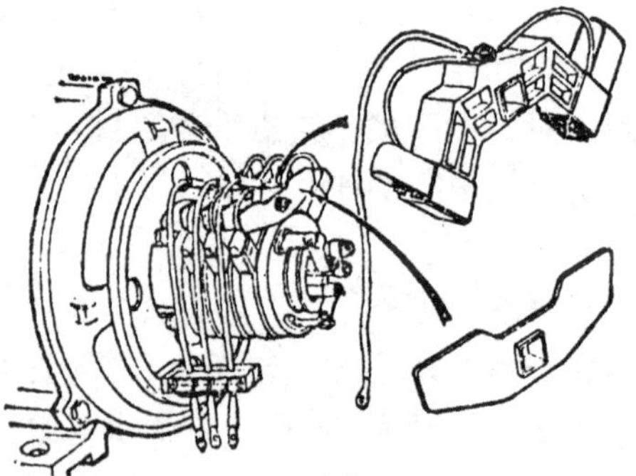

(a)绕线式异步电动机电路示意图;

(b)转子上的滑环和电刷

13.1.4　异步电动机的型号及额定值

1. 异步电动机的型号

异步电动机的铭牌上一定会标注型号,例如某电机的型号是 Y180L—6,其中 Y 表示异步电动机,180 表示机座中心高(单位为 mm),L 表示长铁心(若为 S 表示短铁心,M 则表示中长铁心),6 表示 $2p=6$ 极。在 Y 系列基础上,派生出许多特种用途异步电动机。

2. 异步电动机的额定值

异步电动机的铭牌上标注有制造厂规定使用这台电机的额定值,以三相异步电动机为例,其主要额定值如下:

(1)额定电压 U_N——在异步电动机正常运行时,规定加在定子绕组上的线电压称为额定电压,单位为 V。

(2)额定电流 I_N——在额定运行时,通入定子绕组中的线电流称为额定电流,单位为 A。

(3)额定功率 P_N——在额定运行时,电机的输出功率称为额定功率。对电动机而言,P_N 指转轴上输出的机械功率,它可以用下式进行计算,即

$$P_N = \sqrt{3} U_N I_N \cos\varphi_N \eta_N$$

式中 P_N 的单位为 W,η_N、$\cos\varphi_N$ 分别表示在额定运行时异步电动机的效率和功率因数。

(4)额定转速 n_N——在额定功率时的转子转速,单位为 r/min。

(5)额定频率 f_N——特指电源的频率,单位为 Hz。

这些重要的数据都标注在电机外壳的铭牌上,用户使用或选择该电机时,须要与所拖动的负载合理匹配。

13.2　异步电机的三种运行状态

异步电机有三种工作状态,即电动机、发电机、制动运行。异步电机的三种工作状态分析如图 13.7 所示,定子上的三相绕组接到三相交流电源,转子绕组本身则自成闭路。

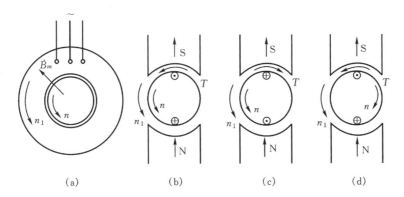

图 13.7　异步电机的三种工作状态分析图
(a)示意图;(b)电动机运行;(c)发电机运行;(d)制动运行

13.2.1　三相异步电动机的工作原理——异步电机作为电动机状态时

在图 13.7(a)中,当三相电流通入定子绕组时,在气隙中将产生一旋转磁场,并以同步转速 n_1 在旋转。为了明显起见,在图 13.7(b)中,将该旋转磁场用一对旋转的磁极来表示。当旋转磁场切割转子导体时,将在其中产生感应电势 $e = Blv$。电势的瞬时方向可以利用右手定则来判断。由于转子绕组自成闭路,在转子导体中便有电流流过。转子导体中的电流与气隙磁场相互作用而产生电磁力 $f = Bli$,其方向可以利用左手定则来判断。电磁力产生的电磁转矩与旋转磁场同方向,在电磁转矩作用下,转子以转速 n 顺着旋转磁场方向转动,以

驱动机械负载。从而把电能转换成机械能,作为电动机运行,称为三相异步电动机。由于转子导体是靠电磁感应而感应电流使电动机工作的,故又叫**感应电动机**。

　　当异步电机作为电动机运行时,为了克服负载的阻力转矩,该电动机的转速 n 总是略低于同步转速 n_1,以便气隙旋转磁场能够切割转子导体而在其中产生感应电势和产生电流,以使转子能产生足够的电磁转矩。如果转子的转速 n 与同步转速 n_1 相等,转向又相同,则气隙旋转磁场与转子导体之间将无相对运动,因而转子导体中就不会产生电流,电机的电磁转矩也将为零。可见 $n \neq n_1$ 是异步电动机产生电磁转矩的必要条件。把 n_1 和 n 之差称为转差,用 Δn 表示,则

$$\Delta n = n_1 - n$$

如果用同步转速 n_1 作为基值,转差的相对值就叫作异步电机的转差率 s,即

$$s = \frac{n_1 - n}{n_1} \tag{13.1}$$

　　转差率是异步电机的一个基本变量,它可以表示该电机的各种不同运行情况。在电机刚刚起动时,转子转速 $n=0$,所以转差率 $s=\frac{n_1-n}{n_1}=1$。如果电动机所产生的电磁转矩是以克服机械负载的阻力转矩,转子开始旋转,转速不断上升。假设所有阻力转矩(包括电动机本身轴承摩擦)全部为零,则称为电动机的理想空载。在理想空载时,电磁转矩认为是零,此时转子导体中无需有感应电势及电流,转子转速便可以上升到同步转速,即 $n=n_1$,此时转差率 $s=\frac{n_1-n}{n_1}=0$。由此可见:在作为电动机运行时,转速 n 在 0 到 n_1 范围内变化,而转差率 s 在 1 到 0 范围内变化。感应电动机的转速可用转差率进行计算,由式(13.1)可知

$$n = n_1(1-s) \tag{13.2}$$

　　在正常运行范围内,转差率的数值通常都是很小的。满载时,转子转速与同步转速相差并不很大,即一般 $n=n_1(0.94\sim0.985)$;而空载时,可以近似认为转子转速等于同步转速。

13.2.2　异步电机作为发电机运行状态

　　如果异步电机的定子绕组仍接电网且转子上不是接上机械负载,而是用一原动机拖动异步电机的转子以大于同步转速顺着旋转磁场方向旋转(如图 13.7(c)所示),显然,此时转子导体相对于旋转磁场的运动方向与图 13.7(b)相反,故转子导体中的电势及电流均将反向。由左手定则可知,转子导体所产生的电磁转矩也与转子转向相反,因此起着制动作用。为了克服电磁转矩的制动作用,使转子能继续旋转下去,并保持 $n>n_1$,原动机就必须不断向电机输入机械功率,而电机则把输入的机械功率转换为输出的电功率。此时异步电机将机械能转变为电能,成为发电机运行,称为异步发电机。当异步电机作为发电机运行时,转子转速恒在同步转速以上,即 $n>n_1$,由式(13.2)可知,发电机运行时转差率恒为负值。

　　如果异步发电机为单机运行,则须有旋转磁场方可运行,可通过定子绕组并联电容器自励建压的方法予以实现,详细请查有关文献[1]。

13.2.3　异步电机在制动状态下运行

　　如果外力强迫转子逆着旋转磁场方向转动,如图 13.7(d)所示,比较 13.7(b)及图 13.7(d)

可以清楚看到,这时转子导体相对于磁场的运动方向与电动机运行状态一样,故转子导体中的电势和电流方向与电动机状态相同,作用在转子上的电磁转矩方向也与旋转磁场的方向一致,但却与转子转向相反,起了阻止转子旋转的作用。在这种情况下运行,由于电磁转矩有阻止转子旋转的作用,故称为异步电机的制动运行。这时它一方面消耗了原动机的机械功率,同时仍和电动机运行时一样,从电网吸收了电功率,这两部分功率均变为电动机内部的损耗。此时电机容易发热,不适用于频繁制动的场合。在制动运行时,由于转子逆着磁场方向旋转,n 为负值,因此制动运行时的转差率必然大于 1。

综上所述,异步电机的转速及转差率的不同数值标志着电机在不同的状态下运行。异步电机在电动机、发电机和制动三种状态时,转速及转差率的变化范围如图 13.8 所示。

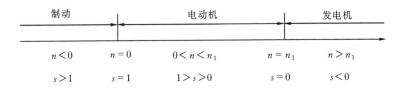

图 13.8　异步电机在三种状态时转速及转差率的变化范围

实际上,异步电机绝大多数都是作为电动机运行。由于它具有结构简单、坚固耐用、价格便宜、制造容易及运行可靠等特点,所以中、小型异步电动机在工业上得到了广泛的应用。而异步发电机的性能不如同步发电机优越,因此仅用在特殊场合,例如曾用于风力发电等。至于制动运行往往是吊车等设备中的一种特殊运行状态。

在三种运行状态下,转子转速与旋转磁场转速(同步转速)永远不相等,故称为异步电机。

13.3　异步电动机的电势平衡

13.3.1　定子绕组的电势平衡方程

前已分析,在定子绕组内通入三相对称电流时,就产生了主磁通 Φ_1 即定子基波磁通,它以同步转速 n_1 旋转,同时切割定子和转子绕组,并在两者中感应电势,定子每相绕组感应电势有效值为

$$E_1 = 4.44 f_1 N_1 \Phi_1 k_{w1} \quad (V)$$

式中 N_1 是定子每相绕组每个支路的匝数,k_{w1} 是定子绕组的绕组系数,Φ_1 是旋转磁场每极磁通(单位为 Wb)。

异步电动机定子绕组通过电流时产生磁通,其中除穿过空气隙而与定子绕组和转子绕组相切割并匝链的主磁通 Φ_1 外,还产生仅与定子绕组相匝链的漏磁通 $\Phi_{1\sigma}$。漏磁通 $\Phi_{1\sigma}$ 将在定子每相绕组中感应电势 $\dot{E}_{1\sigma}$。该感应电势通常用漏电抗压降的形式表示为

$$\dot{E}_{1\sigma} = -j\dot{I}_1 X_{1\sigma}$$

式中 $X_{1\sigma} = 2\pi f_1 L_{1\sigma}$ 是定子绕组的每相漏电抗,$L_{1\sigma}$ 是定子绕组的每相漏电感。

由于定子绕组中还存在电阻,设每相电阻为 R_1,因此流过电流时还将产生电阻压降 $\dot{I}_1 R_1$。根据电压平衡关系,每相绕组的外加电压 $\dot{U}_1$ 应等于绕组中全部电压降落之和:

$$\dot{U}_1 = -\dot{E}_1 + \dot{I}_1(R_1 + jX_{1\sigma}) = -\dot{E}_1 + \dot{I}_1 Z_{1\sigma} \tag{13.3}$$

其中，$Z_{1\sigma} = R_1 + jX_{1\sigma}$ 叫定子绕组的漏阻抗，注意到对应于电路图中 $\dot{E}_1$ 的正方向为电位升高的方向。

13.3.2 转子绕组的电势平衡方程

1. 转子绕组的电势

异步电动机的磁通 Φ_1 在空气隙中以同步转速 n_1 旋转，而转子以转速 n 旋转，则电机的主磁通便以 $(n_1 - n)$ 的相对转速切割转子绕组，于是在转子中感应电势和电流。其频率为

$$f_2 = \frac{p(n_1 - n)}{60} = \frac{n_1 - n}{n_1} \frac{pn_1}{60} = sf_1 \tag{13.4}$$

由上式可以看出，异步电动机转子中电势和电流的频率与转差率成正比。当转子堵转（即 $n = 0, s = 1$）时，$f_2 = f_1$。若转速达到了同步转速即理想空载时，则 $f_2 = 0$。在额定负载时，异步电动机的转差率 s_N 很小，通常约在 $0.015 \sim 0.06$ 的范围内。当电动机正常运转时，转子电势的频率很低，在额定负载时只有 $0.5 \sim 3$ Hz。

当转子旋转时，旋转磁通 Φ_1 在转子每相绕组中产生感应电势，它的有效值为

$$\begin{aligned} E_{2s} &= 4.44 f_2 N_2 \Phi_1 k_{w2} \\ &= 4.44 sf_1 N_2 \Phi_1 k_{w2} \end{aligned} \tag{13.5}$$

对于绕线转子的异步电动机，N_2，k_{w2} 与定子绕组具有同样的计算方法；对于笼式转子，转子铁心有 Z_2 个槽，即有 Z_2 根导条，旋转磁场依次切割转子的笼式导条，各导条电势有效值大小相等，但时间上应依次相差一个转子槽距角的相位，又因导条被转子两端的短路环短路，故各导条电流亦依次差一个转子槽距角。因一相电流大小及相位应相同，所以笼式转子当 $Z_2/p \neq$ 整数时，一根导条即一相，共有 $m_2 = Z_2$ 相；若 $Z_2/p =$ 整数时说明每相有 p 根导条并联，则 $m_2 = Z_2/p$ 相。每相每对极只有一根导体，而通常一匝线圈应有两根导体，所以 $N_2 = \frac{1}{2}$ 匝，笼式导条的绕组系数为 $k_{w2} = 1$。

当异步电动机转子堵转时，转子每相绕组内的感应电势为

$$E_2 = 4.44 f_1 N_2 \Phi_1 k_{w2} \tag{13.6}$$

由式(13.5)与式(13.6)之比，可得

$$\frac{E_{2s}}{E_2} = s, \quad 或 \ E_{2s} = sE_2 \tag{13.7}$$

上式说明，旋转时转子绕组的感应电势 E_{2s} 等于其堵转时的电势 E_2 乘以转差率 s。也就是说，转子绕组的感应电势与转差率成正比变化。转子堵转，即 $s = 1$ 时，转子电势为 $E_{2s} = E_2$；当转子转速升高时，转差率 s 变小，转子绕组内的感应电势也减小。

2. 转子绕组的阻抗

转子绕组中流过电流 I_2 时，也要产生转子漏磁通 $\Phi_{2\sigma}$，因此在转子绕组中也会产生漏电抗压降。设转子旋转时每相绕组的漏电抗为 $X_{2\sigma s}$，则

$$X_{2\sigma s} = 2\pi f_2 L_{2\sigma} = 2\pi sf_1 L_{2\sigma} = sX_{2\sigma}$$

式中 $L_{2\sigma}$ 是转子绕组的漏电感；$X_{2\sigma}$ 是转子堵转时转子每相绕组的漏电抗。可见，转子的漏电抗也是与转差率 s 成正比的。

设转子绕组每相的电阻为 R_2 ,于是转子绕组的每相漏阻抗是

$$Z_{2\sigma s} = R_2 + jsX_{2\sigma}$$

3. 转子绕组中的电流

异步电动机的转子绕组往往自成闭路,相当于变压器的短路状态,其端电压 $U_2=0$ 。所以转子绕组的电压平衡方程式为

$$\dot{E}_{2s} - \dot{I}_2 Z_{2\sigma s} = 0$$

$$\dot{I}_2 = \frac{\dot{E}_{2s}}{Z_{2\sigma s}} = \frac{s\dot{E}_2}{R_2 + jsX_{2\sigma}} \qquad (13.8)$$

电流的有效值为

$$I_2 = \frac{sE_2}{\sqrt{R_2^2 + (sX_{2\sigma})^2}} \qquad (13.9)$$

上式表明,转子电流 I_2 也是随着转差率 s 而变化的。$s=0$ 时,$I_2=0$;当 s 从零增大时,式(13.9)分子上的转子电势与 s 成正比,而在分母中,当 s 很小时,$sX_{2\sigma}$ 比 R_2 小得多,近似地可以忽略不计,所以 I_2 与 s 成正比地增大;当 s 较大而接近于 1 时,$sX_{2\sigma}$ 已占主要成分(一般电机中 $X_{2\sigma}>R_2$),因此当 s 再增大时,分母也增大得较快,此时转子电流就增大得很慢了。$I_2=f(s)$ 的曲线如图 13.9 所示。请注意,图 13.9 中各点转子电流的频率是不同的,$s=1$ 时 I_2 的频率为50 Hz,转速上升,s 下降,电流 I_2 的频率变小。

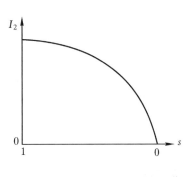

图 13.9　$I_2=f(s)$ 曲线

13.4　异步电动机的磁势平衡

当定子三相绕组中通过三相电流时,会产生旋转磁势。同样在转子 m_2 相绕组中流过 m_2 相电流时,也一定会产生磁势。那么转子磁势的大小和性质是什么? 它对定子绕组产生的旋转磁势会产生怎样的影响呢? 分析如下。

13.4.1　转子磁势的大小和转速

当异步电动机的转子以转速 n 旋转时,气隙旋转磁场与转子的转差为 $n_1-n=sn_1$,在转子绕组中感应电势及电流的频率为 $f_2=sf_1$ 。由于转子绕组也是一个对称的多相绕组,所以在转子 m_2 相绕组中流过对称交流电流时也产生旋转磁势。根据旋转磁势的转速与频率的关系式 $n_1=\dfrac{60f_1}{p}$ (r/min),可知转子旋转磁势**相对转子**的转速为

$$n_2 = \frac{60f_2}{p} = \frac{60sf_1}{p} = sn_1 = n_1 - n$$

转子旋转磁势的转向是由超前电流的相,转到落后电流的相,且转子电势是定子基波旋转磁通 Φ_1 切割转子绕组产生的,因而转子磁势转向与 Φ_1 转向相同。

而转子是以转速 n 在旋转,且转子转向也是与 Φ_1 相同,因此转子绕组产生的磁势在空间的转速(也就是相对于定子的转速)是

$$n_2 + n = (n_1 - n) + n = n_1 \qquad (13.10)$$

由式(13.10)可知,不论转子的转速是多大,转子电流产生的磁势在空间总是以同步转速 n_1 旋转的,它与定子磁势的转速及转向相同,也就是说**转子磁势与定子磁势之间没有相对运动,它们是相对静止的。**定、转子磁势之间的速度关系如图13.10所示。

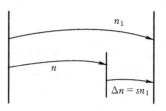

图13.10　定、转子磁势之间的速度关系

设转子绕组的相数是 m_2,每相串联匝数为 N_2,绕组系数为 k_{w2},则其基波磁势的幅值为

$$F_2 = \frac{m_2}{2} F_{p2} = \frac{m_2}{2} \left(0.9 \frac{I_2 N_2 k_{w2}}{p} \right) \quad \text{(A)} \qquad (13.11)$$

13.4.2　磁势平衡方程

当异步电动机空载运行时,电动机轴上的负载转矩为零,转速 n 约等于 n_1。此时,转子绕组中的电流极小,$I_2 \approx 0$,$F_2 \approx 0$。这时电动机中只存在定子电流产生的旋转磁势,它在电机中产生基波旋转磁通 Φ_1(即主磁通)。所以空载时定子绕组中的电流可以认为就是产生主磁通所需的励磁电流 I_m,此时定子的磁势称为励磁磁势 F_m,即

$$F_1 = F_m = \frac{m_1}{2} \left(0.9 \frac{N_1 I_m k_{w1}}{p} \right)$$

异步电动机带负载时,转子绕组中就有 I_2 流过,将产生一个与定子磁势具有同样转速的旋转磁势 F_2。因此,电机中便同时存在定子及转子产生的磁势。转子磁势的出现必然要对主磁通发生影响,企图改变主磁通 Φ_1,那么 Φ_1 的值是否能随意变化?结合定子电势平衡方程 $\dot{U}_1 = -\dot{E}_1 + \dot{I}_1(R_1 + jX_{1\sigma})$ 来进行分析。在电势平衡方程中,定子绕组中的感应电势 $\dot{E}_1$ 与电源电压 $\dot{U}_1$ 之间相差一个很小的漏阻抗压降。当异步电动机在额定负载范围内运行时,定子漏阻抗压降所占的比重很小,而电源电压 $\dot{U}_1$ 在正常情况下又是恒定不变的,所以异步电动机定子感应电势 $\dot{E}_1$ 的变化很小,可以认为是一个近乎不变的数值。而在感应电势方程 $E_1 = 4.44 f_1 N_1 \Phi_1 k_{w1}$ 中,f_1,N_1,k_{w1} 都是常数,所以 E_1 与主磁通 Φ_1 成正比。因此,当异步电动机负载运行时,由于感应电势 E_1 的值近似不变,于是主磁通 Φ_1 也近似不变,因而产生主磁通 Φ_1 的励磁磁势 F_m 也应近似不变。由此可见,在转子绕组中通过电流产生磁势 $\dot{F}_2$,定子绕组产生的磁势 $\dot{F}_1$ 应当改变,从而保持总磁势 $\dot{F}_m$ 几乎不变,使电机仍能产生一个必需的主磁通 Φ_1。因此在有负载时,定子绕组产生的磁势 $\dot{F}_1 = \dot{F}_{1F} + \dot{F}_m = (-\dot{F}_2) + \dot{F}_m$。这就是说,定子磁势包含两个分量:$F_{1F}$ 的作用是抵消转子磁势,所以它与转子磁势大小相等而方向相反;F_m 的作用是产生主磁通 Φ_1,Φ_1 在定子绕组中感应电势 $\dot{E}_1$ 来与电源电压相平衡。则

$$\dot{F}_1 + \dot{F}_2 = \dot{F}_m \qquad (13.12)$$

式(13.12)即磁势平衡方程,把磁势与电流的关系代入式(13.12),则得

$$\frac{m_1}{2} 0.9 \left(\frac{N_1 k_{w1}}{p} \right) \dot{I}_1 + \frac{m_2}{2} \left(0.9 \frac{N_2 k_{w2}}{p} \right) \dot{I}_2 = \frac{m_1}{2} \left(0.9 \frac{N_1 k_{w1}}{p} \right) \dot{I}_m$$

由于 $\dot{I}_1$ 与 $\dot{I}_2$ 频率不同,从严格意义上是不能写成上式的,但 $\dot{F}_1$,$\dot{F}_2$,$\dot{F}_m$ 在电机内部气隙中同速、同向旋转,相对位置不变,故为空间相量,可以相量相加。

整理后,得

$$\dot{I}_1 = \dot{I}_m + \left(-\frac{m_2 N_2 k_{w2}}{m_1 N_1 k_{w1}} \dot{I}_2\right) \tag{13.13}$$

式中,$\dot{I}_1$ 是定子绕组每相电流,$\dot{I}_2$ 是转子绕组每相电流,$\dot{I}_m$ 是定子绕组每相励磁电流。

异步电动机如果空载运行,$s \approx 0$,$I_2 \approx 0$,从式(13.13)中可以看出,$\dot{I}_1 \approx \dot{I}_m$ 定子电流近似地等于励磁电流。式(13.13)说明当负载运行时,转子电流 $\dot{I}_2$ 增大,为了抵消转子电流所产生的磁势,定子电流也要随之增大。

13.5 异步电动机的等效电路及相量图

通过上节分析,我们得出了定、转子电势及电流的基本关系式。但是直接利用这些方程式来求解,仍然是比较复杂的。这主要是因为定、转子绕组的相数、匝数不同,转子电势的频率也与电源频率不同,使计算不易进行。因此,在实际分析计算时一般都采用等效电路的方法。

要得出异步电动机的等效电路,通常是把转动的异步电动机折算成等值堵转的电机,然后再把转子绕组中的量都折算到定子方面去。在折算过程中,要使电动机从电网吸取的功率和定、转子中的损耗都应与原来一样,使定、转子的磁势也不变,即电磁效应不变。通过上述步骤可以把异步电动机简化成一个由电阻、电抗组成的等效电路。

13.5.1 把转子旋转的异步电动机折算为堵转时的异步电动机——频率折算

由式(13.8)知道,异步电动机在旋转时的转子电流为

$$\dot{I}_2 = \frac{\dot{E}_{2s}}{R_2 + jX_{2\sigma s}} = \frac{s\dot{E}_2}{R_2 + jsX_{2\sigma}} \tag{13.14}$$

式中 $\dot{E}_{2s}$ 是转差率为 s 时转子绕组中的感应电势。

如果把上式中的分子及分母都除以转差率 s,则转子电流

$$\dot{I}_2 = \frac{\dot{E}_2}{\dfrac{R_2}{s} + jX_{2\sigma}} \tag{13.15}$$

比较式(13.14)与式(13.15)所表示的转子电流的大小和相位都没有发生变化,不过它们代表的意义却不相同了。在式(13.14)中转子绕组的感应电势 $\dot{E}_{2s}$ 及漏电抗 $X_{2\sigma s}$ 都与转差率 s 成正比,其频率 $f_2 = sf_1$,这是对应于转子转动时的情况。而在式(13.15)中,转子绕组的感应电势及漏电抗为 $\dot{E}_2$ 及 $X_{2\sigma}$,都是对应于转子堵转时的情况,此时的频率 $f_2 = f_1$。由此可见,一台以转差率 s 旋转的异步电动机,可用一台等效的堵转电动机来代替它。这时在等效的堵转的转子绕组中串入电阻 $R_2 \dfrac{1-s}{s}$,使转子绕组的每相总电阻变为 $R_2 + R_2 \dfrac{1-s}{s} = \dfrac{R_2}{s}$,则等效堵转的电机转子电流的大小及相位便与旋转时相同,只是其频率由 f_2 变为 f_1,转子堵转时的等效电路如图 13.11 所示。

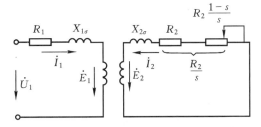

图 13.11 转子堵转时的等效电路图

不论转子静止不动或以任何转速转动,转子电流产生的**磁势 $\dot{F}_2$ 总是与定子磁势 $\dot{F}_1$ 相对静止,它们在空间均以同步转速旋转**。现在,等效堵转转子绕组中的电流的大小及相位都保持和转子旋转时一样,它产生的磁势大小、相位以及相对定子的转速都必然与转子旋转时完全一样。既然等效堵转转子产生的磁势与转子旋转时完全相同,那么它对定子绕组的影响也与转子旋转时完全一样。从定子方面看,无从区别它是串联了附加电阻 $R_2\dfrac{1-s}{s}$ 的等效静止转子,还是以转差率 s 旋转的实际转子。用一个等效堵转的转子代替实际旋转的转子后,转子电势和电流的频率总是与定子电流的频率相等,可使分析过程简化,这种方法被称为频率折算。

当异步电动机的转子转动时,转子通过轴输出机械功率,经过频率折算,转子静止不动,转轴不再输出机械功率,这部分功率转移到附加电阻 $R_2\dfrac{1-s}{s}$ 上,电阻 $R_2\dfrac{1-s}{s}$ 上的功率等效为总的机械功率。

13.5.2 异步电动机的转子绕组折算和等效电路

所谓对转子绕组的折算,就是用一个与定子绕组具有同样相数 m_1、匝数 N_1 及绕组系数 k_{w1} 的转子绕组来代替实际相数为 m_2、匝数为 N_2 及绕组系数为 k_{w2} 的转子绕组。同时,在折算前后必须使电机内部的电磁关系和功率平衡关系保持不变。我们在折算过的量上都加上一撇,以与原来实际的量相区别。

以下分别说明电流、电势及阻抗的折算方法。

1. 电流的折算

前已分析,转子对定子的影响是通过转子磁势 F_2 来实现的。因此,如果要用一个相数为 m_1,匝数 N_1,绕组系数为 k_{w1} 的等效转子来代替实际的转子,应该保持转子的磁势不变,即

$$\frac{m_2}{2}\left(0.9\,\frac{N_2 k_{w2} I_2}{p}\right)=\frac{m_1}{2}\left(0.9\,\frac{N_1 k_{w1} I_2{}'}{p}\right)$$

由上式可得

$$I_2'=\frac{m_2 N_2 k_{w2}}{m_1 N_1 k_{w1}}I_2=\frac{1}{k_i}I_2 \tag{13.16}$$

式中

$$k_i=\frac{m_1 N_1 k_{w1}}{m_2 N_2 k_{w2}}$$

称为异步电动机的电流变比(注意区别变压器的变比 $k=N_1/N_2=I_2/I_1$)。

2. 电势的折算

由于定子及转子的磁势在折算前后都保持不变,所以空气隙中的主磁通 Φ_1 也保持不变。折算前转子堵转时的感应电势为

$$E_2=4.44 f_1 N_2 \Phi_1 k_{w2}$$

折算后,转子静止时绕组中的电势 E_2' 应该与定子绕组中的感应电势 E_1 相等,即

$$E_2'=4.44 f_1 N_1 \Phi_1 k_{w1}=E_1=k_e E_2 \tag{13.17}$$

式中 $k_e = \dfrac{N_1 k_{w1}}{N_2 k_{w2}}$ 称为异步电机的电势变比。

3. 阻抗的折算

折算前后转子绕组中的损耗(即转子铜耗)应该不变,即

$$m_1 I_2'^2 R_2' = m_2 I_2^2 R_2$$

所以折算后转子绕组的每相电阻如下式所示,并代入式(13.16)的关系得

$$R_2' = \frac{m_2 I_2^2}{m_1 I_2'^2} R_2 = \frac{m_2}{m_1} \left(\frac{m_1 N_1 k_{w1}}{m_2 N_2 k_{w2}}\right)^2 R_2 = k_e k_i R_2 = k_z R_2 \tag{13.18}$$

式中 $k_z = k_e k_i = \dfrac{m_1 N_1^2 k_{w1}^2}{m_2 N_2^2 k_{w2}^2}$ 称为转子绕组的阻抗变比。

折算前后转子方面的无功功率也应不变,即

$$m_1 I_2'^2 X_{2\sigma}' = m_2 I_2^2 X_{2\sigma}$$

因此得出转子绕组折算后的漏电抗为

$$X_{2\sigma}' = \frac{m_2}{m_1} \left(\frac{I_2}{I_2'}\right)^2 X_{2\sigma} = k_e k_i X_{2\sigma} = k_z X_{2\sigma} \tag{13.19}$$

通过上述的折算后,电动机的功率等关系都保持与原来一样。例如,异步电动机转子回路的视在功率如下式所示,并代入式(13.17)后得

$$m_1 E_2' I_2' = m_1 \left(\frac{N_1 k_{w1}}{N_2 k_{w2}}\right) E_2 \left(\frac{m_2 N_2 k_{w2}}{m_1 N_1 k_{w1}}\right) I_2 = m_2 E_2 I_2$$

与折算前一样。所以按照上述 3 个步骤把转子各量进行折算,并不会改变定、转子之间的能量传递关系。从定子方面看,所有电磁关系在折算前后的效果完全相同。

在转子静止时的电压平衡方程 $\dot{E}_2 = \dot{I}_2 \left(\dfrac{R_2}{s} + jX_{2\sigma}\right)$ 中,代入 $\dot{E}_2 = \dfrac{\dot{E}_2'}{k_e}$,$\dot{I}_2 = k_i \dot{I}_2'$,$R_2 = \dfrac{R_2'}{k_z}$ 等折算关系,则得

$$\dot{E}_2' = \dot{I}_2' \left(\frac{R_2'}{s} + jX_{2\sigma}'\right) \tag{13.20}$$

异步电动机等效电路及相量图分析如图 13.12 所示。具体分析时,转子电势方程应全部用折算过的量表示,其电路图如图 13.12(a)所示。这时转子每相电势 $\dot{E}_2' = \dot{E}_1$,因而 a 与 a′、b 及 b′是等电位点。分别把 aa′ 及 bb′ 连接起来对电路不会发生影响,于是可得如图 13.12(b)所示的、常用的 T 型等效电路,这时励磁支路中的电流为

$$\dot{I}_m = \dot{I}_1 + \dot{I}_2' = \dot{I}_1 + \frac{m_2 N_2 k_{w2}}{m_1 N_1 k_{w1}} \dot{I}_2$$

励磁支路的阻抗为 $Z_m = R_m + jX_m$,从图 13.12(b)所示的等效电路中,可以得到异步电动机的电势平衡及电流平衡等基本方程如下:

$$\left. \begin{aligned} \dot{U}_1 &= -\dot{E}_1 + \dot{I}_1(R_1 + jX_{1\sigma}) \\ \dot{E}_2' &= \dot{E}_1 = \dot{I}_2'\left(\frac{R_2'}{s} + jX_{2\sigma}'\right) \\ \dot{I}_1 + \dot{I}_2' &= \dot{I}_m \\ -\dot{E}_1 &= \dot{I}_m(R_m + jX_m) \end{aligned} \right\} \tag{13.21}$$

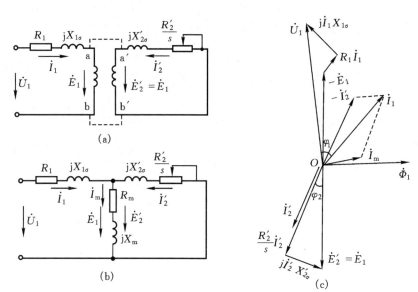

图 13.12 异步电动机等效电路及相量图分析

(a) 转子绕组折算；(b) T 形等效电路；(c) 相量图分析

注意,等效电路中各个电阻及电抗的数值均为每相值,可通过实验或计算的方法分别求得。于是可以很方便地用解电路的方法来计算异步电动机的各种运行特性,使异步电动机的分析过程大为简便。

13.5.3 异步电动机的相量图分析

根据图 13.12(b)或式(13.21),可以画出异步电动机的相量图如图 13.12(c),从图中看出 $\dot{E}'_2 = \dot{E}_1$ 滞后于该相绕组匝链的磁通 Φ_1 90°；$\dot{E}'_2 = \dot{I}'_2 (\frac{R'_2}{s} + jX'_{2\sigma})$ 为转子回路电压平衡方程；$\dot{I}_1 = \dot{I}_m - \dot{I}'_2$ 为电流平衡(它对应于异步电动机的磁势平衡)方程,$\dot{U}_1 = -\dot{E}_1 + \dot{I}_1 (R_1 + jX_{1\sigma})$ 为定子电压平衡方程。异步电动机电压、电流相位关系可由相量图来直观地表示。

13.5.4 等效电路的简化——异步电动机的近似等效电路

图 13.12(b)所示的 T 型等效电路是一个串并联电路,计算起来还比较复杂。因此在实际应用中,有时把励磁支路移到输入端。其近似等效电路如图 13.13 所示,等效电路便简化成一个单纯的并联电路,使计算工作更加简单。当然它与实际情况有些差别,会引起一些误差,但是对于一般的异步电动机而言,这个误差很小,在工程计算中是允许的。所以图 13.13 所示的近似等效电路也是较常用的。对于容量较小的异步电动机,由于励磁电流 $\dot{I}_m$ 及定子电阻 R_1 都相对较大,于是励磁电流所引起的阻抗压降 $\dot{I}_m (R_1 + jX_{1\sigma})$ 也较大,应用近似等效电路计算时可能会产生较大的误差。

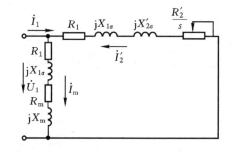

图 13.13 近似等效电路

13.6 三相异步电动机的功率平衡及转矩平衡方程

本节将研究异步电动机传递能量过程中的功率平衡及转矩平衡等问题。

13.6.1 功率平衡方程及效率

当三相异步电动机定子绕组接上三相电源后,输入到电动机的电功率为

$$P_1 = 3U_1 I_1 \cos\varphi_1 \tag{13.22}$$

式中 U_1 及 I_1 分别为定子绕组的相电压和相电流,φ_1 是 $\dot{I}_1$ 与 $\dot{U}_1$ 之间的相位角,即该电机的功率因数角。

输入功率 P_1 中的一小部分供给定子绕组中的电阻损耗,被称为定子绕组的铜耗。其值为

$$p_{\mathrm{Cu1}} = 3I_1^2 R_1 \tag{13.23}$$

另一小部分供给定子铁心中的涡流及磁滞损耗,总称为铁耗。由于在正常运行时转差率很小,转子铁心中磁通变化的频率很低,一般仅有 $1 \sim 3\,\mathrm{Hz}$,所以转子铁心中的铁耗很小,常可忽略不计。在等效电路图 13.12(b) 中,定子铁耗是用等效电阻 R_{m} 来计算的,其值为

$$p_{\mathrm{Fe}} = 3I_{\mathrm{m}}^2 R_{\mathrm{m}} \tag{13.24}$$

输入功率减去定子铜耗及铁耗后,其余部分则通过电磁作用从定子经过气隙传递到转子,这部分功率称为电磁功率,即

$$P_{\mathrm{M}} = P_1 - p_{\mathrm{Cu1}} - p_{\mathrm{Fe}} \tag{13.25}$$

由等效电路可知

$$P_{\mathrm{M}} = 3E_2' I_2' \cos\varphi_2 \tag{13.26}$$

或

$$P_{\mathrm{M}} = 3I_2'^2 R_2' + 3I_2'^2 R_2' \frac{1-s}{s} = 3I_2'^2 \frac{R_2'}{s} \tag{13.27}$$

式 (13.26) 中的 φ_2 是转子电流 $\dot{I}_2'$ 与电势 $\dot{E}_2'$ 间的相位角。

从式 (13.27) 可以看出,定子传递到转子的电磁功率,其中一小部分变成了转子绕组中的电阻损耗即转子铜耗(有时笼式转子材料用铝,故也称为铝耗,即也有用 p_{Al} 表示的)为

$$p_{\mathrm{Cu2}} = 3I_2'^2 R_2' \tag{13.28}$$

电磁功率中的其余部分则消耗在附加电阻 $R_2' \dfrac{1-s}{s}$ 上,其值为 $3I_2'^2 R_2' \dfrac{1-s}{s}$,称为总机械功率 P_Ω。电磁功率等于转子绕组中的电阻损耗 p_{Cu2} 及电动机所产生的机械功率 P_Ω 之和。也就是说,机械功率 P_Ω 的数值应与等效电路附加电阻 $R_2' \dfrac{1-s}{s}$ 上消耗的功率相等,即

$$P_\Omega = P_{\mathrm{M}} - p_{\mathrm{Cu2}} = 3I_2'^2 \frac{R_2'}{s} - 3I_2'^2 R_2' = 3I_2'^2 R_2' \frac{1-s}{s} \tag{13.29}$$

异步电动机所产生的机械功率并不能全部输出,因为转子转动时,还存在着轴承摩擦及风阻摩擦等损耗,总称为机械损耗 p_{m}。此外在定子及转子中还存在着附加损耗 p_Δ。产生附加损耗的原因是:异步电动机定、转子绕组中流过电流时,除了产生基波主磁通外,还产生高次谐波磁通及漏磁通,这些磁通也是随着电流而交变的。当这些磁通穿过导线、定子和转子铁心、机座、端盖等金属部件时,会在其中感应电势和涡流,并引起损耗,这部分损耗称为附

加损耗。附加损耗不易计算,通常是按生产实践中积累的经验数据选取。异步电动机满载运行时,对于铜条笼式转子,附加损耗取为

$$p_\Delta = 0.5\%P_N \tag{13.30}$$

对于铸铝笼式转子

$$p_\Delta = (1 \sim 3)\%P_N \tag{13.31}$$

式中 P_N 是异步电动机的额定功率。

从总的机械功率中减去机械损耗 p_m 及附加损耗 p_Δ,便得到异步电动机轴上的输出功率 P_2

$$P_2 = P_\Omega - p_m - p_\Delta \tag{13.32}$$

据前述分析的异步电动机中功率传递以及各种损耗的关系,综合式(13.25)到式(13.32),可得功率平衡关系式

$$P_2 = P_1 - p_{Cu1} - p_{Fe} - p_{Cu2} - p_m - p_\Delta$$
$$= P_1 - \sum p \tag{13.33}$$

式中 $\sum p = p_{Cu1} + p_{Fe} + p_{Cu2} + p_m + p_\Delta$,即为电动机的总损耗。异步电动机的功率流程图见图13.14,它形象地表达了异步电动机的功率传递关系。

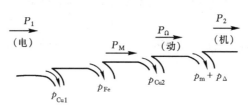

图 13.14　异步电动机的功率流程图

电动机的效率等于输出与输入的有功功率之比,即

$$\eta = \frac{P_2}{P_1} \times 100\% = \frac{P_1 - \sum p}{P_1} \times 100\% = (1 - \frac{\sum p}{P_1}) \times 100\% \tag{13.34}$$

异步电动机的效率是比较高的,例如 Y 系列电机满载时的效率 η_N 在 $74\% \sim 94\%$ 之间,一般电机的容量越大,效率也越高。但是与同容量的变压器相比,由于异步电动机气隙的存在,其效率当然较低。

由式(13.27)及式(13.28)可得电动机转子铜耗与电磁功率的关系为

$$\frac{p_{Cu2}}{P_M} = \frac{3I_2'^2 R_2'}{3I_2'^2 R_2'/s} = s \quad 或 \quad p_{Cu2} = sP_M \tag{13.35}$$

由式(13.29)知

$$P_\Omega = P_M(1-s) \tag{13.36}$$

可见,异步电动机的转差率 s 等于转子铜耗与电磁功率之比,转子电阻 R_2' 越大,转子铜耗就越大,异步电动机的转差率也就越大。式(13.35)是定量分析异步电动机的一个较常用的公式。

13.6.2　转矩平衡方程

式(13.32)是异步电动机输出功率的一种方程,把方程的两边都除以转子的角速度 $\Omega(\Omega = \frac{2\pi n}{60}$ rad/s),便得到相应的转矩平衡方程,即

$$\frac{P_2}{\Omega}=\frac{P_\Omega}{\Omega}-\frac{p_{\mathrm m}}{\Omega}-\frac{p_\Delta}{\Omega}=\frac{P_\Omega}{\Omega}-\frac{p_0}{\Omega}$$

于是　　　　　　　　　　　$T_2=T-T_{\mathrm m}-T_\Delta=T-T_0$　　　　　　　　　　（13.37）

式中 $T_2=\dfrac{P_2}{\Omega}$ 是电动机的输出转矩，$T=\dfrac{P_\Omega}{\Omega}$ 是电动机转子电流与气隙磁通相互作用而产生的

电磁转矩，$T_{\mathrm m}=\dfrac{p_{\mathrm m}}{\Omega}$ 是对应于机械损耗的阻力矩，$T_\Delta=\dfrac{p_\Delta}{\Omega}$ 是对应于附加损耗的阻力矩。

　　从式（13.37）可见，电动机所产生的电磁转矩 T，减去对应于机械损耗及附加损耗的阻力转矩后，才是电动机轴上的输出转矩 T_2。电动机稳定运行时，输出转矩 T_2 与它所拖动的机械负载转矩相平衡。有时将 $p_{\mathrm m}$ 与 p_Δ 之和定义为空载损耗 p_0，对应的转矩称为空载阻力转矩 $T_0=p_0/\Omega$。

　　例 13.1　某台三相笼型异步电动机，额定功率 $P_{\mathrm N}=4$ kW，$U_{1\mathrm N}=380$ V，$n_{\mathrm N}=1\,442$ r/min。其定子绕组每相为 312 匝（△接法），绕组系数 $k_{\mathrm w1}=0.96$，$R_1=4.47$ Ω，$X_{1\sigma}=6.7$ Ω，$X_{\mathrm m}=188$ Ω，$R_{\mathrm m}=11.9$ Ω，转子 26 槽，转子每相电阻 $R_2=0.0000769$ Ω，转子漏抗 $X_{2\sigma}=0.000238$ Ω。假设 $p_{\mathrm m}+p_\Omega=80$ W。求在额定转速时的定子相电流、功率因数、输入功率以及电动机的输出功率及效率。

　　解：把转子的参数折算到定子绕组，电压及电流的变比分别为

$$k_e=\frac{N_1 k_{\mathrm w1}}{N_2 k_{\mathrm w2}}=\frac{312\times0.96}{0.5\times1}=599.04$$

$$k_i=\frac{m_1 N_1 k_{\mathrm w1}}{m_2 N_2 k_{\mathrm w2}}=\frac{3\times312\times0.96}{26\times0.5\times1}=69.12$$

折算后，转子绕组的每相电阻及漏电抗为

$$R'_2=k_e k_i R_2=599.04\times69.12\times0.0000769=3.1841\ （\Omega）$$

$$X'_{2\sigma}=k_e k_i X_{2\sigma}=599.04\times69.12\times0.000238=9.8545\ （\Omega）$$

（1）求定子相电流 I_1

根据 T 型等效电路求解，并取相电压 $\dot U_1$ 为参考相量，即　　$\dot U_1=380\angle0^\circ$

定子阻抗　$Z_{1\sigma}=R_1+\mathrm jX_{1\sigma}=4.47+\mathrm j6.70\ （\Omega）$

转子阻抗　$Z'_2=\dfrac{R'_2}{s}+\mathrm jX'_{2\sigma}=\dfrac{3.1841}{0.0386}+\mathrm j9.8545=82.490+\mathrm j9.8545$

　　　　　　　　$=83.077\angle6.8124^\circ\ （\Omega）$

当 $n=1442$ r/min，$s=\dfrac{n_1-n}{n_1}=\dfrac{1500-1442}{1\,500}=0.038667$

励磁阻抗　$Z_{\mathrm m}=R_{\mathrm m}+\mathrm jX_{\mathrm m}=11.9+\mathrm j188=188.376\angle86.378^\circ\ （\Omega）$

根据等效电路，定子相电流为

$$\dot I_1=\frac{\dot U_1}{Z_{1\sigma}+\dfrac{Z'_2 Z_{\mathrm m}}{Z'_2+Z_{\mathrm m}}}=\frac{380\angle0^\circ}{4.47+\mathrm j6.70+\dfrac{(82.49+\mathrm j9.8545)\times(11.9+\mathrm j188)}{82.49+\mathrm j9.8545+11.9+\mathrm j188}}$$

$$=\frac{380^\circ\angle0^\circ}{78.617\angle31.439^\circ}=4.8336\angle-31.439^\circ\ （A）$$

即定子额定相电流有效值 $I_1 = 4.8336$ A，由于定子是△接法，所以定子线电流 $I_{1线} = \sqrt{3} \times 4.8336 = 8.372$(A)。

（2）求功率因数

$$\cos\varphi_1 = \cos 31.439° = 0.85320$$

根据等效电路，转子电流的折算值为

$$-\dot{I}_2' = \frac{\dot{I}_1 Z_m}{Z_2' + Z_m} = \frac{(4.7982 \angle -31.439°)(188.376 \angle 86.378°)}{82.49 + j9.8545 + 11.9 + j188}$$

$$= 4.1536 \angle -9.53° \text{ (A)}$$

励磁电流

$$\dot{I}_m = \dot{I}_1 + \dot{I}_2' = 4.8336 \angle -31.439° + (-4.1536 \angle -9.53°)$$

$$= 1.8337 \angle -89.1340° \text{ (A)}$$

（3）输入功率

$$P_1 = 3U_1 I_1 \cos\varphi_1 = 3 \times 380 \times 4.8336 \times 0.8532 = 4.7014 \text{ (kW)}$$

（4）输出功率

定子铜耗　　　$p_{Cu1} = 3I_1^2 R_1 = 3 \times 4.8336^2 \times 4.47 = 313.31$ (W)

转子铜耗　　　$p_{Cu2} = 3I_2'^2 R_2' = 3 \times 4.1536^2 \times 3.1841 = 164.8$ (W)

铁耗　　　　　$p_{Fe} = 3I_m^2 R_m = 3 \times 1.8337^2 \times 11.9 = 120.04$ (W)

机械损耗及附加损耗　　$p_\Omega + p_\Delta = 80$ (W)

故输出功率为　　$P_2 = P_1 - (p_{Cu1} + p_{Cu2} + p_{Fe} + p_m + p_\Omega)$

$$= 4701.4 - (313.31 + 164.8 + 120.04 + 80)$$

$$= 4023.3 \text{ (W)} = 4.0233 \text{ (kW)}$$

（5）效率　　　$\eta = \dfrac{P_2}{P_1} = \dfrac{4023.3}{4701.4} = 85.577\%$

注：如果根据近似等效电路进行计算，则

（1）负载回路电流

$$-\dot{I}_2' = \frac{\dot{U}_1}{R_1 + jX_{1\sigma} + \dfrac{R_2'}{s} + jX_{2\sigma}'}$$

$$= \frac{380 \angle 0°}{4.47 + j6.70 + 82.49 + j9.8545}$$

$$= \frac{380 \angle 0°}{88.522 \angle 10.778°}$$

$$= 4.2170 - j0.80275 = 4.2927 \angle -10.778° \text{ (A)}$$

（2）励磁支路电流

$$\dot{I}_m = \frac{\dot{U}_1}{R_1 + jX_{1\sigma} + R_m + jX_m} = \frac{380 \angle 0°}{4.47 + j6.70 + 11.9 + j188}$$

$$= 0.16295 - j1.9381 = 1.9949 \angle -85.194° \text{ (A)}$$

（3）定子绕组电流

$$\dot{I}_1 = \dot{I}_m + (-\dot{I}_2') = 0.16295 - \text{j}1.9381 + 4.2172 - \text{j}0.80275$$
$$= 4.38 - \text{j}2.7409 = 5.1669 \underline{/32.037^\circ} \text{ (A)}$$

（4）功率因数

$$\cos\varphi_1 = \cos 32.037^\circ = 0.84771$$

（5）输入功率

$$P_1 = 3U_1 I_1 \cos\varphi_1 = 3 \times 380 \times 5.1669 \times 0.84771 = 4.9932 \text{ (kW)}$$

（6）负载回路铜耗

$$p_{\text{Cu}} = 3I_2'^2(R_1 + R_2') = 3 \times 4.2927^2 \times (4.47 + 3.1841) = 423.13 \text{ (W)}$$

励磁支路中的损耗

$$3I_m^2(R_1 + R_m) = 3 \times 1.9449^2 \times (4.47 + 11.9) = 185.77 \text{ (W)}$$

机械损耗及附加损耗

$$p_m + p_\Delta = 80 \quad \text{(W)}$$

（7）输出功率

$$P_2 = P_1 - \sum p = 4993.2 - (423.13 + 185.77 + 80) = 4.3043 \text{ (kW)}$$

（8）效率

$$\eta = \left(1 - \frac{\sum p}{P_1}\right) \times 100\% = \left(1 - \frac{688.9}{4993.2}\right) \times 100\% = 86.203\%$$

从计算结果可以看出，近似等效电路算出的定子电流和输出功率都偏大些。

13.7　异步电动机的电磁转矩和机械特性

异步电动机的作用是将电能转换成机械能，它输送给生产机械的是转矩和转速。在选用电动机时，总要求电动机的转矩与转速的关系（称为机械特性）符合机械负载的要求。以下分别进行研究。

13.7.1　电磁转矩

由式（13.37）和式（13.29）知异步电动机的电磁转矩为

$$T = \frac{P_\Omega}{\Omega} = \frac{3I_2'^2 \dfrac{R_2'}{s}(1-s)}{\dfrac{2\pi n}{60}} = \frac{3I_2'^2 \dfrac{R_2'}{s}(1-s)}{\dfrac{2\pi n_1}{60}(1-s)} = \frac{3I_2'^2 \dfrac{R_2'}{s}}{\Omega_1}$$

$$= \frac{P_M}{\Omega_1} \quad \text{(N · m)} \tag{13.38}$$

式中 Ω_1 是旋转磁场的角速度，它对应于同步转速 n_1，即

$$\Omega_1 = \frac{2\pi n_1}{60} = \frac{2\pi}{60} \times \frac{60 f_1}{p} = \frac{2\pi f_1}{p} \quad \text{(rad/s)}$$

由于同步转速是恒定不变的，所以从式（13.37）可知，电磁转矩与电磁功率成正比。如果把式（13.26）代入式（13.38），则

$$T = \frac{P_{\mathrm{M}}}{\Omega_1} = \frac{3E_2'I_2'\cos\varphi_2}{\Omega_1} = \frac{3\times 4.44 f_1 N_1 k_{\mathrm{w1}}\varPhi_1 I_2'\cos\varphi_2}{2\pi f_1/p}$$

$$= C_{\mathrm{M}}\varPhi_1 I_2'\cos\varphi_2(\mathrm{N\cdot m}) \tag{13.39}$$

其中 $C_{\mathrm{M}} = \dfrac{3\times 4.44 p N_1 k_{\mathrm{w1}}}{2\pi}$，对于已制造好的电机，$C_{\mathrm{M}}$ 为一常数，称为转矩常数。$\cos\varphi_2 = $

$\dfrac{R_2'/s}{\sqrt{(\dfrac{R_2'}{s})^2 + X_{2\sigma}'^2}}$ 是转子回路的功率因数。

由式(13.39)可见，电磁转矩的大小与主磁通 $\varPhi_1$ 及转子电流的有功分量 $I_2'\cos\varphi_2$ 成正比，这便是异步电动机电磁转矩的物理意义。从而说明了异步电动机的电磁转矩是由气隙中的主磁通与转子电流的有功分量相互作用而产生的。

利用式(13.39)来计算电磁转矩的数值很不方便，因为在计算时不仅要知道 I_2'，还需要求出每极主磁通 $\varPhi_1$ 的大小，计算比较复杂。而根据公式 $T = \dfrac{3I_2'^2 \dfrac{R_2'}{s}}{\Omega_1}$，只要知道了等效电路的参数，就可以很方便地算出电磁转矩。这时可先由近似等效电路求得转子电流折算值

$$I_2' = \frac{U_1}{\sqrt{(R_1 + \dfrac{R_2'}{s})^2 + (X_{1\sigma} + X_{2\sigma}')^2}} \quad (\mathrm{A}) \tag{13.40}$$

代入式(13.38)中，得到电磁转矩的参数表达式，也是异步电动机的机械特性数学表达式：

$$T = \frac{1}{\Omega_1}\frac{3U_1^2 \dfrac{R_2'}{s}}{(R_1 + \dfrac{R_2'}{s})^2 + (X_{1\sigma} + X_{2\sigma}')^2} \quad (\mathrm{N\cdot m}) \tag{13.41}$$

13.7.2　机械特性

由式(13.41)可知，当外加电压及频率不变时，同步角速度及参数(电阻及电抗)为常数，所以电磁转矩是转差率 s 的函数。对应于不同的 s，可根据式(13.41)算出相应的电磁转矩 T。把 T 随 s 变化的关系用曲线描绘出来，便得到异步电机的转矩-转差率曲线(即机械特性曲线)，如图 13.15 所示。图中画出了某台异步电机的一条固有机械特性曲线。以下介绍曲线上的几个特殊点。

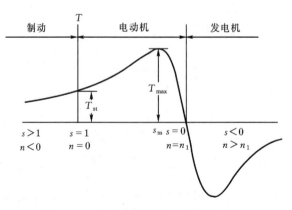

图 13.15　异步电机的转矩-转差率曲线

1. 起动点

对应这一点的转速 $n=0(s=1)$，该点电磁转矩称为启动转矩 T_{st}。该点对应的定子电流为启动电流，用 I_{st} 表示。

2. 额定工作点

额定电磁转矩是指当三相异步电动机带额定负载时的电磁转矩（这时的电流也为额定值）。它对应的转差率或转速为额定转差率或额定转速，分别用 s_N 或 n_N 表示。为保证电动机稳定运行，该点必须在转差率曲线上 $s_m \rightarrow 0$ 之间的下降区域，而且该转矩低于 T_{st} 以便能带负载起动。

3. 电动机、发电机、制动工作状态

图 13.15 正转的机械特性中，转差率 s 在 $0 \sim 1$ 之间时，电磁转矩 T 与转速同方向，T 为驱动力矩，该段为异步电动机工作状态，也是异步电机主要工作状态。在转差率 $s<0$ 时，电机转向为正，电磁转矩为负，电磁转矩方向与转向相反，为制动转矩，该段转速 n 高于同步转速 n_1，必有原动机拖动其转子才能达到 $n>n_1$，该段为发电机工作状态，电机通过电源线向电网输送能量。在转差率 $s>1$ 时，电机被机械负载拖动反转，T 与 n 反方向，起制动作用，电机处于制动工作状态。

4. 最大转矩点

在图 13.15 曲线中，T_{max} 为电机最大转矩，是电动机状态最大转矩点。对应于最大转矩点时的转差率用 s_m 来表示。

13.7.3　异步电动机的最大转矩及过载能力

由前分析知，异步电动机的机械特性曲线上在 $s=1$ 和 $s=0$ 之间有一个最大转矩。如果负载转矩大于最大转矩，电动机便会停转。因此有时最大转矩也称停转转矩。为了使电动机能稳定运行，不因短时过载而停转，就要求电机有一定的过载能力。异步电动机的过载能力用最大转矩 T_{max} 与额定转矩 T_N 之比表示，即 $K_M = \dfrac{T_{max}}{T_N}$。一般异步电动机的过载能力在 $1.6 \sim 2.2$ 之间，起重、冶金机械用的 JZ，JZR 系列电动机的过载能力更大，可达 $2 \sim 3$ 左右。

异步电动机的最大转矩可利用微积分中求极值的方法求得。从式(13.41)可知道，异步电机的电磁转矩 T 是转差率 s 的函数，令 $\dfrac{dT}{ds}=0$，可求得产生最大转矩时的转差率为

$$s_m = \pm \frac{R'_2}{\sqrt{R_1^2 + (X_{1\sigma} + X'_{2\sigma})^2}} \tag{13.42}$$

一般称 s_m 为临界转差率，其中负号是对应于异步电机作为发电机运行时的情况，把 s_m 的正值代入式(13.41)便得异步电动机的最大转矩为

$$T_{max} = \frac{1}{\Omega_1} \frac{3U_1^2}{2[R_1 + \sqrt{R_1^2 + (X_{1\sigma} + X'_{2\sigma})^2}]} \quad (\text{N} \cdot \text{m}) \tag{13.43}$$

由上式可得出如下结论：

(1) 异步电动机的**最大转矩与电源电压的平方成正比。**

(2) 因为在一般异步电动机中，$R_1 \ll (X_{1\sigma} + X'_{2\sigma})$，所以可近似地认为**最大转矩与电抗 $(X_{1\sigma} + X'_{2\sigma})$ 成反比。**

（3）**最大转矩 $T_{\max}$ 的大小与转子电阻 R_2' 的数值无关，但产生最大转矩时的转差率 s_m 与转子电阻成正比，R_2' 越大，s_m 也越大。**

图 13.16 中表示出了不同转子电阻时机械特性曲线。在不同的转子电阻情况下，最大转矩的大小相等，但 s_m 随转子电阻成正比例增大。采用这种概念可以解决实际工作中的问题，尤其是可以改善三相绕线式异步电动机的起动性能和调速性能。

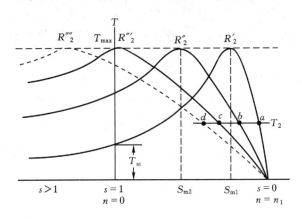

图 13.16　转子电阻对机械特性曲线的影响

$$R_2'''' > R_2''' > R_2'' > R_2'$$

13.7.4　异步电动机的启动电流和启动转矩

异步电动机接入电源尚未转动（转差率 $s=1$）时的转矩及电流分别称为启动转矩及启动电流。由于起动时转子电流 I_2' 很大，励磁电流在启动电流中所占的比重很小，可以忽略不计。因而把 $s=1$ 代入式（13.40）可求得启动电流为

$$I_{st} \approx I_2' = \frac{U_1}{\sqrt{(R_1 + R_2')^2 + (X_{1\sigma} + X_{2\sigma}')^2}} \quad \text{(A)} \tag{13.44}$$

同样在式（13.41）中，令 $s=1$，便可求得三相异步电动机的启动转矩为

$$T_{st} = \frac{1}{\Omega_1} \frac{3U_1^2 R_2'}{(R_1 + R_2')^2 + (X_{1\sigma} + X_{2\sigma}')^2} \quad \text{(N · m)} \tag{13.45}$$

假如我们要求异步电动机在起动时的转矩 T_{st} 为最大值，即产生最大转矩时的转差率 $s_m = 1$。根据式（13.42），此时转子电阻应设计为

$$R_2' = \sqrt{R_1^2 + (X_{1\sigma} + X_{2\sigma}')^2} \quad (\Omega)$$

对于绕线式转子异步电动机，R_2' 是转子绕组每相电阻与串入绕组的附加电阻之和的折算值。实际的转子总电阻 $R_2 = \dfrac{R_2'}{k_z}$。

结论：

（1）异步电动机的启动转矩与电压的平方成正比。

（2）总漏电抗（$X_{1\sigma} + X_{2\sigma}'$）越大，启动转矩越小。

（3）绕线式电动机起动时，可在转子回路外串适当的电阻以增大启动转矩，如图 13.9 所示。当 $R_2' = \sqrt{R_1^2 + (X_{1\sigma} + X_{2\sigma}')^2}$ 时启动转矩达最大值。

例 13.2　有一台异步电动机，$P_N = 4 \text{ kW}, 2p = 4, U_{1N} = 380 \text{ V}$（定子绕组△接法），$R_1 = 4.70 \ \Omega, X_{1\sigma} = 6.70 \ \Omega, R_m = 11.9 \ \Omega, X_m = 188 \ \Omega, R_2' = 3.18 \ \Omega, X_{2\sigma}' = 9.85 \ \Omega$。试求：(1)转速为1442 r/min时的电磁转矩；(2)最大转矩；(3)启动电流及启动转矩。

解：(1) 转速 $n = 1\ 442$ r/min 时的转差率

$$s = \frac{n_1 - n}{n_1} = \frac{1500 - 1442}{1500} = 0.038667$$

此时电磁转矩

$$T = \frac{1}{\Omega_1} \frac{3U_{1N}^2 \dfrac{R_2'}{s}}{\left(R_1 + \dfrac{R_2'}{s}\right)^2 + (X_{1\sigma} + X_{2\sigma}')^2}$$

$$= \frac{1}{\dfrac{2\pi \times 1500}{60}} \times \frac{3 \times 380^2 \times \dfrac{3.18}{0.038667}}{\left(4.70 + \dfrac{3.18}{0.038667}\right)^2 + (6.70 + 9.85)^2}$$

$$= \frac{4548.5}{157.08} = 28.957 \ (\text{N} \cdot \text{m})$$

(2) 最大转矩

$$T_{\max} = \frac{1}{\Omega_1} \frac{3U_{1N}^2}{2\left[R_1 + \sqrt{R_1^2 + (X_{1\sigma} + X_{2\sigma}')^2}\right]}$$

$$= \frac{1}{\dfrac{2\pi \times 1500}{60}} \times \frac{3 \times 380^2}{2 \times \left[4.70 + \sqrt{4.70^2 + (6.70 + 9.85)^2}\right]}$$

$$= 62.952 \ (\text{N} \cdot \text{m})$$

(3) 启动相电流

$$I_{st} = \frac{U_{1N}}{\sqrt{(R_1 + R_2')^2 + (X_{1\sigma} + X_{2\sigma}')^2}}$$

$$= \frac{380}{\sqrt{(4.70 + 3.18)^2 + (6.70 + 9.85)^2}}$$

$$= 20.731 \ (\text{A})$$

启动转矩

$$T_{st} = \frac{1}{\Omega_1} \frac{3U_{1N}^2 R_2'}{(R_1 + R_2')^2 + (X_{1\sigma} + X_{2\sigma}')^2}$$

$$= \frac{1}{\dfrac{2\pi \times 1500}{60}} \times \frac{3 \times 380^2 \times 3.18}{(4.70 + 3.18)^2 + (6.70 + 9.85)^2}$$

$$= 26.101 \ (\text{N} \cdot \text{m})$$

13.7.5* 转矩的实用公式

一般工厂企业在计算电机的机械特性时，采用上述的公式很不方便，因为在电机的铭牌或产品目录上并不记载电机的电阻或电抗的数值。下面我们介绍一种简便的计算公式，即

转矩实用公式,它可根据手册或产品目录中所给的数据,计算出某一转差率时的转矩值。转矩的实用公式推导如下:

把式(13.41)与式(13.43)相除,得

$$\frac{T}{T_{max}} = \frac{R'_2}{s} \times \frac{2 \times [R_1 + \sqrt{R_1^2 + (X_{1\sigma} + X'_{2\sigma})^2}]}{(R_1 + \frac{R'_2}{s})^2 + (X_{1\sigma} + X'_{2\sigma})^2}$$

$$= \frac{2R'_2[R_1 + \sqrt{R_1^2 + (X_{1\sigma} + X'_{2\sigma})^2}]}{s[R_1^2 + (\frac{R'_2}{s})^2 + \frac{2R_1 R'_2}{s} + (X_{1\sigma} + X'_{2\sigma})^2]}$$

由式(13.42),有 $\sqrt{R_1^2 + (X_{1\sigma} + X'_{2\sigma})^2} = \frac{R'_2}{s_m}$

代入上式,得

$$\frac{T}{T_{max}} = \frac{2R'_2(R_1 + \frac{R'_2}{s_m})}{s[(\frac{R'_2}{s_m})^2 + (\frac{R'_2}{s})^2 + \frac{2R_1 R'_2}{s}]}$$

分子分母都乘以 $\frac{s_m}{R'^2_2}$,并整理之,得

$$\frac{T}{T_{max}} = \frac{2\frac{R_1}{R'_2}s_m + 2}{\frac{s}{s_m} + \frac{s_m}{s} + 2\frac{R_1}{R'_2}s_m}$$

不论 s 为何值, $\frac{s}{s_m} + \frac{s_m}{s} \geqslant 2$。 s_m 大致在 $0.1 \sim 0.2$ 之间。因此在上式中, $2\frac{R_1}{R'_2}s_m$ 比 2 小得多,并且在分子及分母中都有 $2\frac{R_1}{R'_2}s_m$ 项,为了进一步简化,可把分子及分母中的 $2\frac{R_1}{R'_2}s_m$ 项略去,于是

$$\frac{T}{T_{max}} = \frac{2}{\frac{s}{s_m} + \frac{s_m}{s}} \tag{13.46}$$

若已知 T_{max} 及 s_m ,根据式(13.46)可以非常方便地求出转矩与转差率的关系。

在产品目录中往往给出电动机的过载能力 $K_M = \frac{T_{max}}{T_N}$ 及额定功率时的转差率 s_N ,而没有给出 s_m 。我们可以把 $K_M, s = s_N$ 代入式(13.46)来求 s_m 值,

$$\frac{T_N}{T_{max}} = \frac{1}{K_M} = \frac{2}{\frac{s_N}{s_m} + \frac{s_m}{s_N}}$$

解上面的方程式,可得

$$s_m = s_N(K_M + \sqrt{K_M^2 - 1}) \tag{13.47}$$

求得 s_m 后,可利用式(13.46)计算任何转差率时的转矩。

例 13.3[*]   某台 JZR2-52-8 绕线式三相异步电动机,从手册上查得额定功率 $P_N = 30$ kW, $U_{1N} = 380$ V(Y 接), $I_{1N} = 67.2$ A, $n_N = 722$ r/min,过载能力 $K_M = 3.08$。试求: (1)额定转矩及最大转矩;(2)机械特性曲线 $T = f(s)$。

解：(1) 额定转矩为

$$T_N = \frac{P_N}{\Omega} = \frac{P_N}{\frac{2\pi n_N}{60}} = 9.549\,3\frac{P_N}{n_N} = 9.549\,3 \times \frac{30000}{722} = 396.79\ (\text{N}\cdot\text{m})$$

最大转矩为　　$T_{max} = K_M T_N = 3.08 \times 396.79 = 1222.11\ (\text{N}\cdot\text{m})$

(2) 求取机械特性曲线额定负载时的转差率

$$s_N = \frac{750 - 722}{750} = 0.037\,3$$

由式(13.47)求出发生最大转矩时的转差率

$$s_m = s_N(K_M + \sqrt{K_M^2 - 1}) = 0.0373 \times (3.08 + \sqrt{3.08^2 - 1}) = 0.224$$

把 T_{max} 及 s_m 的值代入式(13.45)，可得

$$\frac{T}{1222.1} = \frac{2}{\dfrac{s}{0.224} + \dfrac{0.224}{s}}; \text{即得}\ T = \frac{2444.2}{\dfrac{s}{0.224} + \dfrac{0.224}{s}}\quad (\text{N}\cdot\text{m})$$

把不同的 s 值代入上式，可求出相应的电磁转矩见表 13.1。

表 13-1　例 13.3 计算所得 T、s 数据表

s	1	0.8	0.6	0.4	0.224	0.15	0.1	0.05	0.037 5	0
T	521.9	635.7	801.5	1 059.4	1 221.3	1 130	909.4	518.9	397.3	0

根据上列数据画出 $T = f(s)$ 曲线如图 13.17 所示。

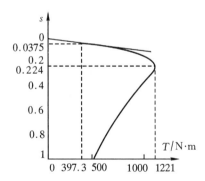

图 13.17　例 13.3 的 $T = f(s)$ 曲线

13.8　异步电动机的负载特性

异步电动机的负载特性是指在额定电压及额定频率时，电动机的转速 n（或转差率 s）、输出转矩 T_2、定子电流 I_1、效率 η、功率因数 $\cos\varphi$ 以及输入功率 P_1 等分别随输出功率 P_2 变化的关系。这种关系通常用几条工作特性曲线表示。

为了保证电动机运行可靠、经济，国家标准中对电动机工作特性的指标都有具体规定。在设计及制造时必须保证电动机的性能满足所规定的技术指标。这些技术指标通常有三个：力能指标（η 和 $\cos\varphi$），起动性能（I_{st}/I_N 和 T_{st}/T_N），过载能力（T_{max}/T_N）。工作特性可以

应用等效电路算出,也可以用试验的方法测取。图 13.18 是一台 10 kW 异步电动机实验做出的工作特性曲线。各特性曲线在以下具体分析。

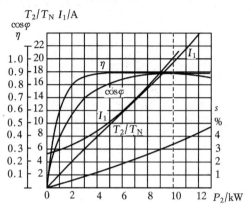

图 13.18 某异步电动机的工作特性曲线

1. 转差率特性 $s=f(P_2)$

根据式(13.27)和(13.28)可知转差率

$$s = \frac{p_{Cu2}}{P_M}$$

在一般电动机中,为了保证较高的效率,希望转子铜耗小,转差率 s 小。在额定负载时的转差率 s_N 约在 $0.015\sim0.06$ 的范围内;容量大的电动机转差率较小,而容量小的电动机则转差率较大。异步电动机的转速 $n=(1-s)n_1$,由于在额定运行时 s 很小,所以额定转速与同步转速 n_1 相差很少。

异步电动机空载时 $P_2=0$,转子电流很小,转子铜耗也很小,因此 $s\approx0$。随着负载的增大,转子电流增大,转子铜耗 p_{Cu2} 及电磁功率 P_M 都相应增大,但 p_{Cu2} 与转子电流的二次方成正比,而 P_M 与转子电流的一次方成正比,即 $P_M=\Omega_1 T=\Omega_1 C_T\Phi_1 I_2' \cos \varphi_2$,$p_{Cu2}$ 的增加速率较 P_M 快。因此随着输出功率 P_2 的增大,转差率 s 也增大。

2. 转矩特性 $T_2=f(P_2)$

异步电动机的输出转矩 $T_2=\dfrac{P_2}{\Omega}$,其中 $\Omega=\dfrac{2\pi n}{60}$,为转子的角速度。由于从空载到额定负载之间,异步电动机的转速 n 变化很小,所以 T_2 与 P_2 的关系曲线近似为一直线。只是考虑到 n 随 T_2 的增大有少量减小,故 $\dfrac{T_2}{T_N}$ 随 P_2 的变化曲线也微微上翘,如图 13.18 中所示。

3. 定子电流 $I_1=f(P_2)$

异步电动机空载时,转子电流 $\dot{I}_2'\approx0$,定子电流 $\dot{I}_1=\dot{I}_m+(-\dot{I}_2')\approx\dot{I}_m$,几乎全部为励磁电流,用来产生磁通。当输出功率增大时,转子电流增大,定子电流中的负载分量也相应增大,考虑到转速的少量减少,所以 I_1 随 P_2 的曲线也微微上翘。

4. 效率特性 $\eta=f(P_2)$

$$\eta = \frac{P_2}{P_1} = \frac{P_2}{P_2+p_{Cu1}+p_{Cu2}+p_{Fe}+p_m+p_\Delta} \tag{13.48}$$

中小型异步电动机额定负载时的效率 η_N 约在 74%～94% 之间,电动机容量较大时效率也较高。异步电动机的损耗可分为两大类:第一类为可变损耗,如定子铜耗、转子铜耗,当负载变化时它们随电流的平方而变化;第二类为不变损耗,如定子铁耗及机械损耗,当异步电动机在额定功率范围内运转时,由于转速及气隙中的主磁通变化很小,铁耗及机械损耗可近似认为不变。当不变损耗与可变损耗相等时,电动机的效率达最大值。一般异步电动机的最大效率发生在 $(0.6 \sim 0.9) P_N$ 范围内。

5. 功率因数 $\cos\varphi_1 = f(P_2)$

异步电动机空载运行时,定子电流基本上是励磁电流用来产生主磁通,功率因数很低。通常 $\cos\varphi_0 < 0.2$。负载后电动机要输出机械功率。因此,电流中的有功分量增大,功率因数增加较快。在额定功率附近,功率因数达最大值。如果负载继续增大,由于转差率 s 增加较多,转子电流与电势间的相位角 $\varphi_2 = \arctan\dfrac{sX_{2\sigma}}{R_2}$ 增大较多,转子回路的功率因数 $\cos\varphi_2$ 将引起下降,从而导致异步电动机定子的功率因数 $\cos\varphi_1$ 逐渐减小。

因为异步电动机的效率及功率因数都是在额定功率附近达最大值,因此选用电动机时应使电动机的容量与负载相匹配。如果电动机的额定功率比负载功率大很多,使电动机长期在轻载下运行即产生了"大马拉小车"的问题,不仅设备费用贵,并且此时的效率及功率因数也较低,很不经济。但也不能使电动机的额定功率小于生产机械所要求的功率,即产生了"小马拉大车"的问题,因为电动机过载运行时,电流很大,电动机中的损耗增大,将使电动机过分发热而损坏。

13.9* 三相异步电动机的参数测定

采用等效电路分析计算异步电动机的特性,应该预先知道等效电路的参数 R_1、R_2'、$X_{1\sigma}$、$X_{2\sigma}'$、R_m、X_m 以及机械损耗 p_m、附加损耗 p_Δ,这些都可以通过空载试验和堵转试验测定。

13.9.1 空载试验

通过空载试验确定异步电动机的励磁参数 R_m、X_m、铁耗 p_{Fe} 及机械损耗 p_m。试验条件是在额定电压和额定频率下进行,异步电动机轴上不带负载。电动机空载运行 30 min,机械损耗达到稳定,经调压器将电源电压调到额定电压的 1.2 倍,开始试验,逐步降低电压,测量 7~9 组值,每次记录三相的端电压、空载电流、空载功率和转速,当电压降到使电动机的电流回升时,即空载试验结束。根据记录数据,画出异步电动机的空载特性曲线,某电动机的空载特性曲线如图 13.19 所示。

1. 铁耗和机械损耗的确定

当异步电动机空载时,转子电流 I_2' 很小,转子铜

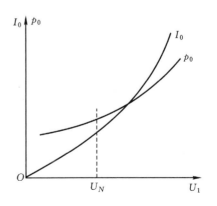

图 13.19 某电动机的空载特性曲线

耗可以忽略不计,输入功率几乎全部转化成定子铜耗 p_{Cu1}、铁耗 p_{Fe} 及机械损耗 p_m,即

$$p_0 \approx 3I_0^2 R_1 + p_{Fe} + p_m \tag{13.49}$$

从空载损耗中减去定子铜耗后,即得铁耗与机械损耗之和:

$$p_0 - 3I_0^2 R_1 \approx p_{Fe} + p_m \tag{13.50}$$

考虑到铁耗与磁通密度的平方成正比,即与电压的平方成正比;机械损耗仅与转速有关,在空载实验时,转速变化不大,则机械损耗 $p_0 - 3I_0^2 R_1 - p_{Fe}$ 可以认为是与电压大小无关的恒值。因此,将不同电压下的铁耗与机械损耗之和与端电压平方值画成曲线 $p_{Fe} + p_m = f(U_1^2)$,并将曲线延长相交横轴 $U_1 = 0$ 处,得交点 a,过 a 点作平行于横轴的虚线,虚线以下的纵坐标高度表示机械损耗,虚线以上的纵坐标高度表示对应于 U_1 大小的铁耗,$p_{Fe} + p_m = f(U_1^2)$ 曲线如图 13.20 所示。

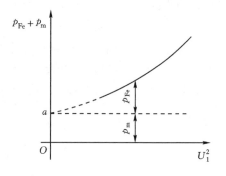

图 13.20 $\quad p_{Fe} + p_m = f(U_1^2)$ 曲线

2. 励磁参数的确定

空载时,转差率 $s \approx 0$,等效电路中的附加电阻 $R_2'(1-s)/s \approx \infty$,即等效电路的转子边近似地呈开路状态,根据电路计算,可得励磁参数如下:

$$z_0 = \frac{U_1}{I_0}$$

$$R_m = \frac{p_{Fe}}{3I_0^2} \tag{13.51}$$

$$X_{1\sigma} + X_m = \sqrt{z_0^2 - (R_1 + R_m)^2}$$

$$X_m = \sqrt{z_0^2 - (R_1 + R_m)^2} - X_{1\sigma} \tag{13.52}$$

式中　R_1——定子绕组电阻,在试验开始前实测求得;

$\quad\quad X_{1\sigma}$——定子漏电抗,可由下面的堵转试验确定。

13.9.2　堵转试验

堵转试验(以往又称短路试验)可以确定异步电动机转子电阻 R_2' 和定、转子电抗 $X_{1\sigma}$ 和 $X_{2\sigma}'$,堵转是指等效电路中的附加电阻 $R_2'(1-s)/s = 0$,即没有机械负载,$s=1$,$n=0$。因此,堵转试验是在转子堵转的情况下进行的。为了使试验时的短路电流不致过大,一般从 $U_1 = 0.4U_N$ 开始试验,然后逐步降低试验电压,测量5～7组值,每次记录定子端电压,定子堵转电流和堵转功率。约在 $0.4U_N$ 时,短路电流达到额定电流,为了避免定子绕组过热,试验应尽快完成。

根据堵转试验数据,可以求得短路阻抗。由于 $n=0$,输出功率和机械损耗为零,试验的外加电压比较低,铁耗可以忽略不计,近似地认为全部输入功率都变成定子铜耗和转子铜耗

$$p_K = m_1 I_1^2 R_1 + m_1 I_2'^2 R_2'$$

由于 $z_m \gg z'_2$，可以认为励磁支路开路，$I_m \approx 0$，$I'_2 \approx I_1 = I_K$，故

$$p_K = m_1 I_K^2 (R_1 + R'_2) = m_1 I_K^2 R_K \tag{13.53}$$

$$R_K = \frac{p_K}{m_1 I_K^2} \qquad z_K = \frac{U_K}{I_K} \qquad X_K = \sqrt{z_K^2 - R_K^2}$$

式中　$R_K = R_1 + R'_2$；　$X_K = X_{1\sigma} + X'_{2\sigma}$

因此

$$R'_2 = R_K - R_1 \tag{13.54}$$

定、转子漏抗可按以下近似方法处理：

$$X_{1\sigma} \approx X'_{2\sigma} \approx X_K/2 \tag{13.55}$$

本章小结

本章叙述了异步电动机的基本理论及其分析方法。本章的重点内容是：

(1) 异步电动机的电势平衡方程及磁势平衡方程；

(2) 对异步电动机转子进行频率的折算及绕组折算，从而推导出异步电动机等效电路；

(3) 通过解等效电路，求取电机的电流、功率、损耗及转矩；

(4) 并推导出异步电动机机械特性和工作特性。

本章的主要公式如下：

(1) 转矩和电流公式

$$T = \frac{P_\Omega}{\Omega} = \frac{m_1 I'^2_2 R'_2 / s}{\Omega_1} = \frac{m_1 E'_2 I'_2 \cos\varphi_2}{\Omega_1} = \frac{P_M}{\Omega_1} = C_T \Phi I'_2 \cos\varphi_2 \quad (\text{N} \cdot \text{m})$$

$$T = \frac{m_1}{\Omega_1} \frac{U_1^2 R'_2 / s}{(R_1 + \dfrac{R'_2}{s})^2 + (X_{1\sigma} + X'_{2\sigma})^2} \quad (\text{N} \cdot \text{m})$$

$$T_{\max} = \frac{m_1}{\Omega_1} \frac{U_1^2}{2[R_1 + \sqrt{R_1^2 + (X_{1\sigma} + X'_{2\sigma})^2}]} \quad (\text{N} \cdot \text{m})$$

$$s_m = \frac{R'_2}{\sqrt{R_1^2 + (X_{1\sigma} + X'_{2\sigma})^2}}$$

$$T_{st} = \frac{m_1}{\Omega_1} \frac{U_1^2 R'_2}{(R_1 + R'_2)^2 + (X_{1\sigma} + X'_{2\sigma})^2} \quad (\text{N} \cdot \text{m})$$

$$I_{st} = \frac{U_1}{\sqrt{(R_1 + R'_2)^2 + (X_{1\sigma} + X'_{2\sigma})^2}} \quad (\text{A})$$

(2)* 异步电动机转矩实用公式

$$T = \frac{2T_{\max}}{\dfrac{s}{s_m} + \dfrac{s_m}{s}}$$

式中

$$\begin{cases} T_{\max} = K_M T_N \\ s_m = s_N (K_M + \sqrt{K_M^2 - 1}) \end{cases}$$

(3) 电磁功率

$$P_M = T\Omega_1 = m_1 I_2'^2 R_2'/s = m_1 E_2' I_2' \cos\varphi_2$$

（4）判断异步电动机性能优劣的指标是：

效率 η 要高，功率因数 $\cos\varphi_1$ 要大；最大转矩 T_{max} 要大；启动转矩 T_{st} 尽可能大，启动电流 I_{st} 尽可能小；温升要低；振动要小；噪声要小等。

习题与思考题

13-1　一台三相异步电动机，$P_N = 75$ kW，$n_N = 975$ r/min，$U_N = 3000$ V，$I_N = 18.5$ A，$\cos\varphi_N = 0.87$，$f = 50$ Hz。试问：

（1）电动机的极数 $2p$ 是多少？

（2）额定负载下的转差率 s_N 是多少？

（3）额定负载下的效率 η_N 是多少？

13-2　一台异步电动机，当 $f = 60$ Hz 时，$n_N = 1650$ r/min，试问：

（1）电机的极数 $2p$ 是多少？

（2）若改用 $f = 50$ Hz 的电源，额定转速 n_N 是多少？（设在两种情况下的额定转差率是相等的）

13-3　有一台 8 极异步电动机，$f = 50$ Hz，额定转差率 $s_N = 0.043$，试求：

（1）同步转速 n_1；

（2）额定转速 n_N；

（3）$n = 700$ r/min 时的转差率 s_1；

（4）$n = 800$ r/min 时的转差率 s_2；

（5）起动瞬间的转差率 s_{st}。

13-4　有一台三相绕线转子异步电动机，Y 联接，$2p = 4$，$f_1 = 50$ Hz，$U_N = 380$ V，$R_1 = 0.45$ Ω，$X_{1\sigma} = 2.45$ Ω，$N_1 = 200$ 匝，$k_{w1} = 0.94$，$R_2 = 0.02$ Ω，$X_{2\sigma} = 0.09$ Ω，$N_2 = 38$ 匝，$k_{w2} = 0.96$，$X_m = 24$ Ω，$R_m = 4$ Ω，机械损耗 $p_m = 250$ W，转差率 $s = 0.04$。（1）求定、转子电路之间的阻抗变比 k_z；（2）绘出 T 型等效电路；（3）求输入功率 P_1、输出功率 P_2 和效率 η。

13-5　有一台三相异步电动机，$U_N = 380$ V，$n_N = 1455$ r/min，$R_1 = 1.375$ Ω，$R_2' = 1.047$ Ω，$R_m = 8.34$ Ω，$X_{1\sigma} = 2.43$ Ω，$X_{2\sigma}' = 4.4$ Ω，$X_m = 82.6$ Ω。定子绕组采用△形连接。额定负载时机械损耗与附加损耗之和为 205 W。要求：（1）绘出等效电路；（2）求额定负载时的定子电流 I_1、功率因数 $\cos\varphi$、输入功率 P_1 和效率 η。

13-6　有一台绕线转子异步电动机，定、转子绕组均为三相，$U_N = 380$ V，$f_1 = 50$ Hz，$n_N = 1444$ r/min。每相参数：$R_1 = 0.4$ Ω，$R_2' = 0.4$ Ω，$X_{1\sigma} = 1$ Ω，$X_{2\sigma}' = 1$ Ω，$X_m = 40$ Ω，R_m 略去不计。定、转子绕组均为 Y 联接，且有效匝数比为 4。要求：（1）求满载时的转差率 s；（2）绘出近似等效电路；（3）求出 $\dot{I}_1$，$\dot{I}_2'$ 和 $\dot{I}_m$；（4）求出满载时转子每相电势 E_{2s} 的有效值和频率 f_2；（5）求出总机械功率。

13-7　有一台三相异步电动机，$P_N = 10$ kW，$U_N = 380$ V，$n_N = 1455$ r/min，$R_1 = 1.375$ Ω，

$R'_2 = 1.047\ \Omega, R_m = 8.34\ \Omega, X_{1\sigma} = 2.43\ \Omega, X'_{2\sigma} = 4.4\ \Omega, X_m = 82.6\ \Omega$，定子绕组为 △
接法。求：(1) 额定负载时的电磁转矩 T；(2) 转速 n 为多少时电磁转矩有最大值？

13-8　一台三相 6 极笼式异步电动机数据为：额定电压 $u_N = 380$ V，额定转速 $n_N = 957$ r/min，额
定频率 $f_N = 50$ Hz，定子绕组为 Y 接法，定子电阻 $R_1 = 2.08\ \Omega$，转子电阻折算值 R'_2
$= 1.53\ \Omega$，定子漏电抗 $X_{1\sigma} = 3.12\ \Omega$，转子漏电抗折算值 $X'_{2\sigma} = 4.25\ \Omega$。用参数公式
计算：(1) 电磁转矩 T；(2) 最大转矩 T_{max}；(3) 过载能力 K_M；(4) 最大转矩对应的转
差率 s_m。

13-9*　一台三相 4 极定子绕组为 Y 接的绕线式异步电动机数据为：额定功率 $P_N = 150$ kW，
额定电压 $U_{1N} = 380$ V，额定转速 $n_N = 1\ 460$ r/min，过载能力 $K_M = 3.1$。试求：(1) 额
定转差率 s_N；(2) 最大转矩对应的转差率 s_m；(3) 额定转矩 T_N；(4) 最大转矩 T_{max}。
（用实用公式计算）

13-10　有一台三相异步电动机，输入功率 $P_1 = 8.6$ kW，定子铜耗 $p_{Cu1} = 425$ W，铁耗 $p_{Fe} =$
210 W，转差率 $s = 0.034$，试求：(1) 电磁功率 P_M；(2) 转子铜耗 p_{Cu2}；(3) 总机械功
率 P_Ω。

13-11　有一台三相异步电动机，$P_N = 17.2$ kW，$f = 50$ Hz，$2p = 4$，$U_N = 380$ V，
$I_N = 33.8$ A，定子绕组为 Y 联接。额定运行时的各项损耗分别为 $p_{Cu1} = 784$ W，
$p_{Cu2} = 880$ W，$p_{Fe} = 350$ W，$p_m + p_\Delta = 280$ W，试求：(1) 额定运行时的电磁转矩 T；
(2) 额定运行时的输出转矩 T_N；(3) 额定转速 n_N。

13-12　异步电动机铭牌上标明 $n_N = 2780$ r/min，$f_N = 50$ Hz，问该电动机的磁极对数 p 是
多少？额定转差率 s_N 又是多少？如果铭牌上标明 $n_N = 1710$ r/min，问该电动机的
额定频率 f_N 是多少？额定转差率 s_N 又是多少？

13-13　为什么异步电动机的转速一定低于同步转速，而异步发电机的转速则一定高于同
步转速？如果没有外力帮助，转子转速能够达到同步转速吗？

13-14　简述转差率的定义，如何由转差率的大小范围来判断异步电动机的运行情况？

13-15　简述异步电动机的结构。如果气隙过大，会带来怎样不利的后果？

13-16　为什么笼型转子绕组不需要绝缘？

13-17　异步电动机额定电压、额定电流、额定功率的定义是什么？

13-18　绕线转子异步电动机，如果定子绕组短路，在转子边接上电源，旋转磁场相对顺时
针方向旋转，问此时转子会旋转吗？转向又如何？

13-19　异步电动机的定、转子铁心如用非磁性材料制成，会出现什么后果？

13-20　把一台三相异步电动机的转子抽掉，而在定子绕组上加三相额定电压，会产生什么
后果？

13-21　一台绕线转子异步电动机，如果在它的定、转子绕组上均接以 $f = 50$ Hz 的三相电
源，定、转子均产生旋转磁场，假定：(1) 定、转子磁场旋转方向相同；(2) 定、转子磁
场旋转方向相反。问转子是否会旋转，转速及转向又如何确定？

13-22　转子静止与转动时，转子边的电量和参数有何变化？

13-23　异步电动机转速变化时，为什么定、转子磁势之间没有相对运动？当异步电动机在

发电机及制动状态运行时,定、转子磁势之间也没有相对运动,试证明。

13-24 用等效静止的转子来代替实际旋转的转子,为什么不会影响定子边的各种数量? 定子边的电磁过程和功率传递关系会改变吗?

13-25 异步电动机等效电路中 $\frac{1-s}{s}R'_2$ 代表什么意义? 能不能不用电阻而用一个电感或电容来表示,为什么?

13-26 在分析异步电动机时,为什么要进行转子边的绕组折算和频率折算? 又如何折算?

13-27 为什么在异步电动机折算中,电压变比和电流变比之间的关系与变压器的不一样?

13-28 如何推导出异步电动机的电势、磁势平衡方程、等效电路,它们与变压器有何不同?

13-29 为什么说异步电动机的工作原理与变压器的工作原理类似? 试分析它们有哪些相同的地方,有哪些重大的差别?

13-30 当异步电动机机械负载增加以后,定子方面输入电流增加,因而输入功率增加,其中的物理过程是怎样的? 从空载到满载气隙磁通有何变化?

13-31 和同容量的变压器相比较,异步电动机的空载电流较大,为什么?

13-32 当外施电压与转子电阻改变时,异步电动机的 $T-s$ 曲线的形状有怎样的变化? 对最大转矩与最初启动转矩的影响又怎样?

13-33 什么电抗对异步电动机的最大转矩及最初启动转矩起主要影响?

13-34 某异步电动机如果:(1) 转子电阻增加;(2) 定子漏电抗增加;(3) 电源频率增加,各对最大转矩、最初启动转矩有何影响?

13-35 异步电动机带额定负载时,如果电源电压下降过多会产生什么严重后果?

第 14 章　三相异步电动机的起动 及速度调节

14.1　异步电动机的起动性能

当三相异步电动机接到三相对称电源,电动机从静止状态开始转动,然后升速到达稳定运行的转速,这个过程称为起动过程。

衡量异步电动机起动性能最重要的指标是启动转矩 T_{st} 和启动电流 I_{st}。

异步电动机启动电流最大值发生在 $n=0$,$s=1$ 瞬间,此时的电流称为启动电流 I_{st},此时的转矩称为启动转矩 T_{st}。随着转速上升,s 减小,启动电流会逐步减小到稳定值。

为了使电动机能够转动起来,并很快达到额定转速而正常运行,要求电动机具有足够大的启动转矩;同时,启动电流不能太大,以免在电网上产生较大的线路压降而影响接在电网上的其它设备的正常运行。

普通三相笼式异步电动机直接加额定电压起动时,启动电流较大,一般为 $I_{st}=(4\sim7)I_N$,而启动转矩不很大,一般 $T_{st}=(1\sim2)T_N$。

启动电流较大的原因是,起动时,$n=0$,$s=1$,$\dfrac{R_2'}{s}$ 比正常运行时的值小很多,随之整个电动机的等效阻抗很小,引起启动电流很大。而启动转矩不大的原因,一是由于 $\dfrac{R_2'}{s}$ 的减小使得转子回路的功率因数很低,二是启动电流很大引起定子漏阻抗压降增大,使得起动瞬间的主磁通 Φ_1 约减小到额定时的一半,由式 $T=C_T\Phi_1 I_2'\cos\varphi_2$ 可知,虽然 I_2' 增大 $4\sim7$ 倍,但 Φ_1 和 $\cos\varphi_2$ 的减小,使得启动转矩并不大。

笼式异步电动机具有结构简单、运行可靠、成本较低及坚固耐用等显著优点,但是,当其容量较大时,为防止启动电流太大,往往必须采取降压起动,这就使得启动转矩降低很多,所以它的起动性能不是很好。在对起动性能要求较高的场合,应考虑采用绕线式异步电动机或软起动等措施,以得到较小的启动电流和较大的启动转矩。

14.2　笼式异步电动机的起动方法

笼式异步电动机起动方法有:在额定电压下直接起动、降压起动和软起动。

14.2.1　直接起动

直接起动就是用闸刀开关或接触器把电动机直接接到具有额定电压的电源上进行起

动。三相异步电动机直接起动图如图14.1所示。这种起动方法的优点是能够带负载起动，同时操作简单且无需辅助设备；缺点是启动电流较大。

对于电动机本身来说，笼式异步电动机都允许直接起动。直接起动方法主要是受电网配电变压器的容量限制，过大的启动电流可能使电压下降，影响接在同一电网上的其它设备的正常运行。

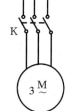

图 14.1 异步电动机
直接起动

一般异步电动机的功率小于 7.5 kW 时允许直接起动，对于更大容量的电动机能否直接起动，要视配电变压器的容量和各地电网管理部门的规定。随着电力系统容量的不断增大，变频器驱动异步电动机越来越多，较大功率的笼式异步电动机采用直接起动有日益增多的趋势。

14.2.2 降压起动

若电网的配电变压器的容量不够大，使得笼式异步电动机不能采取直接起动，在对于启动转矩要求不高的场合，就可以采取降低电动机电压的方法起动，简称降压起动。降压起动可以减小启动电流，同时也减小了电动机的启动转矩。下面介绍常用的几种降压起动方法。

1. 自耦变压器(起动补偿器)降压起动

利用自耦变压器降压起动的电路图如图 14.2。设自耦变压器的电压变比为 k_a，经过自耦变压器降压后，加在电动机定子输入端的电压为 $\frac{1}{k_a}U_N$。此时电动机的启动电流 I'_{st} 便与电压成

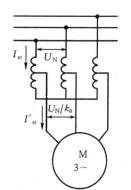

图 14.2 自耦变压器降压起动电路图

比例地减小，为额定电压下直接启动电流 I_{stN} 的 $\frac{1}{k_a}$，即 $I'_{st}=\frac{1}{k_a}I_{stN}$。由于电动机接在自耦变压器副边，自耦变压器的原边接至电网，故电网所供给的启动电流为

$$I_{st}=\frac{1}{k_a}I'_{st}=\frac{1}{k_a^2}I_{stN}$$

由此可见，利用自耦变压器降压起动与直接起动相比较，电网所供给的启动电流减小 $\frac{1}{k_a^2}$ 倍。由于端电压减小为 $\frac{1}{k_a}U_N$，因此启动转矩也为直接起动的 $\frac{1}{k_a^2}$ 倍。

起动用自耦变压器，也称起动补偿器，它备有多个引出线抽头，可以根据允许的启动电流以及负载所需要的启动转矩来选择。如 QJ2 型起动补偿器抽头分别为电源电压的 73%，64% 和 55%（即 $\frac{1}{k_a}$＝0.73,0.64 和 0.55），QJ3 型抽头分别为电源电压的 80%，60% 和 40%。

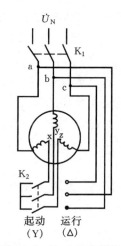

图 14.3 Y-△起动接线
电路图

2. 星-三角(Y-△)起动

星-三角(Y-△)起动的接线电路图见图 14.3。在起动时应合上闸刀 K_1，须提前把 Y-△开关 K_2 合向起动位置(Y)。此时定子绕组为 Y 型接法，定子每相绕组的电压为 $\frac{1}{\sqrt{3}}U_N$，其中 U_N 为电网的额定线电压。待电机转速接近额定转速时，把 Y-△开关 K_2 很快地合向运行位置(△)，这时定子绕组改为△接法，定子每相绕组承受额定电压 U_N，起动过程结束。

星-三角(Y-△)起动只适合于正常运行时定子绕组是△接法的电动机。假设起动时电动机的每相阻抗为 Z，如果用△接法直接起动，每相绕组中的启动电流为 $\frac{U_N}{Z}$，于是起动时的线电流 $I_{st△}=\sqrt{3}\dfrac{U_N}{Z}$，如图 14.4(a)所示。

如果在起动时把异步电动机的定子绕组改成 Y 接法，每相绕组所加电压为 $\frac{U_N}{\sqrt{3}}$，由于是 Y 接法，线电流等于相电流，因此启动电流 $I_{stY}=\dfrac{U_N}{\sqrt{3}Z}$，如图 14.4(b)所示。比较上两式，有

$$\frac{I_{stY}}{I_{st△}}=(\frac{U_N}{\sqrt{3}Z})/(\frac{\sqrt{3}U_N}{Z})=\frac{1}{3}$$

即 Y 接法时，由电网供给的启动电流仅为△接法时的 $\frac{1}{3}$。Y-△启动电流分析如图 14.4 所示。

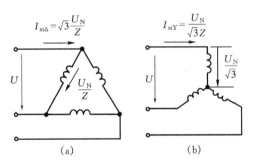

图 14.4　Y-△启动电流分析

(a)△接法全压启动电流；(b)Y 接法启动电流

由于启动转矩与电压平方成正比，所以 Y 接法起动时的启动转矩也减少到△接法起动时的 $\frac{1}{3}$，即 $T_{stY}=\frac{1}{3}T_{st△}$。

星-三角(Y-△)起动的优点是附加设备少，操作简便。所以现在生产的一般 4 kw 及以下功率的小型异步电动机常采用这种方法。为了便于采用星-三角起动，小型异步电动机的定子绕组一般设计成三角形联结。

3. 定子绕组串电阻或电抗降压起动

这种起动方法是在笼式异步电动机的定子绕组电路中串入一个三相电阻器或电抗器，使电动机起动时一部分电压降落在电阻器或电抗器上，于是电动机上的电压就低于直接接于电

网时的电压,从而减小了启动电流。定子绕组串电阻或电抗降压起动电路图见图14.5。

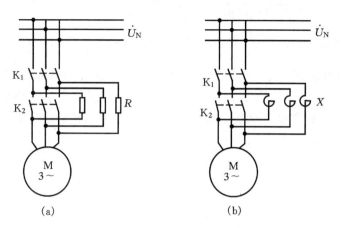

图14.5 定子绕组串电阻或电抗降压起动电路图
(a)串电阻降压起动;(b)串电抗降压起动

起动时,先将开关 K_2 断开,当开关 K_1 合上时,电阻器或电抗器就串入定子电路起动,这时电动机的端电压 U_{st} 低于电源电压 U_N(其比值用 $k = \dfrac{U_N}{U_{st}}$ 表示),电动机的启动电流与直接起动相比成正比减小;待电动机的转速接近额定转速时,合上开关 K_2,使电阻器或电抗器短接,电动机便在额定电压下运行。

由于电动机的转矩与电压平方成正比,所以随着电压的降低,启动电流减小 $1/k$ 倍,启动转矩减少 $1/k^2$ 倍。

如果是串电阻起动,降压起动时电阻上的功率损耗较大,如果是串电抗降压起动,如图14.5(b)所示,当合上开关 K_2 时,电抗器蓄存的能量将产生较大的短路电流,所以,这种方法仅用于启动转矩要求不高,而起动不太频繁的场合。

14.2.3 软起动

前面介绍的几种降压起动的方法都属于有级起动,起动的平滑性不高,应用一些自动控制线路组成的软起动器可以实现笼式异步电动机的无级平滑起动,这种起动方法称为软起动。软起动器分为磁控式和电子式两种。磁控式软起动器应用一些磁性控制元件(如磁放大器、饱和电抗器等)组成,由于它们体积大、较笨重、故障率高,现已被先进的电子式软起动器取代。

起动过程中,电动机所加的电压不是一个固定值,软起动装置输出电压按指定要求上升,使被控电动机电压由零按指定斜率上升到全电压,转速相应地由零加速到规定转速。软起动能保证电动机在不同负载下平滑起动,减小电动机起动时对电网的冲击,又降低电动机自身所承受的较大结构冲击力。

软起动器可以设定起始电压、电压上升方式、启动电流倍数等参数,以适应轻载、重载起动不同情况。

电子软起动器一般采用单片机进行智能化控制,使电动机在不同负载下平滑起动,既能改善起动性能,通常还配备断相、过流、过载、三相不平衡等多项保持功能,同时还能直接与计算机实现网络通信控制。

在实际应用中,笼式异步电动机不能采取直接起动方式时,应考虑选用软起动方式。

有关软起动器的详细介绍,可参阅相关书籍和资料。给异步电动机供电的变频器通常兼有软起动的功能。

14.3　绕线式异步电动机的起动

笼式异步电动机为了限制启动电流而采用降压起动方法时,电动机的启动转矩就与电动机端电压平方成比例地减小。因此对于不仅要求启动电流小,而且要求有相当大的启动转矩的场合,就往往不得不采用起动性能较好而价格较贵的绕线式电动机。

绕线式异步电动机的特点是可以在转子绕组中串入附加电阻,由异步电动机的机械特性可知,当异步电动机的转子回路串入适当的电阻时,由图 13.16 中的分析可知,这不仅可以减小启动电流,而且可以增大启动转矩,使异步电动机具有良好的起动性能。如果接入启动电阻 R_{st}' 使转子绕组每相总电阻满足条件: $R_2' + R_{st}' = \sqrt{R_1^2 + (X_{1\sigma} + X_{2\sigma}')^2}$,则电动机的启动转矩为最大转矩,电动机起动较容易。

14.3.1　转子回路串电阻起动

为了使整个起动过程中尽量保持较大的启动转矩,绕线式异步电动机可以串入多级电阻,起动过程中采用逐级切除启动电阻的方法。绕线式三相异步电动机转子串电阻分级起动的接线图与机械特性如图 14.6 所示,图中 1C、2C、3C、4C 为接触器常开触点,R'、R''、R''' 为所串电阻。起动过程如下:

(1) 接触器触点 1C 闭合,2C、3C、4C 断开,绕线式异步电动机定子接额定电压,转子每相串入启动电阻($R' + R'' + R'''$),电动机开始起动。起动点为机械特性曲线 3 上的 a 点,启动转矩为 $T_2(T_2 < T_{max})$。

(2) 转速上升,到 b 点时,$T = T_1(> T_N)$,为了加大电磁转矩加速起动过程,此时接触器触点 2C 闭合,切除启动电阻 R'''。忽略异步电动机的电磁惯性,只计拖动系统的机械惯性,则电动机运行点从 b 变到机械特性曲线 2 上的 c 点,该点上电动机电磁转矩 $T = T_2$。

(3) 转速继续上升,到 d 点,$T = T_1$ 时,接触器触点 3C 闭合,切除启动电阻 R''。电动机运行点从 d 点变到机械特性曲线 1 上的 e 点,该点上电磁转矩 $T = T_2$。

(4) 转速继续上升,到 f 点,$T = T_1$,接触器触点 4C 闭合,切除启动电阻 R',运行点从 f 变为固有机械特性曲线上的 g 点,该点上 $T = T_2$。

(5) 转速继续上升,经 h 点最后稳定运行在 j 点,$T = T_N$。

(6) 起动过程结束。

对于有举刷装置的电动机,起动完毕后,还应利用该装置把转子绕组自行短路,并把电刷举起不和滑环接触,以防止运行时电刷的磨损,并减少摩擦损耗。由于绕线式异步电动机可以得到较大的启动转矩,同时启动电流较小,因此,起动困难的机械,如铲土机、卷扬机、起

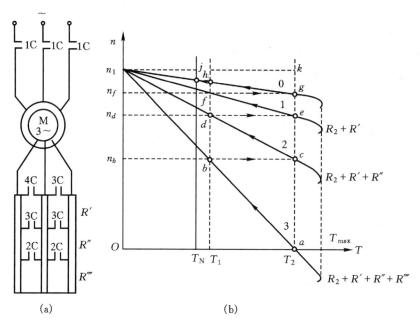

图 14.6　绕线式三相异步电动机转子串电阻分级起动
(a) 接线图；(b) 机械特性

重用的吊车大多采用绕线式异步电动机。

　　小容量绕线式异步电动机起动用的变阻器由金属电阻丝绕成，容量较大的，将电阻丝浸在油内以加强散热。大容量电机的启动电阻有的用铸铁电阻片，有的用水电阻箱。一般来讲，启动电阻都是按短时运行方式设计的，如果长时间流过较大的电流，会因过热而损坏。

14.3.2　转子回路串频敏变阻器起动

　　采用电动机转子回路串入电阻器的方法起动，当逐段减小电阻器的电阻时，根据式(13.43)的结论(3)可知，转矩突然增大(图 14.6(b))，会在机械上产生冲击，操作也较复杂。为了得到较好的机械特性，并简化起动时的操作，可以在转子绕组中接入**频敏变阻器**，这种变阻器的电阻值随着转子转速的上升(转子电流频率 f_2 下降)而自动地减小。因此不必人工改变电阻，电动机就能平稳地起动起来。频敏变阻器分析图见图 14.7。

　　频敏变阻器的结构如图 14.7(a)所示，它的铁心是由几片或十几片较厚的钢板或铁板制成，三个铁心柱上绕有接成 Y 型的三相线圈，相当于一个只有原边的变压器。当频敏变阻器的线圈中流过交流电时，在铁心中便产生交变的磁通，并在铁心中产生铁耗。因为频敏变阻器的铁心用较厚的铁板叠成，磁通在铁心中引起的涡流损耗比普通变压器大得多。它的等效电路如图 14.7(b)，其中 R_1 是线圈中的电阻，X 是线圈的电抗，R_m 是反映铁心损耗的等效电阻。由于涡流损耗与磁通交变的频率的平方成正比，所以，R_m 也随着频率的平方而改变。

　　电动机起动时，转子电流的频率 $f_2 = f_1 = 50$ Hz，频敏变阻器铁心中的磁通变化频率较

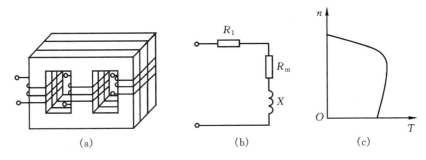

图 14.7　频敏变阻器分析图

(a)频敏变阻器示意图；(b)频敏变阻器等效电路；

(c)绕线式异步电动机接频敏变阻器后的启动转矩曲线

高,铁心损耗大,R_m 也大,相当于串在转子回路的电阻增大,可以限制启动电流,增大启动转矩;起动中随着转子转速的不断升高,转子绕组中的电流频率 $f_2 = sf_1$ 逐渐降低,R_m 随之自动减少,正好满足系统对异步电动机起动的要求。

应用频敏变阻器时,整个起动过程中,开始转子回路频率最高,相当于串的电阻最大,以后频率逐步降低,所串电阻就自动减小,因此整个起动过程的转矩曲线是很平滑的(如图 14.7(c)所示),不会像分段切除启动电阻时引起转矩的冲击;当转子转速接近正常运行的转速时,转子电流的频率很低,反映铁心损耗的等效电阻 R_m 很小。起动过程完成后,应把频敏变阻器切除,转子绕组自行短路。

频敏变阻器是一种静止的无触点变阻器,它具有结构简单,材料和加工要求低,寿命长,使用、维护方便等优点,因而广泛地应用在绕线式异步电动机的起动中。

14.4　改善起动性能的三相笼式异步电动机

普通笼式异步电动机具有很多优点,但其直接启动电流较大,启动转矩却不大。虽然可以用降压起动的方法来减小它的启动电流,但其启动转矩也显著降低。为了改善这种电动机的起动性能,可以从转子槽形着手,利用"集肤效应",使起动时转子电阻增大,以增大启动转矩并减小启动电流,在正常运行时转子电阻又能自动减小,转子铜耗不大,不影响运行时的效率。转子采用深槽式与双笼型就是能改善起动性能的异步电动机。

1. 深槽式异步电动机

深槽式转子槽的分析图见图 14.8。对于定子结构,深槽式异步电动机与普通异步电动机完全一样,但转子结构对应的漏磁通分布如图 14.8(a)所示,它的槽形窄而深,通常槽深 h 与槽宽 b 之比 h/b 为 $10\sim12$。如果设想沿着槽高把笼条导体看作并联股线,这些并联股线两端均为端环短路,所以它们的电压相等,因此各股线的电流按照阻抗的反比来分配。起动时,$s = 1$,转子频率较高,$f_2 = f_1$,转子漏电抗较大,成为漏阻抗的主要成分,因此各位置的电流近似地按照漏电抗的反比例来分析。在图 14.8(a)中,槽底部分的漏磁链最大,故漏电抗也最大,流过电流最少;而槽口部分的漏磁链最小,故漏电抗也最小,流过电流最多。于是大部分电流挤集于导体上部,这种现象就是电流的集肤效应。电流密度沿槽高的分布如图

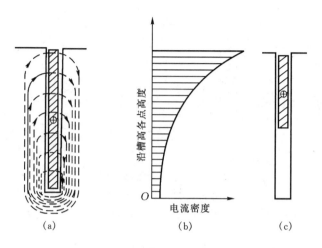

图 14.8　深槽式转子槽的分析图

(a)槽漏磁通的分布；(b)电流密度的分布；(c)转子导条的等效截面

14.8(b)所示，它是自下而上逐步增大。由于电流密度的不均匀分布，使槽底部分的导体在传导电流时所起的作用很小，这相当于导体有效高度及截面积缩小，如图 14.8(c)，因而起动时，转子有效电阻显著增加，起动性能得到改善。当转速达到额定值后，转子频率较低，仅为 $1\sim3$ Hz，转子漏电抗很小，因此各位置的电流将按照它们电阻的反比例来分析。而各位置的电阻有着同样的大小，因此电流密度沿槽高均匀分布，此时转子导体的截面积全部得到利用，因而转子电阻便恢复到较低的正常数值。深槽式异步电动机起动时具有较大的转子电阻，可以改善它的起动性能，而正常运行时，转子电阻仍然减小到正常值，故电动机的运行效率不受影响。

　　因为深槽式转子槽形较深，转子槽漏磁通较多，转子槽漏电抗要比普通笼型转子大一些，因此深槽式异步电动机的功率因数和最大转矩都比同容量的普通笼型转子电机略低。

2. 双笼型异步电动机

　　双笼型转子槽型分析图见图 14.9，对于定子结构，双笼型异步电动机与普通笼型异步电动机完全一样，但转子结构及其漏磁通的分布如图 14.9(a)所示，转子上有两套分开的短路笼。上层笼通常由黄铜或铝青铜等电阻系数较大的材料制成；而下层笼则由电阻系数较小的紫铜制成。因而上笼比下笼的电阻大，即 $R_上>R_下$。如果上、下笼由同一种材料制成，则两层导体的截面积必须选择适当，以保证 $R_上>R_下$，如图 14.9(b)所示。此外，从图 14.9 可以看出：由于下笼匝链的漏磁通比上笼多，因而，下笼比上笼具有较大的电抗，即 $X_下>X_上$。双笼型的特点是：上笼具有较大的电阻，较小的电抗，而下笼具有较小的电阻，较大的电抗。双笼型异步电动机改

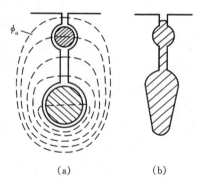

图 14.9　双笼型转子槽型分析图

(a)槽漏磁通的分布；

(b)同一材料的上下笼

善起动性能的工作原理分析如下。

　　该电机的两套短路笼中的电流应该反比于它们的阻抗。在最初起动时,$s=1$,转子频率较高,$f_2=f_1$,转子漏电抗较大,成为漏阻抗的主要成分,因此上、下笼中的电流分布基本上反比于漏电抗,由于下笼的电抗大于上笼,故电流都挤集于上笼。而上笼的电阻较大,功率因数较高,因此能产生较大的启动转矩。由于起动时上笼起着主要作用,故称它为起动笼,有时又叫起动器。

　　随着转速上升达到额定值,转子频率较低,与电阻相比漏电抗很小,故电阻成为阻抗中的主要成分。上、下笼中的电流近似地按照它们电阻的反比例来分配,而下笼的电阻要比上笼小,故下笼的电流显著地增大,产生较大的工作转矩。由于正常工作时下笼起着主要作用,故称它为运行笼。由于运行笼的电阻小,铜耗较小,故能保证正常运行时效率较高。

　　双笼型异步电动机的 $T=f(s)$ 曲线如图14.10 所示,其中 $T_上$ 是起动笼所产生的转矩,$T_下$ 是运行笼所产生的转矩,这两个转矩的合成,便是双笼型转子异步电动机所产生的总转矩 T。从图中曲线可以看到:由于起动笼的存在,使启动转矩大为提高,同时,由于工作笼的存在,在额定负载下运行时,不致于因为过大的转差率而产生较大的转子铜耗。

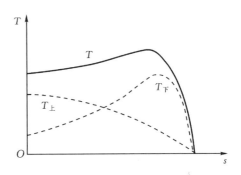

图 14.10　双笼型异步电动机的 $T=f(s)$曲线

　　双笼型异步电动机转子槽漏电抗也比同容量的普通笼型转子大一些,所以功率因数和最大转矩也稍低。改变上笼和下笼的几何尺寸或所用材料,可以比较灵活地获得所需要的机械特性曲线,这方面它优于深槽式异步电动机。

14.5　异步电动机的调速方法综述

　　异步电动机(特别是笼式异步电动机)具有结构简单、坚固耐用、维护简便、造价低廉、对环境要求不高及使用交流电源等特点,在工农业生产及很多领域得到了广泛的应用。但一般认为异步电动机的调速性能不如直流电动机好,在调速要求比较高的场合,总是使用直流电动机。随着现代控制理论和电力电子器件的发展及计算机控制的应用,异步电动机的变频调速技术得到了很大的提高,在调速性能、可靠性及造价等方面,都能与直流调速系统相媲美。随着设计研究工作的进一步提高,包括异步电动机调速在内的交流调速技术将在各个领域得到更广泛的应用,最终甚至可能取代直流调速系统。

　　从基本理论上讲,异步电动机的转速公式为

$$n = n_1(1-s) = \frac{60f_1}{p}(1-s)$$

由上式可知,改变异步电动机的转速可从三个方面入手:

　　(1) 改变电动机定子极对数;

（2）改变电源频率；

（3）改变电机的转差率。

这样,对应的就有各种不同的调速方法。对笼式异步电动机可以采用变极调速、变频调速和改变定子电压调速,对绕线型异步电动机还可以采用转子回路串电阻、串级调速等方法,另外还可以在转子轴上安装电磁滑差离合器进行调速。不同的调速方法有不同的特点,适用不同类型的负载。

下面几节分别介绍几种主要的常用调速方法。

14.6　三相异步电动机的变极调速

三相异步电动机定子绕组产生的旋转磁场的同步转速 $n_1 = \dfrac{60 f_1}{p}$。在电源频率一定的情况下,改变定子绕组的极对数,同步转速 n_1 就发生变化。电动机的转速随之改变。

改变定子绕组极对数的方法有:

（1）在定子中安放两套极对数不同的独立绕组;

（2）在一套定子绕组中,改变它的连接方法,得到不同的极对数;

（3）在定子槽中安放两套极对数不同的独立绕组,而每套独立绕组又可以分别改变它的连接方法。两种方法配合可以得到更多的调速极对数。

本节主要论述用一套定子绕组,改变它的连接方法,得到不同的极对数的方法,即单绕组变极异步电动机。

变极调速的方法只适应于笼式电机,所以变极调速异步电动机的转子都是笼式的,以便自动适应不同的极对数。

变极调速的优点是,设备简单,运行可靠,机械特性较硬,有适应恒转矩或恒功率调速能力。其局限性是,变极调速只能是一级一级地改变转速,而不是平滑地连续调节,主要用于只需要等级调速而不要求连续调节的场合。使用变极调速可以使设备的结构大为简化。此外,由于变极调速电动机在设计上要兼顾两种极对数下的性能,所以,在每一种速度下,其性能比同容量的普通单速异步电动机差一些。

14.6.1　单绕组变极三相异步电动机的变速原理

所谓单绕组变极异步电动机即使用一套绕组分析,通过改接得到不同的极对数。以定子绕组极数变化一倍时的改接方法来说明,变极调速原理图如图 14.11 所示。在图 14.11(a) 的接法中,定子绕线产生的是 4 极磁势,同步转速是 1 500 r/min。当把绕组的一半线圈 $(A_2 - X_2)$ 反接后,线圈 $A_2 - X_2$ 中的电流方向就反了,这时定子绕组产生的是 2 极磁势,如图 14.11(b) 及(c)所示。这种通过改变部分线圈电流方向达到改变电动机极数的方法,称为电流反向变极法,其实质是使其一半导体电流方向改变即可变极变速。

由图可知,电机中线圈安装位置并不需要变动,只要将线圈的接线端引出,在电机的外部改变定子绕组的接法,就可以得到两种不同的极数,从而得到两种不同的转速,这种电动机称为单绕组双速电动机。当然,要实现它需要更多的引出线,一般异步电动机三相引出 6

个接线端,单绕组双速电动机至少需要引出 9 个接线端。

比较图 14.11(b)和(c),它们都产生 2 极磁势,但在图(b)中两个线圈 $A_1 - X_1$ 及 $A_2 - X_2$ 是串联的,图(c)中 $A_1 - X_1$ 及 $A_2 - X_2$ 是并联的,可以根据电动机变极后的负载的要求来选择串联或并联。

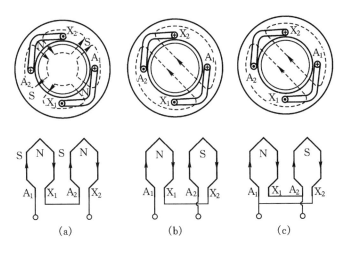

图 14.11　变极调速原理图

(a) 4 极接线;(b) 2 极串联接法;(c) 2 极并联接法

14.6.2　单绕组变极三相异步电动机的转动方向分析

需要注意,在单绕组变极异步电动机绕组联接改变后,应将 B、C 两个引出端交换,才能保持两种转速下的转向相同。变极后三相间电角度分析图如图 14.12 所示。因为在少极数时,B、C 两相与 A 相的相位关系分别为滞后 $120°$、$240°$,如图 14.12(a)所示;而改为倍极时,空间的电角度增加一倍,而引线端未变,此时三相引出端中,B 相滞后 A 相 $240°$,C 相滞后 A 相 $480°$(即滞后 $120°$),如图 14.12(b),此时三相绕组的相序实际上为 A、C、B。因此,单绕组变极调速的同时转向也改变了,若要保持原转向时,就需将任意两相引出线对调。

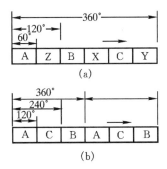

图 14.12　变极后三相间电角度分析图

(a)少极时为 $60°$相带;(b)多极时为 $120°$相带

14.6.3　变极三相电动机接法及其功率与转矩的关系

改变定子绕组接线方式使半相绕组电流反向,从而实现变极。还有其它方法,下面仅介绍两种常用的典型的变极方法(设其为倍极比变速,即高速比低速的速度高一倍),然后定性分析两种极数下功率和转矩的特点。

1. △－YY 变极调速

△和 YY 是指变极调速时,两种极数的接法。其中,低速接法为 △,高速接法为 YY,△－YY 变极调速分析图如图 14.13 所示。图 14.13(b)与图 14.13(a)相比,一半绕组的电流反向,实现了变极。

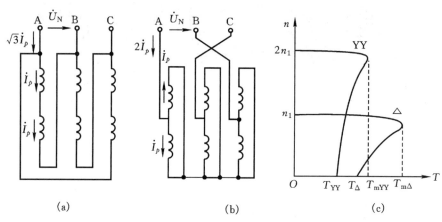

(a)   (b)   (c)

图 14.13 △－YY 变极调速分析图

(a) 低速接法:△,同步转速 n_1;(b) 高速接法:YY,同步转速 $2n_1$;

(c) △－YY 变极调速机械特性

两种运行情况下,若同要保持电源电压 U_1 不变,且设每个线圈允许流过的电流为 I_p,则电动机在不同极数时允许的输出功率为

$$P_{2(\triangle)} = 3U_1 I_p \eta_{(\triangle)} \cos\varphi_{(\triangle)} \tag{14.1}$$

$$P_{2(YY)} = 3\frac{U_1}{\sqrt{3}} \times 2I_p \eta_{(YY)} \cos\varphi_{(YY)} \tag{14.2}$$

$$\frac{P_{2(YY)}}{P_{2(\triangle)}} = \frac{2}{\sqrt{3}} = 1.1547 \tag{14.3}$$

其中下标(△)为低速的量,下标(YY)为高速的量。若不考虑两种极数下 $\cos\varphi$ 和 η 的变化,则由上式可以看出,在 △－YY 接法时,两种极数下绕组中流过相同电流的前提下,电动机的转速增大一倍,输出功率只增大 15.47%。

两种极数下运行的输出转矩为

$$T_{2(\triangle)} = \frac{P_{2(\triangle)}}{\Omega} \tag{14.4}$$

$$T_{2(YY)} = \frac{P_{2(YY)}}{2\Omega} \tag{14.5}$$

$$\frac{T_{2(\triangle)}}{T_{2(YY)}} = 2\frac{P_{2(\triangle)}}{P_{2(YY)}} = 2 \times \frac{\sqrt{3}}{2} = 1.7321 \tag{14.6}$$

Ω 是转子旋转的角速度,可知低速时的输出转矩为高速时的 1.7321 倍。

由上面分析可知,当绕组的线圈中流过相同的电流时,△－YY 接法适合带动恒功率类型的负载运行。

2. Y－YY 变极调速

低速接法为 Y,高速接法为 YY,Y－YY 变极调速分析图见图 14.14。图 14.14(b)与图 14.14(a)相比,一半绕组的电流反向,实现了变极。

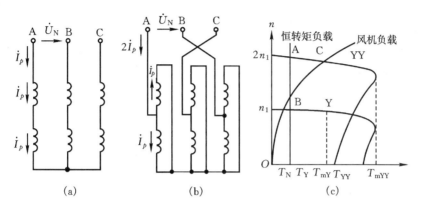

图 14.14　Y－YY 变极调速分析图

(a)低速时 Y 接法,$2p$ 个极,同步速 n_1;(b)高速时 YY 接法,p 个极,同步速 $2n_1$;

(c) Y－YY 变极调速机械特性

若保持电源电压 U_1 不变,且设每个线圈允许流过的电流为 I_p,则电动机在不同极数时允许的输出功率为

$$P_{2(Y)} = 3\frac{U_1}{\sqrt{3}}I_p\eta_{(Y)}\cos\varphi_{(Y)} \tag{14.7}$$

$$P_{2(YY)} = 3\frac{U_1}{\sqrt{3}}2I_p\eta_{(YY)}\cos\varphi_{(YY)} \tag{14.8}$$

其中下标(Y)为低速的量,下标(YY)为高速的量。

若不考虑两种极数下 $\cos\varphi$ 和 η 变化,则

$$\frac{P_{2(YY)}}{P_{2(Y)}} = 2 \tag{14.9}$$

由上式可以看出,在 Y－YY 接法时,两种极数下绕组中流过相同电流的前提下,高速时比低速时电动机允许的输出功率增大一倍。

两种极数下运行的输出转矩为

$$T_{2(Y)} = \frac{P_{2(Y)}}{\Omega} \tag{14.10}$$

$$T_{2(YY)} = \frac{P_{2(YY)}}{2\Omega} \tag{14.11}$$

$$\frac{T_{2(Y)}}{T_{2(YY)}} = \frac{P_{2(Y)}}{P_{2(YY)}}\frac{2\Omega}{\Omega} = 1 \tag{14.12}$$

Ω 是转子旋转的角速度,可知两种转速下电动机的输出转矩接近不变。

由上面分析可知,当绕组的线圈中流过相同的电流时,Y－YY 接法适合带动恒转矩类型的负载运行。

14.7 异步电动机变频调速

当改变电源的频率 f_1 时,异步电动机的同步转速 $n_1 = \dfrac{60f_1}{p}$ 与频率成正比变化,于是异步电动机转速 n 也随之改变。所以改变电源的频率就可以调节异步电动机的转速。

额定频率称为基频,变频调速时可以从基频向上调(亦转速从基速向上调),也可以从基频向下调(转速从基速向下调),但两种方式各自必须满足一定的要求。

14.7.1 从基频向低变频调速

我们知道,三相异步电动机每相电压为

$$U_1 \approx E_1 = 4.44 f_1 N_1 k_{w1} \Phi_1$$

如果降低电源频率时还保持电源电压额定不变,则随着 f_1 下降,磁通 Φ_1 增加。电动机磁路本来就刚进入饱和状态,Φ_1 增加,磁路就过饱和,励磁电流会急剧增加,这是不允许的。因此,降低电源频率时,必须同时降低电源电压。降低电源电压 U_1 主要有两种控制方法。

1. 保持 $\dfrac{E_1}{f_1} =$ 常数

降低频率 f_1 调速,保持 $\dfrac{E_1}{f_1} =$ 常数,则 $\Phi_1 =$ 常数,是恒磁通控制方式。

在这种变频调速过程中,电动机的电磁转矩为

$$T = \frac{P_{\mathrm{M}}}{\Omega_1} = \frac{m_1 I_2'^2 \dfrac{R_2'}{s}}{\dfrac{2\pi n_1}{60}} = \frac{m_1 p}{2\pi f_1} \left[\frac{E_2'}{\sqrt{\left(\dfrac{R_2'}{s}\right)^2 + (X_{2\sigma}')^2}} \right]^2 \frac{R_2'}{s}$$

$$= \frac{m_1 p f_1}{2\pi} \left(\frac{E_1}{f_1}\right)^2 \frac{\dfrac{R_2'}{s}}{\left(\dfrac{R_2'}{s}\right)^2 + X_{2\sigma}'^2}$$

$$= \frac{m_1 p f_1}{2\pi} \left(\frac{E_1}{f_1}\right)^2 \frac{1}{\dfrac{R_2'}{s} + \dfrac{s X_{2\sigma}'^2}{R_2'}} \tag{14.13}$$

求出最大转矩 $T_{\max}$ 及相应的临界转差率 s_{m}:

$$\frac{\mathrm{d}T}{\mathrm{d}s} = \frac{m_1 p f_1}{2\pi} \left(\frac{E_1}{f_1}\right)^2 \frac{-\left(-\dfrac{R_2'}{s^2} + \dfrac{X_{2\sigma}'^2}{R_2'}\right)}{\left(\dfrac{R_2'}{s} + \dfrac{s X_{2\sigma}'^2}{R_2'}\right)^2} = 0 \tag{14.14}$$

得

$$s_{\mathrm{m}} = \frac{R_2'}{X_{2\sigma}'} = \frac{R_2'}{2\pi f_1 L_{2\sigma}'} \tag{14.15}$$

把式(14.15)代入式(14.13),此时 $s = s_{\mathrm{m}}$,则

$$T_{\max} = \frac{1}{2} \frac{m_1 p}{2\pi} \left(\frac{E_1}{f_1}\right)^2 \frac{1}{2\pi L_{2\sigma}'} = 常数 \tag{14.16}$$

式中 $L'_{2\sigma}$ 为转子静止时漏电感系数折算值，$X'_{2\sigma} = 2\pi f_1 L'_{2\sigma}$。

最大转矩处的转速降落为

$$\Delta n_{\mathrm{m}} = s_{\mathrm{m}} n_1 = \frac{R'_2}{X'_{2\sigma}} \frac{60 f_1}{p} = \frac{R'_2}{2\pi L'_{2\sigma}} \frac{60}{p} = 常数 \tag{14.17}$$

从式(14.16)与式(14.17)看出：变频调速时，若保持 $\dfrac{E_1}{f_1} = $ 常数，最大转矩 $T_{\max} = $ 常数，与频率无关；并且最大转矩处转速降落相等，也就是不同频率的各条机械特性是平行的，硬度相同。

根据式(14.13)画出此时的机械特性曲线，得到恒磁通变频调速机械特性曲线如图 14.15 所示。这种调速方法与他励直流电动机降低电源电压调速类似，机械特性较硬，调速范围宽，而且稳定性好。由于频率可以连续调节，因此变频调速为无级调速，平滑性好。另外，电动机在不同转速下正常运行时，转差率 s 均较小，因此转子电阻损耗 sP_{M} 较小，效率较高。

可以证明，保持 $\dfrac{E_1}{f_1} = $ 常数的变频率调速方法为恒转矩调速方式，证明从略。

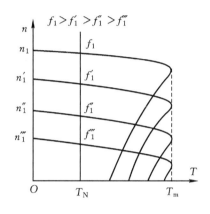

图 14.15　恒磁通变频调速机械特性曲线

2. 保持 $\dfrac{U_1}{f_1} = $ 常数

由电磁转矩公式求导可得

$$s_{\mathrm{m}} = \frac{R'_2}{\sqrt{R_1^2 + (X_{1\sigma} + X'_{2\sigma})^2}} \tag{14.18}$$

$$\begin{aligned} T_{\max} &= \frac{1}{2} \frac{m_1 p U_1^2}{2\pi f_1 \left[R_1 + \sqrt{R_1^2 + (X_{1\sigma} + X'_{2\sigma})^2} \right]} \\ &= \frac{1}{2} \frac{m_1 p}{2\pi} \left(\frac{U_1}{f_1} \right)^2 \frac{f_1}{R_1 + \sqrt{R_1^2 + (X_{1\sigma} + X'_{2\sigma})^2}} \end{aligned} \tag{14.19}$$

从式(14.19)看出，保持 $\dfrac{U_1}{f_1} = $ 常数，降低频率调速时，$T_{\max} \neq $ 常数。$(X_{1\sigma} + X'_{2\sigma})$ 是随着电源频率下降而变小的参数，但是 R_1 与频率无关。

分两种情况讨论：(1)当 f_1 接近额定频率时，$R_1 \ll (x_{1\sigma} + x'_{2\sigma})$，随着 f_1 下降 $T_{\max}$ 下降不多，基本接近恒磁通调速的特性；(2)当 f_1 较低时，$(x_{1\sigma} + x'_{2\sigma})$ 比较小，R_1 相对较大，这时随着 f_1 下降 $T_{\max}$ 下降较大。

保持 $\dfrac{U_1}{f_1} = $ 常数时变频调速时的机械特性曲线如图 14.16 所示。其中虚线部分是恒磁通调速时 $T_{\max}$

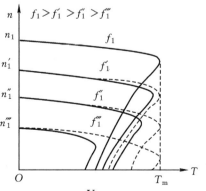

图 14.16　保持 $\dfrac{U_1}{f_1} = $ 常数时变频调速的机械特性曲线

＝常数的机械特性,以示比较。显然保持 $\dfrac{U_1}{f_1}$ ＝常数时的机械特性不如保持 $\dfrac{E_1}{f_1}$ ＝常数时的机械特性,特别在低频低速运行时,还可能会拖不动负载。

保持 $\dfrac{U_1}{f_1}$ ＝常数,降低频率调速近似为**恒转矩调速**方式,证明从略。

14.7.2　从基频向高变频调速

电源电压高于电机的额定电压是不允许的,因此由基频升高频率向上调速时,只能保持电压 U_N 不变,频率越高,同步转速越高,磁通 Φ_1 越小。所以这是一种减小磁通升速的方法,好似他励直流电动机弱磁调速。

由电磁转矩公式求导,且考虑由于 f_1 较高,R_1 比 $X'_{2\sigma}$,$X'_{1\sigma}$ 及 $\dfrac{R'_2}{s}$ 都小得多,忽略 R_1,故最大转矩

$$T_{\max} = \frac{1}{2}\,\frac{m_1 p U_1^2}{2\pi f_1\left[R_1 + \sqrt{R_1^2 + (X_{1\sigma} + X'_{2\sigma})^2}\right]}$$

$$\approx \frac{1}{2}\,\frac{m_1 p U_1^2}{2\pi f_1 (X_{1\sigma} + X'_{2\sigma})} \propto \frac{1}{f_1^2} \tag{14.20}$$

$$s_{\mathrm{m}} = \frac{R'_2}{\sqrt{R_1^2 + (X_{1\sigma} + X'_{2\sigma})^2}} \approx \frac{R'_2}{X_{1\sigma} + X'_{2\sigma}}$$

$$= \frac{R'_2}{2\pi f_1 (L_{1\sigma} + L'_{2\sigma})} \propto \frac{1}{f_1} \tag{14.21}$$

最大转矩处的转速降落

$$\Delta n_{\mathrm{m}} = s_{\mathrm{m}} n_1 = \frac{R'_2}{2\pi f_1 (L_{1\sigma} + L'_{2\sigma})}\,\frac{60 f_1}{p} = \text{常数} \tag{14.22}$$

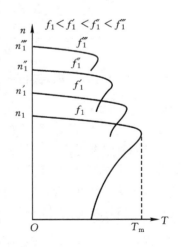

由此可知,频率越高,$T_{\max}$ 越小,s_{m} 也越小,U_N 不变时从基频向上调时的异步电动机机械特性曲线如图 14.17 所示。由 Δn_{m} 近似不变可知,其运行段近似平行。

可以证明,升高 f_1,保持 U_N 不变的变频调速方法,近似为恒功率调速方式,证明从略。

综上所述,三相异步电动机变频调速具有以下几个特点:

(1) 调速范围大;

(2) 转速稳定性好;

(3) 频率 f_1 可以连续调节,变频调速为无级调速;

(4) 从基频向下调速,要保持磁通基本不变,为恒转矩调速;从**基频向上调速**,要保持电压 U_N 不变,**近似为恒功率调速**。

异步电动机变频调速具有很好的调速性能,可与直流电动机调速相媲美。

图 14.17　U_N 不变时从基频向上调时的异步电动机机械特性曲线

14.8 改变定子电压调速

异步电动机的电磁转矩与定子电压 U_1 的平方成正比。通过调节定子电压,可以改变电动机的机械特性曲线,从而改变电动机在一定输出转矩下的转速,称为调压调速。三相异步电动机调压调速接线原理图如图 14.18 所示。

异步电动机调压调速是一种比较简便的调速方法。过去主要利用自耦变压器或饱和电抗器串在定子三相电路中实现,其原理图分别如图 14.18(a)和(b)所示。目前多用晶闸管交

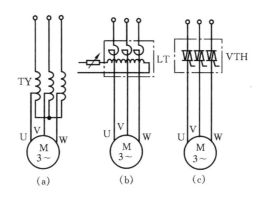

图 14.18 三相异步电动机调压调速接线原理图
(a)用自耦变压器实现调压调速;(b)用饱和电抗器实现调压调速;
(c)用双向晶闸管交流调压器实现调压调速

流调压器串在定子三相电路中实现如图 14.18(c)所示。在电源电压不变的情况下,通过调节自耦变压器 TY 或饱和电抗器的励磁电流,改变施加在电动机定子绕组上的电压;或者改变晶闸管的导通角,调节电动机的端电压。

由异步电动机的机械特性分析可以得知,电磁转矩与最大转矩都随 U_1 的平方成正比变化,而出现最大转矩对应的转差率 s_m 保持不变。图 14.19 中表示了异步电动机在 $U_1=U_N$、$U_1=0.7U_N$ 和 $U_1=0.5U_N$ 时的三条机械特性曲线。

由图可见,当带恒转矩负载时,改变定子电压 U_1,可以得到 A、B、C 等点的不同转速,达到调速的目的。但该方法调速范围较小,在空(或轻)载时调速范围更小或转速基本不变。D 点为不稳定工作点。在稳定工作点 A、B、C 点,转差率的变化范围为 $0 \sim s_m$。可以看出,普通笼式异步电动机带恒转矩负载不适宜采用调压调速方法。

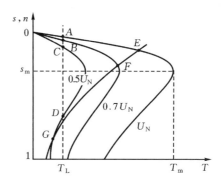

图 14.19 异步电动机在不同电压下的机械特性曲线

如果带风机水泵等平方转矩类负载,则工作点为 E、F,特别在超过 s_m 的 G 点也可以运行,但要注意在超过 s_m 时可能出现过电流现象。对风机、水泵类负载采用调压调速可以较大范围内调节电动机的转矩,可取得明显的节能效果,比较适合采用这种方法。

对转子电阻较大、s_m 较大、有较软机械特性的异步电动机,采用调压调速可以得到较宽的调速范围。为了得到较好的转速稳定性,还可以采用具有速度负反馈的闭环控制系统。

14.9　绕线式转子异步电动机调速

绕线式转子异步电动机主要有在转子回路串电阻调速与串级调速两种调速方法。

14.9.1　在转子回路中串电阻调速

在绕线式电动机转子回路中接入调节电阻 R_{tj},电动机的机械特性曲线 $T=f(s)$ 的形状将发生变化,绕线式三相异步电动机转子串电阻调速分析图见图 14.20。串接的电阻愈大,产生最大转矩时的转差率也愈大。

假设在不同的转速时总负载转矩 T_z 恒定不变,当转子电路未接入电阻时,电动机稳定运行在 a 点,这时电动机产生的转矩刚好与总负载转矩 T_z 相平衡。当电动机的转子回路突然接入电阻 R'_{tj1},由于转子的惯性,电动机的转速还来不及变化,转子电势也未变,于是转子中的电流便因电阻的增加而减小,使电磁转矩也减小。这时电动机产生的转矩小于负载转矩而使转速下降。随着转子转速的下降,转差率 s 增大,电动机的转子电势及电流也逐渐增大,使电动机产生的转矩又重新增大。在 b 点电动机产生的转矩与负载转矩相等,又建立了新的相对平衡而稳定运行,这时电动机的转速降低了,达到了调速的目的。如再增大调节电阻的数值,电动机便将在更低的转速下运行。

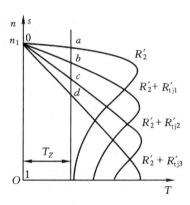

图 14.20　绕线式三相异步电动机转子串电阻调速分析图

例如电动机工作于图 14.20 机械特性曲线上的 a 点与 b 点,由于带动恒转矩负载,因而 $T_a = T_b$,用电磁转矩参数公式表示则为

$$T_a = \frac{m_1}{\frac{2\pi f}{p}} \frac{U_1^2 R'_2/s_a}{\left(R_1 + \frac{R'_2}{s_a}\right)^2 + (X_{1\sigma} + X'_{2\sigma})^2}$$

$$= T_b = \frac{m_1}{\frac{2\pi f}{p}} \frac{U_1^2 \frac{R'_2 + R'_{tj1}}{s_b}}{\left(R_1 + \frac{R'_2 + R'_{tj1}}{s_b}\right)^2 + (X_{1\sigma} + X'_{2\sigma})^2}$$

比较后发现,上式要成立,必有

$$\frac{R'_2}{s_a} = \frac{R'_2 + R'_{tj1}}{s_b} \tag{14.23}$$

等式两边同除以阻抗变比 k_z，则有

$$\frac{R_2}{s_a} = \frac{R_2 + R_{\text{tj1}}}{s_b} \tag{14.24}$$

也就是说，异步电动机带动恒转矩负载工作于 a 点或 b 点，转子中等效总电阻没有变化，转子回路中总阻抗没有变化，定子回路阻抗也没有变化，所以转子回路电流 $\dot{I}_2'$、定子回路电流 $\dot{I}_1$ 不变。根据式(14.24)可以方便的求出满足调速要求的附加电阻 R_{tj1}。

在转子回路串电阻调速的缺点是损耗太大，因为这时有相当一部分功率消耗在调节电阻上。

前面已学过，由定子传送到转子的电磁功率 $P_M = T\Omega_1$，其中 Ω_1 为同步角速度，如果调速过程中 T 不变，P_M 也就保持不变。而电动机产生的机械功率 $P_\Omega = T\Omega$，其中 $\Omega = \frac{2\pi n}{60}$ 为转子角速度，所以 P_Ω 与转速成比例地减小，其余的功率便消耗在转子回路的电阻上。转速愈低，消耗在调节电阻上的功率愈多，电动机的效率也愈低。

在转子回路中串入电阻的调速方法只能用于绕线式电动机。这种方法虽然不经济，但是因为比较简单，在中小容量的绕线式电动机中还用得较多。例如使用交流电源的桥式起重机，目前很大部分采用这种方法调速。

风机水泵类负载 $T \propto n^2$，$P \propto n^3$，随着转速下降，所需功率大大下降，因而 P_M 及 P_1 也大大下降，从而节省了电能。

14.9.2　在转子回路接入附加电势调速——串级调速

1. 串级调速原理

转子回路串电阻调节转速时，将在调节电阻中消耗很大的功率，特别在大容量电机中更为突出。为了使这部分功率不消耗掉，可以采取在转子回路接入附加电势的调速方法。转子回路相量图分析如图 14.21 所示。

在转子中没有接入附加电势时，电机的转差率为 s，转子电流为

$$\dot{I}_2 = \frac{\dot{E}_{2s}}{R_2 + jX_{2\sigma s}} = \frac{s\dot{E}_2}{R_2 + jsX_{2\sigma}} \tag{14.25}$$

$\dot{I}_2$ 与 $s\dot{E}_2$ 的相量关系如图 14.21(a)所示。

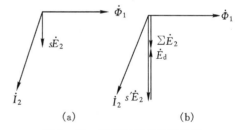

图 14.21　转子回路相量图分析
(a)未串附加电势；(b)串附加电势后

现在在转子回路中接入一个和转子电势同相数、同频率的附加电势 $\dot{E}_d$，则转子每相电流

$$\dot{I}_2 = \frac{s\dot{E}_2 + \dot{E}_d}{R_2 + jsX_{2\sigma}} \tag{14.26}$$

假如附加电势 $\dot{E}_d$ 的相位与 $s\dot{E}_2$ 刚好相反，当附加电势 $\dot{E}_d$ 刚接入的瞬间，转子中的合成电势减小，转子电流 $\dot{I}_2$ 及电磁转矩 T 也随之减小。如果负载转矩 T_c 是恒定值，这时电动机产生的转矩便小于负载转矩，而使电动机减速，转差率 s 增大。根据公式(14.26)可知，当 s 增大时，转子回路的合成电势将增大，转子电流及电磁转矩也将随之增大，直到转差率为 s' 时又使电动机产生的电磁转矩重新满足了 $T = T_c$，于是电动机便在较大的转差率 s' 下稳定运行。

这时 $\dot{I}_2$ 与转子回路的合成电势 $\sum\dot{E}_2$ 的相量关系如图 14.21(b)所示。很明显,在转子回路中串入附加电势可以调节电动机的转速,串入的电势 $\dot{E}_d$ 愈大(指 $\dot{E}_d$ 的相位与 $s\dot{E}_2$ 相反时),电动机的转速便愈低。

由于转子电势的频率是随着转速而变化的,因此要获得和转子同频率的附加电势,往往需要一台辅助电机(如变频机、交流整流子发电机等)与异步电动机的转子绕组串级联接,其装置比较复杂。

2. 可控硅串级调速系统

转速高于同步转速的超同步串级调速系统装置比较复杂,目前国内主要使用低同步串级调速。转子回路中串入与 $s\dot{E}_2$ 极性相反的附加电势 $\dot{E}_d$ 的方案很多,应用最广泛的是晶闸管串级调速系统,其原理图如图 14.22 所示。异步电动机 YD 转子绕组接入一个不可控的整流器,把转子电势 $s\dot{E}_2$ 改变为直流电势。与该整流器相接的是晶闸管逆变器,它可以把转子整流器输出的功率通过逆变变压器 BY 反馈给电网,改变晶闸管逆

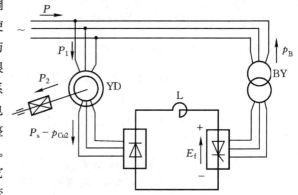

图 14.22　晶闸管串级调速系统原理图

变器的触发脉冲控制角 α,可以改变逆变器两端的电压即改变附加电势 E_d 的大小,实现了异步电动机低同步串级调速。

下面看一下串级调速效率为什么比串电阻调速效率高。

输入给异步电动机的有功功率为 P_1;去掉定子铜损耗 p_{Cu1} 和铁损耗 p_{Fe} 后为电磁功率 P_M;电磁功率中的一部分转变为机械功率 $P_\Omega=(1-s)P_M$;另一部分送入转子回路为转差功率 $P_s=sP_M$。转差功率中一部分消耗于转子电阻上,即 p_{Cu2};转差功率中另一部分(sP_M-p_{Cu2})送入整流器。送入整流器中的功率,再经过可控硅逆变器及逆变变压器回馈给电网。其中,整流器、可控硅逆变器及逆变变压器各装置中损耗为 p_B;回馈给电网的功率为 $P_B=P_s-p_{Cu2}-p_B$;实际上,电网送给串级调速系统的总功率为 $P=P_1-P_B$;电动机输出功率 $P_2=P_\Omega-p_\triangle-p_m$,其中 $p_\triangle$ 为附加损耗。

系统的总效率为

$$\eta=\frac{P_2}{P}$$

串级调速特点如下:

(1) 效率高;

(2) 机械特性较硬,调速范围较宽;

(3) 无级调速;

(4) 主要由于逆变变压器吸收落后性的无功功率等原因,造成了系统总的功率因数较低;已有人研制强迫换流高功率因数串级调速装置。

异步电动机串级调速与变频器调速相比较,都能实现无级调速,具有较高的调速精度。

在调速范围要求不大的情况下,采用异步电动机串级调速方法,转子回路的逆变装置容量和耐压都比较小,比变频器便宜。

绕线式异步电动机串级调速方法,已日益广泛应用于水泵和风机的节能调速,还应用于压缩机、不可逆轧钢机、矿井提升以及挤压机等很多生产机械上。

本章小结

对异步电动机起动特性的要求是:希望启动电流小,启动转矩大。但是,在起动时如不采取任何措施,电动机的启动特性有时不能满足上述要求。

对于笼型异步电动机,如果电网容量允许,应尽量采用直接起动。当电网容量较小时,应采用降低定子电压的方法来减小启动电流,较常用的方法有 Y/△或自耦变压器起动等。但是,降压起动时电动机的启动转矩随电压平方成正比地减小。绕线式电动机起动时,在转子回路中串入电阻,不但使启动电流减小,而且使启动转矩增大。因此,在起动困难的机械中,常采用绕线式电动机。

异步电动机的调速,根据转速公式 $n=\dfrac{60f_1}{p}(1-s)$ 知道,可以通过改变电动机的极数、转差率或电源频率的方法来实现。

变极调速是通过改变电动机定子绕组的连接方法来得到不同的极数和转速。重点分析了倍极比的单绕组双速电动机。单绕组双速电动机的变极原理,同样可用于非倍极比单绕组双速电动机。变极调速电动机广泛用于不需要平滑调速的场合。

本章重点分析了变频调速笼式电动机原理、方法及其良好性能。由于变频器的发展,价格降低,变频调速已成为异步电动机主要的调速方法。

改变定子电压调速比较适合风机、水泵类负载,是一种比较简便和常用的调速方法。

绕线转子异步电动机可采用转子回路串电阻调速及晶闸管串级调速。特别是晶闸管串级调速,调速性能可达到与变频调速相当的程度。目前大型风机、水泵常采用串级调速,达到节电的目的。

习题及思考题

14-1　有一台三相绕线式异步电动机,定、转子绕组均为 Y 型联接,$U_N=380$ V,$n_N=1460$ r/min。已知等效电路的参数为 $R_1=R'_2=0.02$ Ω,$X_{1\sigma}=X'_{2\sigma}=0.06$ Ω。略去励磁电流,起动电机时,在转子回路中接入电阻,当 $I_{st}=2I_N$ 时,试求外串电阻 R' 和启动转矩 T_{st}。

14-2　有一台三相异步电动机,定子绕组 Y 型联接,$U_N=380$ V,$n_N=1460$ r/min,转子为绕线式。已知等效电路的参数为 $R_1=R'_2=0.02$ Ω,$X_{1\sigma}=X'_{2\sigma}=0.06$ Ω,电流及电势变比 $k_i=k_e=1.1$,今要求在起动电机时有 $I_{st}=3.5I_N$,试问:(1)若转子绕组是 Y 形接法,每相应接入多大的启动电阻 R_{st}?(2)此时启动转矩 T_{st} 是多大?

14-3　有一台三相异步电动机,$U_N=380$ V,$2p=8$,定子绕组为 Y 型联接,转子绕组为绕线式,$f_1=50$ Hz,$n_N=700$ r/min。已知等效电路的参数 $R_1=R'_2=0.08$ Ω,

$X_{1\sigma}=X'_{2\sigma}=0.35\ \Omega$。试求:(1) 启动电流及启动转矩(不计励磁电流);(2) 若要限制启动电流为(1)中的一半,则转子绕组中每相应串入多大电阻 R_{st}?(设定、转子之间的电势、电流变比 $k_e=k_i=1$)。

14-4 有一台三相异步电动机,$p=2,P_N=28\ kW,U_N=380\ V,\eta_N=90\%,\cos\varphi_N=0.88$。定子绕组△型联接。已知在额定电压下直接起动时,电网所供给的线电流是电动机额定电流的5.6倍。今改用 Y-△法起动,求电网所供给的线电流 I_{stL}。

14-5 有一台三相异步电动机,定子绕组△型联接。$U_N=380\ V,R_m=1\ \Omega,X_m=6\ \Omega$,$R_1=R'_2=0.075\ \Omega,X_{1\sigma}=X'_{2\sigma}=0.3\ \Omega,n_N=1480\ r/min$。现采用自耦变压器降压起动,自耦变压器变比 $k_a=\sqrt{3}$,试求此时的:(1) 电动机本身的每相启动电流 $I_{st机}$;(2) 电网供给的线电流 I_{stL};(3) 启动转矩 T_{st}。

14-6 有一台三相异步电动机,$f=50\ Hz,2p=4,n_N=1450\ r/min$,转子是绕线式,$R_2=0.02\ \Omega$。如维持电机转轴上的负载转矩为额定转矩,使转速下降到 $1000\ r/min$,试求:(1) 转子回路中要串入多大的电阻 R_{tj}?(2) 此时转子电流是原来数值的几倍?

14-7 有一台三相异步电动机,$P_N=100\ kW,f=50\ Hz,2p=4,n_N=1475\ r/min$,机械损耗为额定输出的1%,如在负载转矩保持不变的情况下,在转子绕组中接入电阻,使转速下降到 $750\ r/min$,求消耗在这个电阻中的功率 P_R。

14-8 有一台三相异步电动机,$P_N=155\ kW,p=2$,转子是绕线式,转子每相电阻 $R_2=0.012\ \Omega$。已知在额定负载下转子铜耗为2210 W,机械损耗为2640 W,附加损耗为310 W,试求:(1) 此时的转速 n_N 及电磁转矩 T;(2) 若(1)中的电磁转矩保持不变,而将转速降到 $1\ 300\ r/min$,应该在转子的每相绕组中串入多大电阻 R_{tj}?此时转子铜耗 p_{Cu2} 是多少?

14-9 有一台三相异步电动机,$f=50\ Hz,2p=4,n_N=1475\ r/min$,转子是绕线式,$R_2=0.02\ \Omega$。若负载转矩不变,要把转速下降到 $1200\ r/min$,试求在每相转子绕组中应串入多大的电阻 R_{tj}?

14-10 解释异步电动机各种工作特性曲线的形状。

14-11 在额定转矩不变的条件下,如果把外施电压提高或降低,电动机的运行情况 $(P_1,P_2,n,\eta,\cos\varphi)$ 会发生怎样的变化?

14-12 为什么异步电动机最初启动电流很大,而最初启动转矩却并不太大?

14-13 在绕线转子异步电动机转子回路内串电阻起动,可以提高最初启动转矩,减少最初启动电流,这是什么原因?串电感或电容启动,是否也有同样效果?

14-14 启动电阻不加在转子内,而串联在定子回路中,是否也可以达到同样的目的?

14-15 两台相同的异步电动机,转轴机械耦合在一起,如果起动时将它们的定子绕组串联以后接在电网上,起动完毕以后再改成并联,试问这样的起动方式,对最初启动电流和转矩有怎样的影响?

14-16 绕线转子三相异步电动机,如果将它的三相转子绕组接成△型短路与接成 Y 型短路,对起动性能和工作性能有何影响?为什么?

14-17 简述绕线转子异步电动机转子回路中串电阻调速时,电动机内所发生的物理过程。如果负载转矩不变,在调速前后转子电流是否改变?电磁转矩及定子电流会变吗?

14-18 在绕线转子回路中串入电抗器是否能调速？此时 $T=f(s)$ 曲线，$\cos\varphi$ 等性能会发生怎样的变化？

14-19 一台异步电动机的好坏，应从哪几个方面性能来衡量？怎样才算一台好的异步电动机？

14-20 某一笼式异步电动机的转子，绕组的材料原为铜条，今因转子损坏改用一结构形状及尺寸全同的铸铝转子，试问这种改变对电机的工作和起动性能有何影响？

14-21 单绕组变极电机速度切换时应注意哪两个问题？

14-22 变频调速有哪两种控制方法？试述其性能区别。

14-23 与直流电机比较，异步电动机优势在哪里？调速性能方面，异步电动机优势在哪里？

第15章 单相异步电动机

单相异步电动机就是指用单相交流电源的异步电动机。

单相异步电动机结构简单,而且只需要单相电源供电,使用方便,因此被广泛应用于工业和日常生活的各个方面,以家用电器、电动工具、医疗器械等使用较多。与同容量的三相异步电动机比较,单相异步电动机的体积较大,运行性能稍差,因此,一般只做成小容量的。

15.1 单相异步电动机结构及分类

单相异步电动机的定子通常装有工作绕组(也称主绕组)m 和起动绕组(也称辅绕组)a,两套绕组在空间相差 90°电角度。单相异步电动机的铁心,除罩极式电动机具有凸出的磁极外,其它各类与普通三相异步电动机类似。

单相异步电动机的转子都是笼式,与三相笼式电动机基本相同。

根据起动方式和运行方式的不同,单相异步电动机分为下列一些类型:

(1) 单相电阻分相起动异步电动机,型号 YU;

(2) 单相电容分相起动异步电动机,型号 YC;

(3) 单相电容运转异步电动机,型号 YY;

(4) 单相电容起动与运转异步电动机(双值电容),型号 YL;

(5) 单相罩极式异步电动机。

15.2 单相异步电动机的磁场和机械特性

15.2.1 一相定子绕组通电时的磁场和机械特性

从交流电机绕组产生磁势的原理知道,若单相异步电动机只有主绕组 m 通入单相交流电流时,只考虑基波,则产生空间正弦分布的脉振磁势

$$f_p(x,t) = F_p \cos x \cos \omega t = \frac{1}{2} F_p \cos(x-\omega t) + \frac{1}{2} F_p \cos(x+\omega t) = f_+ + f_- \quad (15.1)$$

上式中

$$f_+ = \frac{1}{2} F_p \cos(x-\omega t) \quad (15.2)$$

$$f_- = \frac{1}{2} F_p \cos(x+\omega t) \quad (15.3)$$

比较式(15.2)与前面章节所讲的旋转磁势表达式完全相同,因而可以看出 f_+ 也是一个圆形旋转磁势,它的幅值为 $\frac{1}{2} F_p$,转向正向,转速为 n_1。比较式(15.3)与式(15.2),这两个公式的形式基本相同,$\frac{1}{2} F_p \cos(x-\omega t)$ 为正向旋转的磁势,$\frac{1}{2} F_p \cos(x+\omega t)$ 随着时间 t 增加,

其波幅向 x 反方向运动,故 f_- 为反向旋转磁势,它的幅值与正向旋转磁势相等,转速也为 n_1。因此,一相绕组产生的脉振磁势,可以分解成为两个大小相等,转速相同,转向相反的旋转磁势。单相异步电动机转子在脉振磁势作用下受到的电磁转矩,就等于在正转磁势 f_+ 和反转磁势 f_- 分别作用下受到的电磁转矩的合成。

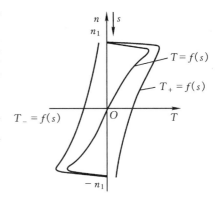

在三相异步电动机原理分析中,我们对旋转磁势及其产生的电磁转矩已经很熟悉了。那么单相异步电动机中,笼型转子在正转磁势作用下产生的电磁转矩 T_+ 或反转磁势产生的电磁转矩 T_-,与三相异步电动机作用原理相同,$T_+=f(s)$ 与 $T_-=f(s)$ 两条特性曲线合成为 $T=f(s)$ 曲线。主绕组一相通电时单相异步电动机的机械特性分析图如图 15.1 所示。单相异步电动机转子在脉振磁势作用下的转矩为 $T=T_++T_-$,$T=f(s)$ 为主绕组通电时的机械特性曲线,为 $T_+=f(s)$ 与 $T_-=f(s)$ 两条曲线的合成。

图 15.1　主绕组一相通电时单相异步电动机的机械特性分析图

由于一相绕组通电时的 f_+ 与 f_- 的幅值相等,因此,$T_+=f(s)$ 与 $T_-=f(s)$ 是对称的。机械特性 $T=f(s)$ 具有下列特点:

(1) 当转速 $n=0$ 时,电磁转矩 $T=0$,即无启动转矩,电机不能够自行起动。

(2) 如果由于其它原因,能够使电动机正转起来,则 $T>0$,电磁转矩将使电动机继续正向旋转并稳定运行,电动机的稳定运行点在机械特性的第一象限;同理其它原因使电动机反向旋转起来,则 $T<0$,电磁转矩将使电动机反向旋转,稳定运行点在机械特性的第三象限。正转时,转子对正向旋转磁势的转差率为 s,对反向旋转磁势的转差率为 $2-s$,所以 T_+ 为拖动转矩,T_- 为制动转矩;同理,反转时 T_- 为拖动转矩,T_+ 为制动转矩。

(3) 无论正向还是反向旋转,理想空载转速 $n_0<n_1$。

综上所述,单相异步电动机定子如果只有主绕组,则无启动转矩,可以运行,但无固定转向。

15.2.2　两相定子绕组通电时的磁场和机械特性

当单相异步电动机主绕组与辅绕组分别通入不同相位的两相交流电流时,只考虑基波,一般情况下产生椭圆旋转磁势 f。一个椭圆旋转磁势也可以分解成两个旋转磁势,一个是正转磁势 f_+,一个是反转磁势 f_-。笼式转子在 f_+ 作用下产生电磁转矩 T_+,$T_+=f(s)$ 为正向机械特性。在 f_- 作用下,产生电磁转矩 T_-,$T_-=f(s)$ 为反向机械特性。若 $F_+>F_-$,则 $T_+=f(s)$ 与 $T_-=f(s)$ 不对称。这样合成转矩特性 $T=f(s)$ 即机械特性为不过坐标原点的一条曲线。椭圆磁势时单相异步电动机的机械特性分析图如图 15.2 所示。

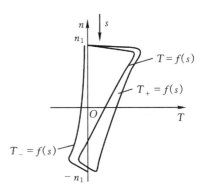

图 15.2　椭圆磁势时单相异步电动机的机械特性分析图

从图 15.2 椭圆磁势时单相异步电动机机械特性中

看出：$F_+ > F_-$ 的情况下，当 $n=0$ 时，$T>0$，这就是说电动机有正向启动转矩，可以正向起动。当 $n>0$，$T>0$，即电动机起动后仍能继续运行。

根据旋转磁势的性质可知，当两相绕组 m 和 a 通入相位相差 90° 的两相交流电流且两绕组的磁势幅值相等，则可产生圆形旋转磁势，即 $F=F_+$，$F_-=0$。此时电动机转矩 $T=T_+$，$T_-=0$，机械特性 $T=f(s)$ 与三相异步电动机机械特性的情况相同。起动时若能产生圆形旋转磁势，则启动转矩相对比椭圆磁势时的大。

15.3　各种类型的单相异步电动机

从上面分析的结果看出，单相异步电动机的关键问题是如何起动的问题，而产生启动转矩的必要条件是：

① 定子具有空间不同位置的两个绕组；

② 两相绕组中通入不同相位的交流电流。

单相异步电动机的优点主要是使用单相交流电源，但是必须解决其起动问题，也就是如何把工作绕组与起动绕组中的电流相位分开，即所谓的"分相"，这个是单相异步电动机具有的特殊问题。单相异步电动机的分类，也就以两组绕组不同的电流分相方法而区别。

1. 单相电阻起动异步电动机

接在单相交流电源上的主、辅绕组，在空间错开 90° 电角度，主绕组电感较大，辅绕组电阻较大，这样两个绕组中的电流就有了相位差，电动机可以起动。同时辅绕组电路中串入起动开关触头；转子上有笼型绕组和起动开关（通常为离心开关），单相电阻分相异步电动机接线图如图 15.3 所示。起动过程中，主、辅两绕组同时工作，当转子转速上升到同步转速的 75%～80% 时，离心开关使得触头断开，辅绕组被切断，由主绕组单独工作，电动机运行。

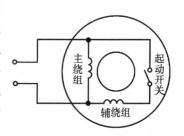

图 15.3　单相电阻分相异步
电动机接线图

电阻分相起动的另一种方法，将一种非线形电阻 PTC 串联在辅绕组回路，这种方法不需要起动开关。PTC 电阻的特性是冷态阻值很小，发热后阻值很大。起动时 PTC 电阻在冷态，辅绕组是接通的，这时两个绕组中有相位差的电流产生启动转矩，电动机起动。接通电源电动机转动后时间不长，PTC 电阻发热，其阻值变得很大，相当于断开了辅绕组回路，只有主绕组接电运行。使用 PTC 电阻起动的电动机，在停转后不能立即起动。由于未冷却的 PTC 电阻阻值很大，立即起动会造成只有主绕组一相通电，启动转矩为零，电动机转不起来，长时期通入很大的启动电流会烧坏主绕组。比如冰箱压缩机电机，采用了串 PTC 电阻起动，规定每次停机后至少要等 3～5 分钟，使 PTC 电阻冷却后再起动。

电阻分相起动时的电流关系及机械特性曲线如图 15.4 所示。单相电阻分相起动异步电动机由于两个绕组回路的阻抗值不同，使得两个绕组中的启动电流有相位差，即辅绕组的电流 $\dot{I}_a$ 超前主绕组的电流 $\dot{I}_m$，其相量图见图 15.4(a)，其机械特性曲线如图 15.4(b) 所示。

单相电阻分相起动异步电动机的机械特性如图 15.4(b) 所示。其中曲线 1 是起动时两

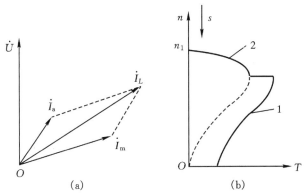

图 15.4　电阻分相起动时的电流关系及机械特性曲线
(a)相量图；(b)机械特性曲线

相绕组都通电时的特性，曲线 2 是运行时只有主绕组通电的特性。

这种单相异步电动机，由于两相绕组中电流都是电阻电感性的，相位相差不大，气隙磁势椭圆度较大，其启动转矩较小，$T_{st} \approx (1.1 \sim 1.8)T_N$。

电阻分相起动的单相异步电动机改变转向的方法是：把主绕组或者辅绕组中的任何一个绕组接电源的两出线端单独对调，这样就把气隙旋转磁势旋转方向改变了，因而转子转向随之也改变了。

2. 单相电容分相起动异步电动机

单相电容分相起动异步电动机分析如图 15.5 所示，其接线图如图 15.5(a)所示，其辅绕组回路串联了一个电容器和一个起动开关触头，然后再和主绕组并联到电源，转子上有笼型绕组和起动开关。电容器的作用是使辅绕组回路的阻抗呈容性，从而使辅绕组在起动时的电流超前电源电压 $\dot{U}$ 一个相位角。由于主绕组的阻抗是感性的，它的电流滞后电源电压 $\dot{U}$ 一个相位角。因此电动机起动时，辅绕组启动电流 $\dot{I}_a$ 超前主绕组启动电流 $\dot{I}_m$ 一个相当大的相位角，相量图如图 15.5(b)所示。

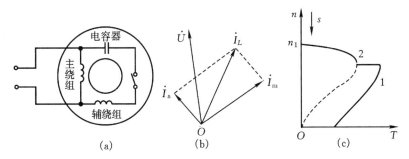

图 15.5　单相电容分相起动异步电动机分析
(a)接线图；(b)相量图；(c)机械特性

与电阻分相的单相异步电动机比较，电容分相起动异步电动机可以适当选择电容器电容值及辅绕组的匝数，能够使起动时辅绕组的电流 $\dot{I}_a$ 比主绕组的电流 $\dot{I}_m$ 超前 90°电角度，且两个绕组产生幅值相等的磁势，在气隙中形成圆形旋转磁势，得到像三相异步电动机一样的起动性能。

起动时,主辅绕组同时作用,当电动机转速达到同步转速的 $75\% \sim 80\%$,起动开关动作,使辅绕组从电源断开,由主绕组单独工作,电动机运行。

电容分相起动异步电动机的机械特性曲线如图 15.5(c)所示。它有较大的启动转矩,可用于对启动转矩要求较高的负载。

电容分相起动异步电动机也可以采用在辅绕组回路串联 PTC 电阻,不使用离心式起动开关。

电容分相起动单相异步电动机改变转子转向的方法同电阻分相起动单相异步电动机一样。

3. 单相电容运转异步电动机

在单相电容运转异步电动机分析如图 15.6 所示,辅绕组不仅在起动时起作用,而且在电动机运转时也起作用,长期处于工作状态,电动机定子接线如图 15.6(a)所示。

电容运转异步电动机实际上是个两相电机,运行时电动机气隙中产生较圆的旋转磁势,其运行性能较好,功率因数、效率、过载能力都比电阻分相起动和电容分相起动的异步电动机要好。由于辅绕组要长期运行,设计时应与主绕组一样对待。辅绕组中串入的电容器,也应该考虑到长期工作要求,选用蜡浸、油浸或金属膜纸介电容器。一般电容运转电动机中电容器电容量的选配,主要考虑运行时能产生接近圆形的旋转磁势,提高电动机运行时的性能。这样一来,由于异步电动机从绕组看进去的总阻抗是随转速变化的,而电容的容抗为常数,因此运行时接近圆形磁势的某一确定电容量,就不能使起动时的磁势仍然接近圆形磁势,而变成了椭圆磁势。这样,造成了启动转矩较小、启动电流较大,起动性能不如单相电容分相起动异步电动机。

电容运转的单相异步电动机机械特性曲线如图 15.6(b)所示。

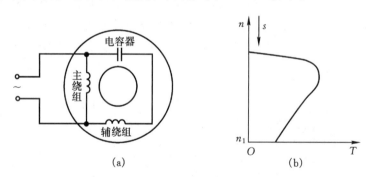

(a)　　　　　　　　　　　　　　　(b)

图 15.6　单相电容运转异步电动机分析
(a)电容电机接线图;(b)机械特性

改变单相电容运转异步电动机转向的方法,同单相电阻分相起动异步电动机改变转向的方法一样。

4. 单相电容起动兼运转异步电动机

单相电容起动兼运转异步电动机分析如图 15.7 所示,又简称双值电容单相异步电动机。为了使电动机在起动时和运转时都能得到比较好的性能,在辅绕组中采用了两个并联的电容器,如图 15.7(a)所示。电容器 C 是运转时长期使用的电容,电容器 C_s 是在电动机起动时使用,它与一个起动开关串联后再和电容器 C 并联起来。起动时,串联在辅绕组回路中的总电容为 $C+C_s$,比较大,可以使电机气隙中产生接近圆形的磁势。当电机起动到转速比同步转速稍低时,起动开关动作,将起动电容器 C_s 从副绕组回路中切除,这样使电动机运行时气隙中的磁势也接近圆形磁势。起动电容器是短时工作的,运转电容器可以长期工作,应采用油浸式金属膜纸介电容器。

电容起动兼运转的单相异步电动机,与电容起动单相异步电动机比较,启动转矩和最大转矩有了增加,功率因数和效率有了提高,电机噪音较小,所以它是单相异步电动机中最理想的一种。单相电容起动与运转异步电动机的机械特性曲线如图 15.7(b)所示,其启动转矩和运行转矩都比较大。

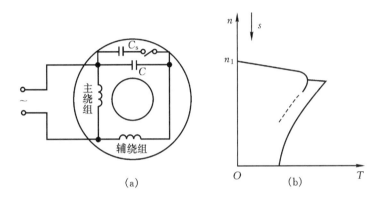

图 15.7　单相电容起动兼运转异步电动机分析
(a) 双电容电机接线图;(b) 机械特性曲线

单相电容起动兼运转异步电动机也能改变转向,方法与前边其它单相异步电动机的相同。

5．单相罩极式电动机

单相罩极式电动机结构示意图和相量图分析见图 15.8,其铁心多数做成凸极式,每个极上装有工作绕组,在磁极极靴的一边开有一个小槽,槽内嵌有短路铜环,把部分磁极罩起来,其结构示意图如图 15.8(a)所示。当工作绕组通入单相交流电流,它产生的脉振磁通要分为

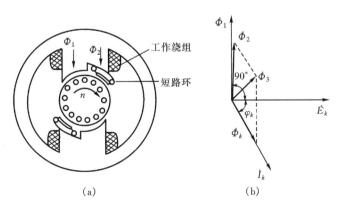

图 15.8　单相罩极式电动机结构示意图和相量图分析
(a)结构示意图;(b)相量图分析

两部分,一部分磁通 $\dot{\Phi}_1$ 不通过短路环,另一部分磁通 $\dot{\Phi}_2$ 通过短路环,$\dot{\Phi}_1$ 和 $\dot{\Phi}_2$ 同相。$\dot{\Phi}_2$ 在短路环中感应电势 $\dot{E}_k$ 和电流 $\dot{I}_k$,$\dot{I}_k$ 滞后 $\dot{E}$ 一个相位角 φ_k,产生磁通 $\dot{\Phi}_k$。$\dot{\Phi}_2$ 与 $\dot{\Phi}_k$ 的相量和 $\dot{\Phi}_3$ 为实际通过短路环的磁通,其相量图分析如图 15.8(b)所示。

由于气隙中磁极未罩部分的磁通 $\dot{\Phi}_1$ 与短路环罩住部分通过的磁通 $\dot{\Phi}_3$ 空间位置和时间上都存在一定的相位差,因此气隙中它们的合成磁场将是一个具有一定速度的移行磁场,类似磁场旋转。因此,电动机具有一定的启动转矩。

罩极法得到的启动转矩很小,但由于其结构简单,因此,可用于小型电扇、电动模型及各种轻载起动的小功率电动设备中,一般功率很小。

单相罩极电动机只有一个固定的转向,即制造好的该电动机的转向是不能改变的;另该电动机在结构上是最简单的;该电动机的功能指标如 η_N、$\cos\varphi_N$ 比普通交流电动机要低。

本章小结

单相异步电动机用于仅有单相电源的场合,比较方便,因此得到广泛应用。单相异步电动机可用双旋转磁场的理论分析,它的性能不如同容量的三相异步电动机,而且需要解决的是如何起动问题。单相异步电动机分为电阻起动、电容起动、电容运转和罩极式几大类。

习题与思考题

15-1 从物理概念上说明单相异步电动机没有启动转矩的原因?

15-2 如何改变单相异步电动机的转向?

15-3 三相异步电动机在运行中如果一相保险丝熔断,电动机是否可以继续运转? 如果是轻载,情况如何? 如果是重载而其它保险措施又不起作用,电动机会烧坏吗? 烧坏的特征是什么?

15-4 单相异步电动机如何分类?

第四篇

同步电机

同步电机是一种广泛应用的交流旋转电机,现代电网中流动着的巨大电能几乎全部由同步发电机提供。同步电机有3种主要的运行方式,即作为发电机、电动机和补偿机运行。作为发电机运行是同步电机最主要的运行方式,另外作为电动机和补偿机运行的同步电机在工矿企业和电力系统中也得到了较为广泛的应用。

第16章　同步电机原理和结构

同步发电机与供给其机械能的原动机共同构成发电机组。不同型式的原动机要求不同型式的发电机与其相配套。本章我们从同步发电机的工作原理入手,介绍同步电机的两种主要的结构型式。

16.1　同步发电机原理简述

16.1.1　结构模型

同步发电机和其它类型的旋转电机一样,由固定的定子和可旋转的转子两大部分组成。最常用的**转场式**同步电机(即磁极旋转的同步电机)的定子铁心的内圆均匀分布着齿和槽,槽内嵌放着按一定规律排列的三相对称交流绕组。这种同步电机的定子又称为电枢,定子铁心和绕组又称为电枢铁心和电枢绕组。转子铁心上装有制成一定形状的成对磁极,磁极上绕有励磁绕组,通以直流电流时,将会在电机的气隙中形成极性交替的分布磁场,称为励磁磁场(也称主磁场、转子磁场)。除了转场式同步电机外,还有**转枢式**同步发电机(即磁极不动,电枢旋转的同步电机),其磁极安装于定子上,而交流绕组分布于转子表面的槽内,这种同步电机的转子充当了电枢。图16.1给出了典型的2极转场式同步发电机的结构模型。图中用 AX,BY,CZ 三个在空间错开120°电角度分布的线圈代表三相对称交流绕组。

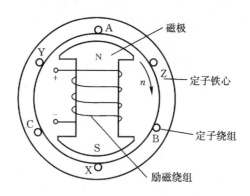

图16.1　三相同步发电机结构模型

16.1.2　工作原理

同步电机电枢绕组是三相对称交流绕组,当原动机拖动转子旋转时,极性相间的励磁磁场随轴一起旋转并顺次被电枢各绕组所切割(相当于绕组的导体反向切割励磁磁场),会在电枢各相绕组中分别感应出大小和方向按周期性变化的交变电势,由第11章可知,每相

感应电势的有效值为

$$E_0 = 4.44 f N \Phi_f k_w \tag{16.1}$$

式中　f——频率,工频为 50 Hz;

　　　N——每相绕组总的串联匝数;

　　　Φ_f——每极基波磁通;

　　　k_w——电枢绕组系数。

E_0 是由励磁绕组产生的磁通 Φ_f 在电枢绕组中感应而得,称为**励磁电势**(也称主电势、空载电势、转子电势)。三相电枢绕组在空间分布的对称性决定了三相绕组中的感应电势将在时间上呈现出对称性,即在时间相位上相互错开 1/3 周期。通过绕组的出线端将三相感应电势引出后可以作为交流电源。可见,同步发电机可以将原动机提供给转子的旋转机械能转化为电能,并用作三相对称交流电能。

感应电势的频率决定于同步电机的转速 n 和极对数 p,即

$$f = \frac{pn}{60} \tag{16.2}$$

从供电品质考虑,由众多同步发电机并联构成的交流电网的频率应该是一个不变的值,这就要求发电机的频率应该和电网的频率一致。我国电网的频率为 $f=50$ Hz,故有

$$n = \frac{60f}{p} = \frac{3000}{p} \tag{16.3}$$

当 $p=1,2,3,\cdots$ 时, $n=3000,1500,1000$ r/min,$\cdots$。也就是说,要使发电机供给电网 50 Hz 的工频电能,发电机的转速必须为某些固定值,这些固定值称为**同步转速**。例如 2 极电机的同步转速为 3000 r/min, 4 极电机的同步转速为1500 r/min,依次类推。只有运行于同步转速,同步电机才能正常运行,这也是同步电机名称的由来。

16.1.3　同步电机的运行方式

同步电机的运行方式有三种,即作为**发电机、电动机**和**调相机**运行。

作为发电机运行是同步电机最主要的运行方式,现代工农业生产所用的交流电能绝大部分由同步发电机供给。大型同步发电机用在大型电站,其单机容量在几十、几百以至于上千 MW,中小型同步发电机则广泛应用于各种场合。

作为电动机运行是同步电机的另一种重要的运行方式。同步电动机的功率因数可以调节,在不要求调速的场合,应用大型同步电动机可以提高运行效率。近年来,小型同步电动机在变频调速系统中开始得到较多地应用。

同步电机还可以接于电网作为同步调相机。这时电机不带任何机械负载,靠调节转子中的励磁电流向电网发出所需的感性或者容性无功功率,以达到改善电网功率因数的目的。

16.2　同步发电机的型式和结构

16.2.1　两种基本型式

同步发电机必须在原动机的带动下运行,不同型式的原动机要求不同型式的同步发电机与之配套。汽轮机和水轮机是两种最主要的原动机,与之配套的**汽轮发电机和水轮发电**

机也就代表了同步发电机的两种主要型式。汽轮发电机通常在高速($n=3000$ r/min)下运行,而水轮发电机则在较低转速(一般为每分钟几十到几百转)下运行。一般来说,同步电机的定子结构与异步电机的定子结构相似,而转子结构有自身的特点。汽轮发电机和水轮发电机的转子代表了同步电机的两种基本转子结构型式,即**凸极式**和**隐极式**。

1. 凸极式转子

凸极式转子上有明显凸出的成对磁极和励磁线圈,如图 16.2(a)所示。当励磁线圈中通过直流励磁电流时,每个磁极就出现一定的极性,相邻磁极交替为 N 极和 S 极。对水轮发电机来说,由于水轮机的转速较低,要发出工频电能,发电机的极数就应做得比较多,多极转子做成凸极式结构工艺上较为简单。另外,中小型同步电机多半也做成凸极式。

2. 隐极式转子

隐极式转子上没有凸出的磁极,如图 16.2(b)所示。沿着转子本体圆周表面上,开有许多槽,这些槽中嵌放着励磁绕组。在转子表面约 1/3 部分没有开槽,构成所谓**大齿**,是磁极的中心区。励磁绕组通入励磁电流后,沿转子圆周也会出现 N 极和 S 极。在大容量高转速汽轮发电机中,转子圆周线速度极高。为了减小转子本体及转子上的各部件所承受的巨大离心力,大型汽轮发电机都做成细长的隐极式圆柱体转子。由于转子冷却和强度方面的要求较高,隐极式转子的结构与加工工艺较为复杂。

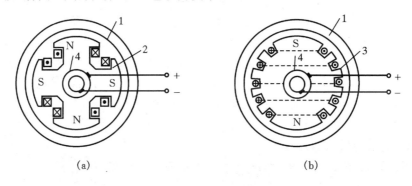

图 16.2　同步电机基本型式

1—定子；2—凸极式转子；3—隐极式转子；4—滑环

(a)凸极电机；(b)隐极电机

16.2.2　同步电机的结构特点

1. 汽轮发电机

定子大体上与异步电机相同,定子铁心和交流绕组是其主体。定子铁心由 0.35 mm、0.5 mm 或其它厚度的电工钢片叠成。定子外径较小时,采用圆形冲片,当定子外径大于 1 m时,采用扇形冲片。定子铁心固定在机座上,机座常由钢板焊接而成,它必须有足够的强度和刚度,同时还必须满足通风和散热的需要。铁心一般固定在机座内圆的筋上,铁心外圆与机座壁间留有空间作为通风道。定子绕组的结构同异步电机的定子绕组,汽轮发电机的电压较高,要求定子绕组有足够的绝缘强度,一般采用 B 级或 F 级绝缘。

为了减少高速旋转引起的离心力,一般采用隐极式转子,其直径不能太大,外形常做成一个细长的圆柱体。转子铁心一般用含铬、镍和钼的特种合金钢制成,以增强机械强度和导磁性能。转子大多用整块的钢件与轴构成一个整体。转子铁心表面圆周上铣有许多槽,励磁绕组嵌放在这些槽内。有时大齿上也开一些小槽,作为通风用。另外转子槽的底部留有通风沟,如图 16.3 所示。有时也将通风沟开在槽的侧面。

图 16.3　隐极式转子槽形

励磁绕组为同心式绕组,以铜线绕制,并用槽楔将绕组紧固在槽内。绕组端部的表面套有一个高强度合金钢制成的护环,以保证端部不会因离心力而损坏。为了防止励磁绕组轴向移动,绕组的端部用中心环加以固定。励磁绕组引出线与固定在转子上的一对滑环连接,通过电刷与直流电源相接(如图 16.2 所示)。另外,转轴的一端或两端还装有供电机内部通风用的风扇,以利冷却。

2. 水轮发电机

水轮发电机的特点是:极数多,直径大,轴向长度短,整个转子在外形上与汽轮发电机大不相同。大多数水轮发电机为立式。水轮发电机的直径很大,定子铁心由扇形电工钢片拼装叠成。为了散热的需要,定子铁心中留有径向通风沟。转子磁极由厚度为 $1\sim2$ mm 的钢片叠成;磁极两端有磁极压板,用来压紧磁极冲片和固定磁极绕组。有些发电机磁极的极靴上开有一些槽,槽内放上铜条,并用端环将所有铜条连在一起构成**阻尼绕组**,其作用是用来抑制短路电流和减弱电机振荡,在电动机运行时还作为起动绕组用。磁极与转子轭部采用 T 形或鸽尾形连接,如图 16.4 所示。

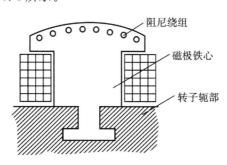

图 16.4　凸极与转子轭部用 T 形连接

16.2.3　同步发电机励磁方式简介

获得励磁电流的方法称为**励磁方式**。目前采用的励磁方式分为两大类:一类是用直流发电机作为励磁电源的**直流励磁机励磁系统**;另一类是用硅整流装置将交流转化成直流后供给励磁的**整流器励磁系统**。现说明如下:

1. 直流励磁机励磁

直流励磁机通常与同步发电机同轴,采用并励或者他励接法。采用他励接法时,励磁机的励磁电流由另一台被称为副励磁机的同轴的直流发电机供给,如图 16.5 所示。

2. 静止整流器励磁

同一轴上有 3 台交流发电机,即主发电机、交流主励磁机和交流副励磁机。副励磁机的

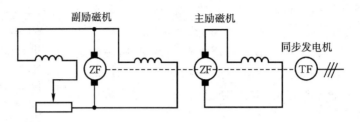

图 16.5 直流励磁机励磁系统

励磁电流开始时由外部直流电源提供,待电压建立起来后再转为自励(有时采用永磁发电机)。副励磁机的输出电流经过静止晶闸管整流器整流后供给主励磁机,而主励磁机的交流输出电流经过静止的三相桥式硅整流器整流后供给主发电机的励磁绕组(见图 16.6)。

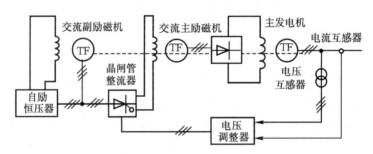

图 16.6 静止整流器励磁系统

3. 旋转整流器励磁

静止整流器的直流输出必须经过电刷和集电环才能输送到旋转的励磁绕组,对于大容量的同步发电机,其励磁电流达到数千安培,使得集电环严重过热。因此,在大容量的同步发电机中,常采用不需要电刷和集电环的旋转整流器励磁系统,如图 16.7 所示。主励磁机是旋转电枢式三相同步发电机,旋转电枢的交流电流经与主轴一起旋转的硅整流器整流后,直接送到主发电机的转子励磁绕组。交流主励磁机的励磁电流由同轴的交流副励磁机经静止的晶闸管整流器整流后供给。由于这种励磁系统取消了集电环和电刷装置,故又称为无刷励磁系统。

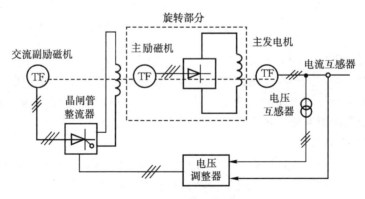

图 16.7 旋转整流器励磁系统

16.3　同步电机额定值和型号

16.3.1　额定值

同步电机的额定值有:

额定容量 $S_N(VA,kVA,MVA)$ 或**额定功率** $P_N(W,kW,MW)$:指电机输出功率的保证值。发电机通过额定容量值可以确定电枢电流,通过额定功率可以确定配套原动机的容量。电动机的额定容量一般用 kW 表示,补偿机则用 kVAR 表示。

额定电压 $U_N(V,kV)$:指额定运行时定子输出端的线电压。

额定电流 $I_N(A)$:指额定运行时定子输出端的线电流。

额定功率因数 $\cos\varphi_N$:额定运行时电机的功率因数。

额定频率 $f_N(Hz)$:额定运行时电机电枢输出端电能的频率,我国标准工业频率规定为 50 Hz。

额定转速 $n_N(r/min)$:额定运行时电机的转速,即同步转速。

除上述额定值外,同步电机铭牌上还常列出一些其它的运行数据,例如额定负载时的**温升** τ_N,**励磁容量** P_{fN} 和**励磁电压** U_{fN} 等。

16.3.2　国产同步电机型号

我国生产的汽轮发电机有 QFQ、QFN、QFS 等系列,前两个字母表示汽轮发电机;第三个字母表示冷却方式:Q 表示氢外冷,N 表示氢内冷,S 表示双水内冷。我国生产的大型水轮发电机为 TS 系列,T 表示同步,S 表示水轮。举例来说:QFS - 300 - 2 表示容量为 300 MW 双水内冷 2 极汽轮发电机。TSS1264/160 - 48 表示双水内冷水轮发电机,定子外径为 1 264 cm,铁心长为 160 cm,极数为 48。

此外同步电动机系列有 TD,TDL 等,TD 表示同步电动机,后面的字母指出其主要用途。如 TDG 表示高速同步电动机;TDL 表示立式同步电动机。同步补偿机为 TT 系列。

本章小结

同步发电机的基本原理仍然是电磁感应原理。原动机拖动转子以同步转速旋转,极性交替的转子磁极扫过分布于定子槽内的对称三相交流绕组而在其中感应出三相对称的交变电势,该电势可以作为电源向电网或者电负载提供电能,从而将原动机输入的机械能转变为电能。

作为发电机运行是同步电机的最主要和最普遍的运行方式,由于原动机的要求,汽轮发电机和水轮发电机在设计结构上有较大的差别。汽轮发电机常制成两极隐极式转子结构,机身细长,转动惯量较小,适合于汽轮机的高速拖动;而水轮发电机常制成多极的凸极式转子结构,机身扁平,适合于水轮机的低速拖动。

同步发电机的励磁系统比较复杂,本章简单介绍了直流励磁机励磁、交流励磁机励磁和自并励静止励磁 3 种最基本的励磁系统。

习题与思考题

16-1　同步发电机的转速为什么必须为常数？150 r/min 的水轮发电机应该是多少极？

16-2　同步电机和异步电机在结构上有哪些异同之处？

16-3　同步电机中隐极式和凸极式各有什么特点，各适用于哪些场合？

16-4　某一台三相同步发电机，$S_N=10 \text{ kVA}$，$\cos\varphi_N=0.8$（滞后），$U_N=400 \text{ V}$，试求：(1)电枢电流 I_N；(2)额定功率 P_N；(3)额定无功功率 Q_N。

第 17 章　同步发电机的基本理论

17.1　空载运行分析

三相同步发电机必须能够建立起具有一定大小、一定频率、波形较好的三相对称的交变电势,才能作为实用的交流电源供给特定负载或者向电网输送电能。通过上一章的介绍可知,发电机的感应电势是由转子旋转磁场被电枢绕组切割而感应的,其大小和性质必然与旋转磁场紧密相关。当原动机带动发电机在同步转速下运行,励磁绕组通过适当的励磁电流,电枢绕组不带任何负载时的运行情况,称为**空载运行**。空载运行是同步发电机最简单的运行方式,其旋转磁场由转子磁势单独建立,分析较为简单。本节从分析气隙中旋转磁场(称为气隙磁场)的波形入手,讨论空载运行的特点。

17.1.1　空载气隙磁场

对于凸极发电机来说,由于定转子间的气隙沿整个电枢圆周分布不均匀,极面下气隙较小,而极间气隙较大,因此在圆周上各点的气隙磁阻也不相等。极面下的磁阻较小,而极间磁阻很大,而且在同一个极面下,磁阻还与极靴的形状有关。在一个极的范围内气隙磁通密度的分布近似为平顶的帽形。极靴以外的气隙磁通密度减少很快,相邻两极中线上的磁通密度为零。气隙磁密 $B_\delta(x)$ 可以用傅里叶谐波分析的方法分解出空间**基波**和一系列**谐波**。图 17.1(a)中画出了基波波形 $B_{\delta 1}(x)$。通常将极靴的极弧半径做成小于定子的内圆半径,而且两圆弧的圆心不重合(称为**偏心气隙**),从而形成极弧中心处的气隙最小,沿极弧中心线两侧方向气隙逐渐增大,这样可以使得气隙磁通密度的分布较接近正弦波形。

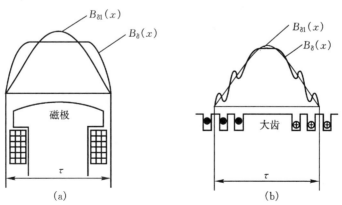

图 17.1　同步电机的空载气隙磁场

(a)凸极电机；(b)隐极电机

隐极电机的励磁绕组嵌埋于转子槽内,沿转子圆周气隙可视为是均匀的。励磁磁势在空间的分布为一个阶梯形,受齿槽磁阻不均的影响,气隙磁密呈现出波动变化。用谐波分析法可求出其基波分量,如图 17.1(b)所示。合理地选择大齿的宽度可以使气隙磁密的分布接近正弦波。

感应电势的波形和大小与气隙磁密的分布形状及幅值大小紧密相关,在设计和制造电机时,应采取适当的措施,以获得尽可能接近正弦分布的气隙磁密,从而得到品质较高的感应电势。在本书以后的分析中,如无特殊说明,我们仅考虑磁通密度和感应电势的基波分量。

17.1.2　空载特性

当空载运行$(n = n_1, I_a = 0)$时,励磁电势随励磁电流变化的关系 $E_0 = f(I_f)$ 称为同步发电机的空载特性。励磁电势 E_0 的大小（有效值）与转子每极磁通 Φ_f 成正比,而励磁电流 I_f 的大小又随作用于同步电机磁路上的励磁磁势 F_f 正比例变化,所以 $E_0 = f(I_f)$ 与电机磁路的磁化曲线 $\Phi_f = f(F_f)$ 具有类似的变化规律。如图 17.2 所示。由图可见,当励磁电流较小时,由于磁通较小,电机磁路没有饱和,空载特性呈直线(将其延长后的射线称为**气隙线**)。随着励磁电流的增大,磁路逐渐饱和,磁化曲线开始进入饱和段。为了合理地利用材料,空载额定电压一般设计在空载特性的弯曲处,同步发电机的空载额定电压在空载曲线上的位置特性如图 17.2 中的 c 点所示。

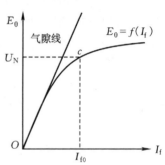

图 17.2　同步发电机的空载特性

空载特性可以通过计算或试验得到。试验测定的方法与直流发电机类似。同步电机的空载特性也常用标幺值表示,以额定电压作为空载电势的基值,以 $E_0 = U_N$ 时的励磁电流 I_{f0}(称为**额定励磁电流**)作为励磁电流的基值。用标幺值表示的空载特性具有典型性,不论电机容量的大小,电压的高低,其空载特性彼此非常接近。表 17-1 给出了一条典型的同步发电机空载特性。

表 17-1　同步发电机的典型空载特性

I_f^* / A	0.5	1.0	1.5	2.0	2.5	3.0	3.5
E_0^* / V	0.58	1.0	1.21	1.33	1.40	1.46	1.51

空载特性在同步发电机理论中有着重要作用:①将设计好的电机的空载特性与表 17-1 中的数据相比较,如果两者接近,说明电机设计合理。反之,则说明该电机的磁路过于饱和或者材料没有充分利用。②空载特性结合短路特性(在后面介绍)可以求取同步电机的参数。③发电厂可以通过测取空载特性来判断三相绕组的对称性以及励磁系统的故障。

17.2　负载运行和电枢反应分析

17.2.1　负载后的磁势分析

空载时,同步电机中只有一个以同步转速旋转的励磁磁势 F_f,它在电枢绕组中感应出三相对称交流电势,其每相有效值为 E_0,称为励磁电势。电枢绕组每相端电压 $U = E_0$。

　　负载后电机中的旋转磁势分析如图 17.3 所示。当电枢绕组接上三相对称负载后,电枢绕组和负载一起构成闭合通路,通路中流过的是三相对称的交流电流 $\dot{I}_a$,$\dot{I}_b$ 和 $\dot{I}_c$。我们知道,当三相对称交流电流流过三相对称交流绕组时,将会形成一个以同步速度旋转的旋转磁势。由此可见,负载以后同步电机内部将会产生又一个旋转磁势 F_a——电枢旋转磁势。因此,同步发电机接上三相对称负载以后,电机中除了随轴一起旋转的励磁磁势 F_f(称为**机械旋转磁势**)外,又多了一个电枢旋转磁势 F_a(称为**电气旋转磁势**)。参看第12章的介绍,不难证明这两个旋转磁势的转速均为同步转速,而且转向一致,二者在空间处于相对静止状态,可以用矢量加法将其合成为一个合成磁势 F。气隙磁场 B_δ 可以看成是由合成磁势 F 在电机的气隙中建立起来的磁场。B_δ 也是以同步转速旋转的旋转磁场。

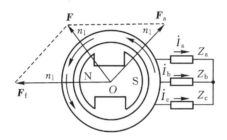

图 17.3　负载后电机中的旋转磁势分析

　　可见同步发电机负载以后,电机内部的磁势和磁场将发生显著变化,这一变化主要由电枢磁势 F_a 的出现所致。

17.2.2　电枢反应

　　电枢磁势的存在,将使气隙磁场的大小和位置发生变化,我们把这一现象称为**电枢反应**。电枢反应会对电机性能产生重大影响。电枢反应的情况决定于空间相量 F_a 和 F_f 之间的夹角,而这一夹角又和时间相量 $\dot{I}_1$ 和 $\dot{E}_0$ 之间的相位差 ψ 相关联。ψ 称为**内功率因数角**,其大小由负载的性质决定。下面我们来分析 ψ 与两个同步旋转磁势 F_a 和 F_f 之间夹角的关系,从而进一步搞清楚同步发电机电枢反应与负载性质之间的内在关系。

　　图 17.4(a)是同步发电机运行的某个特殊瞬间,此时转子磁通 $\dot{\Phi}_f$ 被 A 相绕组垂直切割,

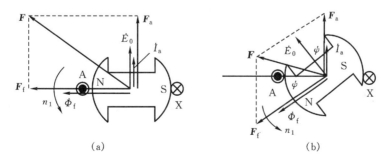

(a)　　　　　　　　　　　　　　(b)

图 17.4　磁势相位与负载的关系

所以此时 A 相绕组中的感应电势 $\dot{E}_0$ 达到最大值,此时如果 A 相绕组及其负载所构成的回路为纯电阻性质,则 A 相电流 $\dot{I}_a$ 与感应电势 $\dot{E}_0$ 同相位(参看图 17.4(a)),即 $\dot{I}_a$ 亦达到最大值,内功率因数角 $\psi=0°$。由第 12 章的介绍可知,对于三相对称交流电流产生的旋转磁势而言,当某一相电流达到最大值时,三相合成磁势的轴线将和该相绕组的轴线重合。所以,当 A 相回路为纯电阻性质即 $\psi=0°$ 时,在图 17.4(a)所示瞬间,三相电枢电流产生的合成旋转磁势(即电枢磁势 F_a)与 A 相绕组的轴线重合,也就是说,F_a 和 F_f 之间的夹角为 90°电角度。

上述结论是在 A 相回路为纯电阻情况下得到的,不难推广到一般性负载。一般情况下,当 A 相所带的负载使得 A 相电流 $\dot{I}_a$ 滞后于 $\dot{E}_0$ ψ 电角度,也就是说,$\dot{E}_0$ 达到最大值(图 17.4(a)所示瞬间)之后,转子再转过 ψ 电角度之后(图 17.4(b)所示瞬间),A 相电流才达到最大值。此时,电枢磁势 F_a 和 A 相绕组轴线重合,F_a 滞后 F_f $\psi+90°$。对于 $\dot{I}_a$ 超前于 $\dot{E}_0$ 的情况,可以得到类似的结论,即 ψ 取负值即可。

以上结论虽然是在一个特殊的瞬间(A 相电流达到最大值的时刻)得出的,由于 F_a 和 F_f 总是同速同步旋转,故在负载一定的情况下,F_a 与 F_f 的空间相位差是固定的,而且总是等于 $\psi+90°$电角度。

可见,在对称负载情况下,同步电机的电枢反应主要取决于每相励磁电势 $\dot{E}_0$ 和每相负载电流 $\dot{I}_a$ 之间的相角差 ψ,亦即取决于负载的性质。下面从三种极限情况出发进行研究,即

(1) $\dot{I}_a$ 和 $\dot{E}_0$ 同相位,即 $\psi=0°$;

(2) $\dot{I}_a$ 滞后 $\dot{E}_0$ 90°电角度,即 $\psi=90°$;

(3) $\dot{I}_a$ 超前 $\dot{E}_0$ 90°电角度,即 $\psi=-90°$。

1. $\dot{I}_a$ 和 $\dot{E}_0$ 同相位时的电枢反应

此时,电枢电流 $\dot{I}_a$ 与空载电势 $\dot{E}_0$ 之间的相位差为 0°,即 $\psi=0°$(参看图 17.5(a)),电枢磁势 F_a 与励磁磁势 F_f 之间的夹角为 90°,即二者正交(参看图 17.5(b)),励磁磁势作用在直轴(即磁极的中轴线,简称 d 轴)上,而电枢磁势作用在交轴(一对相邻磁极间的中性线,简称 q 轴)上,电枢反应的结果使得合成磁势的轴线位置产生一定的偏移,幅值发生一定的变化。这种作用在交轴上的电枢反应称为交轴电枢反应,简称交磁作用。

2. $\dot{I}_a$ 滞后于 $\dot{E}_0$ 90°时的电枢反应

此时,电枢电流 $\dot{I}_a$ 与空载电势 $\dot{E}_0$ 之间的相位差为 90°,即 $\psi=90°$(参看图 17.6(a)),电枢磁势 F_a 与励磁磁势 F_f 之间的夹角为 180°,即二者反相(参看图 17.6(b)),电枢磁势和励磁磁势作用在直轴的相反方向上,电枢反应为纯去磁作用,合成磁势的幅值减小,这一电枢反应称为直轴去磁电枢反应。

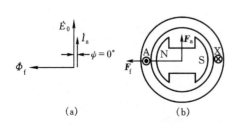

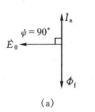

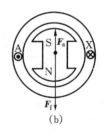

图 17.5　$\psi=0°$时的电枢反应　　　　图 17.6　$\psi=90°$的电枢反应

3. $\dot{I}_a$ 超前于 $\dot{E}_0$ 90°时的电枢反应

此时,电枢电流 $\dot{I}_a$ 与空载电势 $\dot{E}_0$ 之间的相位差为 $-90°$,即 $\psi=-90°$(参看图 17.7(a)),电枢磁势 F_a 与励磁磁势 F_f 之间的夹角为 0°,即二者同相(参看图 17.7(b)),励磁磁势和电枢磁势作用在直轴的相同方向上,电枢反应的为增磁作用,合成磁势的幅值增大,这一电枢反应称为直轴增磁电枢反应。

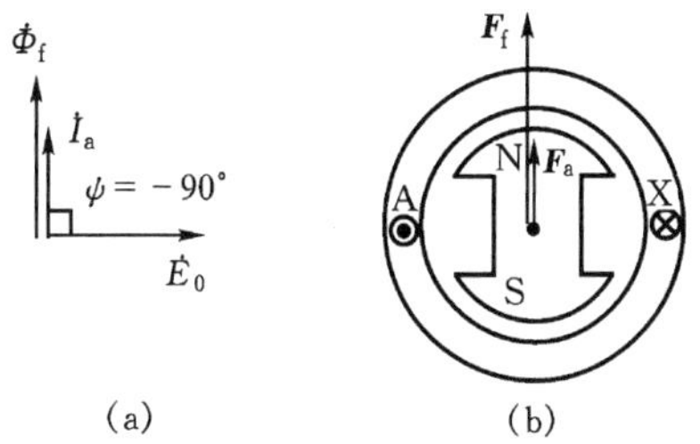

图 17.7　$\psi=-90°$时的电枢反应

4. 一般情况下(ψ 为任意角度时)的电枢反应

以 $\dot{I}_a$ 滞后于 $\dot{E}_0$(即 $0°<\psi<90°$)的情况为例进行分析。如图 17.8(a)所示,可将 $\dot{I}_a$ 分解为直轴分量 $\dot{I}_d$ 和交轴分量 $\dot{I}_q$,$\dot{I}_d$ 滞后于 $\dot{E}_0$90°,它产生的直轴电枢磁势 F_{ad} 与 F_f 反相,起去磁作用;$\dot{I}_q$ 与 $\dot{E}_0$ 同相位,它产生的交轴电枢磁势 F_{aq} 与 F_f 正交,起交磁作用。根据正交分解原理有:

$$\left.\begin{array}{l}\dot{I}_a=\dot{I}_d+\dot{I}_q\\I_d=I_a\sin\psi\\I_q=I_a\cos\psi\end{array}\right\} \tag{17.1}$$

$$\left.\begin{array}{l}F_{ad}=F_a\sin\psi\\F_{aq}=F_a\cos\psi\end{array}\right\} \tag{17.2}$$

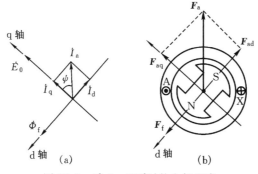

图 17.8　$0°<\psi<90°$时的电枢反应

同理可以分析当 $\dot{I}_a$ 超前于 $\dot{E}_0$ 时(即 $-90°<\psi<0°$)的情况。此时电流仍按 ψ 分解为直轴及交轴两个分量。直轴分量电流超前于 $\dot{E}_0$90°,它产生的直轴电枢磁势对主极磁势起增磁作用;交轴分量电流与 $\dot{E}_0$ 同相位,它产生的交轴电枢磁势对主极磁势起交磁作用。

综上所述,当同步发电机供给滞后性电流时,电枢磁势除了一部分产生交轴电枢反应外,还有一部分产生直轴去磁电枢反应;当发电机供给超前电流时,电枢磁势除了一部分产生交轴电枢反应外,还有一部分产生直轴增磁电枢反应。这一结论十分重要,它对发电机性能的影响将在后面章节中提到。

5. 时空统一相量图

为了分析方便,人们常将时间相量 $\dot{\Phi}_f$、$\dot{\Phi}_a$、$\dot{E}_0$、$\dot{I}_a$ 和空间相量 F_f、F_a、F 画在一起构成所谓的**时空统一相量图**,如图 17.9 所示。在时空统一相量图中 $\dot{\Phi}_f$ 和 F_f 重合(一般与直轴轴线重合),$\dot{E}_0$ 滞后于 $\dot{\Phi}_f$ 90°电角度,$\dot{I}_a$ 和 $\dot{E}_0$ 之间的相位差 ψ 由负载性质决定,由于 F_a 与 F_f 之间的空间相

位差等于 $90°+\psi$,所以 $\boldsymbol{F}_a$ 和 $\dot{I}_a$ 重合。

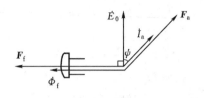

图 17.9 时空统一相量图

17.2.3 电枢反应电抗和同步电抗

当三相对称电枢电流流过电枢绕组时,将产生旋转的电枢磁势 $\boldsymbol{F}_a$,$\boldsymbol{F}_a$ 将在电机内部产生跨过气隙的电枢反应磁通 $\dot{\Phi}_a$ 和不通过气隙的漏磁通 $\dot{\Phi}_\sigma$、$\dot{\Phi}_a$ 和 $\dot{\Phi}_\sigma$ 将分别在电枢各相绕组中感应出电枢反应电势 $\dot{E}_a$ 和漏磁电势 $\dot{E}_\sigma$。$\dot{E}_a$ 与电枢电流 $\dot{I}_a$ 的大小成正比(不计饱和时),比例常数称为**电枢反应电抗 X_a**,考虑到相位关系后,每相电枢反应电势为

$$\dot{E}_a = -jX_a\dot{I}_a \qquad (17.3)$$

电枢反应电抗 X_a 的大小和电枢反应磁通 $\dot{\Phi}_a$ 所经过磁路的磁阻成反比,$\dot{\Phi}_a$ 所经过的磁路与电枢磁势 $\boldsymbol{F}_a$ 轴线的位置有关,而 $\boldsymbol{F}_a$ 的轴线由 ψ 或者说负载性质决定。对于凸极电机而言,当 $\boldsymbol{F}_a$ 和 $\boldsymbol{F}_f$ 重合时,即 $\boldsymbol{F}_a$ 和磁极的轴线重合时,$\dot{\Phi}_a$ 经过直轴气隙和铁心而闭合(这条磁路称为直轴磁路),如图 17.10(a)所示。此时由于直轴磁路中的气隙较短,磁阻较小,所以电枢反应电抗就较大。当 $\boldsymbol{F}_a$ 和 $\boldsymbol{F}_f$ 正交时,即 $\boldsymbol{F}_a$ 和磁极的轴线垂直时,$\dot{\Phi}_a$ 经过交轴气隙和铁心而闭合(这条磁路称为交轴磁路),如图 17.10(b)所示。此时由于交轴磁路中的气隙较长,磁阻较大,所以电枢反应电抗就较小。一般情况下,$\boldsymbol{F}_a$ 和 $\boldsymbol{F}_f$ 之间的夹角由负载的性质决定,为 $90°+\psi$,$\dot{\Phi}_a$ 的流通路径介于直轴磁路和交轴磁路之间,电枢反应电抗的大小也就介于最大值和最小值之间。

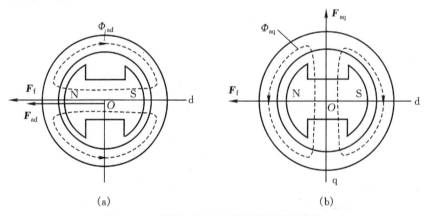

图 17.10 凸极电机中电枢磁路的流通路径

(a)直轴磁路;(b)交轴磁路

由于 $\boldsymbol{F}_a$ 和 $\boldsymbol{F}_f$ 之间的夹角受制于内功率因数角 ψ(代表负载的性质),不同负载时,$\boldsymbol{F}_a$ 和 $\boldsymbol{F}_f$ 之间的夹角不同,对应的 X_a 也就不同,这给分析问题带来了诸多不便。为解决这一问题,可采用正交分解法和叠加原理,将 $\boldsymbol{F}_a$ 分解成直轴分量 $\boldsymbol{F}_{ad}$ 和交轴分量 $\boldsymbol{F}_{aq}$,并认为 $\boldsymbol{F}_{ad}$ 单独激励**直轴电枢反应磁通** $\dot{\Phi}_{ad}$,其流通路径为直轴磁路,对应有一个固定的**直轴电枢反应电抗** X_{ad},并在定子每相绕组中产生**直轴电枢反应电势** $\dot{E}_{ad}$;$\boldsymbol{F}_{aq}$ 单独激励**交轴电枢反应磁通** $\dot{\Phi}_{aq}$,其流通路径为交轴磁路,对应有一个固定的**交轴电枢反应电抗** X_{aq},并在电枢每相绕组中产生**交轴电枢反应电势** $\dot{E}_{aq}$。电枢绕组总的电枢反应电势 $\dot{E}_a$ 可以写为

$$\dot{E}_a = \dot{E}_{ad} + \dot{E}_{aq} = -jX_{ad}\dot{I}_d - jX_{aq}\dot{I}_q \tag{17.4}$$

再考虑到漏磁通 $\dot{\Phi}_\sigma$ 引起的漏抗电势 $\dot{E}_\sigma = -jX_\sigma\dot{I}_a$（$X_\sigma$ 为电枢绕组的漏电抗）后，电枢绕组中由电枢电流引起的总的感应电势为

$$\begin{aligned}
\dot{E}_a + \dot{E}_\sigma &= -jX_{ad}\dot{I}_d - jX_{aq}\dot{I}_q - jX_\sigma\dot{I}_a \\
&= -jX_{ad}\dot{I}_d - jX_{aq}\dot{I}_q - jX_\sigma(\dot{I}_d + \dot{I}_q) \\
&= -j(X_{ad} + X_\sigma)\dot{I}_d - j(X_{aq} + X_\sigma)\dot{I}_q \\
&= -jX_d\dot{I}_d - jX_q\dot{I}_q
\end{aligned} \tag{17.5}$$

其中，$X_d = X_{ad} + X_\sigma$ 定义为**直轴同步电抗**，$X_q = X_{aq} + X_\sigma$ 定义为**交轴同步电抗**。

对于隐极电机来说，由于电枢为圆柱体，忽略转子齿槽分布所引起的气隙些微小不均匀后，可以认为隐极电机直轴磁路和交轴磁路的磁阻相等，直轴和交轴电枢反应电抗相等，即 $X_a = X_{ad} = X_{aq}$，结合 $\dot{I}_a = \dot{I}_d + \dot{I}_q$，并代入式（17.5）可得

$$\begin{aligned}
\dot{E}_a + \dot{E}_\sigma &= -jX_{ad}\dot{I}_d - jX_{aq}\dot{I}_q - jX_\sigma\dot{I}_a = -jX_a\dot{I}_a - jX_\sigma\dot{I}_a \\
&= -j(X_a + X_\sigma)\dot{I}_a = -jX_s\dot{I}_a
\end{aligned} \tag{17.6}$$

式中，$X_s = X_a + X_\sigma$ 定义为隐极电机的**同步电抗**。

由定义可知，同步电抗包括两部分：电枢绕组的漏电抗和电枢反应电抗。在实用上，常将二者作为一个整体参数来处理，这样便于分析和测量。

17.3 同步发电机的电势方程及相量图

由前面的分析可知，负载以后，同步发电机的电枢绕组中存在以下电势：①由励磁磁通 $\dot{\Phi}_f$ 产生的励磁电势 $\dot{E}_0$；②由电枢反应磁通 $\dot{\Phi}_a$ 产生的电枢反应电势 $\dot{E}_a$；③由电枢绕组漏磁通 $\dot{\Phi}_\sigma$ 产生的漏磁电势 $\dot{E}_\sigma$。由于电枢绕组的电阻很小，如果忽略电阻压降，则每相感应电势总和即为发电机的端电压 $\dot{U}$，用方程式表示为

$$\dot{E}_0 + \dot{E}_a + \dot{E}_\sigma = \dot{U} \tag{17.7}$$

对于凸极电机来说，$\dot{E}_a + \dot{E}_\sigma = -jX_d\dot{I}_d - jX_q\dot{I}_q$，其方程式可表示为

$$\dot{E}_0 = \dot{U} + jX_d\dot{I}_d + jX_q\dot{I}_q \tag{17.8}$$

对于隐极电机来说，$\dot{E}_a + \dot{E}_\sigma = -jX_s\dot{I}_a$，其方程式可表示为

$$\dot{E}_0 = \dot{U} + jX_s\dot{I}_a \tag{17.9}$$

在方程式中，$\dot{E}_0$，$\dot{U}$，$\dot{I}_a$ 均为随时间正弦变化的周期函数，所以用相量来表示。在同步电机理论中，用电势相量图进行分析是十分重要和方便的方法。在作相量图时，我们认为发电机的端电压 $\dot{U}$，电枢电流 $\dot{I}_a$，负载功率因数角 φ（即 $\dot{I}_a$ 与 $\dot{U}$ 之间的相位差）以及同步电抗为已知量，最终可以根据方程式求得励磁电势 $\dot{E}_0$。参看图 17.11(a)，电流滞后于电压时，隐极电机相量图可按以下步骤作出：

① 在水平方向作出相量 $\dot{U}$；

② 根据 φ 角找出 $\dot{I}_a$ 的方向并作出相量 $\dot{I}_a$；

③ 在 $\dot{U}$ 的尾端，加上同步电抗压降相量 $jX_s\dot{I}_a$，它超前于 $\dot{I}_a$ 90°；

④ 作出由 $\dot{U}$ 的首端指向 $jX_s\dot{I}_a$ 尾端的相量，该相量便是励磁电势 $\dot{E}_0$。

对于凸极电机来说，需要首先将 $\dot{I}_a$ 分解为直轴分量 $\dot{I}_d$ 和交轴分量 $\dot{I}_q$，然后才能根据方

程式(17.8)作出其电势相量图。我们知道,$\dot{E}_0$ 在交轴方向上,也即 $\dot{I}_q$ 与 $\dot{E}_0$ 同方位,$\dot{I}_d$ 与 $\dot{E}_0$ 正交,只要找出 $\dot{E}_0$ 的方位,就可以方便地将 $\dot{I}_a$ 分解为 $\dot{I}_d$ 和 $\dot{I}_q$。为此,可以在方程式(17.8) 两边同时加上 $-j(X_d-X_q)\dot{I}_d$,即

$$\dot{E}_0-j(X_d-X_q)\dot{I}_d=\dot{U}+jX_q(\dot{I}_d+\dot{I}_q)=\dot{U}+jX_q\dot{I}_a$$

上式左边的相量 $\dot{E}_0-j(X_d-X_q)\dot{I}_d$ 显然与 $\dot{E}_0$ 处于同一方位,而右边的相量 $\dot{U}+jX_q\dot{I}_a$ 可以很方便地求得,这样就找到了 $\dot{E}_0$ 的方位。参看图 17.11(b),电流滞后于电压时,凸极 电机的相量图可按下述步骤作出:

① 在水平方位作出电压相量 $\dot{U}$,错开 φ 角作出 $\dot{I}_a$;

② 在 $\dot{U}$ 的尾端,加上相量 $jX_q\dot{I}_a$,它超前于 $\dot{I}_a$ 90°电角度,经过 $\dot{U}$ 首端和 $jX_q\dot{I}_a$ 尾端的直 线就确定了 $\dot{E}_0$ 的方位,也即确定了 q 轴,与 q 轴正交的方位即为 d 轴;

③ 将 $\dot{I}_a$ 分解为其交轴分量 $\dot{I}_q$ 和直轴分量 $\dot{I}_d$;

④ 根据方程式(17.8) 即可作出 $\dot{E}_0$。

电流超前于电压时的相量图可根据同样的步骤作出,如图 17.11(c)和图17.11(d)所示。

电势相量图很直观地显示了同步电机各个相量之间的数值关系和相位关系,对于分析 和计算同步电机的许多问题有较大的帮助作用。

对于凸极电机来说,在图 17.11(b)的三角形 ABC 中,$\overline{AB}=U\cos\varphi$,$\overline{BC}=U\sin\varphi+X_qI_a$,所以

$$\psi=\arctan\frac{U\sin\varphi+X_qI_a}{U\cos\varphi} \tag{17.10}$$

而对于隐极电机来说,有

$$\psi=\arctan\frac{U\sin\varphi+X_sI_a}{U\cos\varphi} \tag{17.11}$$

以上两式在分析同步电机问题时经常用到。

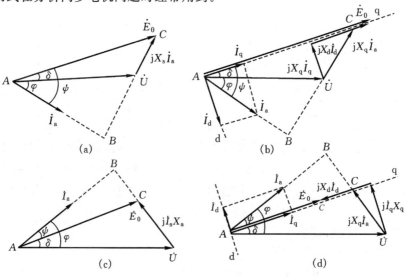

图 17.11　同步发电机的电势相量图
(a)隐极电机电流滞后时;(b)凸极电机电流滞后时;
(c)隐极电机电流超前时;(d)凸极电机电流超前时

17.4　同步发电机的基本特性及电抗测定

同步发电机时的空载特性、短路特性、零功率因数特性和外特性等都是其基本特性,通过这些特性可以求出同步电抗及漏电抗,并且进一步确定同步发电机的性能参数。空载特性在本章第一节已经介绍过了,本节主要介绍短路特性、零功率因数特性、外特性以及电抗的测定。

17.4.1　短路特性

同步发电机运行于同步转速时,将电枢绕组三相的端点持续稳态短路,然后加上励磁电流,称为稳态短路运行。这时端电压 $U=0$,如果改变励磁电流 I_f,励磁电势 E_0 和电枢短路电流的有效值 I_k 也会随之改变。短路特性就是指 I_k 随 I_f 变化的关系曲线 $I_k=f(I_f)$。

稳态短路运行时,$\dot{I}_k$ 和励磁电势 $\dot{E}_0$ 之间的相位差 ψ 仅受同步电抗和绕组本身电阻的制约,在忽略绕组电阻时,整个电枢回路是一个纯感性回路,$\dot{I}_k$ 将滞后于 $\dot{E}_0$90°电角度,全部作用于直轴,交轴分量 $\dot{I}_q=0$,其电枢反应表现为纯去磁作用。去磁作用减少了电机中的磁通,磁路处于不饱和状态,励磁电势的有效值 E_0 和励磁电流 I_f 之间在数量上呈线性关系。由于短路电流 $\dot{I}_k=-jE_0/X_s$,所以短路电流的有效值 I_k 和励磁电流在数量也呈线性关系,短路特性就是一条通过原点的直线,如图 17.13 中的 $I_k=f(I_f)$ 曲线。可见,稳态短路时,电机中的电枢反应为纯去磁作用,电机的磁通和感应电势较小,短路电流也不会过大,所以三相稳态短路运行没有危险。

图 17.12 给出了隐极同步发电机稳态短路运行的等效电路和相量图。对凸极式电机来说,短路时交轴电枢磁势 $F_{aq}=0$,故分析方法同隐极电机,只需将 X_s 用 X_d 代替,将 $\dot{I}_a$ 用 $\dot{I}_d$ 来代替即可。

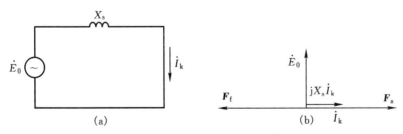

图 17.12　隐极同步发电机稳态短路运行

(a)等效电路;(b)相量图

17.4.2　利用短路特性和空载特性求同步电抗

在 17.1 节中曾指出,利用空载特性和短路特性可以求发电机的同步电抗。下面就具体讨论这一问题。

设励磁电流为 I_f,每相空载电势为 E_0,如果把电枢端点短路,测得每相短路电流为 I_k,显然在略去电枢电阻时,同步电抗上的压降 $X_s I_k$(对于凸极电机为 $X_d I_k$)即为 E_0(参看图17.12(a))。根据此关系可以得到测定同步电抗的简单方法:① 用原动机带动同步发电机在同步转速下运转,测取其空载和短路特性。② 将测取的数据在同一坐标纸上绘制成曲线,并作出气隙线(图 17.13)。③ 选取一固定的 I_f,求得对应的短路电流 I_k 和对应于气隙线上的电势 E'_0,则同步电抗可按下式求得

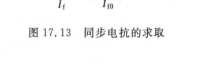

$$X_s \text{ 或 } X_d = \frac{E'_0}{I_k} \quad (17.12)$$

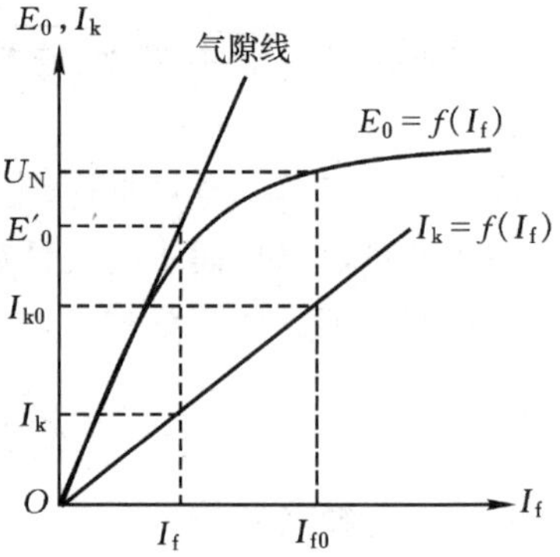

图 17.13　同步电抗的求取

按照上述方法求得的是**不饱和同步电抗**,而在额定值附近运行时,磁路总是有点饱和,求取同步电抗饱和值的近似方法为:从空载曲线求得对应于额定电压 U_N 的励磁电流 I_{f0},再从短路特性求得对应于 I_{f0} 的短路电流 I_{k0},则

$$X_s \text{ 或 } X_d \text{ 的饱和值} = \frac{U_N}{I_{k0}} \quad (17.13)$$

凸极电机的交轴同步电抗可以利用经验公式求得

$$X_q \approx 0.65 X_d \quad (17.14)$$

17.4.3　零功率因数负载特性

所谓同步发电机的**零功率因数负载特性**是指在 $n = n_1, I_a = I_N, \cos\varphi = 0$ 条件下,发电机端电压 U 随励磁电流 I_f 变化的关系曲线 $U = f(I_f)$。发电机以同步转速旋转,电枢端部外接三相对称纯电感负载,当增加励磁电流时,感应电势 E_0、端电压 U 以及电枢电流 I_a 都会增加。如果在增大励磁电流的同时,增大负载电抗的值,使得电枢电流 I_a 维持在额定值,而将端电压 U 与励磁电流 I_f 的变化关系绘成曲线,就得到零功率因数负载特性(参见图 17.15)。

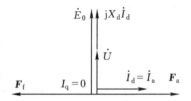

图 17.14　$\cos\varphi = 0$ 时同步电机相量图

由于同步发电机是在纯感性负载下运行,而电枢绕组本身可以近似看成纯感性(忽略电枢电阻),所以电枢与负载构成的回路为纯感性回路,即 $\psi = 90°$,此时的电枢反应为直轴纯去磁效应。励磁磁势被电枢反应磁势抵消一部分后,剩余部分在电机气隙内产生磁通。励磁电流上升到一定值时,磁路逐渐饱和,电压上升逐渐缓慢,使得曲线弯曲。零功率因数特性曲线的形状与空载特性曲线颇为相似,下面研究其关系。

从相量图(图 17.14)可以看出,$\dot{U}$、$\dot{E}_0$、$jX_d\dot{I}_d$ 处于同一方位,其相量加减可简化为代数加减,即

$$U = E_0 - X_d I_d = E_0(I_f) - X_d I_N \quad (17.15)$$

在已知空载特性 $E_0 = f(I_f)$ 和同步电抗 X_d(或 X_s)的情况下,由式(17.15)可以作出同步电机的零功率因数特性曲线,见图 17.15。反之通过测取空载特性和零功率因数特性就可以求得同步电抗,经过进一步的处理,还可以求得定子漏抗。

在图 17.15 中,当 $U = 0$ 时,在空载特性上,$I_f = 0$;而在零功率因数特性上 $I_f = \overline{OC}$,即电

压为零时,励磁电流不为零。其原因是:①零功率因数特性是在电流为一定值时测得的,该电流会产生漏抗压降 $I_a X_\sigma$,所以需要一定的励磁电流 $\overline{OB}$ 产生电势 $\overline{AB}$ 来平衡此漏抗压降。②在纯感性负载下,电枢反应为纯去磁效应,需要一定的励磁电流 $\overline{BC}$ 抵消此去磁作用。可见,在零功率因数特性上,$U=0$ 时,励磁电流是不能为零的。$\triangle ABC$ 称为特性三角形,它的垂直边是定子漏抗压降,水平边正比于电枢反应去磁磁势,这两条边都正比于电枢电流,因此当电枢电流一定时,该三角形的形状和大小是不变的。所以当三角形的 A 点在空载特性上移动时,C 点的轨迹就是零功率因数特性。

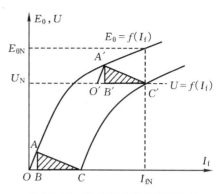

图 17.15　零功率因数负载特性与空载特性

17.4.4　利用零功率因数特性和空载特性求取同步电抗和漏抗

1. 同步电抗

在 $I_d = I_a = I_N$ 时的零功率因数特性曲线上取出对应于 U_N 的励磁电流 I_{fN},再在空载特性曲线上取出对应于 I_{fN} 的空载电势 E_{0N},由式(17.15)就可求得同步电抗的饱和值,即

$$X_d = \frac{E_{0N} - U_N}{I_N} \tag{17.16}$$

2. 定子漏抗

$U=0$ 时,对应于零功率因数特性上的励磁电流 $I_f = \overline{OC}$,将该电流分为两部分,$\overline{OB}$ 段用来产生漏抗电势 $\dot{E}_\sigma$ 平衡定子漏抗压降 $\overline{AB} = X_\sigma I_d$,$\overline{BC}$ 段用来产生电枢电势 $\dot{E}_{ad}$ 以平衡电枢反应电抗压降 $X_{ad} I_d$,可见 $\triangle ABC$ 的 $\overline{BC}$ 边代表纯去磁的电枢反应磁势,$\overline{AB}$ 边代表定子漏抗压降。所以只要求得特性三角形,我们就可以很方便地求得定子漏抗,即

$$X_\sigma = \frac{\overline{AB}}{I_d} \tag{17.17}$$

下面介绍特性三角形的作法。

对于一定的电枢电流 I_d,由于 $\triangle ABC$ 是固定的,所以在空载特性曲线上移动 $\triangle ABC$ 的顶点 A 时,C 的轨迹即为零功率因数特性。如果我们在零功率因数特性曲线上向上平移 $\triangle OAC$ 的顶点 C 到额定电压 U_N 时,将得到 $\triangle A'O'C'$,并且 $\overline{O'C'} = \overline{OC}$,$O'A' \ /\!/ \ OA$,由此可得到特性三角形的作法:① 在额定电压 U_N 处作一水平线交零功率因数曲线于 C',截取 $\overline{O'C'} = \overline{OC}$;② 过 O' 作 OA(近似为直线)的平行线交空载特性曲线于 A';③ 过 A' 作 $A'B'$ 垂直 $O'C'$ 于 B',则 $\triangle A'B'C'$ 即为特性三角形(见图17.15)。

17.4.5　外特性和电压调整率

外特性是指:$n = n_1$、$I_f =$ 常数、$\cos\varphi =$ 常数的条件下,同步发电机作单机运行时,端电压 U 随负载电流 I_a 而变化的关系,即 $U = f(I_a)$ 曲线。外特性曲线的走向和负载的性质有关。

对于感性负载,$0 < \psi < 90°$,在励磁电流不变的情况下,随着电枢电流的增大,有两个因

素导致端电压下降,其一是电枢反应的去磁作用增强,其二是漏抗压降增大,所以感性负载时,同步电机的外特性是下降的曲线。

对于容性负载,当 $-90° < \psi < 0$ 时,电枢反应表现为增磁作用,随着电枢电流的增大,端电压反而增大。图 17.16 给出了同步发电机各种负载情况下的外特性曲线。

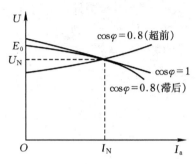

图 17.16 同步发电机外特性曲线

发电机的端电压随着负载电流的改变而变,保持额定运行($U = U_N$,$\cos\varphi = \cos\varphi_N$,$I = I_N$,$n = n_1$)时的励磁电流 I_{fN} 和转速不变,将发电机完全卸载,发电机的端电压将由 U_N 变化为空载电势 E_0,电压变化的幅度可以用**电压调整率**来表示

$$\Delta U = \frac{E_0 - U_N}{U_N} \times 100\% \tag{17.18}$$

ΔU 是发电机的性能指标之一,按国家标准规定 ΔU 应不大于 40%。

例 17.1 一台汽轮发电机,额定功率 $P_N = 12000$ kW,额定电压 $U_N = 6300$ V,定子绕组为 Y 接法,额定功率因数 $\cos\varphi_N = 0.8$(滞后)。空载试验及短路试验数据如下(忽略电枢电阻):

空载试验数据

线电压/V	0	4500	5500	6000	6300	6500	7000	7500	8000
励磁电流/A	0	60	80	92	102	111	130	190	286

短路试验数据

电枢电流/A	0	I_N
励磁电流/A	0	158

求:(1) 同步电抗的不饱和值;

(2) 额定负载运行时的励磁电流;

(3) 电压变化率。

解:(1) 该电机的额定电流为

$$I_N = \frac{P_N}{\sqrt{3}U_N\cos\varphi_N} = \frac{12000 \times 10^3}{\sqrt{3} \times 6300 \times 0.8} = 1374.6 \text{ (A)}$$

根据给出的试验数据画出如图所示的空载特性和短路特性曲线,并作出气隙线,如图

17.17 所示。

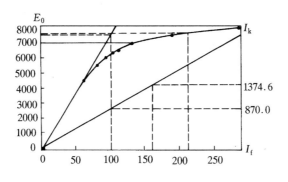

图 17.17　例 17.1 图

任取励磁电流 $I_f = 100$ A,在空载气隙线上查出线电势 $E_0 = 7500$ V,在短路特性上查出短路电流,$I_k = 870.0$ A。

据此可以求出同步电抗的不饱和值为

$$X_s = \frac{E_0}{\sqrt{3}\,I_k} = \frac{7500}{\sqrt{3} \times 870.0} = 4.98 \ (\Omega)$$

(2) 发电机额定负载运行时,根据相量图可知(将 E_0 转化为线电势):

$$E_0 = \sqrt{3}\sqrt{(U\cos\varphi_N)^2 + (U\sin\varphi_N + IX_s)^2}$$

$$= \sqrt{3}\sqrt{\left(0.8 \times \frac{6300}{\sqrt{3}}\right)^2 + \left(0.6 \times \frac{6300}{\sqrt{3}} + 1374.6 \times 4.98\right)^2}$$

$$= 16423 \ (\text{V})$$

在气隙线上对应于 $E_0 = 16423$ V 的励磁电流为额定励磁电流:

$$I_{fN} = 100 \times \frac{16423}{7500} = 218.97 \ (\text{A})$$

(3) 根据 $I_{fN} = 218.97$ A 在空载特性曲线上求得空载运行时励磁电势为 $E_0 = 7849$ V,故电压变化率为

$$\Delta U = \frac{E_0 - U_N}{U_N} = \frac{7849 - 6300}{6300} \times 100\% = 24.59\%$$

本章小结

空载运行时,同步发电机气隙磁场仅由旋转励磁磁势 F_f 单独激励,它扫过电枢绕组时,在其中感应出励磁电势 $\dot{E}_0$,其大小 E_0 由励磁电流 I_f 决定,E_0 和 I_f 之间的关系曲线称为空载特性。

对称负载运行时,电枢绕组中将通过对称负载电流,并产生电枢磁势 F_a、F_a 和 F_f 均以同步速旋转,在空间处于相对静止状态,F_a 对 F_f 的影响称为电枢反应。$\dot{E}_0$ 滞后于励磁磁通 $\dot{\Phi}_f$ 90°电角度,而电枢反应磁通 $\dot{\Phi}_a$ 和电枢电流 $\dot{I}_a$ 同相位,所以 $\dot{I}_a$ 和 $\dot{E}_0$ 之间的相位差 ψ(称为

内功率因数角)决定了 $\dot{\Phi}_a$ 和 $\dot{\Phi}_f$ 之间的相位差$(90°+\psi)$,而 $\mathbf{F}_a$ 和 $\mathbf{F}_f$ 之间的消长关系反映了电枢反应的性质。所以说 $\dot{I}_a$ 和 $\dot{E}_0$ 之间的相位差决定了电枢反应的特点。另外从负载角度来看,ψ 角反映了负载的性质,所以电枢反应实质上是由负载的性质决定的。

不计饱和时,可以认为电枢磁势和励磁磁势各自产生相应的磁通,并在电枢绕组中分别产生相应的感应电势。对于隐极电机,电枢反应电势为 $\dot{E}_a=-jX_a\dot{I}_a$,X_a 称为电枢反应电抗,$X_s=X_a+X_\sigma$ 称为隐极电机同步电抗。对于凸极电机,因直轴磁路和交轴磁路的磁阻不同,将电枢磁势分解为 $\mathbf{F}_{ad}$ 和 $\mathbf{F}_{aq}$,对应的电枢反应电势分别为 $\dot{E}_{ad}=-jX_{ad}\dot{I}_d$ 和 $\dot{E}_{aq}=-jX_{aq}\dot{I}_q$。$X_{ad}$ 和 X_{aq} 分别为直轴和交轴电枢反应电抗,$X_d=X_{ad}+X_\sigma$ 和 $X_q=X_{aq}+X_\sigma$ 则分别为直轴和交轴同步电抗。

将电枢反应的效应化成一个电抗压降来处理,就可以导出同步电机的电势平衡方程。对于隐极电机有 $\dot{E}_0=\dot{U}+j\dot{I}_aX_s$;对于凸极电机有 $\dot{E}_0=\dot{U}+j\dot{I}_dX_d+j\dot{I}_qX_q$。根据电势方程可以画出相量图,它是分析同步电机性能的有力工具。

通过空载试验和短路试验可以求得同步电抗的不饱和值,通过空载试验和零功率因数试验可以得到同步电抗的饱和值。

习题及思考题

17-1　有一台三相同步发电机,$P_N=2500$ kW,$U_N=10.5$ kV,Y 接法,$\cos\varphi_N=0.8$(滞后),作单机运行。已知同步电抗 $X_s=7.52$ Ω,电枢电阻不计。每相的励磁电势 $E_0=7520$ V。求下列几种负载下的电枢电流 $\dot{I}_a$,并说明电枢反应的性质。

(1) 相值为 7.52 Ω 的三相平衡纯电阻负载;

(2) 相值为 7.52 Ω 的三相平衡纯电感负载;

(3) 相值为 15.04 Ω 的三相平衡纯电容负载;

(4) 相值为$(7.52-j7.52)$ Ω 的三相平衡电阻电容负载。

17-2　有一台三相凸极同步发电机,电枢绕组 Y 接法,每相额定电压 $U_{\phi N}=230$ V,额定相电流 $I_{\phi N}=9.06$ A,额定功率因数 $\cos\varphi_N=0.8$(滞后)。已知该机运行于额定状态,每相励磁电势 $E_0=410$ V,内功率因数角 $\psi=60°$,不计电阻压降,试求:I_d、I_q、X_d 和 X_q 各为多少?

17-3　有一台三相隐极同步发电机,电枢绕组 Y 接法,额定电压 $U_N=6300$ V,额定电流 $I_N=572$ A,额定功率因数 $\cos\varphi_N=0.8$(滞后)。该机在同步速下运转,励磁绕组开路,电枢绕组端点外施三相对称线电压 $U=2\,300$ V,测得定子电流为 572 A。如果不计电阻压降,求此电机在额定运行下的励磁电势 E_0 和功角 δ。

17-4　一台凸极同步发电机,电枢绕组 Y 接法,额定相电压 $U_N=230$ V,额定电流 $I_N=6.45$ A,额定功率因数 $\cos\varphi_N=0.9$(滞后),并知其同步电抗 $X_d=18.6$ Ω,$X_q=12.8$ Ω,不计电阻压降,试求在额定状态下运行时的 I_d、I_q 和 E_0。

17-5　有一台三相隐极同步发电机,电枢绕组 Y 接法,额定功率 $P_N=25000$ kW,额定电压 $U_N=10500$ V,额定转速 $n_N=3000$ r/min,额定电流 $I_N=1\,720$ A,并知同步电抗 $X_s=2.3$ Ω,如不计电阻,求:

（1）$I_a = I_N$，$\cos\varphi = 0.8$（滞后）时的电势 E_0 和功角 δ；

（2）$I_a = I_N$，$\cos\varphi = 0.8$（超前）时的电势 E_0 和功角 δ。

17-6　有一台三相水轮发电机，电枢绕组 Y 接法，额定容量 $S_N = 7500$ kVA，额定电压 $U_N = 6300$ V，额定功率因数 $\cos\varphi_N = 0.8$（滞后），频率 $f = 50$ Hz。由试验测得如下数据：

空载试验数据

I_f/A	103	200	272	360	464
E_0/V	3460	6300	7250	7870	8370

短路试验数据

I_f/A	50	100	150	200	250
I_k/A	180	360	540	720	900

$I_a = I_N$ 时的零功率因数特性实验数据

I_f/A	183	330	380	433	475
U/V	0	4720	5660	6330	6600

试求：

（1）通过空载特性和短路特性求出 X_d 的不饱和值；

（2）通过空载特性和零功率因数特性求出漏抗 X_σ。

17-7　同步电机在对称负载下稳定运行时，电枢电流产生的磁场是否与励磁绕组匝链？它会在励磁绕组中感应电势吗？

17-8　同步电机在对称负载下运行时，气隙磁场由哪些磁势建立？，它们各有什么特点？

17-9　同步电机的内功率因数角 ψ 由什么因素决定？

17-10　什么是同步电机的电枢反应？电枢反应的性质决定于什么？

17-11　为什么说同步电抗是与三相有关的电抗而它的数值又是每相值？

17-12　隐极电机和凸极电机的同步电抗有何异同？

17-13　测定发电机短路特性时，如果电机转速由额定值降为原来的一半，对测量结果有何影响？

17-14　为什么同步电机稳态对称短路电流不太大而变压器的稳态对称短路电流值却很大？

17-15　如何通过试验来求取同步电抗的饱和值与不饱和值？

第 18 章　同步发电机的并网运行

单机供电的缺点是明显的：既不能保证供电质量（电压和频率的稳定性）和可靠性（发生故障就得停电），又无法实现供电的灵活性和经济性。这些缺点可以通过多机并联来改善。通过并联可将几台电机或几个电站并成一个电网。现代发电厂中都是把几台同步发电机并联起来接在共同的汇流排上（见图 18.1），一个地区总是有好几个发电厂并联起来组成一个强大的电力系统（电网）。电网供电比单机供电有许多优点：①提高了供电的可靠性，一台电机发生故障或定期检修不会引起停电事故。②提高了供电的经济性和灵活性，例如水电厂与火电厂并联时，在枯水期和旺水期，两种电厂可以调配发电，使得水资源得到合理使用。在用电高峰期和低谷期，可以灵活地决定投入电网的发电机数量，提高了发电效率和供电灵活性。③提高了供电质量，电网的容量巨大（相对于单台发电机或者个别负载可视为无穷大），单台发电机的投入与停机、个别负载的变化，对电网的影响甚微，衡量供电质量的重要指标电压和频率可视为恒定不变的常数。

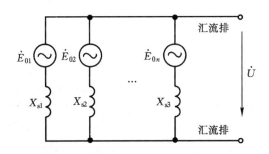

图 18.1　同步发电机并网运行示意图

电网对单台发电机来说可视为无穷大电网或无穷大汇流排。同步发电机并联到电网后，它的运行情况要受到电网的制约，也就是说它的电压、频率要和电网一致而不能单独变化。可见发电机并联运行与单机运行时的分析方法将会有所不同，本章将主要介绍发电机与电网并联的条件和方法及并网运行时调节电机向电网输送功率的方法。

18.1　并联条件及并联方法

把同步发电机并联至电网的过程称为投入并联，或称为并列、并车、整步。在并车时必须避免产生巨大的冲击电流，以防止同步发电机受到损坏、电网遭受干扰。为此并车前必须检查发电机和电网是否适合以下条件：

（1）双方应有相等的电压；

（2）双方应有同样或者十分接近的频率和相位；

（3）双方应有一致的相序。

下面研究这些条件之一得不到满足时会发生的情况。

（1）如果双方电压有效值不相等，在图 18.2 中，电网用一个等效发电机 A 来表示，B 表示即将并车的发电机。若 U 不等于 U_1，在开关 K 的两端，会出现一定的差额电压 ΔU，如果闭合 K，在发电机和电网组成的回路中必然会出现瞬态冲击电流，因此在并车时，电压的有效值必须相等。

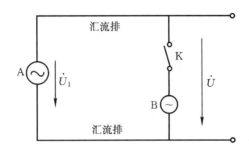

图 18.2　同步发电机并入示意图

（2）如果双方频率或者相位不相等，则 U 和 U_1 不能同步变化，即 U 和 U_1 的瞬时值将不相等，并车后也会出现电压差 ΔU，从而引起并车冲击电流，因此要求频率必须相等或十分接近。

（3）如果双方相序不等，U 和 U_1 的瞬时值将会出现较大的差值电压，错误并车将会产生很大的冲击电流，因此并车时，必须严格保证相序一致。

上述条件中，除相序一致是绝对条件外，其它条件都是相对的，因为通常电机可以承受不太大的冲击电流。

并车的准备工作是**检查并车条件**和**确定合闸时刻**。通常用电压表测量电网电压 U_1，并调节发电机的励磁电流使得发电机的输出电压 $U = U_1$，再借助同步指示器检查并调整频率和相位以确定合闸时刻。

同步指示器通常采用以下两种连接方法。

1. 灯光明暗法（或称直接法）

如图 18.3(a)所示，将三只灯泡直接跨接于电网与发电机的**对应相**之间，灯泡两端的电压即为发电机端电压 U 与电网电压 U_1 的差值 $\Delta \dot{U} = \dot{U}_1 - \dot{U}$。在图 18.4 中，用相量 A_1、B_1、C_1 表示电网的电压相量，A、B、C 代表发电机的电压相量。如果发电机和电网的电压相等，相序一致，而频率略有差异，则两组相量之间将存在一定的角速度差 $\Delta\omega = \omega_1 - \omega$（$\omega_1$ 为电网角频率，固定不变；ω 为发电机角频率，可以通过调节发电机转速进行调节），其相位差在 $0 \sim 180°$ 之间变化，对应相之间差值电压的有效值在 $0 \sim 2U_1$ 之间变化，三只灯泡的灯光呈现出明暗交替变化。调整发电机的转速使得 ω 十分接近 ω_1，待两组相量完全重合时，说明两组相量的相位相同了，$\Delta U = 0$，灯泡熄灭，此一时刻是合闸并车的最佳时刻。

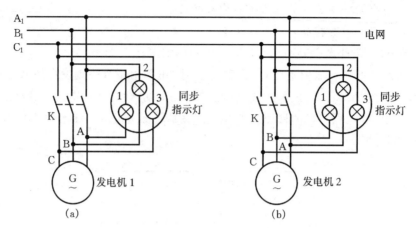

图 18.3 三相同步发电机整步

(a)灯光明暗法；(b)灯光旋转法

综上所述，**明暗法**并车方法为：①通过调节发电机励磁电流的大小使得 $U=U_1$；②电压调整好后，如果相序一致，灯光应表现为明暗交替，如果灯光不是明暗交替，则说明相序不一致，这时应调整发电机的出线相序或电网的引线相序，严格保证相序一致；③通过调节发电机的转速改变 U 的频率，直到灯光明暗交替十分缓慢时，说明 U 和 U_1 的频率已十分接近，这时等待灯光完全变暗的瞬间到来时，即可合闸并车。

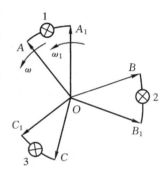

图 18.4 灯光明暗法电压相量图

2. 灯光旋转法

参看图 18.3(b)和图 18.5，灯 1 跨接于 AB_1，灯 2 跨接于 BA_1，灯 3 跨接于 CC_1。如果两组相量大小相等、相序一致、频率接近，则加于三只指示灯的电压 ΔU_1，ΔU_2，ΔU_3 的大小将交替变化。假设 ω 快于 ω_1，并认为 $A_1B_1C_1$ 不动，ABC 以角速度 $\omega-\omega_1$ 旋转，当 C 和 C_1 重合时，3 熄灭，2 和 1 亮度一样；当 C 和 B_1 重合时(也即 B 将和 A_1 重合)，2 熄灭，1、3 同亮；当 C 和 A_1 重合时(也即 A 将和 B_1 重合)，1 熄灭，3、2 同亮。可见灯光发亮的顺序为 21→13→32→21…，在圆形的指示器上，相当于灯光顺时针旋转。同理，如果 ω_1 快于 ω 则灯光顺时针旋转。调整发电机转速，直到灯光旋转十分缓慢，等待灯 3 完全熄灭时，合闸并车。

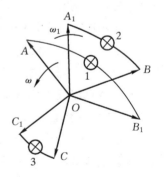

图 18.5 灯光旋转法电压相量图

综上所述，灯光旋转法并车方法为：①通过调节发电机励磁电流的大小使得 $U=U_1$；②电压调整好后，如果相序一致，则灯光旋转，否则说明相序不一致，这时应调整发电机的出线相序或电网的引线相序，严格保证相序一致；③通过调节发电机的转速改变 U 的频率，直到灯光旋转十分缓慢时，说明 U 和 U_1 频率已十分接近，这时等待灯 3 完全熄灭的瞬间到来，即可合闸并车。

灯光法对并网的每一个条件都严格检查,操作正确时在并网过程中基本上不会产生冲击电流,所以又称为理想整步法。由于它对并车条件逐一检查和调整,所以费时较多。一般可采用简单的自整步法,如图 18.6 所示,在相序一致的情况下,通过适当的电阻 R(称为灭磁电阻)用开关 K_2 将励磁绕组短接,再用原动机将发电机拖动到接近同步转速(与同步转速相差 2%～5%),在没有接通励磁电流的情况下将发电机通过开关 K_1 接入电网,再将开关 K_2 合向励磁电源并调节励磁强弱,依靠定子磁场和转子磁场之间的电磁转矩将转子拉入同步转速,并车过程即告结束。需要注意的是,励磁绕组必须通过一限流电阻短接,因为直接开路,将在其中感应出危险的高压;直接短路,将在定、转子绕组中产生很大的冲击电流。自同步法的优点是:操作简单,方便快捷;缺点是:合闸时有冲击电流。

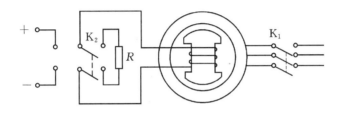

图 18.6　自整步法接线图

18.2　功率平衡方程和功角特性

18.2.1　功率平衡方程

同步发电机的功能是将转轴上由原动机输入的机械功率,通过电磁感应作用,转化为电枢绕组输出的电功率。如果励磁功率由另外的直流电源提供,则转轴输入的机械功率 P_1 首先要支付两类损耗,一类为机械损耗 p_m,包括轴与轴承间的摩擦、电刷与集电环之间的摩擦、转动部分与空气的摩擦及通风设备的损耗等;另一类为铁心损耗 p_{Fe},包括定子铁心中的涡流和磁滞损耗。除过这两类损耗后,剩余的功率 $P_1-(p_m+p_{Fe})$ 通过电磁感应作用转变为定子绕组上的电功率,称为电磁功率 P_M。如果是负载运行,定子绕组的电阻上还存在一定的欧姆损耗,称为定子铜耗 p_{Cul}。扣除 p_{Cul} 后,其余的电功率 $P_2=P_M-p_{Cul}$ 就是发电机的输出功率。图 18.7 给出了同步发电机功率流程图。

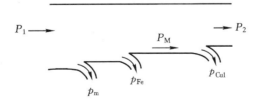

图 18.7　同步发电机功率流程图

同步发电机的功率平衡方程为

$$P_1 = P_M + p_{Fe} + p_m \Big\}$$
$$P_M = P_2 + p_{Cu1} \Big\}$$
$$(18.1)$$

18.2.2　功角及功角特性

定子绕组的电阻一般较小,其铜耗可以忽略不计,则有

$$P_M = P_2 = mUI_a\cos\varphi = mUI_a\cos(\psi-\delta) \qquad (18.2)$$

其中 ψ 为**内功率因数角**,φ 为负载功率因数角,$\delta = \psi - \varphi$ 定义为**功角**。它表示发电机的励磁电势 $\dot{E}_0$ 和端电压 $\dot{U}$ 之间相角差。功角 δ 对于研究同步电机的功率变化和运行的稳定性有重要意义。图 18.8 给出了同步电机功角的物理意义分析图。图中忽略了定子绕组的漏磁电势,认为 $\dot{U} \approx \dot{E}_0 + \dot{E}_a$,$\dot{E}_0$ 对应于励磁磁势 F_f,$\dot{E}_a$ 对应于电枢磁势 F_a,所以可近似认

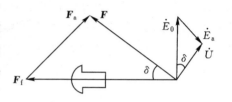

图 18.8　功角的物理意义分析图

为端电压 $\dot{U}$ 由合成磁势 $F = F_f + F_a$ 所感应。F 和 F_f 之间的空间相角差即为 $\dot{E}_0$ 和 $\dot{U}$ 之间的时间相角差 δ,可见**功角 δ 在时间上表示端电压和励磁电势之间的相位差,在空间上表现为合成磁场轴线与转子磁场轴线之间夹角**。并网运行时,$\dot{U}$ 为电网电压,其大小和频率不变,对应的合成磁势 F 总是以同步速度 $\omega_1 = 2\pi f$ 旋转,因此功角 δ 的大小只能由励磁磁势的角速度 ω 决定。稳定运行时,$\omega = \omega_1$,因此 F 与 F_f 之间无相对运动,对应每一种稳定状态,δ 具有固定的值。

功角特性指的是电磁功率 P_M 随功角 δ 变化的关系曲线 $P_M = f(\delta)$,下面分别推导凸极电机和隐极电机的功角特性。

1. 凸极电机

由式(18.2)可知

$$\begin{aligned}
P_M &= mUI_a\cos(\psi-\delta) \\
&= mUI_a\cos\psi\cos\delta + mUI_a\sin\psi\sin\delta \\
&= mUI_q\cos\delta + mUI_d\sin\delta
\end{aligned} \qquad (18.3)$$

从凸极电机的电势相量图(图 18.9(b))可知

$$I_q X_q = U\sin\delta \Rightarrow I_q = \frac{U\sin\delta}{X_q} \Big\}$$
$$I_d X_d = E_0 - U\cos\delta \Rightarrow I_d = \frac{E_0 - U\cos\delta}{X_d} \Big\}$$
$$(18.4)$$

所以有

$$\begin{aligned}
P_M &= mU\frac{U\sin\delta}{X_q}\cos\delta + mU\frac{E_0 - U\cos\delta}{X_d}\sin\delta \\
&= m\frac{UE_0}{X_d}\sin\delta + m\frac{U^2}{2}\left(\frac{1}{X_q} - \frac{1}{X_d}\right)\sin2\delta \\
&= P'_M + P''_M
\end{aligned} \qquad (18.5)$$

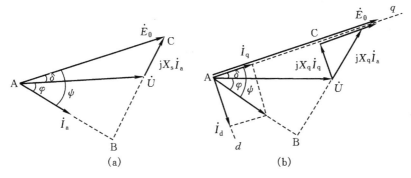

图 18.9　同步发电机的电势相量图
(a)隐极发电机；(b)凸极发电机

式中　$P'_M = m\dfrac{UE_0}{X_d}\sin\delta$——基本电磁功率；

$P''_M = m\dfrac{U^2}{2}\left(\dfrac{1}{X_q} - \dfrac{1}{X_d}\right)\sin 2\delta$——附加电磁功率。

令$\dfrac{\mathrm{d}P_M}{\mathrm{d}\delta} = 0$可以求出对应于最大电磁功率$P_{Mmax}$的功角$\delta_m$，一般来说凸极电机的$\delta_m$在$45°\sim 90°$之间。图 18.10(b)给出了凸极电机的功角特性曲线。

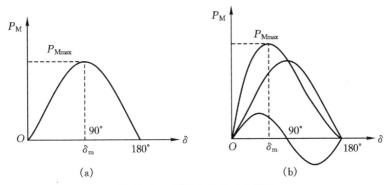

图 18.10　同步电机的功角特性
(a)隐极电机；(b)凸极电机

2. 隐极电机

对于隐极电机来说，由相量图(图 18.9(a))也可以方便地推出其功角特性。更方便的方法是在式(18.5)中，令$X_d = X_q = X_s$得

$$P_M = m\dfrac{UE_0}{X_s}\sin\delta \tag{18.6}$$

其最大值位于$\delta = 90°$处。图 18.10(a)给出了隐极电机的功角特性曲线。

比较凸极电机和隐极电机的功角特性可知，凸极电机有一个附加电磁功率P''_M，这是由于直轴与交轴磁阻不相等而引起的，因此又称为磁阻功率。这一功率的大小正比于$\left(\dfrac{1}{X_q} - \dfrac{1}{X_d}\right)$，在隐极电机中，由于$X_d = X_q = X_s$，所以其附加电磁功率为零。

最大功率与额定功率的比值定义为同步发电机的**过载能力**。即

$$K_M = \frac{P_{Mmax}}{P_N} \tag{18.7}$$

对隐极电机来说

$$K_M = \frac{P_{Mmax}}{P_N} = \frac{1}{\sin\delta_N} \tag{18.8}$$

18.3　并网后有功功率及无功功率的调节、V形曲线

同步发电机并联到无穷大电网以后,就可以向电网提供交流电能了。交流电功率通常包含有功和无功成分。怎样有效地控制或调节发电机输送给电网的有功功率和无功功率呢?下面就具体讨论这一问题。

18.3.1　有功功率的调节

功角特性 $P_M = f(\delta)$ 反映了同步发电机的电磁功率随着功角变化的情况。稳态运行时,同步发电机的转速由电网的频率决定,恒等于同步转速,也就是说发电机的电磁转矩 T 和电磁功率 P_M 之间成正比关系:

$$T = \frac{P_M}{\Omega} \tag{18.9}$$

式中, Ω 为转子的机械角速度。电磁转矩作为主要的阻力转矩,与输入转矩即原动机提供的动力转矩满足以下转矩平衡方程

$$T_1 = T + T_0 \tag{18.10}$$

其中 T_0 为空载转矩(因摩擦、风阻等引起的阻力转矩)。

由于电磁功率与电磁转矩成正比,要改变发电机输送给电网的有功功率即电磁功率 P_M ,就必须设法使电磁转矩 T 得以改变,由式(18.10)可知,这一改变可以通过改变输入转矩来达到,而输入转矩的改变通常通过调节水轮机的进水量或汽轮机的汽门来实现。

当增大输入转矩,使得功角由 0 到 δ_m 变化时,电磁功率 P_M 和电磁转矩 T 也随之增大,同步发电机在这一区间能够稳定运行。而当 $\delta > \delta_m$ 时,随着 δ 的增大, P_M 和 T 反而减小,电磁转矩无法与输入转矩相平衡,发电机转速越来越大,发电机将失去同步,故在这一区间发电机不能稳定运行。

同步发电机失去同步后,必须立即减小原动机输入的机械功率,否则将使转子达到极高的转速,以致离心力过大而损坏转子。另外,失步后,发电机的频率和电网频率不一致,定子绕组中将出现一个很大的电流而可能烧坏定子绕组。因此,保持同步是十分重要的。

综上所述:并联于电网的发电机所承担的有功功率可以通过调节原动机输入的机械功率(即改变输入转矩)来改变。而且电机承担的有功功率的极限是 P_{Mmax} 。当 $0 < \delta < \delta_m$ 时发电机可以稳定运行; $\delta > \delta_m$ 时,发电机不能稳定运行。

应当注意,当发电机的励磁电流 I_f 不变时,功角 δ 的变化也会引起无功功率的变化。这

可以从下面简单的分析中看出。参看图 18.11,有

$$E_0\cos\delta = U + X_s I_a\sin\varphi \qquad mUE_0\cos\delta = mU^2 + mX_s I_a U\sin\varphi$$

$$Q = mUI_a\sin\varphi = \frac{mUE_0}{X_s}\cos\delta - \frac{mU^2}{X_s}$$

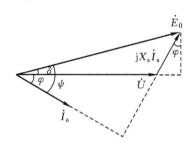

图 18.11　无功功率受有功功率的影响

可见,无功功率随着有功功率(或 δ 角)的增加而减少,甚至可能导致无功功率改变符号,这是应当避免的。因此如果只要求改变发电机所承担的有功功率时,应该在调节发电机有功功率的同时适当调节发电机的无功功率。

18.3.2　无功功率的调节

接在电网上运行的负载类型很多,多数负载除了消耗有功功率外,还要消耗电感性无功功率,如接在电网上运行的异步电机、变压器、电抗器等。所以电网除了供应有功功率外,还要供应大量滞后性的无功功率。电网所供给的全部无功功率一般由并网的发电机分担,可见调节并网发电机输送给电网的无功功率对于电力系统的正常运行有着重要意义。

电网的电压和频率不会因为一台发电机运行情况的改变而改变,即并网发电机的电压和频率将维持常数。如果保持原动机的输入转矩 T_1 不变(即不调节原动机的汽门、油门或水门),那么发电机输出的有功功率亦将保持不变。此时调节发电机励磁电流的大小,发电机的运行状态将会发生怎样的变化呢?下面我们作详细的分析。

在保持发电机的有功功率不变时有

$$P_2 = mUI_a\cos\varphi = 常数 \tag{18.11}$$

$$P_2 = m\frac{UE_0}{X_s}\sin\delta = 常数 \tag{18.12}$$

由于 m、U、X_s 均可视为常数,所以

$$I_a\cos\varphi = 常数 \tag{18.13}$$

$$E_0\sin\delta = 常数 \tag{18.14}$$

图 18.12 给出了有功功率不变而空载电势 E_0 变化时,隐极发电机的电势相量图。为了满足式(18.13)和式(18.14),$\dot I_a$ 和 $\dot E_0$ 的矢端必须落在直线 CD 和 AB 上。由于原点 O 到 CD 的距离等于有功电流 $I_a\cos\varphi$,所以,在电力系统中,通常把 CD 线称为**有功电流线**;同样由于原点 O 到 AB 的距离等于 $E_0\sin\delta$,由式(18.12)可知,它反映了有功功率的大小,所以在电力系统中称 AB 线为**有功功率线**。我们来分析以下三种状态:

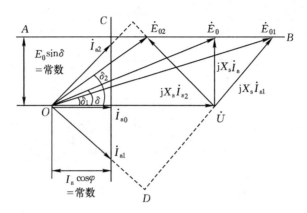

图 18.12 同步发电机无功功率的调节

励磁电势 E_0 与励磁电流 I_f 之间有着一一对应的变化关系即空载特性 $E_0 = f(I_f)$。通过调节励磁电流 I_f,就可以改变励磁电势 E_0。下面分析在保持有功功率不变的前提下,调节 I_f 时,发电机的相量图以及无功功率的变化情况。

(1)参看图 18.12,如果在某一励磁电流 I_{f0} 时,电枢电流 $\dot{I}_a = \dot{I}_{a0}$ 正好与端电压 $\dot{U}$ 平行,此时发电机的有功功率 $P_2 = 3UI_{a0}$,而无功功率 $Q_2 = 0$,我们定义此时发电机的励磁状态为**正常励磁状态**。

(2)在正常励磁状态的基础上,如果增大励磁电流到 $I_{f1} > I_{f0}$,相应的励磁电势也会增大;由于有功功率不变,当 I_f 增大时,相量 $\dot{E}_0$ 的端点只能在水平直线 AB 向右移动。假设 I_{f1} 对应的励磁电势为图 18.12 中的 $\dot{E}_{01}$,根据电势相量图的作法,相量 $\dot{I}_a$ 的点只能沿图 18.12 中的直线 CD 下移,使得 $\dot{I}_a = \dot{I}_{a1}$。显然 $I_{a1} > I_{a0}$,且 $\dot{I}_{a1}$ 滞后于 $\dot{U}$ 一个相位角 φ_1,发电机除了输出固定的有功功率 $P_2 = 3UI_{a1}\cos\varphi_1 = 3UI_{a0}$ 外,还输出滞后性(即电感性)的无功功率 $Q_2 = 3UI_{a1}\sin\varphi_1$。由于该状态下的励磁电流大于正常励磁电流,所以称为**过励状态**。

(3)在正常励磁状态的基础上,如果减小励磁电流到 $I_{f2} < I_{f0}$,励磁电势也会相应地减小;由于有功功率不变,当 I_f 减小时,相量 $\dot{E}_0$ 的端点只能在水平直线 AB 向左移动。假设 I_{f2} 对应的励磁电势为图 18.12 中的 $\dot{E}_{02}$,根据电势相量图的作法,电枢电流相量的端点只能沿直线 CD 上移,使得 $\dot{I}_a = \dot{I}_{a2}$。显然 $I_{a2} > I_{a0}$,且 $\dot{I}_{a1}$ 超前于 $\dot{U}$ 一个相位角 φ_2,发电机除了输出固定的有功功率 $P_2 = 3UI_{a2}\cos\varphi_2 = 3UI_{a0}$ 外,还输出超前性(即电容性)的无功功率 $Q_2 = 3UI_{a2}\sin\varphi_2$。由于该状态下的励磁电流小于正常励磁电流,所以称为**欠励状态**。

(4)在减少励磁电流时,相量 $\dot{E}_0$ 的端点会沿直线 AB 向左移动,功角 δ 会逐渐增大,当 δ 接近 δ_m(最大功率对应的功角)时,可能会导致发电机运行不稳定。所以发电机欠励状态下增加容性无功功率时,既要考虑电流大小的限制,还要考虑机组稳定运行的要求。

可见,通过调节励磁电流可以达到调节同步发电机无功功率的目的。当从某一欠励状态开始增加励磁电流时,发电机输出的超前无功功率开始减少,电枢电流中的无功分量也开始减少;达到正常励磁状态时,无功功率变为零,电枢电流中的无功分量也变为零,此时 $\cos\varphi = 1$;如果继续增加励磁电流,发电机将输出滞后性的无功功率,电枢电流中的无功分量又开始增

加。电枢电流随励磁电流变化的关系表现为一
个 **V 形曲线**。V 形曲线是一簇曲线,每一条 V
形曲线对应一定的有功功率。每条 V 形曲线
上都有一个最低点,对应 $\cos\varphi=1$ 的情况。将
所有的最低点连接起来,将得到与 $\cos\varphi=1$ 对
应的线,该线左边为欠励状态,输出超前性(容
性)无功功率,右边为过励状态,输出滞后性(感
性)无功功率(见图18.13)。

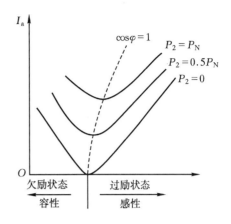

图 18.13　同步发电机的 V 形曲线

V 形曲线可以利用图 18.12 所示的电势相
量图及发电机参数大小来计算求得,亦可直接
通过负载试验求得。

例 18.1　一台 2 极汽轮发电机与无穷大
电网并联运行,定子绕组按 Y 联接,数据为:额
定电压 $U_N=18000$ V,额定电流 $I_N=11320$ A,功率因
数 $\cos\varphi=0.85$(滞后),同步电抗 $X_s=2.1$ Ω(不饱和
值),电枢绕组电阻可以忽略不计。当发电机承担的负
载等于其额定功率时,求:

(1) 励磁电势 E_0;(2) 额定负载时的功角 δ_N;

(3) 电磁功率 P_M;(4) 过载能力 K_M。

解:(1) 作出电势相量图如图 18.14 所示。由已知
数据可知

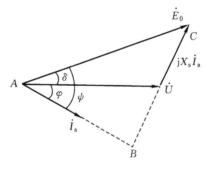

图 18.14　例 18.1 电势相量图

$$\varphi_N=\arccos 0.85=31.8°$$

由于定子绕组 Y 连接,所以相电压和相电流分别为

$$U=\frac{U_N}{\sqrt{3}}=\frac{18000}{\sqrt{3}}=10392.305 \text{ (V)}, \quad I_a=I_N=11320 \text{ (A)}$$

从相量图可知,E_0 为直角三角形 ABC 的斜边,故

$$E_0=\sqrt{AB^2+BC^2}=\sqrt{(U\cos\varphi_N)^2+(U\sin\varphi_N+X_sI_a)^2}$$
$$=\sqrt{(10392.305\cos31.8°)^2+(10392.305\sin31.8°+2.1\times11320)^2}$$
$$=30552.782 \text{ (V)}$$

(2) 从相量图可知

$$\delta_N=\psi_N-\varphi_N=\arctan\frac{BC}{AB}-\varphi_N=\arctan\frac{U\sin\varphi_N+X_sI_a}{U\cos\varphi_N}-\varphi_N$$

$$=\arctan\frac{10392.305\sin31.8°+2.1\times11320}{10392.305\cos31.8°}=41.397°$$

(3) $P_M=\dfrac{3UE_0\sin\delta_N}{X_s}=\dfrac{3\times10392.305\times30552.782\times\sin41.397°}{2.1}$

$$=273.865 \text{ (MW)}$$

(4) $K_M = \dfrac{P_{Mmax}}{P_M} = \dfrac{1}{\sin\delta_N} = \dfrac{1}{\sin41.397°} = 1.512$

例 18.2 一台并联于无穷大电网运行汽轮发电机,定子绕组为 Y 接法,$S_N = 31250$ kVA,$U_N = 10.5$ kV,$\cos\varphi_N = 0.8$(滞后),同步电抗 $X_s = 7.0$ Ω。求:

(1) 求额定运行时的电磁功率、励磁电势及功角;

(2) 保持额定运行时的励磁电流不变,而将有功功率减少到原来的一半,求稳定后发电机的功角及功率因数;

(3) 若保持额定运行时的有功功率不变,而将励磁电流增加 10%,求稳定后发电机的功角和功率因数。(假设励磁电势与励磁电流成正比)

解:(1) 额定运行时的电磁功率约等于额定有功功率,即

$$P_M = S_N\cos\varphi_N = 31250 \times 0.8 = 25000 \text{ (kW)}$$

相电压为

$$U = \frac{U_N}{\sqrt{3}} = \frac{10.5 \times 10^3}{\sqrt{3}} = 6062.18 \text{ (V)}$$

额定运行的电枢电流为

$$I = \frac{S_N}{\sqrt{3}U_N} = \frac{31250}{\sqrt{3} \times 10.5} = 1718.30 \text{ (A)}$$

电流滞后于电压的相位角为

$-\arccos0.8 = -36.87°$

以电压为参考相量,则

$$\dot{U} = 6062.18 \angle 0°$$
$$\dot{I} = 1718.30 \angle -36.87°$$

根据电势方程式,有

$$\dot{E}_0 = \dot{U} + jX_s\dot{I} = 6062.18 \angle 0° + j7.0 \times 1718.30 \angle -36.87°$$
$$= 13279.06 - j9622.504 = 16398.96 \angle -35.93°$$

所以,励磁电势 $E_0 = 16398.96$ V,功角 $\delta = 35.93°$。

(2) 保持励磁电流不变,则励磁电势不变,即 $E_0 = 16398.96$ V;有功功率减少到 $P'_M = \dfrac{25000}{2} = 12500$ (kW),根据功角特性 $P_M = \dfrac{3E_0U}{X_s}\sin\delta$ 可得

$$12500 \times 10^3 = \frac{3 \times 16398.96 \times 6062.18}{7.0}\sin\delta'$$

解得 $\delta' = 17.06°$

$$\dot{E}'_0 = 16398.96 \angle 17.06°$$

电枢电流为

$$I' = \frac{\dot{E}'_0 - \dot{U}}{jX_s} = \frac{16398.96 \angle 17.06° - 6062.18}{j7.0} = 1531.24 \angle -64.49°$$

功率因数为

$$\cos\varphi' = \cos(-64.49°) = 0.43$$

（3）有功功率保持不变，仍为 $P_M = 25000$ kW；励磁电流增大 10%，励磁磁势将变为

$$E''_0 = 1.1 \times E_0 = 1.1 \times 16398.96 = 18038.86 \text{ (V)}$$

根据功角特性 $P_M = \dfrac{3E_0 U}{X_s} \sin\delta$ 可得

$$25000 \times 10^3 = \frac{3 \times 18038.86 \times 6062.18}{7.0} \sin\delta''$$

解得

$$\delta'' = 32.24°$$

则

$$\dot{E}'_0 = 18308.86 \angle 32.24° \text{ (V)}$$

电枢电流为

$$I'' = \frac{E''_0 - \dot{U}}{jX_s} = \frac{18038.86 \angle 32.24° - 6062.18}{j7.0} = 1901.43 \angle -43.70° \text{ (A)}$$

功率因数为

$$\cos\varphi'' = \cos(-43.70°) = 0.723$$

本章小结

并网运行是同步发电机最主要的运行方式，发电机并网时必须满足相序一致、电压相等、频率相等或十分接近的条件，并掌握合适的合闸瞬间。

发电机一旦并联于无穷大电网运行时，其电压和频率将成为固定不变的量，这是并网运行与单机运行的区别所在。

功角 δ 被定义为 $\dot{E}_0$ 和 $\dot{U}$ 之间的时间相角差，它在电机的气隙圆周空间上表现为合成磁场轴线与转子磁场轴线之间夹角。$P_M = f(\delta)$ 称为功角特性，可以通过调节原动机的输入功率来达到调节发电机有功功率目的，当在 $0 < \delta < \delta_m$ 之间调节时，同步发电机能够稳定运行，而当 $\delta > \delta_m$ 时，同步发电机将失去同步。

通过调节励磁电流的大小可以达到调节发电机无功功率的目的。处于过励状态时，发电机向电网输送滞后的无功功率，处于欠励状态时，发电机向电网输送超前的无功功率。在有功功率一定时，电枢电流随励磁电流变化的曲线称为发电机的 V 形曲线。

习题及思考题

18-1　有一台汽轮发电机，$P_N = 12000$ kW，$U_N = 6300$ V，定子绕组 Y 接法，$m = 3$，$\cos\varphi_N = 0.8$（滞后），$X_s = 4.5$ Ω，发电机并网运行，输出额定频率 $f_N = 50$ Hz 时，求：

（1）每相空载电势 E_0；

（2）额定运行时的功角 δ_N；

（3）最大电磁功率 P_{Mmax}；

（4）过载能力 k_M。

18-2　一台凸极三相同步发电机，$U_N = 400$ V，每相空载电势 $E_0 = 370$ V，定子绕组 Y 接法，每

相直轴同步电抗 $X_d=3.5\ \Omega$,交轴同步电抗 $X_q=2.4\ \Omega$。该电机并网运行,求:

(1) 额定功角 $\delta_N=24°$ 时,输向电网的有功功率 P_{M240} 是多少?

(2) 能向电网输送的最大电磁功率 P_{Mmax} 是多少?

(3) 过载能力 K_M 为多大?

18-3 一台三相隐极同步发电机并网运行,电网电压 $U_N=400\ V$,发电机每相同步电抗 $X_s=1.2\ \Omega$,定子绕组 Y 接法,当发电机输出有功功率为 80 kW 时,$\cos\varphi=1$,若保持励磁电流不变,减少有功功率至 20 kW,不计电阻压降,求此时的

(1) 功角 δ;

(2) 功率因数 $\cos\varphi$;

(3) 电枢电流 I_a;

(4) 输出的无功功率 Q,超前还是滞后?

18-4 有一台三相隐极同步发电机并网运行,定子绕组 Y 接法,在状态 I 下运行时,每相励磁电势 $E_0=270\ V$,功率因数 $\cos\varphi=0.8$(滞后),功角 $\delta=12.5°$,输出电流 $I=120\ A$。今调节发电机励磁使得每相励磁电势变为 236 V,减少原动机输入功率使得功角变为 $9°$(状态 II)。不计电阻压降,求:

(1) 状态 II 时的输出电流和功率因数?

(2) 两种状态下,发电机输出的有功功率和无功功率各为多少?

18-5 有一台三相隐极同步发电机并网运行,额定数据为:$S_N=7500\ kVA$,$U_N=3150\ V$,定子绕组 Y 接法,2 极,50 Hz,$\cos\varphi_N=0.8$(滞后),同步电抗 $X_s=1.60\ \Omega$,电阻压降不计,试求:

(1) 额定运行状态时,发电机的电磁转矩 T 和功角 δ?

(2) 在不调节励磁的情况下,将发电机的输出功率减到额定值的一半时的功角 δ 和功率因数 $\cos\varphi$?

18-6 有一台三相凸极同步发电机并网运行,额定数据为:$S_N=8750\ kVA$,$U_N=11\ kV$,定子绕组 Y 接法,$\cos\varphi_N=0.8$(滞后),每相直轴同步电抗 $X_d=18.2\ \Omega$,交轴同步电抗 $X_q=9.6\ \Omega$,电阻不计,试求:

(1) 额定运行状态时,发电机的功角 δ_N 和每相励磁电势 E_0?

(2) 最大电磁功率 P_{Mmax}?

18-7 三相同步发电机投入并联时应满足哪些条件?怎样检查发电机是否已经满足并网条件?如不满足某一条件,并网时,会发生什么现象?

18-8 功角 δ 在时间上及空间上各表示什么含义?功角改变时,有功功率如何变化?无功功率会不会变化?为什么?

18-9 并网运行时,同步发电机的功率因数由什么因素决定?

18-10 为什么 V 形曲线的最低点随有功功率增大而向右偏移?

第19章 同步电动机

19.1 同步电动机工作原理

作为电动机运行是同步电机又一种重要的运行方式。同步电机接于频率一定的电网上运行,其转速恒定,不会随负载的变动而变动;另外,同步电动机的功率因数可以调节,在需要改变功率因数和对调速要求不高的场合,例如大型空气压缩机、粉碎机、离心泵等常常优先采用同步电动机。

先从一台并联在无穷大电网上的同步发电机着手分析。同步电机的气隙中同时存在着对应于电网电压 $\dot{U}$ 的合成磁势 F 和对应于励磁电势 $\dot{E}_0$ 的励磁磁势 F_f,F 的转速由电网频率决定,是固定不变的。

在发电机运行状态时,F_f 超前于 F 一个 δ 角,或者说,F_f 拖着 F 一起旋转,二者之间的电磁转矩 T 对转子来说是阻力转矩。转子在原动机的带动下克服阻力转矩,将转子边的机械能转化为定子边的电能(图 19.1(a))。如果减少原动机提供给转子的机械功率,即动力转矩逐渐减少,则 δ 角逐渐缩小,在不计空载损耗时,当 δ 缩小到 0 时,电机处于理想空载状态,既不向电网提供有功功率,也不从电网吸收有功功率(图 19.1(b))。

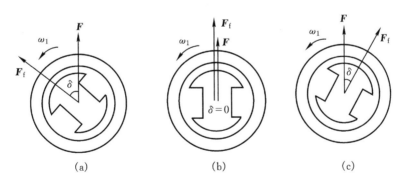

图 19.1 同步电机运行状态的改变
(a)发电机状态;(b)理想空载;(c)电动机状态

这时,如果把原动机撤掉并在转子上加上机械负载,则 δ 将改变符号,即 F_f 落后于 F,或者说,F 拖着 F_f 一起旋转,二者之间的电磁转矩 T 对转子来说变成了动力转矩,T 带动转子克服机械负载的阻力转矩而做功,从而将电网提供的电能转化为转子边的机械能。此时同步电机运行于电动机状态(图 19.1(c))。

由以上分析可知,同步电机可以从发电机运行方式过渡为电动机运行方式。产生这一过程的本质在于转子旋转磁势 F_f(由原动机拖动)和合成旋转磁势 F(由交流电网的频率决定)之间主从关系的改变。当从转轴上获得的是原动机提供的动力转矩时,F_f超前于F,同步电机处于发电状态,功角$\delta>0$,有功功率从电机流向电网;当从转轴上获得是负载提供的阻力转矩时,F_f将滞后于F,同步电机处于电动机运行状态,功角$\delta<0$,有功功率从电网流向电机。可以用与分析发电机类似的方法分析同步电动机,以下对同步电动机运行作简单介绍。

19.2 同步电动机电势平衡和相量图

研究同步电动机的方法和研究同步发电机的方法相似。可以采用发电机惯例或者电动机惯例,我们以电动机惯例进行分析。图19.2给出了隐极同步电动机的等效电路和运行在过励状态的相量图。根据等效电路,很容易写出其电势方程式:

$$\dot{U}=\dot{E}_0+jX_s\dot{I}_a \tag{19.1}$$

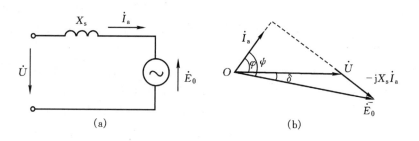

图 19.2 隐极电动机等效电路和相量图
(a)等效电路;(b)相量图

对于凸极同步电动机,用电动机观点直接写出其电压平衡方程式:

$$\dot{U}=\dot{E}_0+j\dot{I}_dX_d+j\dot{I}_qX_q \tag{19.2}$$

采用与凸极同步发电机类似的方法和步骤可以作出凸极式同步电动机的相量图,具体过程读者自行分析,相量图见图19.3。

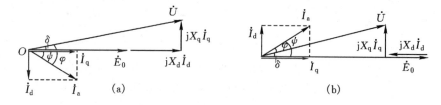

图 19.3 凸极同步电动机相量图
(a)电流滞后于电压;(b)电流超前于电压

19.3 同步电动机的优点

接在电网上的负载绝大部分都是感性负载(如异步电机、电抗器等),都需要从电网吸收大量滞后性电流,使得电网及其输电线路可供给的有功功率减小、损耗增加、压降增大。因此发电厂要求用户的功率因数限制在一定的数值以内,以使电网能得到合理、经济地利用。那么用户怎样提高功率因数呢? 基本方法有二:其一是在线路上并联电容器来补偿电网的滞后性功率因数;其二是用同步电动机代替部分异步电动机,因为同步电动机能吸收超前性电流,即作为容性负载来改善电网的功率因数。

与发电机类似,同步电动机的功率因数可以通过改变励磁电流的大小来调节。如果增大励磁电流使电动机处于过励状态,则励磁磁势 F_f 增大,而合成磁势 F 的大小是不变的,按照磁势平衡原理,电动机的电枢电流必定要产生一个去磁效应,以平衡励磁磁势的增加。从发电机的观点来看,只有输出滞后性的电流时,电枢反应才会是去磁性的,所以增大励磁电流时,电机向电网输出滞后性无功功率。反过来就是说,电动机从电网吸收超前性的无功功率。可见,电动机在过励状态时,将从电网吸收超前性无功功率,相当于电动机向电网提供滞后性无功功率,这正好满足了附近众多感性负载的需要,使得电网功率因数得到补偿。

如果减小励磁电流使电动机处于欠励状态,则励磁磁势 F_f 也减小,而合成磁势 F 的大小是不变的,按照磁势平衡原理,电动机的电枢电流必定要产生一个增磁效应,以平衡励磁磁势的减小。从发电机的观点来看,只有输出超前性的电流时,电枢反应才会是增磁性的,所以减小励磁电流时,电机会向电网输出超前性无功功率。反过来就是说,电动机从电网吸收滞后性的无功功率。可见,电动机在欠励状态时,会向电网提供超前性的无功功率,相当于电动机从电网吸取滞后性无功功率,这与感性负载的情况一样,所以同步电动机一般不采用欠励运行。

如果保持机械负载不变(相当于有功功率不变),调节励磁电流 I_f,对应的电枢电流 I_a 随之而变,和发电机一样可画出同步电动机的 V 形曲线(见图 19.4)。

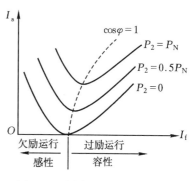

但是同步电动机亦有一些缺点,如起动性能较差,结构上较异步电动机复杂,还要有直流电源来励磁,价格比较贵,维护又较为复杂,所以一般在小容量设备中还是采用异步电动机。中大容量的设备中,尤其是在低速、恒速的拖动设备中,应优先考虑选用同步电动机,如拖动恒速轧钢机、电动发电机组、压缩机、离心泵、球磨机、粉碎机、通风机等。利用同步电动机能够改变电网功率因数这一

图 19.4　同步电动机 V 形曲线

优点,可以设计制造专门用作改变电网功率因数的电动机,不带任何机械负载,这种不带机械负载的同步电动机称之为**同步补偿机或同步调相机**。同步调相机是在**过励情况**下空载运行的同步电动机。

19.4　同步电动机的功角特性

同步电动机以凸极转子结构比较多,因此以凸极电机的功角特性为例来研究。

同步电动机的功角特性公式和发电机的一样都可以从相量图中导出来。电动机的功角 δ 是 $\dot{U}$ 超前 $\dot{E}_0$ 的角度,如将发电机功角特性中的 δ 用 $-\delta$ 来替代,这样电磁功率就变成了负值,电动机状态下是电网向电动机提供有功功率,所以写电动机公式时,将负号去掉,于是

功角特性就和发电机的功角特性具有相同的形式：

$$P_M = m\frac{UE_0}{X_d}\sin\delta + m\frac{U^2}{2}\left(\frac{1}{X_q}-\frac{1}{X_d}\right)\sin2\delta$$
$$= P'_M + P''_M \tag{19.3}$$

相应的电磁转矩为

$$T = \frac{P_M}{\Omega} = \frac{P'_M + P''_M}{\Omega} = T' + T'' \tag{19.4}$$

从式(19.3)和式(19.4)可以看出：同步电动机的电磁转矩包括**基本电磁转矩** T' 和**附加电磁转矩** T'' 两部分，当励磁电流为零时，即 $E_0 = 0$ 时，仍具有附加电磁转矩 T''_M。利用此原理，可以制成所谓的磁阻同步电动机。这种电机的转子上没有励磁绕组，是凸极式的，靠它的直轴与交轴磁阻不相等而产生电磁转矩。它的容量一般很小，常常做成 10 kW 以下的电动机，能在变频、变压的电源下运行，而且速度比较均匀，常在转速需要均匀的情况下被采用，如精密机床工业、人造纤维工业、电子计算机等方面。

19.5 同步电动机的异步起动法

如果一台三相同步电机的转子磁极上没有装设阻尼绕组，将其定子绕组直接接到工频三相电源上，转子上加上适当的励磁电流，它能不能转动起来呢？我们根据图 19.5 来分析这一问题。图 19.5 中的定子上旋转的 N、S 极是由三相对称电源产生的等效的旋转磁极，转子上的 N、S 极则是由加有励磁电流的励磁绕组产生的。假设在合闸后的某个瞬间，定、转子磁极的相对位置如图 19.5(a)所示的位置，注意定子磁极以同步转速旋转，而转子磁极尚未起动。在此时刻，定、转子磁极之间将会产生电磁转矩，倾向于使转子逆时针旋转。图 19.5(b)给出的另一时刻定、转子磁极的相对位置，此刻定、转子磁极之间将会产生使转子

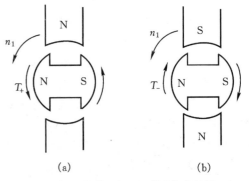

图 19.5 同步电动机起动时的分析图
(a)转向为顺时针；(b)转向为逆时钟

倾向于顺时针旋转的电磁转矩。由于定子磁极以同步速高速旋转，而转子磁极由于机械惯性而尚未起动，在一定的时间段内定、转子磁极之间的相对位置会在图(a)和图(b)之间不断切换，电磁转矩的作用方向也不断地交变，使得在一定时间段内电磁转矩的平均值为 0。可见同步电机如果没有阻尼绕组，将无法直接起动。如果通过某种方法，使得定、转子磁极达到了同步旋转，即二者的相对位置固定，则电磁转矩将具有固定的方向，同步电机就可以作为电动机持续运转。

我们把依靠定、转子磁极(磁场)相互作用而形成的电磁转矩称为**同步转矩**。只有当定、转子磁极同步时，同步转矩才具有固定的方向。在起动过程中，定、转子磁极不同步，所以同步转矩为 0；当同步电机正常运行时，定、转子磁极同步，所以具有固定方向的同步转矩。要

想利用同步转矩,就必须设法让转子达到或接近同步转速,使得定、转子磁极同步或接近同步。

同步电动机通常采用的起动方法有:

(1) 辅助电动机起动:通常选用与同步电动机极数相同的异步电动机作为辅助电动机。先用辅助电动机将同步电动机拖动到接近同步转速,然后用自整步法将其投入电网,再切断辅助电动机电源。因为辅助电动机的功率大约为主电动机的 5%～15%,所以这种方法仅适合于主电动机空载起动,而且所需设备较多,操作稍显复杂。

(2) 变频起动:通过变频设备降低电源频率,在开始起动时使得定子绕组所产生的旋转磁极转速极低,转子加上励磁,定、转子磁极相对速度极小,转子会被拉入同步;逐渐增大定子频率,转子就会不断地被拉入新的同步转速,直至工频同步转速。采用此法时,需要变频电源,成本较高。

(3) 异步起动法:在同步电动机的转子上装设阻尼绕组(作为电动机运行时称为起动绕组),起动绕组类似于笼式异步电动机的转子短路绕组,如图 19.6 所示。为了得到较大的起动转矩,起动绕组通常用阻值较大的黄铜制成。

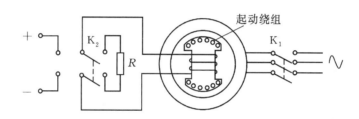

图 19.6　异步起动法接线示意图

在起动时,先把开关 K_2 合向一限流电阻 R,则合上开关 K_1,定子绕组接通工频交流电源,产生同步旋转的定子磁场,起动绕组切割磁力线,产生感应电流和电磁转矩,这种导体感应电流与磁场相互作用而形成的电磁转矩称为**异步转矩**。在异步转矩的作用下,转子就按照异步电动机的原理转动起来。在转速上升到接近同步转速时,再将开关 K_2 合向励磁电源,电机中将会瞬间产生一个接近同步转速的的转子旋转磁场,此刻定、转子磁场接近同步,依靠同步转矩,可以将转子直接拉入同步。实际的拉入同步过程分析比较复杂,如果条件不合适,不一定能成功。一般来说,在加入直流励磁使得转子拉入同步的瞬间,同步电动机的转差愈小、惯量愈小、负载愈轻,拉入同步就愈容易。

综上,同步电动机的起动过程分为两个阶段:①首先是异步起动,使得转子转速接近于同步速;②加入直流励磁,使得转子拉入同步。由于磁阻转矩的作用,凸极式同步电动机较容易拉入同步。甚至在未加励磁电流的情况下,有时转子也能拉入同步。因此为了改善起动性能,同步电动机大多采用凸极转子结构。

同步电动机异步起动时,励磁绕组不能开路,因为励磁绕组的匝数较多,旋转磁场切割励磁绕组而在其中感应一危险的高电压,容易使得励磁绕组绝缘击穿或引起人身事故。在起动时,励磁绕组必须短路。为了避免在励磁绕组中产生过大的短路电流,励磁绕组短路时必须串入比本身电阻大 5～10 倍的外加电阻。

例 19.1 某企业工业用电总功率为 300 kW，$\cos\varphi=0.68$（滞后）；其中包括一台异步电动机电动机输入功率为 100 kW，功率因数为 0.8。今欲将该异步电动机用同功率的同步电动机代替，并希望将企业总功率因数提高到 0.90，试求：

(1) 该同步电动机的容量；

(2) 该同步电动机的功率因数，并说明是处于过励状态还是欠励状态。

解：(1)企业总功率为 $P=300$ kW，功率因数为 $\cos\varphi=0.68$（滞后），所以该企业原来总的无功负载为

$$Q=P\tan\varphi=300\tan(\arccos(0.68))=323.78\,(\text{kvar})$$

异步电动机的输入功率 $P_1=100$（kW），功率因数 $\cos\varphi_1=0.8$，其无功功率为

$$Q_1=P_1\tan\varphi_1=100\times\tan(\arccos(0.80))=75\,(\text{kvar})$$

企业除过该异步电动机后，其余的无功功率为

$$Q_2=Q-Q_1=323.48-75=248.48\,(\text{kvar})$$

用同步电动机替代该异步电动机后企业总的有功功率仍为 $P=300\text{kW}$；而无功功率将变为

$$Q'=P\tan(\arccos(0.9))=300\times\tan(\arccos(0.9))=145.30\,(\text{kvar})$$

所以同步电动机应为该企业提供的无功功率为

$$Q'_1=Q_2-Q'=248.48-145.30=103.18\,(\text{kvar})$$

同步电动机的容量为

$$S=\sqrt{P_1^2+Q'^2_1}=\sqrt{100^2+103.18^2}=143.69\,(\text{kVA})$$

(2) 同步电动机必须输出感性无功功率到该企业区域网，所以同步电动机必须运行在过励状态。其功率因数为

$$\cos\varphi_1=\frac{P_1}{S}=\frac{100}{143.69}=0.696\,(\text{超前})$$

19.6 磁阻同步电动机

磁阻电动机是一种转子上没有装设励磁绕组的凸极同步电动机，它依靠直轴和交轴两条磁路上磁阻不等而产生电磁转矩，所以称为磁阻同步电动机。由式(19.3)和式(19.4)可知，只要是凸极转子，且当 $X_d\neq X_q$ 时，即使转子上不装励磁绕组，也会存在电磁功率和对应的电磁转矩，其大小为

$$P_M=m\frac{U^2}{2}\left(\frac{1}{X_q}-\frac{1}{X_d}\right)\sin 2\delta \tag{19.5}$$

$$T_M=m\frac{U^2}{2\Omega}\left(\frac{1}{X_q}-\frac{1}{X_d}\right)\sin 2\delta \tag{19.6}$$

由上式可见，电磁转矩与功角 δ 的关系是按 $\sin 2\delta$ 规律变化的。当 $\delta=0°$ 时，转矩等于零；$\delta=45°$ 时，转矩最大；$\delta=90°$ 时，转矩又会变为零，这种情况可由图 19.7 来说明。

图 19.7(a)是磁阻电动机的空载情况，不计机械损耗时，电机产生的电磁转矩 $T\approx 0$，故定子磁场轴线与磁极轴线重合（即 $\delta=0°$），磁力线不发生扭弯。当电动机加上负载时，转子直轴将落后于定子旋转磁场轴线 δ 角，如图 19.7(b)所示（图中 $\delta=45°$），由图可见，这个磁场被扭弯了。由于**磁通具有使其所经路径的磁阻为最小的性质**，从而力图使转子直轴方向与

定子磁场轴线取得一致,因此产生与定子旋转磁场同转向的磁阻转矩 T,和负载转矩相平衡。当 δ 增大到 90°时,由图 19.7(c)可见,气隙磁场又对称分布,其合成转矩又变成零。

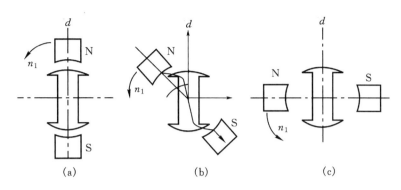

图 19.7　磁阻电动机运行模型
(a)$\delta=0$°；(b)$\delta=45$°；(c)$\delta=90$°

磁阻同步电动机只存在电枢反应磁场,故又称为反应式同步电动机。

由式(19.5)和式(19.6)可见,电磁功率和电磁转矩的最大值为

$$P_{Mmax}=\frac{mU^2}{2}\left(\frac{1}{X_q}-\frac{1}{X_d}\right)=\frac{mU^2}{2X_d}\left(\frac{X_d}{X_q}-1\right) \tag{19.7}$$

$$T_{max}=\frac{mU^2}{2\Omega}\left(\frac{1}{X_q}-\frac{1}{X_d}\right)=\frac{mU^2}{2\Omega X_d}\left(\frac{X_d}{X_q}-1\right) \tag{19.8}$$

可以看出,当电机 $\frac{X_d}{X_q}$ 的数值愈大,则 T_{max} 的数值也愈大。为了增大 X_d 与 X_q 的差别,转子常采用如图 19.8 所示的钢片和非磁性材料(如铝、铜)相间镶嵌的结构,其中铝或铜部分可起到笼型绕组的作用使电机起动。在电机正常运行时,由于交轴磁路多次跨过非磁性区域,遇到的磁阻很大,对应的 X_q 很小。

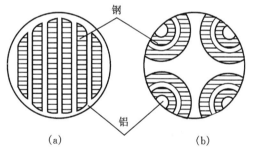

图 19.8　磁阻电动机转子
(a)2 极式；(b)4 极式

磁阻电动机一般靠实心转子的感应涡流并借助于铝或铜所起笼型绕组的作用起动。当转子接近同步速时,借助凸极效应产生的磁阻转矩,转子会自动拉入同步。磁阻电动机转子上既无励磁绕组也没有集电环而使得结构简单,工作可靠,在控制系统、自动记录装置、电钟等需要保持恒速的场合获得了广泛的应用。

19.7　开关磁阻电动机简介

开关磁阻电动机(SR 电动机)系双凸极可变磁阻电动机。其定、转子的凸极均由普通的硅钢片叠压而成。转子既非永磁体也无励磁绕组,定子上装设集中绕组,径向相对的两个绕组串联构成一对磁极,称为"一相"。图 19.9 给出了三相(6/4 极)SR 电动机的结构原理图。

为简单计,图中只画出了 A 相及其供电线路。

SR 电动机的运行原理遵循"**磁阻最小原理**",即磁通总要沿着磁阻最小的路径闭合,而具有一定形状的转子铁心要移动到最小磁阻位置,就必须使自己的主轴线与磁场的轴线重合。图 19.9 中,当定子 C-C′励磁时,所产生的磁力使转子旋转到转子极轴线 1-1′与定子极轴线 C-C′重合的位置,并使励磁相绕组的电感最大。若以图中定、转子所处的相对位置为起始位置,则依次给 C→A→B 相绕组通电,转子即会逆着励磁顺序以顺时针方向连续旋转;反之若依次给 B→A→C 相通电,则电动机会沿逆时针方向旋转。可见 SR

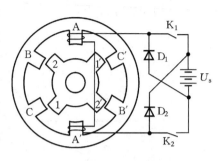

图 19.9　6/4 极 SR 电动机结构

电动机的转向与相绕组的电流方向无关,而仅取决于相绕组通电的顺序。另外,当开关器件 S_1、S_2 导通时,A 相绕组从直流电源 U_s 吸收电能,而当 S_1、S_2 关断时,绕组电流经续流二极管 D_1、D_2 继续流通,并将电能回馈给电源 U_s。因此 SR 电动机具有能量再生作用,系统效率高。

SR 电动机结构简单、坚固,工作可靠,效率高。特别是由 SR 电动机构成的开关磁阻电动机调速系统(SRD)运行性能和经济指标比普通的交流调速系统,甚至比晶闸管-直流电动机系统都好,具有很大的应用潜力。

本章小结

作为电动机运行是同步电机又一种重要的运行方式。同步电机接于频率一定的电网上运行,其转速恒定,不会随负载变动而变动;另外,同步电动机的功率因数可以调节,在需要改变功率因数和不需要调速的场合,常优先采用同步电动机。

通过调节励磁电流可以方便地改变同步电动机的无功功率。过励时,同步电动机从电网吸取超前电流;欠励则吸取滞后电流。能够改善电网的功率因数是同步电动机的最大优势。

从同步电动机的原理来看,它不能自行起动;在同步电动机的转子上装设起动绕组,借助异步电动机的原理来完成其起动过程。

习题及思考题

19-1　一台三相凸极 Y 接同步电动机,额定线电压 $U_N = 6\ 000$ V,频率 $f_N = 50$ Hz,额定转速 $n_N = 300$ r/min,额定电流 $I_N = 57.87$ A,额定功率因数 $\cos\varphi_N = 0.8$(超前),同步电抗 $X_d = 64.2\ \Omega$,$X_q = 40.8\ \Omega$,不计电阻压降。求:

(1) 额定负载时的励磁感应电势 E_0;

(2) 额定负载下的电磁功率 P_M 和电磁转矩 T_M。

19-2　某企业电源电压为 6 000 V,内部使用了多台异步电动机,其总输出功率为 1 500 kW,平均效率 70%,功率因数为 0.8(滞后)。企业新增一 400 kW 设备,计划采用运

行于过励状态的同步电动机拖动,补偿企业的功率因数到 1。(不计发电机本身损耗)试求:

(1) 同步电动机的容量;

(2) 同步电动机的功率因数。

19 - 3　有一台三相隐极 Y 接法同步电动机,同步电抗 $X_s=5.8\ \Omega$,额定电压 $U_N=380\ V$,额定电流 $I_N=23.6\ A$,不计电阻压降,当输入功率为 15 kW 时,求:

(1) 功率因数 $\cos\varphi=1$ 时的功角 δ;

(2) 每相电势 $E_0=250\ V$ 时的功角 δ 和功率因数 $\cos\varphi$。

19 - 4　某厂变电所的容量为 2 000 kVA,变电所本身的负荷为 1 200 kW,功率因数 $\cos\varphi=0.65$(滞后)。今该厂欲添一同步电动机,额定数据为:$P_N=500\ kW$,$\cos\varphi_N=0.8$(超前),效率 $\eta_N=95\%$。问当同步电动机额定运行时,全厂功率因数是多少? 变电所是否过载?

19 - 5　怎样使得同步电机从发电机运行方式过渡到电动机运行方式? 其功角、电流、电磁转矩如何变化?

19 - 6　增加或减少同步电动机的励磁电流时,对电机内的磁场产生什么效应?

19 - 7　比较同步电动机与异步电动机的优缺点。

19 - 8　为什么起动过程中,同步转矩的平均值为零?

19 - 9　同步电动机运行过程中,是否存在异步转矩,为什么?

19 - 10　同步补偿机的原理和作用是什么?

第 20 章 同步发电机的异常运行

通常的三相电力负载都是对称负载,即使有少许的不对称一般仍可以按照对称运行来分析。随着工业的发展,出现了大容量的单相负载,如冶金用的单相电炉,单相电气铁道干线等,它们作为三相电网的负载就会使同步发电机处于不对称运行状态。此外输电线中出现一相断线等不对称故障时,也会使同步电机处于不对称运行状态。

稳态对称运行时,电机的输入功率总与输出功率相平衡,电机端电压 $\dot{U}$ 和励磁电势 $\dot{E}_0$ 之间有着固定的相角差 δ。但实际工作着的电机常常会由于某些原因而使运行状态受到干扰或改变。从一个稳定运行状态突变至另一稳定运行状态所经历的过程称为**瞬变过程**。研究同步发电机不对称运行和瞬变过程具有重大的实际意义。

20.1 三相同步发电机不对称运行的分析方法

当负载不对称时,发电机的三相端电压及电流都将不对称。由于流过电枢各相的电流有效值各不相同,它们所产生的合成电枢磁势不再是一个幅值不变的圆形旋转磁势,其电枢反应情况较对称运行时复杂得多,所以不能直接用分析对称运行的方法来分析不对称运行的情况。

分析稳态不对称运行的最简单方法是对称分量法(有关对称分量法的原理,请参看变压器篇的有关内容),即把不对称的三相电流(或电压)分解成三组对称的电流(或电压)分量:即正序分量、负序分量和零序分量。各个对称分量可视为相互独立,分别研究它们独立作用的效果,然后叠加起来得到最后结果。用这个方法时假设电路是线性的,忽略了磁路饱和现象。

励磁电势 $\dot{E}_A$、$\dot{E}_B$、$\dot{E}_C$ 只与励磁电流及转速有关,不受负载的影响,所以只有正序分量。在具体计算不对称运行时,常把实际负载端的不对称三相电压和电流分解成三组对称的分量,如图20.1所示。每组对称分量对各相绕组均对称,故可以按一相的情况来分析。

参看图 20.1(b),按叠加原理,每相都可以列出三个相序的电势平衡方程并画出它们的等效电路。应该注意到,励磁电势只在正序的电势平衡方程中出现。各相序电流流过电枢绕组时的电枢反应情况,反映在等效电路和方程式中是各相序电流遇到不同的电抗(略去了电阻)。设各相序电流遇到的电抗分别为:正序电抗 X_+,负序电抗 X_-,零序电抗 X_0。以 A 相为例,各相序的电势平衡方程式为

$$\dot{E}_0 = \dot{U}_{A+} + jX_+ \dot{I}_{A+} \tag{20.1}$$

$$0 = \dot{U}_{A-} + jX_- \dot{I}_{A-} \tag{20.2}$$

$$0 = \dot{U}_{A0} + jX_0 \dot{I}_{A0} \tag{20.3}$$

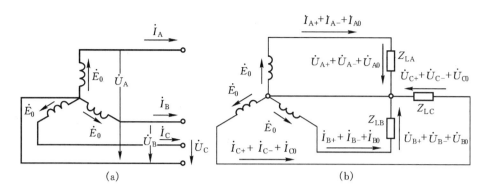

图 20.1　用对称分量法分析发电机不对称运行

(a)原不对称电路；(b)对称分量电路

以上方程适合于任何不对称负载或短路情况。根据这三个方程式，对于给定参数的电机，若知道不对称的电流情况就能解出不对称的电压。反之亦然。下面对各相序电流遇到的电抗加以说明。

1. 正序电抗 X_+

同步发电机在对称运行时只有正序电抗，因此对称运行时的同步电抗即为正序电抗即 $X_+ = X_s$。对于凸极同步电机，如果电机短路，则正序电枢反应只作用在直轴上，且为去磁效应，使得电机不饱和，正序电抗应该采用 X_d 的不饱和值。

2. 负序电抗 X_-

负序电抗为负序电流所遇到的电抗。负序电流流过电枢绕组时产生反转的基波旋转磁场，这一磁场以两倍同步速度扫过转子绕组（包括励磁绕组和阻尼绕组），并在其中感应出两倍频率的电势和电流。对于负序磁场而言，转子绕组的作用与一个短路绕组的作用相当。负序电流和负序电压之间的关系可以用类似异步电机的等效电路来分析。如果不计定、转子电阻，负序等效电路如图 20.2 所示。其中 $X_{1\sigma}$ 为定子漏抗，$X_{F\sigma}$ 为励磁绕组漏抗，$X_{Zd\sigma}$ 和 $X_{Zq\sigma}$ 分别为折算到直轴和交轴的阻尼绕组漏抗。由于励磁绕组仅作用在直轴磁路上，所以交轴电抗中不出现励磁漏抗。X_{d-} 为直轴等效电抗，X_{q-} 为交轴等效电抗。

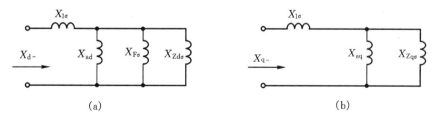

图 20.2　同步电机负序等效电抗

(a)直轴电抗；(b)交轴电抗

$$X_{d-} = X_{1\sigma} + \cfrac{1}{\cfrac{1}{X_{ad}} + \cfrac{1}{X_{F\sigma}} + \cfrac{1}{X_{Zd\sigma}}} \tag{20.4}$$

$$X_{q-} = X_{1\sigma} + \cfrac{1}{\cfrac{1}{X_{aq}} + \cfrac{1}{X_{Zq\sigma}}} \tag{20.5}$$

凸极电机直轴磁路与交轴磁路的磁阻是不同的,负序磁场相对于转子转动时,负序电抗 X_- 的数值将介于 X_{d-} 和 X_{q-} 之间作连续周期性变化,利用对称分量法无法计及负序电抗的变化,计算时取两个轴上电抗的平均值来作为负序电抗的近似值

$$X_- = \frac{X_{d-} + X_{q-}}{2} \tag{20.6}$$

3. 零序电抗 X_0

零序电抗是零序电流所遇到的电抗。零序电流大小相等,相位相同,所产生三相脉动磁势在时间上同相。因为三相绕组在空间间隔 $120°$,所以气隙中的三相合成基波磁势互相抵消,即零序电流在气隙中不产生基波磁场。

把三相绕组首尾串联起来接到单相电源上,绕组中通过的便是零序电流。测定零序电抗时,可采用如图 20.3 所示的电路。在端点上外施适当大小的、具有额定频率的电压,使得流入的零序电流数值等于额定电流。电机转子由原动机带动以同步速旋转,转子励磁绕组应被短接,如果忽略电枢电阻,则

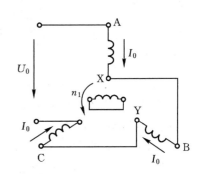

图 20.3　测定零序电抗线路图

$$X_0 = \frac{U_0}{3I_0} \tag{20.7}$$

20.2　稳态不对称短路分析

用对称分量法分析同步发电机不对称短路是很方便的。不对称短路是不对称运行的特殊情况。电力系统遇到的故障短路通常是不对称短路,例如线对线短路或线对中点短路。故障短路将会出现很大的冲击电流,不过冲击电流的持续时间是很短暂的,这一过程属于瞬变过程。瞬变过程完毕后就进入稳态短路。本节只讨论稳态不对称短路问题。

同步电机不对称短路的情况有多种。本节以两个典型的例子说明分析该类问题的方法。在下面所举的例子中假设短路发生在发电机机端,而且短路前发电机为空载运行。

20.2.1　单相线对中点短路

如图 20.4 所示,设 A 相对中点短路。其端点方程式为

$$\left.\begin{array}{l} \dot{I}_A = \dot{I}_K \\ \dot{I}_B = \dot{I}_C = 0 \\ \dot{U}_A = 0 \end{array}\right\} \tag{20.8}$$

对 A 相实施对称分量法得

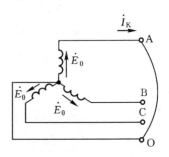

图 20.4　单相线对中点短路

$$\dot{I}_{A+}=\frac{1}{3}(\dot{I}_A+a\dot{I}_B+a^2\dot{I}_C)=\frac{1}{3}\dot{I}_K$$

$$\dot{I}_{A-}=\frac{1}{3}(\dot{I}_A+a^2\dot{I}_B+a\dot{I}_C)=\frac{1}{3}\dot{I}_K \tag{20.9}$$

$$\dot{I}_{A0}=\frac{1}{3}(\dot{I}_A+\dot{I}_B+\dot{I}_C)=\frac{1}{3}\dot{I}_K$$

根据各相序的电流,求出各相序的电压为

$$\dot{U}_{A+}=\dot{E}_0-jX_+\dot{I}_{A+}=\dot{E}_0-\frac{1}{3}jX_+\dot{I}_K$$

$$\dot{U}_{A-}=0-jX_-\dot{I}_{A-}=-\frac{1}{3}jX_-\dot{I}_K \tag{20.10}$$

$$\dot{U}_{A0}=0-jX_0\dot{I}_{A0}=-\frac{1}{3}jX_0\dot{I}_K$$

由于 A 相对中点短路,故有

$$\dot{U}_{A+}+\dot{U}_{A-}+\dot{U}_{A0}=\dot{E}_0-\frac{1}{3}j(X_++X_-+X_0)\dot{I}_K=0$$

即

$$\dot{I}_K=-j\frac{3\dot{E}_0}{X_++X_-+X_0}\approx-j\frac{3\dot{E}_0}{X_+} \tag{20.11}$$

由于负序电抗和零序电抗比正序电抗小得多,故单相短路电流比三相稳态短路电流大,其比值接近 3。实际上要比 3 稍小一些,例如某 125 MW 气轮发电机的各相序阻抗分别为 $X_+=1.867,X_-=0.22,X_0=0.069$,经计算则该比值为 2.6。

20.2.2　两相线对线短路

如图 20.5 所示,设 B、C 两相短路,其端点方程为

$$\left.\begin{array}{l}\dot{I}_A=0\\ \dot{I}_B=-\dot{I}_C\\ \dot{U}_B=\dot{U}_C\end{array}\right\} \tag{20.12}$$

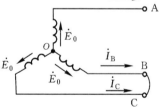

图 20.5　两相线对线短路

对 A 相实施对称分量法得

$$\dot{I}_{A+}=\frac{1}{3}(\dot{I}_A+a\dot{I}_B+a^2\dot{I}_C)=\frac{1}{3}(a\dot{I}_B-a^2\dot{I}_B)=j\frac{\sqrt{3}}{3}\dot{I}_B$$

$$\dot{I}_{A-}=\frac{1}{3}(\dot{I}_A+a^2\dot{I}_B+a\dot{I}_C)=\frac{1}{3}(a^2\dot{I}_B-a\dot{I}_B)=-j\frac{\sqrt{3}}{3}\dot{I}_B \tag{20.13}$$

$$\dot{I}_{A0}=\frac{1}{3}(\dot{I}_A+\dot{I}_B+\dot{I}_C)=0$$

$$\dot{U}_{A+}=\frac{1}{3}(\dot{U}_A+a\dot{U}_B+a^2\dot{U}_C)=\frac{1}{3}(\dot{U}_A-\dot{U}_B)=\dot{E}_0-jX_+\dot{I}_{A+}=\dot{E}_0+\frac{\sqrt{3}}{3}X_+\dot{I}_B$$

$$\dot{U}_{A-}=\frac{1}{3}(\dot{U}_A+a^2\dot{U}_B+a\dot{U}_C)=\frac{1}{3}(\dot{U}_A-\dot{U}_B)=0-jX_-\dot{I}_{A-}=-\frac{\sqrt{3}}{3}X_-\dot{I}_B \tag{20.14}$$

$$\dot{U}_{A0}=\frac{1}{3}(\dot{U}_A+\dot{U}_B+\dot{U}_C)=\frac{1}{3}(\dot{U}_A-\dot{U}_B)=0-jX_0I_{A0}=0$$

由于 $\dot{U}_{A+}=\dot{U}_{A-}$ 故

$$\dot{E}_0 + \frac{\sqrt{3}}{3}X_+\dot{I}_{\text{B}} = -\frac{\sqrt{3}}{3}X_-\dot{I}_{\text{B}} \Rightarrow \dot{I}_{\text{B}} = -\frac{\sqrt{3}\dot{E}_0}{X_+ + X_-} \approx -\sqrt{3}\frac{\dot{E}_0}{X_+} \tag{20.15}$$

以上说明两相线对线稳态短路电流为三相稳态短路电流的约 1.7 倍。根据前述气轮发电机的相序阻抗,可求得该比值为 1.55。

20.3   三相突然短路分析

电力系统发生突然短路故障时,虽然从突然短路到进入稳态短路的过程所持续的时间很短,但突然短路时产生的冲击电流可高达额定电流的 10～20 倍,会在电机内产生极大的电磁力,这种电磁力可能会扯断电机绕组的端部或将转轴扭弯,对电机造成不良后果。

20.3.1   分析的基本方法——超导闭合回路磁链不变原则

由电路定律可知,对于任何一个匝链着磁通的闭合线圈,都可以写出下面的方程式

$$ri + \frac{\text{d}\psi}{\text{d}t} = 0 \tag{20.16}$$

ψ 为闭合线圈的磁链,包括自链和互链。如果略去电阻,则上式可得出 ψ＝常数。可见,在没有电阻的闭合回路中(又称为超导回路)磁链将保持不变。如果外界磁通进入线圈,则线圈中必然立即产生一个电流,这一电流产生的磁通与外加磁通的大小相同,方向相反,以此保持线圈匝链的总磁链仍然不变。这就是**超导闭合回路磁链不变原则**。

在实际的闭合回路中,由于电阻的影响,磁链会发生变化。但是在最初瞬间仍然遵循超导闭合回路磁链不变原则,因此可以认为磁链是不会改变的,分析突然短路的基本方法是先由磁链不变原则求出突然短路瞬间的电流,然后把电阻的作用考虑进去。在绕组电阻的作用下,瞬变时出现的电流最终将衰减为稳态短路电流。

20.3.2   三相突然短路的物理过程

应用超导闭合回路磁链不变原理,我们来分析同步发电机在发生三相突然短路时的物理现象。假定突然短路之前,发电机处于空载状态,气隙磁场由励磁磁势 $\boldsymbol{F}_{\text{f}}$ 单独产生,$\boldsymbol{F}_{\text{f}}$ 随转子以同步速旋转。如图 20.6 所示,短路前 A 相电枢绕组匝链的励磁 ψ_{A0} 随着转子位置角 α($\boldsymbol{F}_{\text{f}}$ 与 A 相绕组轴线的夹角)作余弦变化。

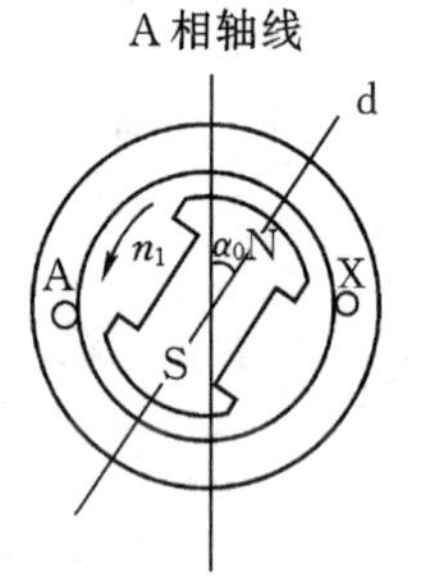

假定在 $\alpha = \alpha_0$ 的瞬间定子绕组突然三相对称短路,此瞬间,A 相绕组的磁链为

$$\psi_{\text{A0}} = \psi_{\text{m}}\cos\alpha_0 \tag{20.17}$$

式中,ψ_{m} 为 $\boldsymbol{F}_{\text{f}}$ 与 A 相轴线重合时在 A 相绕组中所形成的磁链。

图 20.6   三相突然短路的瞬间示意图

短路后,励磁系统仍然保持原状,原动机带动转子仍然以同步速旋转,即 $\boldsymbol{F}_{\text{f}}$ 在 A 相绕组中形成的磁链将随时间的变化而变化,即

$$\psi_{\text{A}} = \psi_{\text{m}}\cos(\alpha_0 + \omega t) \tag{20.18}$$

式中 ω 为转子的角速度，t 为时间变量。

也就是说，突然短路发生后，$\boldsymbol{F}_f$ "注入"到 A 相绕组的磁链试图由 ψ_{A0} 变为 ψ_A，变化量为

$$\Delta\psi_A = \psi_m\cos(\alpha_0 + \omega t) - \psi_m\cos\alpha_0 \tag{20.19}$$

假定短路发生的瞬间，A 相绕组为超导闭合绕组，遵循超导闭合回路磁链不变原则。电枢绕组会产生一个与 $\Delta\psi_A$ 相反的电枢反应磁链，以抵消 $\Delta\psi_A$，从而维持 A 相绕组的磁链不变。所以，短路后，A 相所产生的电枢反应磁链为

$$\psi_{Aa} = -\Delta\psi_A = \psi_m\cos\alpha_0 - \psi_m\cos(\alpha_0 + \omega t) = \psi_{A=} + \psi_{A\sim} \tag{20.20}$$

式中，$\psi_{A=} = \psi_m\cos\alpha_0$ 为非周期性的直流分量；$\psi_{A\sim} = -\psi_m\cos(\alpha_0 + \omega t)$ 为周期性的交变分量。

可见，突然短路发生后，电枢绕组为了维持短路瞬间的磁链不变，必须产生两部分磁链，即直流分量 $\psi_{A=}$ 和交流分量 $\psi_{A\sim}$，相应的短路电流 i_{AK} 中就包含了直流分量 $i_{A=}$ 和交变分量 $i_{A\sim}$。

分析表明，如果不考虑电流的衰减，电枢绕组所产生的三相对称的交变电流 $i_{A\sim}$、$i_{B\sim}$、$i_{C\sim}$ 将会产生一个与转子同步的旋转磁势 $\boldsymbol{F}_{A\sim}$；而三相绕组所产生电流的直流分量 $i_{A=}$、$i_{B=}$、$i_{C=}$ 将产生一个不动的稳定的磁势 $\boldsymbol{F}_{A=}$。

同步发电机的转子上有励磁绕组 F 和阻尼绕组 Z，分析短路问题时，可以先假定励磁绕组和阻尼绕组都是超导闭合回路，同样遵循磁链不变原则。

突然短路后，电枢磁势 $\boldsymbol{F}_{A\sim}$ 和 $\boldsymbol{F}_{A=}$ 突然强加在电机磁路上，转子上的励磁绕组 F 和阻尼绕组 Z 将对此作出如下反应，以阻止其本身磁链的变化。

(1)对于 $\boldsymbol{F}_{A\sim}$ 的反应：由于 $\boldsymbol{F}_{A\sim}$ 与转子相对静止，它所产生的电枢反应磁通 Φ_{ad}（短路时只有直轴分量）作用在直轴上，Φ_{ad} 欲通过直轴磁路去匝链转子上的励磁绕组 F 和阻尼绕组 Z，F 和 Z 将分别产生非周期性的直流电流 $i_{F=}$ 和 $i_{Z=}$，这些电流产生恒定磁通以抵消 Φ_{ad}（或者说阻止 Φ_{ad}），使得 Φ_{ad} 无法通过励磁绕组和阻尼绕组，只能"绕道"而行（即通过励磁绕组和阻尼绕组的漏磁路闭合），如图 20.7(a)所示。这条磁路要"曲折"地穿越较长的空气路段，磁阻很大，要形成一定量的 Φ_{ad}，需要很大的电枢电流，所以突然短路电枢电流很大。

(2)对 $\boldsymbol{F}_{A=}$ 的反应：$\boldsymbol{F}_{A=}$ 在空间静止不动，但它与转子绕组之间有相对运动，它将在励磁绕组 F 和阻尼绕组 Z 中产生交变的感应电流 $i_{F\sim}$ 和 $i_{Z\sim}$，以阻止 $\boldsymbol{F}_{A=}$ 所产生的磁通的通过。$\boldsymbol{F}_{A=}$ 所产生的磁通在遇到具有超导性质的励磁绕组和阻尼绕组时同样要"绕道"而行，会遇到较大的磁阻，所以电枢短路电流中的直流分量也比较大。

可见，短路后，电枢绕组会产生很大的短路电流，其中包括直流分量和交变分量，对 A 相来说，$i_{AK} = i_{A=} + i_{A\sim}$；同样励磁绕组和阻尼绕组中也会产生一定的电流，也包括相应的直流分量和交变分量，即 $i_F = i_{F=} + i_{F\sim}$，$i_Z = i_{Z=} + i_{Z\sim}$。

以上结论是基于发电机中各绕组没有电阻的这一假设而得出的。事实上，发电机各绕组中均有电阻存在，使得短路电流会逐渐衰减，最终达到稳态短路。由上可知，i_F 和 i_Z 的出现使得短路后的电枢反应磁通 Φ_{ad} "不得不绕道"而行，导致磁路的磁阻 R_m 增大，进而导致电枢短路电流 i_{AK} 增大。所以 i_F 和 i_Z 的衰减直接影响到电枢电流的衰减。分析表明，阻尼绕组的时间常数比励磁绕组的时间常数小得多。为了分析方便，可以认为短路以后，i_Z 首先单独衰减完毕，i_F 再开始单独衰减。这样，就把突然短路后的物理过程分为三个阶段：短路瞬

间到 i_Z 衰减完毕这一阶段称为**超瞬变过程**；超瞬变过程结束后，i_F 开始衰减到衰减完毕这一阶段称为**瞬变过程**；i_F 衰减完毕后发电机就进入**稳态短路**运行。

20.3.3　突然短路时的电抗

如图 20.7(a)(b)(c)所示，在超瞬变、瞬变和稳态三个阶段，电枢反应磁通 Φ_{ad} 所经过的路径有所不同。在超瞬变阶段，i_F 和 i_Z 均存在并形成相应的反磁势以阻止 Φ_{ad} 穿过 F 和 Z，使得该阶段 Φ_{ad} 的流通路径如图 20.7(a)所示；在瞬变阶段，i_Z 衰减到完毕，i_F 仍然存在，Φ_{ad} 能穿过 Z 而无法穿过 F，其路径如图 20.7(b)所示；进入稳态阶段后，i_F 和 i_Z 均衰减完毕，Φ_{ad} 可以顺畅地通过转子铁心，其路径如图 20.7(b)所示。

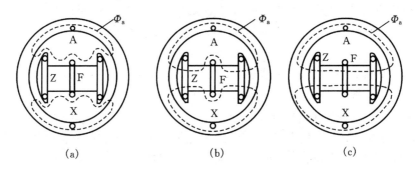

图 20.7　瞬态短路各瞬间电枢反应磁通路径
(a)超瞬变过程开始瞬间；(b)瞬变过程开始瞬间；(c)稳态开始瞬间

电枢反应磁通 Φ_{ad} 由电枢电枢短路电流产生，产生一定量的 Φ_{ad} 究竟需要多大的电枢电流，要看 Φ_{ad} 所经历的磁路状况。在超瞬变阶段，磁路曲折，磁阻最大，相应的电枢电流就最大；在稳态阶段，磁路通畅，磁阻最小，所以稳态电枢电流最小；瞬变阶段的磁阻大小界于超瞬变和稳态之间，其电流也界于二者之间。

Φ_{ad} 所历磁路磁阻的大小反映到电枢电路中，就是不同的磁阻对应电枢绕组不同的电感或者电抗值，有

$$X = \omega L = \omega \frac{N^2}{R_m} = \omega N^2 \Lambda \tag{20.19}$$

式中，N 为电枢绕组等效为集中绕组的等效匝数，R_m 为磁阻，Λ 为磁导。

在超瞬变阶段，Φ_{ad} 对应的磁路见图 20.7(a)，在忽略铁心磁阻的假设下，这条磁路的磁阻包括气隙磁阻、阻尼绕组漏磁阻和励磁绕组漏磁阻，相应的磁导为

$$\Lambda''_{ad} = \frac{1}{\dfrac{1}{\Lambda_{ad}} + \dfrac{1}{\Lambda_{Zd\sigma}} + \dfrac{1}{\Lambda_{F\sigma}}}$$

式中，Λ_{ad} 为气隙磁导；$\Lambda_{Z\sigma}$ 为阻尼绕组漏磁导；$\Lambda_{F\sigma}$ 为直轴阻尼绕组漏磁导。

对应的电枢反应电抗为**直轴超瞬变电枢反应电抗**，即

$$X''_{ad} = \frac{1}{\dfrac{1}{X_{ad}} + \dfrac{1}{X_{Zd\sigma}} + \dfrac{1}{X_{F\sigma}}}$$

式中，X_{ad} 就是稳态运行时的直轴电枢反应电抗；$X_{Zd\sigma}$ 和 $X_{F\sigma}$ 为直轴阻尼绕组和励磁绕组的漏

电抗 X_{ad}。

再考虑到电枢绕组的漏电抗 X_σ，就可得到**直轴超瞬变同步电抗** X''_d，简称**直轴超瞬变电抗**，即

$$X''_d = X_\sigma + X''_{ad} = X_\sigma + \cfrac{1}{\cfrac{1}{X_{ad}} + \cfrac{1}{X_{Zd\sigma}} + \cfrac{1}{X_{F\sigma}}}$$

当短路过程进入到瞬变阶段时，阻尼绕组中的电流已经衰减完毕，此时 Φ_{ad} 对应的磁路见图 20.7(b)。同样可以写出相应的**直轴瞬变同步电抗** X'_d，简称**瞬变电抗**，即

$$X'_d = X_\sigma + \cfrac{1}{\cfrac{1}{X_{ad}} + \cfrac{1}{X_{F\sigma}}}$$

进入稳态短路后，所有阻止 Φ_{ad} 的转子绕组电流已经衰减完毕，此时 Φ_{ad} 对应的磁路见图 20.7(c)。对应的电抗即为同步发电机的**直轴同步电抗** X_d，即

$$X_d = X_\sigma + X_{ad}$$

如果是非直接短路，除了直轴电抗外，还会有交轴电抗。励磁绕组 F 只作用在直轴磁路上，所以交轴电抗表达式中没有励磁绕组的漏电抗。

交轴超瞬变电抗为

$$X''_q = X_\sigma + X''_{aq} = X_\sigma + \cfrac{1}{\cfrac{1}{X_{aq}} + \cfrac{1}{X_{Zq\sigma}}}$$

式中，X''_{aq} 为交轴超瞬变电枢反应电抗，$X_{Zq\sigma}$ 为交轴阻尼绕组的漏电抗。

$$X'_q = X_\sigma + X'_{aq} = X_\sigma + \cfrac{1}{\cfrac{1}{X_{aq}}} = X_\sigma + X_{aq} = X_q$$

可见，交轴瞬变电抗就等于交轴同步电抗，即 $X'_q = X_q$。

20.4　突然短路电流

在了解了突然短路的物理过程以及超瞬变电抗和瞬变电抗后，就可以分析突然短路发生后，电枢电流的变化情况。以 A 相为例，与式(20.20)相对应，电枢电流也有直流分量交变分量两部分，即

$$i_{Ak} = i_{A=} + i_{A\sim} = \sqrt{2}I''\cos\alpha_0 - \sqrt{2}I''\cos(\alpha_0 + \omega t)$$

式中，$i_{A=} = \sqrt{2}I''\cos\alpha_0$ 为直流分量电流；$i_{A\sim} = -\sqrt{2}I''\cos(\alpha_0 + \omega t)$ 为交变分量电流；$\sqrt{2}I''$ 为短路最初瞬间分量电流的幅值。

根据电势平衡方程，有

$$I'' = \frac{E_0}{X''_d}$$

式中，E_0 为励磁电势有效值。

当超瞬变阶段结束时，交变电流分量将从 I'' 衰减到 $I' = \dfrac{E_0}{X'_d}$，这一阶段电流的衰减量为

$(I'' - I')$，衰减的时间常数为 T''_d，主要由阻尼绕组的等效电感和电阻决定。

当瞬变阶段结束时，交流电流分量将从 I' 衰减到 $I = \dfrac{E_0}{X_d}$ 即稳态短路电流。电流的衰减量为 $(I' - I)$，衰减的时间常数为 T'_d，主要由励磁绕组的等效电感和电阻决定。

电枢电流的直流分量 $i_{A=}$ 的衰减由电枢绕组本身的时间常数 T_d 决定。衰减结束后，直流分量将变为 0。

根据以上分析，突然短路后电枢电流可以写为

$$i_{Ak} = \sqrt{2}I'' \cos\alpha_0 e^{-\frac{t}{T_d}} - \sqrt{2}\left[(I'' - I')e^{-\frac{t}{T''_d}} + (I' - I)e^{-\frac{t}{T'_d}} + I\right]\cos(\alpha_0 + \omega t)$$

当 $\alpha_0 = 0°$，即 $\psi_0 = \psi_m$ 时，发生突然短路，则短路电流中除了交变分量外，还有一个最大的直流分量。短路瞬间，直流分量与交流分量大小相等，方向相反，相互抵消，相当于短路前的空载情况；经过半个周期后，直流分量与交流分量方向相同，相互叠加，将产生最大的短路电流点，最大电流大约是 $\sqrt{2}I''$ 的 $1.8 \sim 1.9$ 倍，此后直流分量和交变分量将逐渐衰减，直流分量最终衰减为 0，交变分量最终衰减为稳态短路电流。图 20.8 给出的就是这种情况下短路电流的变化波形。

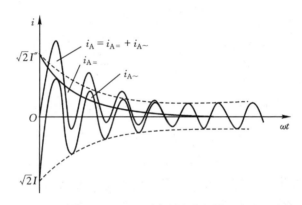

图 20.8　$\alpha_0 = 0$ 时定子突然短路电流

当 $\alpha_0 = 90°$，即 $\psi_0 = 0$ 时，发生突然短路，则短路电流中只有交流分量，直流分量为零。短路瞬间，交流分量亦为 0，相当于短路前的空载情况；经过半个周期后，交变分量达到最大值约为 $\sqrt{2}I''$，此后逐渐衰减直到稳态短路电流。

例如，有一台汽轮发电机，$E_0^* = 1.1$，$X''^*_d = 0.145$，则三相突然短路的最大冲击电流值为

$$i^*_{kmax} = (1.8 \sim 1.9)\frac{\sqrt{2}E_0^*}{X''^*_d} = (1.8 \sim 1.9)\frac{\sqrt{2} \times 1.1}{0.145} = 19.3 \sim 20.4。$$ 可见三相稳态突然短路最大冲击电流可以达到额定电流的 20 倍以上。巨大的短路冲击电流将对发电机产生不利甚至致命的负面影响。

20.5　同步电机的振荡

同步电机在实际运行中，有多种原因可能导致振荡。比如原动机输入转矩的突然变化、电网参数的改变、励磁调节器发生故障、外部负载不稳定或突然变化等因素都能引起电机转

速、电流、电压、功率以及转矩的振荡;用自整步法使同步发电机与电网并联以及同步电动机
合闸时牵入同步过程也可能引起振荡。电机振荡对于电机本身及相关联的电力系统和其它
电器设备都是不利的,严重时可能造成电机与电力系统失去同步、中断供电或使与电网相关
联的电器设备受到损坏。因此,了解和研究同步电机振荡的本质有重要的实际意义。

在振荡过程中电机的转速不再是恒速,同步电机的方程式呈非线性,振荡问题的分析十
分复杂。本节仅对同步电机的小值振荡进行定性分析。所谓小值振荡是指同步电机的功角
围绕一个恒定值 δ_b 作小幅度周期性变化(变化幅度一般为 $\pm 10°$ 以下),电机转速也围绕着同
步速作周期性变化。小值振荡是比较常见的,同步发电机的有功功率的调节过程、同步电动
机的拉入同步过程等都伴随有小值振荡。

举例来说,同步发电机与电网并联以后,气隙合成磁势 **F** 受电网频率的制约,以同步转
速 n_1 旋转,功角的大小仅决定于转子的转速及位置。参看图 20.9,设发电机起初稳定运行
于 a 点,此时,原动机的输入功率与发电机的电磁功率相平衡,即 $P_a = P_{Ma}$,原动机的转矩也
和发电机的电磁转矩相平衡,即 $T_a = T_{Ma}$。由于电网供电的需要,要求把发电机的电磁功率
增大到 P_{Mb},整个调节过程为:①增大原动机的输出功率到 P_b,原动机的转矩也增大到 T_b;
②由于 $\Delta T = T_b - T_{Ma} > 0$,发电机转子在 ΔT 的作用下加速,功角由 δ_a 开始增大,达到 δ_b 时,
发电机的电磁功率也达到 P_{Mb},电磁转矩达到 T_{Mb},并与原动机的转矩 T_b 相平衡,发电机转
子的加速度变为零,但速度达到最大值;③由于惯性作用,转子以大于同步速继续前进,功角
由 δ_b 继续增大到 δ_c,发电机的电磁功率也增大到 P_{Mc},电磁转矩增大到 T_{Mc};④由于 $\Delta T = T_b - T_{Mc} < 0$,发电机的转子在 ΔT 的作用下开始减速,功角由 δ_c 开始减小,达到 δ_b 时,发
机的电磁功率也达到 P_{Mb},电磁转矩达到 T_{Mb},并与原动机的转矩 T_b 相平衡,发电机转子的
加速度又变为零,但速度又达到最小值;⑤由于惯性作用,转子以小于同步速前进,功角由 δ_b
继续缩小到 δ_a,发电机的电磁功率也减小到 P_{Ma},电磁转矩减小到 T_{Ma}。至此,完成了一个振
荡周期,如果没有阻尼作用,这一过程会持续下去。

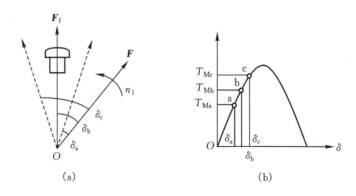

图 20.9　同步发电机的小值振荡
(a)磁极位置;(b)转矩变化

对装有阻尼绕组的同步发电机来说,在振荡过程中,阻尼绕组中将出现感应电势和电
流,并形成异步转矩。当转子转速高于同步速时,异步转矩起制动作用,而当转子转速低于
同步转速时,异步转矩又具有驱动作用。采用阻尼绕组能大大抑制同步电机的振荡。

20.6 不对称运行和突然短路的影响

20.6.1 不对称运行影响

不对称运行时,负序电流产生的负序旋转磁场相对于转子以两倍同步速运转,并在转子绕组(包括励磁绕组和阻尼绕组)中感应出两倍频率的电流以及在转子表面感应出涡流,这些电流将在绕组中和铁心表面引起额外损耗并产生热量,使得转子温升增高。特别是汽轮发电机,涡流在转子表面轴向流动,在转子端部沿圆周方向流动而形成环流,这些电流不仅流过转子本体,还流过护环;它们流经转子的槽楔与齿、护环与转子之间的许多接触面,这些地方具有接触电阻,发热尤为严重,可能产生局部高温、破坏转子部件与励磁绕组绝缘。而水轮发电机散热条件较好,负序磁场引起的转子过热的影响相对小些。

由于负序旋转磁场与转子磁场之间有两倍速的相对运动,因而它们之间将产生以两倍频率(100 Hz)脉动的转矩,这个附加转矩同时作用在转子轴和定子机座上,并引起 100 Hz 的振动和噪声。水轮发电机中大量的焊接机座结构容易被振动损坏,因此水轮发电机中必须采用阻尼绕组以削弱负序磁场。

为此,对不对称负载运行要给予必要的限制。对于同步发电机,常从转子发热的角度出发限制负序电流与额定电流之比。

不对称运行除了对发电机本身的影响外,对电网其他设备及附近的通讯设施也产生不良影响。发电机的不对称运行导致电网电压的不对称,不对称的电压加于用户的设备上会产生不良影响。如使得异步电动机的电磁转矩、输出功率和效率降低,并引起转子过热等。另外,发电机绕组中因有负序电流而出现更高次的谐波电流,这些高频电流会对输电线附近的通迅线路产生音频干扰。

为了减少负序电流的影响,通常在转子上装置阻尼绕组。阻尼绕组对负序磁场有很好的去磁作用,能降低负序磁场对转子造成的过热以及减小脉动转矩。

20.6.2 突然短路的影响

同步电机突然短路后不仅破坏了电机电磁方面的平衡,而且破坏了电机机械方面和热方面的平衡。一般由于电磁瞬变过程持续时间很短,可以认为在这个短时内只有电磁方面的影响。经验证明,突然短路后,最受威胁的是绕组端部。由于冲击电流很大,它所产生的强大的电磁力作用于绕组端部会造成严重的后果,所以同步电机绕组端部的可靠固定是电机设计制造者必须考虑的问题。

突然短路后,由于电压的降低引起发电机输出功率的突然下降,而原动机输给发电机的转矩又不能及时调节,故转矩平衡被破坏,造成同步发电机失步,使得系统的稳定受到影响。不对称短路时还会在没有短路的绕组内产生过电压,以致造成电力系统过电压。

本章小结

分析不对称运行采用的是对称分量法。把一组不对称电量(电压、电流)按对称分量法分解成正序、负序和零序三组对称分量,然后将三组对称分量分别作用于电机,再将结果叠加。

正序系统所产生的作用和三相稳态运行情况一样,对应的正序电抗就是发电机的同步电抗。负序系统产生的磁场相对转子以两倍同步速反转,并掠过转子上的各绕组,在其中产生感应电流,由于转子绕组的作用使得负序电抗大大减小。零序系统在气隙中产生的基波磁场相互抵消,零序电抗和定子漏抗相等。

分析突然短路的物理过程,采用超导闭合回路磁链不变原则来解释。通过此原则,可以说明发生突然短路时,电机内部各绕组对磁场的作用以及磁场的变化情况,从而可以计算绕组电抗和电流的大小。

由于绕组的电阻相对于电抗很小,计算短路电流时可以忽略不计。但电阻的存在是短路电流衰减的根源,所以考虑电流衰减时应予计入。

为了分析方便,一般可以把突然短路电流的衰减过程分为两个阶段,即超瞬变过程和瞬变过程。在超瞬变过程中,由于阻尼绕组中电流的衰减,使得电枢电抗从超瞬变电抗变化到瞬变电抗,电枢电流也从超瞬态电流变化到瞬态电流。在瞬变过程中,由于励磁绕组中电流的衰减,使得电枢电抗从瞬变电抗变化到同步电抗,电流也从瞬态电流变化到稳态短路电流。

不对称运行和突然短路会对电机本身、电力系统以及附近的通讯线路产生不良的影响。因此要尽量避免不对称运行和故障短路的发生。

习题及思考题

20-1　同步发电机,各相序电抗为 $X_+ = 1.871$, $X_- = 0.219$, $X_0 = 0.069$, 计算其单相稳态短路电流为三相稳态短路电流的多少倍?

20-2　同步发电机, $S_N = 300000$ kVA, 已知 $X_d = 2.27$, $X'_d = 0.2733$, $X''_d = 0.204$(均为标幺值),时间常数 $T'_d = 0.993$ s, $T''_d = 0.0317$ s, $T_a = 0.246$ s, 该机在空载电压为额定值时发生三相短路,求:

(1) 在最不利情况下,电枢短路电流的表达式;

(2) 最大瞬时冲击电流。

20-3　为什么负序电抗比正序电抗小?而零序电抗又比负序电抗小?

20-4　同步发电机发生突然短路时,短路电流中为什么会出现非周期性分量?什么情况下非周期性分量最大?

20-5　比较同步发电机各种电抗的大小: X_d, X'_d, X''_d, X_q, X'_q, X''_q。

20-6　突然短路后,同步发电机电枢电流为什么会衰减?简述其衰减过程。

第五篇

特种电机

本篇介绍的特殊用途电机主要有：机械加工中常用焊接工艺所需的直流弧焊机；汽车用电机，含专用发电机、起动机、磁电机及电动汽车牵引用的无刷直流电动机；防爆电机，主要用于煤矿、石油天然气、石油化工和化学工业。

微特电机又被称为控制电机。国民经济中控制电机的应用特别广泛。微特电机与一般电机（即第一篇至第四篇的直流电机、变压器、异步电机和同步电机）的区别主要在于：一般电机的功能是能量转换，属于系统中的设备，要求力能指标、过载能力要高；而微特电机的功能是信号转换或量测，甚至放大，属于系统中的元件，要求可靠性高、精度高、小型化、快速性和适应性强[14]。

第21章 特种用途的电机

本章首先分析了机械加工中常用焊接工艺所需的直流弧焊机的类型、结构及原理；之后分析汽车用电机，含专用发电机、起动机、磁电机及电动汽车牵引用的无刷直流电动机的类型、结构及原理；最后分析了用于煤矿、石油天然气、石油化工和化学工业的防爆电动机的特点。

21.1 直流弧焊机

机械加工中直流弧焊机具有引弧容易、电弧稳定、焊接质量好等优点。它分为旋转式和整流式两类，本文介绍一种旋转式弧焊机[13]。

21.1.1 电源外特性与焊接电弧的关系

直流弧焊机电源外特性是指在规定运行范围内，其端电压 U 随电流 I 变化的关系。手工电弧焊电源必须具有陡降的外特性，即随焊接电流的增大，电源的端电压应降低，电源外特性和电弧伏安特性的分析如图 21.1 所示。图 21.1 中曲线 1 为外特性，曲线 2 为电弧的伏安特性。图 21.1 中的 U_0 为引弧电压，即电焊机的空载电压。当焊条与被焊件接触短路时，弧焊短路电流 I_K 与横坐标相交时，电焊机端电压过零点。

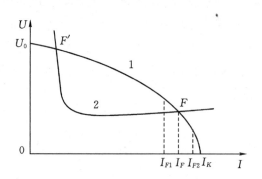

图 21.1 电源外特性和电弧伏安特性的分析

图 21.1 中曲线 2 表示了稳态电弧电压和电弧电流的关系。焊接电弧为非线性负载，不同弧长的手工焊条电弧在一定运行范围具有平坦的伏安特性。

图 21.1 电源外特性曲线 1 与电弧伏安特性曲线 2 相交于 F、F' 两点，电弧可在这两点燃烧，其交点称为**燃烧工作点**。可是在理论上与实际上都证明只能在 F 点稳定燃烧，因为两点的平衡状态是不同的。

当在图 21.1 中的 F 点运行时,若有干扰或电弧弧长增大等情况,会引起焊接电流减小,电源供给的电压就大于电弧所需的电压,使焊接电流增大,即恢复到 F 点工作。当电流稍有增加时,电源电压就低于电弧所需的电压,同样能使电流恢复到原来的工作点 F,因此 F 点是电弧稳定工作点。

而当在图 21.1 的 F' 点运行时,如因干扰导致电流稍有增加,在电流增加方向电源电压高于电弧所需电压值,将使电流继续增加,这样不能恢复到 F' 点,而达到 F 点为止。反之电弧电压小于电弧所需电压,迫使电流继续减小至熄弧。故电弧在 F' 点燃烧不会达到稳定点。

21.1.2　对弧焊机的要求

1. 对空载电压和短路电流的要求

欲使电弧稳定的燃烧且引弧容易,保证安全的条件下就必须有足够高的空载电压。一般要求直流手动弧焊机的空载电压 U_0 为 50～90 V。短路电流一般限制在 1.5 倍焊接电流的范围。

2. 电源调节特性的要求

为了适应不同厚度的材料、焊条直径以及不同位置焊缝的焊接,要求焊接电流有一定的调节范围,通常用改变理论上的外特性曲线来得到不同的焊接电流。

21.1.3　旋转式直流弧焊机的结构和原理

旋转式弧焊(发电)机的驱动动力有电动机和柴(汽)油机两种。由电动机、发电机、电流调节器及指示装置组成的 AX 系列,称为**直流弧焊电动发电机**。以柴油机或汽油机驱动者(AXC 或 AXQ 系列),称为**直流弧焊柴(汽)油发电机**。例如,直流弧焊汽油发电机如图 21.2 所示。

图 21.2　直流弧焊汽油发电机

旋转式直流弧焊机是一种特殊的直流发电机,它具有调节装置及指示装置。调节装置是用以获得所需要的输出范围;指示装置用以指示输出数值。

直流弧焊发电机与一般直流发电机结构相似,区别在于磁极形状和励磁绕组随直流弧焊机种类而异。常用的 AX 系列直流弧焊发电机有三种,分别是三电刷裂极式弧焊发电机、三电刷差复励混合式直流弧焊发电机和直流弧焊发电机。以差复励直流弧焊机为例说明如下。

差复励直流弧焊机有四个主磁极、四个换向极、励磁绕组含有串励和并励两组绕组。直流弧焊发电机接线图如图 21.3 所示。

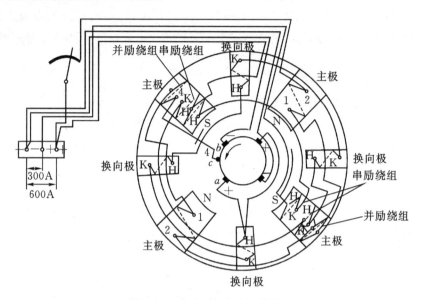

图 21.3 直流弧焊发电机接线图

该发电机主磁极的极性是互相交替的,磁极铁心截面处有狭颈,磁极极掌中部顺轴向有凹槽,以减少辅助电刷的火花,电刷不能移动,为了改善换向,发电机设有四个换向极。其并励绕组分布在四个主磁极上,接到工作电刷 a 及辅助电刷 c 上;两个串励绕组分布在两个主磁极上,与电枢电刷 a 串联。串励绕组所产生的磁通与主磁通反向,即为差复励接线。

若发电机空载运行,并励绕组两端的电压为两个工作电刷之间电压的一半,发电机没有电枢反应去磁,故电压值较高。若发电机负载时,串励绕组中有电流通过,产生直轴去磁作用,总磁通大大减小,从而获得了陡降的外特性。

由于发电机负载时的辅助电刷与工作电刷的区域中出现了电枢反应磁通,其方向与主极磁通同向,故在这个区域的总磁通有所增加,使发电机在从空载到短路的范围内,a、c 两个工作电刷之间电压变化很小。

电流调节有两种:一种是粗条,其方法是改变串励绕组的匝数;另一种是细调,用并励绕组电路中的励磁变阻器来调节。

21.2 汽车用电机

汽车用电机的种类较多,但使用最普遍的有发电机、起动机和磁电机以及无刷直流电动机。无刷直流电动机用于电动汽车(或电动车)的牵引动力,将在 21.3 节叙述。

21.2.1 汽车用发电机

1. 分类及用途

汽车用发电机有交流和直流两种。直流发电机励磁方式一般采用并励式;交流发电机包括有永磁转子式、硅整流式和感应子式交流发电机。

发电机由汽车上的动力设备即发动机拖动发电。在汽车(含拖拉机)正常运行时,发电机除向用电设备供电外,还可将多余的电能向蓄电池充电,对电动汽车而言,以增加续航能力。因此,它是汽车(含拖拉机)的主要电源。

2. 结构原理

(1)并励式直流发电机:它就是普通的并励直流发电机,其具体结构原理见第 3.2 节。它与其他直流发电机不同点就是电枢和磁极绕组的一极在内部接地(汽车修理行业中称为搭铁或接铁)另一个极经接线柱通出机壳外面。

(2)永磁式交流发电机:在不用电力起动汽车(含拖拉机)上没有蓄电池,用电设备只有照明灯,故只采用结构简单的永磁转子交流发电机就能满足要求。相当于前述第 19 章的永磁同步电动机。

以 160 型永磁转子发电机为例介绍结构和工作原理如下。

①结构:160 型永磁转子发电机的结构如图 21.4 所示。定子铁心由环形内侧有凸齿的硅钢片叠成,固定在前后端盖之间,定子绕组共 6 个,分别绕在 6 个凸齿上,相邻两绕组串联,组成一相定子绕组,各组的尾端连在一起,接在机壳绝缘的搭铁接线柱图 21.5 中的 M 上。各绕组的首端分别经火线接线柱与照明灯连接。定子绕组的接法为 Y 形连接。转子 7 用钡铁氧永久磁铁制成,磁极对数与定子绕组的相数相等,相邻两极的 N、S 极性应不同。

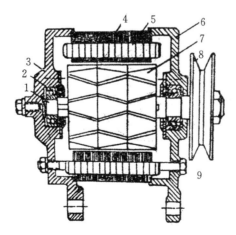

图 21.4 160 型永磁转子发电机结构图

1—黄铜轴;2—轴承;3—后端盖;4—定子铁心;

5—定子绕组;6—前端盖;7—钡铁氧转子;

8—皮带轮;9—螺栓

②工作原理：160 型永磁发电机的原理示意图如图 21.5 所示。当发电机的永磁转子转动时，由于定子三相对称绕组是均匀分布在定子铁心上，且三相磁通对称，三相绕组中电动势的瞬时值是相等的。因而定子绕组中感应三相的对称电势。工作时总开关 ZK 闭合，三路电灯同时发亮。感应电势的频率由前式(11.2)知

$$f = pn/60 \text{ (Hz)} \tag{21.1}$$

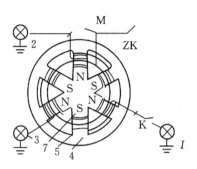

图 21.5　160 型永磁发电机原理示意图

式中，f 为感应电势频率；p 为极对数；n 为转子的转速。

该发电机的特点是不需要调节器，当发动机转速变化时能自行调节照明电路中的电流，其缺点是调节性能不够理想，当发电机转速低于 1300 r/min 时，电压过低，灯光变暗。

（3）硅整流交流发电机：硅整流交流发电机产生的是交流电，通过装在内部的硅整流管整流，输出的是直流电。由于它具有重量轻、体积小、结构简单等优点，所以现在已得到推广。

①结构：硅整流交流发电机由定子、整流器、转子和机壳四部分组成，硅整流发电机组件图如 图 21.6 所示。

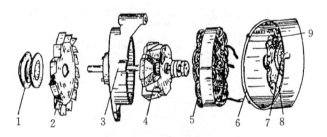

图 21.6　硅整流发电机组件图

1—皮带轮；2—风扇；3—驱动端盖；4—转子总成；5—定子总成；

6—整流端盖；7—电刷架；8—元件板；9—硅二极管

定子由定子铁心和三相绕组组成。定子铁心是由内圆冲有线槽的硅钢片叠压而成。定子三相绕组为星形接法，首端 A、B、C 分别与元件板和端盖上装设的硅二极管相接。

整流器由 6 只硅二极管组成。其中 3 只在端盖内的元件板上，另 3 只装在端盖上，后 3 只管子的正极与端盖相联（又叫搭铁），其负极分别用引线与元件板上的二极管正极相连，接

成一个三相桥式整流电路,该接线图如图 21.7 所示。

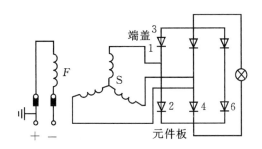

图 21.7 硅整流发电机原理接线图

转子由爪极、励磁绕组和滑环组成(见图 21.6 中 5),用两块低碳钢制成的 6 个爪形磁极,压装在转子轴上。在爪形磁极内侧的空腔内装有励磁绕组,硅整流交流发电机的转子装配图如图 21.8 所示。励磁绕组的两条引出线分别接在与轴绝缘的两个滑环 5 上。滑环与装在后端盖的电刷保持接触。两炭刷的引出线分别与端盖上的搭铁接线柱、磁场接线柱连接,由此引入直流电流,作为励磁电流。机壳由铝合金制成。

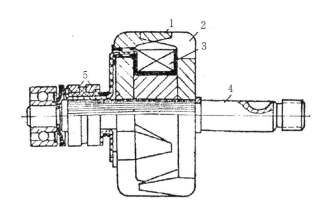

图 21.8 硅整流交流发电机的转子装配图
1、2—磁极;3—励磁绕组;4—转子轴;5—滑环

②工作原理:硅整流交流发电机为自励式三相交流发电机。发电机由汽车发动机拖动旋转时,由于转子剩磁的作用,使定子绕组中感应电势。但发动机低速开始运转时加之剩磁电压较低,不能克服二极管的正向电阻,发电机不能很快建立电压。随着发动机转速的升高,感应电势也随之升高,当达到某一数值(约 0.16 V)时,二极管导通,发电机电势很快上升,并通过电压继电器向励磁绕组供电,电势继续增大,当励磁电流增大到使励磁绕组的铁心饱和时,磁通不再增加,电压达到了稳定,自励建压过程完成。

(4)感应子式无刷交流发电机:不论直流发电机或带滑环的交流发电机,总会出现接触电阻,电刷与滑环接触不良而产生等故障。为了避免这个缺点,又出现了一种新型的车用发电机即感应子式无刷交流发电机。现以 JWF-13 型硅整流感应子式无刷交流发电机为例,介绍其结构和工作原理。

①结构:该发电机由定子、转子、整流器、机壳四部分组成。

定子铁心由冲片叠压而成,定子冲片如图21.9所示。本例发电机内圆共有大槽4个,小槽12个,大槽把小槽等隔成四个部分。电枢绕组共16组,分别嵌放在小槽内,励磁绕组共4组,分别嵌放在大槽内。电枢绕组为两根高强度漆包线并绕(线径1.04 mm),每组10匝。励磁绕组每组112匝,线径0.69 mm。

转子由齿轮状冲片铆成,转子冲片如图21.10所示。

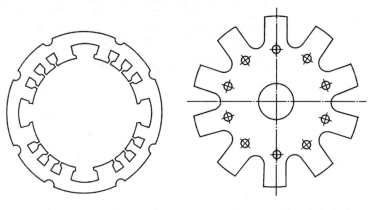

图21.9　定子冲片　　　　　　　　图21.10　转子冲片

整流器是由电枢绕组并联成两条支路,引出端为S-S。每条支路中串接一个二极管构成的单相全波整流电路,发电机原理电路接线图如图21.11所示。

机壳用铝合金制成,硅二极管直接压装在铝制端盖上。

②工作原理:感应子式交流发电机原理示意图如图21.12所示,当励磁绕组 F_1F_2 通一直流电后,其主磁通方向如图21.12所示。因这时转子的凸齿部分正对着定子铁心的齿顶,磁通容易通过,磁感应强度最大,因转子是硅钢片叠成的,每个转子齿没有固定的极性,而定子上的励磁绕组极性是固定的。这就决定了固定于定子上的电枢绕组只与同一极性的凸极起作用。当转子从如图所示的瞬间位置继续转动时,通过转子凸齿所对的定子铁心齿顶部分的磁通量,会出现从强到弱和从弱到强的变化,根据安环定律可知,电枢绕组中会产生一个感应电势来阻碍原磁通的变化。这样虽然转子没有固定磁极,但同样起到使电枢绕组产生感应电势的作用。

将电枢绕组按一定的方式连接起来,并通过全波整流,便可发出直流电。这便是感应子式交流发电机的工作过程。

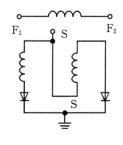

图21-11　发电机原理
电路接线图

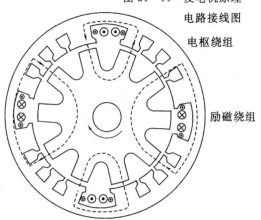

电枢绕组

励磁绕组

图21.12　感应子式交流发电机原理示意图

21.2.2 汽车用起动机

汽车(含拖拉机)的发动机是靠外力起动的。起动的方式有人力起动、辅助汽油机起动和电力起动等方式。现在几乎所有的汽车和许多拖拉机都采用电力起动方式。

1. 用途

起动机按其传动机的工作方式可分为三类:惯性啮合式起动机、电磁啮合式起动机和强制啮合式起动机。在用电力起动的起动装置中,强制啮合式起动机应用最为广泛,在强制啮合式起动机中又可分为直接操纵和远距离操纵两种。

起动机构的作用是:在发动机起动时,起动机轴上的啮合小齿轮向飞轮齿环啮入,将起动机的转矩传给发动机,使其发动;发动后,起动机与飞轮环自动脱开,而发动机则确保了汽车、拖拉机的正常运行。

2. 结构原理

电力起动机构由直流电动机、传动装置及控制机构三部分组成。起动用的直流电动机(简称起动机)就是一台串励直流电动机,其结构原理可参见 4.4 节。以下仅介绍 321 型电磁操纵式起动机,其原理图如图 21.13 所示,用该图来分析其传动和控制机构的结构和原理。

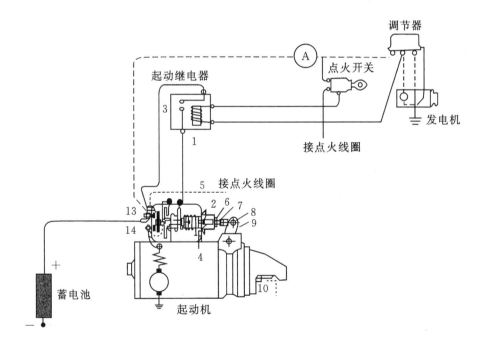

图 21.13　312 型电磁操纵式起动机原理图

1—起动继电器线圈;2—电磁开关;3—起动继电器触点;4—活动铁心;

5—接点线圈引线;6—螺帽;7—拉杆;8—连接销钉;

9—杠杆;10—小齿轮;11—保位线圈;12—吸拉线圈;13、14—接线柱

车辆的发动机起动后,发电机的电压也随之升高。由于起动继电器线圈所得到的电压

是蓄电池电压与发电机电压之差(见图 21.13 中的电路),当继电器线圈所得到的电压差很小,不足以吸住动铁时,起动继电器释放,其触点 3 断开。触点打开后保位线圈经吸拉线圈通电,因吸拉线圈是反向通电,其磁通与保位线圈磁通反向而抵消,故电磁开关的活动铁心在回位弹簧的作用下恢复原位,起动机停止工作。

21.2.3　汽车用磁电机

在许多没有蓄电池的汽油起动机和小型汽油机上,车辆用发动机起动时,因发电机转速较低,输出电压达不到点火装置所需的电压,常采用磁电机点火装置。

1. 分类

磁电机的分类如图 21.14 所示。按磁电机产生低压电的方法不同,可分为三类:旋转电枢式、旋转磁钢式和旋转磁导子式。

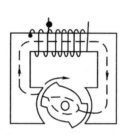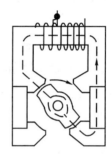

图 21.14　磁电机的分类

(a)旋转电枢式;(b)旋转磁钢式;(c)旋转磁导子式

(1)旋转电枢式:如图 21.14(a)所示,在电枢上绕有初级及次级绕组,当电枢在永久磁钢的磁极间旋转时,绕组内产生低压电,在断电器的作用下,使初级电路闭合和断开,在次级绕组中产生高压电,由配电器输出供火花塞点火。这种磁电机电枢体积大,电流输出又要经过滑动接触,容易磨损,现已很少采用。

(2)旋转磁钢式:如图 21.14(b)所示,该磁电机的初、次级绕组绕在定子铁心上,而转子是永久磁钢制成,当转子旋转时,初级绕组产生低压电,在断电器的作用下是初级绕组断开、闭合,在次级绕组中产生高压电,以便点火起动发动机。

(3)旋转磁导子式:如图 21.14(c)所示,其初、次级绕组和永久磁钢都不旋转,而另用铁转子在磁场中旋转,使穿入感应线圈铁心中的磁通变化,而在初级线圈中产生低压电,并以前两种磁电机同样的方法在次级线圈中产生高压电,以便点火起动发动机。

2. 结构原理

现以图 21.14(b)的旋转磁钢式中的磁电机为例简单介绍一下结构原理。某起动机用的磁电机如图 21.15 所示。

(1)永久磁钢转子:用磁钢制成,常用的磁钢是铬钢、钨钢或镍铝钢。

(2)感应线圈:感应线圈绕在定子铁心上,分为初级绕组和次级绕组,初级绕组绕在靠铁心的里面,次级绕组绕在初级绕组的外面。初级绕组 2 的一端搭铁,另一端接到断电器的触点。

次级绕组的一端接初级绕组,另一端经高压线接线点,再经高压线 11 接火花塞 10。次

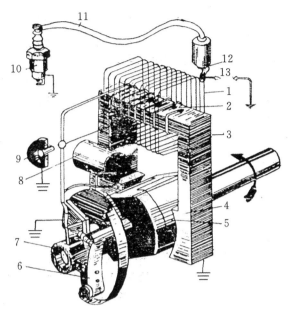

图 21.15　起动机用的磁电机

1—感应线圈次级绕组；2—感应线圈初级绕组；3—铁心；4—极掌；5—磁铁转子；

6—断电器；7—凸轮；8—电容器；9—停火开关按钮；10—火花塞；

11—高压线；12—高压线接线点；13—安全火花间隙

级绕组和初级绕组以同一方向绕成，并在真空室中浸以绝缘漆。

（3）断电器：装在断电器底板上，活动触点臂体中镶装衬套和夹布胶木顶块。固定触点装在支柱上。断电器触点是用钨制成，用弹簧保持闭合，触点间隙为 0.25～0.35 mm，用凸轮 7 使触点开、闭。

（4）配电器：单缸机用的磁电机没有配电器，多缸机用的磁电机有配电器，它常由磁电机转子轴经减速齿轮传动。转子电极与配电器盖的电极间具有间隙，盖上有通气孔。磁电机的外壳用非磁性的铝或锌合金制成。

（5）电容器：一般为纸介电容器。

（6）安全火花隙：为了避免在高压线断路或火花间隙过大时，次级电压过高而击穿匝间绝缘，在磁电机上备有安全火花隙。当电压超过正常值的 1.5 倍时，间隙被击穿而跳火，从而保护了绕组的绝缘。

（7）停火开关：欲使磁电机停止点火，可将停火开关 9 按在接通位置，初级线圈不能被断电器切断，高压便不能产生，点火停止。

21.3　无刷直流电动机

电动汽车电动机可分为交流电动机、直流电动机、交直流两用电动机、控制电动机（包括步进、测速、伺服、自整角等）、开关磁阻电动机及信号电动机等多种。适用于电力驱动的电动机可分为直流电动机和交流电动机两大类。

近年来,电动汽车发展迅猛,被认为是绿色智能汽车;我国电动车的生产量和应用量居世界第一。电动汽车和电动车牵引动力一般采用无刷直流电动机。此外,无刷直流电动机还用于数控机床、军事工业、视听设备、家用电器、搬运机、包装机、清扫机等场合。

无刷直流电动机(即 brushless DC motor,简称 BLDCM)采用电子开关电路和位置传感器代替了传统直流电动机中的电刷和换向器,既具有直流电动机好的调速、起动特性,又具有交流电动机结构简单、运行可靠的优点。无刷直流电动机主要是由电动机(一般为永磁同步电动机)本体、转子位置传感器和电子开关(换向)线路以及专用直流电源组成,即综合为"三电一传"的设备。其系统构成如图 21.16 所示。按其供电电流和定子绕组反电势的波形进行分类,将供电电流和反电势波形均为正弦波的称为**正弦波无刷直流电动机**;将供电电流和反电势波形均为方波的称为**方波无刷直流电动机**。本文用后者。

图 21.16 中直流电源通过电子换向电路向电动机定子绕组供电,电动机转子的旋转位置是由位置传感器检测并提供信号,去触发开关电路中的电子开关元件使之导通或截止,从而控制电动机的转子旋转。

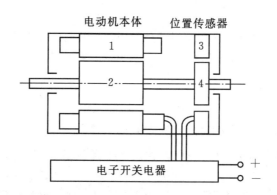

图 21.16　无刷直流电动机的构成示意图
1—电动机定子;2—电动机转子;
3—传感器定子;4—传感器转子

无刷直流电动机的本体结构如图 21.16 中的电动机本体部分,电动机的定子铁心的槽中安放着多相绕组,各相绕组分别与电子开关线路中相应的功率管相连接。定子电枢绕组的连接方式有星形三相三状态、星形三相六状态、星形四相四状态、封闭四相四状态、封闭三相六状态、正交两相四状态等[14]。电动机的转子是由永磁材料制成一定极数的永磁体,主要有两种结构形式,电动机转子结构形式如图 21.17 所示。图 21.17(a)是转子铁心外表面粘贴瓦片型磁钢称为凸极式,图21.17(b)是磁钢插入转子铁心的沟槽中,称为内嵌式。

永磁体材料采用铁氧体或铝镍钴,甚至是高导磁性能的钕铁硼等。转子位置传感器的种类较多,

应用广泛的是电磁式、光电式、霍尔集成电路式等。

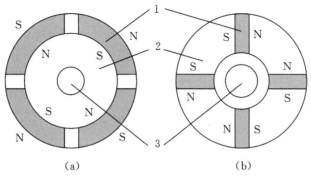

图 21.17　电动机转子结构图

(a)凸极式；(b)内嵌式

1—磁钢；2—铁心；3—转轴

因无刷直流电动机保留了传统直流电动机的优点，故其电枢反应理论特性及应用也与传统直流电动机类似，其稳态特性也是从直流电动机的"四大"基本关系式推导出来的，它包括机械特性 $n=f(T)$ 及调节特性 $n=f(U_a)$ 及其曲线。详见参考文献[14]。

21.4　防爆电动机

21.4.1　概述

防爆电机是一种可以在易燃易爆场所使用的一种电机，运行时不允许产生电火花。防爆电机主要用于煤矿、石油天然气、石油化工和化学工业。此外，在纺织、冶金、城市煤气、交通、粮油加工、造纸、医药等部门也被广泛应用。防爆电机作为主要的动力设备，通常用于驱动泵、风机、压缩机和其它传动机械。防爆电动机一般为异步电动机，其原理、结构和特性的理论与第 13 章的三相异步电动机大致相同，而对防爆电动机进行起动和调速的控制技术与第 14 章也基本相同。但防爆电动机的特殊使用环境决定了其特殊性。

21.4.2　分类

防爆电动机分为工厂用和煤矿用两大类，每一类中又分多种。它适用于有可燃气体、蒸气和空气形成的爆炸性混合物的场所。常用防爆电动机的类型标志如表 21.1 所示，即常用防爆电动机的类型有防爆安全型(YA 系列)、隔爆型(YB 系列)和防爆通风、充气型(YF 系列)三种。

表 21.1　常用防爆电动机的类型标志

序　号	类　型	标　志	
		工厂用	煤矿用
1	防爆安全型	A	KA
2	隔爆型	B	KB
3	防爆通风、充气型	F	KF

防爆电动机的性能特点和适用范围如表 21.2 所示。

表 21.2　防爆电动机的性能特点及适用范围

产品名称(代号)	性　能　特　点	适　用　范　围
防爆安全型 异步电动机 (YA 系列)	该电机在正常运行时不产生火花[1]、电弧或危险温度的电动机中,采取适当措施,如降低各部分的温升限度,增强绝缘,提高导体连接可靠性,以及提高对固体异物与水的防护等级等,以提高防爆安全性	它适用于 Q-2[2]和 Q-3 有爆炸性危险的场所[2]
隔爆型 异步电动机 (YB 系列)	属于封闭自扇冷式。增强外壳的机械强度,并保证组成外壳的各零部件之间的各接合面上具有一定的间隙参数。若一旦电机内部爆炸,不致引起周围环境的爆炸性混合物的爆炸	它适用于石油、化工、煤矿井下有爆炸危险的场所
防爆通风充气型 异步电动机 (YF 系列)	应将电动机和通风装置组合为一整体。在包括电机本身在内的整个系统内,连续通以不含有爆炸性混合物的新鲜空气或充以惰性(不燃烧)气体,内部保持一定的正压,以阻止爆炸性混合物从外部进入电机	它适用于石油、化工、煤矿井下有爆炸危险的场所

注:①局部可能产生火花(例如滑环),而已将该局部装置于隔爆外壳中的电动机,仍可作为防爆安全型电动机。

②Q-2、Q-3 是具有气体或蒸汽爆炸性混合物的危险场所的级别符号,详见参考文献[13]。

21.4.3　结构特点及要求

以**隔爆型电动机**为例予以说明。YB 系列隔爆型电动机如图 21.18 所示。与普通电动机的相比,对隔爆型电动机的结构特点及要求如下。

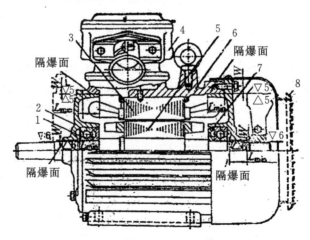

图 21.18　隔爆型电动机的结构
1—轴承;2—端盖;3—定子;4—接线盒;5—转子;
6—机座;7—轴承盖;8—风罩

(1)电动机外壳：电动机外壳具有必要的机械强度,都用强度较高的灰口铸铁铸造,在矿井下采掘工作面上的电动机,其外壳为铸钢或用钢板焊成。电动机接线板或接线端子套用高强度耐弧塑料压制。

(2)防爆接合面：接合面的最大允许间隙、最小允许有效长度和接合面至螺孔边缘的最小有效长度以及表面粗糙度等,均应符合《防爆规程》的有关规定。

(3)紧固零件：所有紧固零件必须有防松装置。紧固螺栓不允许穿透外壳。其距离不应太大,以防在爆炸压力时变形而失去隔爆能力。

(4)接线盒：接线盒与电动机本体之间互相隔爆。

(5)联锁装置或警告牌：隔爆型电动机中如有在正常运行时也能产生火花的带电部件,在其盖子上装有联锁装置,使带电时不能打开盖子,盖子开时,不能接通电源,只在盖子上设有明显的警告牌,以示不能带电打开盖子。

各种防爆电动机的结构均有相应严格的要求,例如防爆标志、绕组绝缘、接线盒、电缆引入口、电动机外壳接地、环境温度和电机表面允许温度等都有专门的要求和具体规定,具体请参考参考文献[13],这里不再赘述。

本章小结

直流弧焊机 在机械加工的焊接工艺中很常用。欲使电弧稳定的燃烧且引弧容易,保证安全的条件下就必须有足够高的空载电压。旋转式弧焊(发电)机的驱动动力有电动机和柴(汽)油机两种。直流弧焊发电机的结构与一般直流发电机相似,区别在于磁极形状和励磁绕组随直流弧焊机种类而异。串励绕组所产生的磁通与主磁通反向,即为差复励接线。

本章介绍了汽车用电机——专用发电机、起动机、磁电机的结构特点和基本原理。电动汽车用的牵引电动机一般为无刷直流电动机。无刷直流电动机主要是由永磁同步电动机本体、转子位置传感器和电子开关(换向)线路以及专用直流电源组成,即综合为“三电一传”的设备。

防爆电动机是一种可以在易燃易爆场所使用的一种电机,运行时不允许产生电火花。防爆电机主要用于煤矿、石油天然气、石油化工和化学工业。防爆电机作为主要的动力设备,通常用于驱动泵、风机、压缩机和其它传动机械。其原理、结构和特性的理论与三相异步电动机大致相同。

习题与思考题

21-1 直流弧焊机与一般直流发电机的基本区别是什么？

21-2 汽车用永磁直流发电机的工作原理是什么？

21-3 简述汽车用感应子式交流发电机的基本结构和原理。

21-4   简述汽车用磁电机的分类。

21-5   无刷直流电动机系统是由哪几部分组成的？

21-6   比较防爆电动机与普通异步电动机的原理和结构，说明二者有何区别？

第 22 章　微特电机

微特电机或控制电机的分类为：执行元件、量测元件和放大元件。执行元件是控制电信号转换为机械转动信号，例如：交、直流伺服电动机，步进电动机，无刷直流电动机（本书第21.3 节已经叙述）和直线电动机等；量测元件是机械转动信号转换为电信号，例如：交、直流测速发电机，自整角机，旋转变压器等；放大元件是将控制的信号进行功率放大，例如：交磁放大机（又叫电机放大机），磁放大器等。本章对三大元件各介绍一种，分别分析步进电动机、自整角机和电机扩大机。

22.1　步进电动机

22.1.1　概述

步进电动机是一种将数字脉冲电信号转换为机械角位移、转速或线位移的执行元件。它需要专用电源供给电脉冲，每输入一个脉冲，电动机转子就转过一个角度或前进一步，故而得名。位移量与输入脉冲数成正比，其转速与脉冲频率成正比。它可在宽广的范围内通过频率来调速，能快速起动、自锁、制动和反转。它具有较好的开环稳定性，也可采用闭环控制技术以满足对精度和速度控制的高要求。广泛用于雷达设备、加工中心、绘图仪、军用仪器和尖端设备等。

步进电动机按原理可分为反应式、永磁式和混合式三类。永磁式步进电动机示意图如图 22.1 所示，图中为四相步进电动机，其原理待学习后请读者自行分析。这里以反应式为例介绍，其余两种详见参考文献[12][14]。

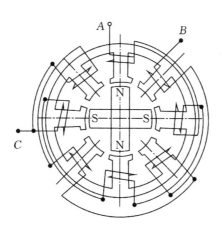

图 22.1　永磁式步进电动机示意图

22.1.2　反应式步进电动机的原理

反应式步进电动机也称为磁阻式步进电机。因其原理是利用了物理上"磁通总是力图使自己所通过的路径磁阻最小"所产生的磁阻转矩,使该电动机一步步转动的。三相磁阻式步进电动机原理如图22.2所示,转子是用硅钢片或其它软磁材料制成的,定子装有多相控制绕组,每对极上有一相绕组,转子上没有绕组,形象齿轮,转子齿数为4,分别标记为1、2、3和4号齿,转子两个齿中心线间所跨过的圆周角,即齿距角为90°。三相电机运行时,可以是三相中每"步"只有一相绕组通电来工作,也可以是两相同时通电,或者是单相和两相轮流通电等方式。以下具体分析三相步进电动机的运行过程。

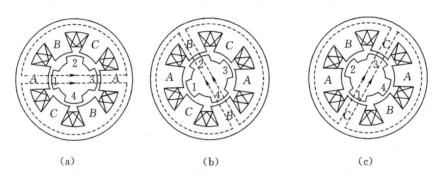

(a)　　　　　　　　(b)　　　　　　　　(c)

图22.2　三相反应式步进电动机三相单三拍运行原理图

1. 三相单三拍运行

即步进电动机绕组按照 A→B→C→A… 的顺序通电。当 A 相绕组单独通电(B、C 相不通电)时,由于"磁阻最小"的特点使转子齿 1 和 3 的轴线与定子 A 相磁极轴线对齐,如图 22.2(a)所示。

当 B 相通电(同时断开 A、C 相)时,转子便按逆钟向转过 30°,即错开了 1/3 个转子齿距角($\theta_t = \dfrac{360°}{Z_R} = 90°$),使转子齿 2 和 4 的轴线与 B 相磁极轴线对齐,如图 22.2(b)所示。

当 C 相通电(同时断开 B、A 相)时,转子再转过 30°,即又错开了$(1/3)\theta_t$,使转子齿 1 和 3 的轴线与 C 相磁极轴线对齐,如图 22.2(c)所示。

当 A 相通电(同时断开 B、C 相)时,转子再转过 30°,即又错开了$(1/3)\theta_t$,使转子齿 1 和 4 的轴线与 A 相磁极轴线对齐,相对于图 22.2(a)转过了一个转子齿。说明了一个循环的通电方式仅步进了一个转子齿。

步进电源如此按 A→B→C→A… 的规律不断接通、断开步进电机的定子控制绕组,转子就会一步步地按逆钟向连续转动,其转速取决于各绕组通、断电所输入的脉冲频率。如果步进电源是按 A→C→B→A… 的顺序通电,则电机转向相反,变为顺钟向旋转。故其转向取决于控制绕组轮流通电的顺序。

2. 三相单双六拍运行

这种供电顺序是 A→AB→B→BC→C→CA→A…,这时每一循环换接 6 次,共有 6 种通电状态,每一通电状态中若某瞬时只有一相绕组通电(如 A 相),另一瞬时需要两相绕组同时通电(如 A、B 相),经分析知,则每一步转子转过了 15°,即 $\theta_t = 360°/4 = 90°$,每一步所转过的角度为 $90°/6 = 15°$。

设 Z_R 为转子的齿数,N 为定子绕组在一个循环内有 n 个不同的通电方式,称为拍数;则每一步转子所转过的角度定义为步距角 θ_b,计算式为

$$\theta_b = \frac{\theta_t}{N} = \frac{360°}{Z_R N} \tag{22.1}$$

例如:三相单三拍运行时,拍数 $N = 3$,转子齿数 $Z_R = 40$,步距角 $\theta_b = \dfrac{360°}{3 \times 40} = 3°$。

3. 三相双三拍运行

三相双三拍的运行方式是按照 AB→BC→CA→AB…的顺序轮流通电,则步距角 $\theta_b = \dfrac{360°}{4 \times 3} = 30°$,即每一步转子转过的角度为 30°,与第一种"三相单三拍"的结论是相同的。这是因为与第一种比较,其拍数 N 均为 3。

据前第二、三篇知,相数用 m 来表示,设拍数 $N = m$,称为单拍制工作方式,若 $N = 2m$,称为双拍制工作方式。

22.1.3　步进电动机的基本特点及特性

1. 步进电动机的转速

如果步进电动机在 m 相 N 拍运动时,每输入一个脉冲,定子绕组就换接一次通电方式,输出轴就转过一个角度,其步数与脉冲数相同,输出轴的角位移量与输入脉冲数成正比。若输入连续脉冲,各相绕组不断轮流通电,步进电动机就连续旋转,其转速与脉冲频率 f 成正比。由式(22.1)知,每输入一个脉冲,转子转过的角度是整个圆周的 $\dfrac{1}{Z_R N}$,也就是转过 $\dfrac{1}{Z_R N}$ 转,因此每分钟转子所转过的圆周数,即转速为

$$n = \frac{60 f}{Z_R N} \quad (\text{r/min}) \tag{22.2}$$

步进电动机的转速与步距角有关,故用步距角来表示其转速,计算会带来方便,将式(22.2)变换得到

$$n = \frac{60 f}{Z_R N} = \frac{60 f \times 360°}{360° Z_R N} = \frac{f}{6°} \theta_b \quad (\text{r/min}) \tag{22.3}$$

2. 步距角的电角度表示

给步进电动机每输入一个电脉冲信号时,转子转过的角度就是步距角 θ_b。θ_b 被称为平面几何角度即机械角度,其计算公式为式(22.1)。

因为每通电一个循环(相当于一个周期),转子就前进一个齿,故将转子一个齿数看做一个极对数,即对应 360°电角度,类似于第 10.2.1 中的前述式(10.3),用电角度表示的齿距角为 $\theta_{te} = 360°$电角度,则对应的步距角为

$$\theta_{be} = \frac{\theta_{te}}{N} = \frac{360^\circ}{N} \quad \text{（电角度）} \tag{22.4}$$

如果用步角距的机械角度表示其电角度为

$$\theta_{be} = \frac{360^\circ}{N} \cdot \frac{Z_R}{Z_R} = \theta_b Z_R \quad \text{（电角度）} \tag{22.5}$$

3. 步进电动机的通电方式

步进电动机工作时，每相绕组不是恒定地通电，而是由环形分配器按一定规律通、断电。这里再举四相的例子，它的通电方式可以是四相单四拍运行，即按 A→B→C→D→A… 的规律单独通电方式，也可以是四相单双八拍运行，即按 A→AB→B→BC→C→CD→D→DA→A… 的规律单独通电方式；也可以是四相双四拍运行，即按 AB→BC→CD→DA→AB… 的方式。还有其它通电方式，不再赘述。每循环一次，转子永远是只转过一个齿，控制电脉冲的频率为 f_K，而加在每相绕组上脉冲频率为 $f_{相}$，每个循环有 N（拍）个通电方式，显然三者的关系式为

$$f_K = f_{相} N \tag{22.6}$$

4. 步进电动机的自锁能力

当步进电源让最后一个脉冲控制的绕组一直通入直流电时，电机可以锁位于此位置，以满足生产实际需要，实现了转子定位，那么在此处就可以进行机加工或做其他工作，例如：齿轮加工对某一个齿或键槽的加工均须转子定位的。

5. 步进电动机的矩角特性

这里研究的是反应式步进电动机的静态特性中的矩角特性，当步进电动机通电时，静态转矩 T 随转子位置角 θ_e（又叫失调角，用电角度表示）的变化规律，称之为矩角特性，其 $T = f(\theta_e)$ 曲线近似为正弦曲线。

$$T = -T_{f\,max}\sin\theta_e \tag{22.7}$$

22.2　自整角机

自整角机是测位用微特电机中最常用的一种元件。其显著的功能是"随动"，即实现"自动跟踪"。自整角机在系统中往往是两台或两台以上组合使用，它可将两台电机的角度差（或和）转换为电信号，以实现远距离测量或控制等。

22.2.1　结构

普通的自整角机的结构类似于第 16.2 节的三相同步电机。比较前述的三相同步电机，有两个区别：一是同步电机的励磁绕组需加直流电励磁，而自整角机的转子在做 ZKF 或 ZLF 和 ZLJ（符号含义见下述）工作时须加交流电励磁，故又称为**单相励磁的自整角机**；二是自整角机的体积、重量均较小，属于微电机。对于单台自整角机的定子绕组为三相星形接法，引出端符号分别为 D_1、D_2、D_3，表示定子绕组，而转子单绕组引出端符号分别用 Z_1、Z_2 表示。单相励磁自整角机电路图如图 22.3 所示。

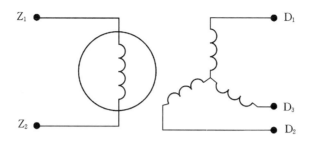

图 22.3　单相励磁自整角机电路图

有时自整角机还用到差动发送机(即 ZCF)或差动接收机(即 ZCJ),其电机结构与前述第 13.1 节的图 13.6 相同,只是自整角机功率微小,另外定子三相绕组引线端用 D_1、D_2、D_3 表示,转子三相绕组用 Z_1、Z_2、Z_3 表示。差动式的自整角机电路图如图 22.4 所示。这种电机的结构与微型的三相绕线式异步电动机的结构是相同的,由于这种自整角机的转子励磁绕组有三相,故把这种电机又叫做**三相励磁自整角机**。

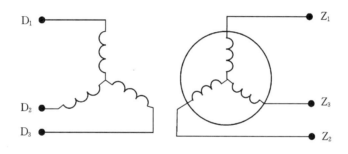

图 22.4　差动式自整角机电路图

22.2.2　类型

自整角机若按结构、原理的特点可分类为:控制式、力矩式、霍尔式、多极式、固态式、无刷式和四线式等 7 种。若按使用要求的不同,可将自整角机分为控制式自整角机和力矩式自整角机。

若成对使用自整角机按控制式运行,其原理电路图如图 22.5 所示。其中有一个是控制式发送机,代号为 ZKF;另一个是控制式变压器,代号为 ZKB。ZKB 的转子绕组可以输出电势 E_2。

若成对使用自整角机按力矩式运行,其原理接线图如图 22.6 所示。其中有一个是力矩式发送机,代号为 ZLF,另一个是力矩式接收机,代号为 ZLJ、ZKJ 的转子绕组也要加单相交流电励磁。

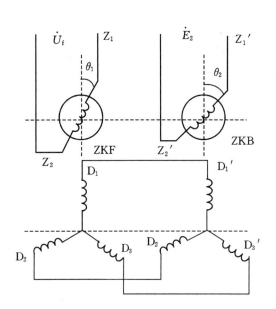

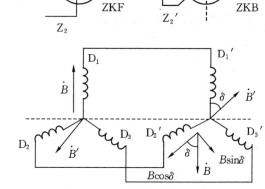

图 22.5　控制式自整角机的工作原理　　　　图 22.6　力矩式自整角机的工作原理

22.2.3　控制式自整角机的原理

图 22.5 中，θ_1 为 ZKF 转子绕组轴线与其定子 D_1 绕组轴线的夹角，θ_2 为 ZKB 转子绕组轴线与其定子 D_1' 绕组轴线之间的夹角，ZKF 与 ZKB 的定子三相绕组对应联接。设对 ZKF 的转子（励磁）绕组加电压 $\dot{U}_f$，如前第 12.1 节所讲，转子励磁绕组产生的是脉振磁密 $\dot{B}_f$，$\dot{B}_f$ 的轴线方向与转子绕组轴线方向（正方向为 Z_2 与 Z_1 的方向）重合。写成瞬时值表达式为

$$B_f = B_{fm} \cos\omega t \cdot \cos X \tag{22.8}$$

ZKF 转子脉振磁密是交变的，在其定子三相绕组中感应变压器电势有效值为

$$\begin{cases} E_1 = 4.44 f W_s \varphi 1 = E\cos\theta_1 \\ E_2 = 4.44 f W_s \varphi 2 = E\cos(\theta_1 + 120°) \\ E_3 = 4.44 f W_s \varphi 3 = E\cos(\theta_1 + 240°) \end{cases} \tag{22.9}$$

由于 ZKF 与 ZKB 的定子绕组各相对应联接，所以据电路理论，两机定子三相绕组均有电流流通，各相电流有效值为

$$\begin{cases} I_1 = I\cos\theta_1 \\ I_2 = I\cos(\theta_1 + 120°) \\ I_3 = I\cos(\theta_1 + 240°) \end{cases} \tag{22.10}$$

以上各式中，E 为定子绕组轴线与转子绕组轴线重合时该相电势有效值，$I = E/Z_z$ 为此时的该相电流有效值，W_s 为定子某一绕组的有效匝数，Z_z 为每相联接线的总阻抗。经理论分析知，ZKF 和 ZKB 的定子合成磁密均为脉振磁密，分别用 $\dot{B}$ 和 $\dot{B}'$ 表示。ZKB 的 $\dot{B}'$ 在其转子绕组感应输出电势为

$$E_2 = E_{2max} \cos\delta = E_{2max} \cos(90° - \gamma) = E_{2max} \sin\gamma \tag{22.11}$$

式中，$\delta = \theta_2 - \theta_1$，$\delta = 90° - \gamma$，$\gamma$ 称为失调角。

随动系统中的 ZKB 输出绕组接上交流放大器时,可认为输出绕组电压为

$$U_2 = U_{2\max}\sin\gamma \qquad (22.12)$$

控制式自整角机的工作原理,结论归纳为:

(1) ZKF 的转子绕组产生的励磁磁场是一个脉振磁密 $\dot{B}_f$,它在发送机定子绕组中感应变压器电势。定子各相电势时间上同相位,其大小与定、转子间的相位位置(θ_1)有关。

(2) ZKF 定子合成磁密的轴线与转子励磁磁密的轴线重合,但方向恰好反向。

(3) ZKF 与 ZKB 的定子三相绕组联接,两机定子绕组的相电流大小相等,方向相反,因而两机的定子合成磁密 $\dot{B}$ 与 $\dot{B}'$ 对应位置反向。

(4) ZKB 的转子输出电势的有效值 $E_2 = E_{2\max}\sin\gamma$,其中 γ 叫失调角,γ 角是实际 ZKB 转子绕组轴线(从 Z'_2 到 Z'_1 的方向)偏离协调位置(即 $E_2 = 0$ 的位置)$\dot{X}_t$ 的角度,$\dot{B}'_f$ 超前 $\dot{B}'$,取正值。

注:控制式自整角机的 ZKB 转轴不直接带负载,而是根据 $\dot{E}_2$ 由伺服电动机来驱动负载。若直接带负载,则为力矩式运行。

22.2.4　力矩式自整角机的原理功能简述

力矩式自整角机的原理接线图如图 22.6 所示,其发送机和接收机的代号分别为 ZLF 和 ZLJ,两机的转子绕组均需加额定励磁电压,其功能示意图见图 22.7。

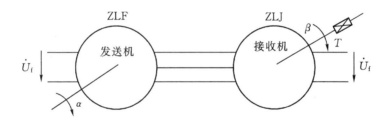

图 22.7　力矩式自整角机功能示意图

力矩式自整角机是把两机的转角差 $\delta = \alpha - \beta$ 信号转换为轻转矩 T 信号。

力矩式自整角机接收机 ZLJ 的转轴输出转矩 T 正比于转角差 δ,即 $T = k\delta$。ZLJ 输出转矩的方向由 δ 的正负来决定,即 $+\delta \rightarrow T+$,$-\delta \rightarrow T-$。

力矩式自整角机接收机 ZLJ 的转轴直接驱动轻负载,例如指针或刻度盘均为轻负载。

力矩式自整角机在 $\alpha \neq \beta$ 时产生输出转矩 T,这个转矩是由电磁作用产生的,故又叫整步转矩,它与 $\sin\delta$ 成正比,即

$$T = kB\sin\delta \qquad (22.13)$$

由其功能及原理分析知,$\delta = 0°$ 时,$T = 0$,被称为 ZLF 与 ZLJ 处于**协调位置**,用相量 $\dot{X}_{tL}$ 表示;当 $\alpha \neq \beta$,$\delta = 0°$,$T \neq 0$ 时的 δ 角称为**失调角**。

作为测位器的力矩式自整角机如图 22.8 所示。这个例子为测量水塔内水位高低的测位器,也可以测量电梯和矿井提升机的位置等。

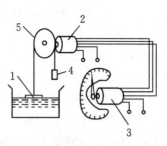

图 22.8　作为测位器的力矩式自整角机
1—浮子；2—自整角发送机；3—自整角接收机；
4—平衡锤；5—滑轮

22.3　电机扩大机

电机扩大机是自动控制系统中的一种旋转式放大元件，主要用作功率放大。对于小容量系统，可以直接用它对直流电动机供电；对于大容量系统，需要由扩大机来增大控制信号的功率或电流，以便控制执行机构，完成自动控制和调节的任务。

电机放大机的种类很多，一般可分为交轴磁场电机扩大机、直轴磁场电机扩大机、自励式电机扩大机。国内生产的多为交轴磁场电机扩大机（简称交磁放大机或电机放大机），其功率范围为 0.15～11 kW，电压有 60 V、115 V、230 V 等。

22.3.1　结构

电机扩大机实际上是具有共磁系统的两级放大的他励直流发电机，其结构与普通直流发电机相似。电枢绕组与一般直流发电机一样，但在换向器上安放有两对电刷，一对电刷放在磁极的中性线上，即与磁极轴线正交，称为交轴电刷，但它是用导线短接起来；另外一对电刷放在磁极轴线上，称为直轴电刷。

电机扩大机系统由放大机与驱动电动机组成。它有两种型式：一种是扩大机与三相异步电动机同轴一体结构；另一种是扩大机与驱动电动机借联轴器外部传动（例如 ZKK－25 型）扩大机。

放大机的定子铁心冲片由硅钢片叠压而成，制成隐极式结构，放大机定子绕组布置示意图如图 22.9 所示。硅钢片上冲有大槽、中槽和小槽，如图 22.9（a）所示。两个大槽内嵌放 2～4 个控制绕组和部分补偿绕组，小槽内嵌放分布式的补偿绕组，中槽内嵌放换向磁极绕组。如果具有助磁绕组（又叫横向绕组），则把助磁绕组的一边嵌放在中槽内，另一边嵌放在大槽内。大槽轭上还绕有交流去磁绕组，如图 22.9（b）所示。定子磁路系统有两个大槽隔成两个主磁极，中槽之间形成换向磁极，即扩大机属于两极电机。

其机座、端盖和轴承等都与普通直流电机相似，有的放大机的刷握周围绝缘材料包好直接固定在端盖上，省去了电刷架。

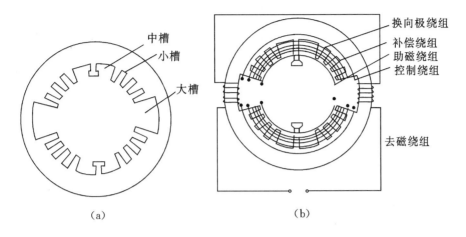

图 22.9　放大机定子绕组布置示意图

22.3.2　原理

1. 电机扩大机的工作原理

某电机扩大机的工作原理如图 22.10 所示。扩大机的电枢槽内嵌放单叠绕组,当控制电压加到控制绕组 K 时,就有控制电流 I_k 流过,I_k 产生磁通 ϕ_k。扩大机转子由原动机拖动,设以转速 n 顺钟向旋转,则电枢导体切割磁力线(即切割磁通)ϕ_k,

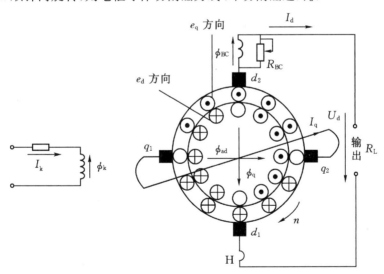

图 22.10　电机扩大机的工作原理

将产生交轴电动势,其方向由右手定则测定,如图 22.10 中圆圈外面的"×"和"·"所示。此时,在交轴电刷 q_1、q_2 之间将产生电势(约几伏)。但电刷 q_1、q_2 是短路的,于是出现短路电流 I_q,由于 I_q 流过电枢导体,于是又产生一个交轴磁场 ϕ_q,这个磁场比 ϕ_k 大得多。因为它和控制磁通 ϕ_k 相互垂直,故称**交轴磁通** ϕ_q,ϕ_q 相当于普通发电机中的电枢反应磁通。

同理,它被电枢导体切割又会产生远远大于 E_q 的直轴电势 E_d,如图 22.10 中圆圈里面的"×"和"·"所示。在直轴电刷 d_1、d_2 上接上负载,就会有较大的功率输出,以实现功率放大。

电机扩大机的工作相当于一组两级放大的直流发电机,不过在结构上第二级的励磁绕组并不存在,而借用第一级的电枢反应磁通。同时,将电刷 q_1、q_2 移到第一级电枢上来,共用一个电枢进行两级放大。这种电机扩大机具有两级直流发电机放大倍数。

若当扩大机接上负载后,直轴电枢回路就有电流 I_d 通过,它产生直轴电枢反应磁通,对 ϕ_k 有强烈的去磁作用,一般又使扩大机根本不能正常工作。为此,必须改进之,方法是,在定子上加补偿绕组,它与电枢绕组串联,其磁通 ϕ_{BC} 与 ϕ_k 方向相同,而且随输出电流的增减而增减,故适时补偿直轴电枢反应的去磁作用。图 22.10 中上部可调电阻 R_{BC} 是调节补偿程度的。

在交轴电刷之间还串有助磁绕组,助磁绕组产生磁通,其方向与 ϕ_q 相同,因而对于一定的直轴额定输出,交轴电路电流可以减少,改善交轴换向。为了改善直轴换向,在中槽内嵌有换向绕组作换向磁极。在大槽中装有去磁绕组,使固有磁滞回线变窄,从而提高了电机转速稳定性和减少了电机的剩磁电压。

在国产电机放大机型号中"Z"表示直流;"K"表示控制;第二个"K"表示电机放大机(或电机扩大机);"J"表示原动机为交流电动机。

2. 性能指标、特点及其改进措施

(1)功率放大倍数 K:指在额定负载时,输出功率与输入功率之比,电机放大倍数为

$$K = \frac{P_N}{P_{1N}} \tag{22.14}$$

式中:P_N 为额定输出功率;P_{1N} 为额定输入功率。

一般电机扩大机的功率放大倍数较高,在 $500 \sim 5000$ 范围内,控制绕组输入功率比较小(只有同容量的直流发电机励磁磁势的 $1\% \sim 2\%$)。

(2)惯性小:控制绕组的时间常数 τ 一般为 $0.03 \sim 0.06$ s,交轴回路的时间常数 τ_1 一般为 $0.05 \sim 0.1$ s。

(3)控制方便:该电机具有 $2 \sim 4$ 个控制绕组,可以同时加进几种不同的信号电压,进行叠加或比较,以满足自动控制系统的要求。

(4)过载能力大:电机扩大机的过载能力较大,其瞬时过载功率可达 2 倍,瞬时过电压可达 1.5 倍,瞬时过电流可达 3.5 倍,而控制绕组的过载能力一般为 $5 \sim 9$ 倍,能加快自动控制系统的某种过渡过程,如电动机的起停、调速、反转等。

(5)剩磁电压大:由于电机扩大机具有两级放大作用,其剩磁电压比一般直流电机的要大,这样就使自动控制系统的性能变坏。为了减小剩磁电压对自动控制系统的影响,除在控制系统中采用一系列的措施外,扩大机本身也采取了去磁措施。近年来,多采用在电机扩大机定子磁轭上加绕交流去磁绕组的办法。去磁绕组一般做成两匝,加工频(50 Hz)交流电源,电压 $1 \sim 3$ V,电流 $3 \sim 5$ A。这样做,可以把从不加去磁绕组时较高的剩磁电压(一般为额定输出电压的 15%)减小到额定输出电压的 5% 以下。

本章小结

按元件类型将微特电机分为执行元件、量测元件和放大元件。本章分别以步进电动机、自整角机和电机扩大机为例,分析它们的结构及其原理。

步进电动机是一种将数字脉冲电信号转换为机械角位移、转速或线位移的执行元件。它需要专用电源供给电脉冲,每输入一个脉冲,电动机转子就转过一个角度或前进一步。位移量与输入脉冲数成正比,其转速与脉冲频率成正比。它可在宽广的范围内通过频率来调速,能快速起动、自锁、制动和反转。掌握步距角 $\theta_b = \dfrac{360°}{2_R N}$ 和连续运行时的转速 $n = \dfrac{f_K}{6°}\theta_b$ 的计算。

自整角机是测位用微特电机中最常用的一种量测元件。若按运行方式可将自整角机分为控制式自整角机和力矩式自整角机。其显著的功能是可以实现"自动跟踪"。自整角机在系统中往往是两台或两台以上组合使用,它可将两台电机的角度差(或和)转换为电信号,以实现远距离测量或控制等。控制式自整角机的 ZKB 转轴不直接带负载,而是根据 $\dot{E}_2$ 由伺服电动机来驱动负载。若直接带负载,则为力矩式运行。

电机扩大机是自动控制系统中的一种旋转式功率放大元件。电机扩大机的结构与普通直流发电机相似,相当于具有两级放大的他励直流发电机。电枢绕组与一般直流发电机一样,但在换向器上安放有两对电刷,一对电刷放在磁极的中性线上,即与磁极轴线正交,称为交轴电刷,但它是用导线短接起来,使得交轴电流大、交轴磁场强;另外一对电刷放在磁极轴线上,称为直轴电刷,通过直轴电刷接负载,负载在上的功率比输入的励磁功率大到几千倍,实现了功率放大。

习题与思考题

22 - 1　步进电动机的步距角和转速如何计算?

22 - 2　自整角机的运行方式有哪几种?控制式自整角机的失调角 γ 和协调位置 $\dot{X}_t$ 如何确定?

22 - 3　简述电机扩大机的基本结构和原理。

参考文献

[1] 阎治安. 电机学(第 3 版)习题解析及实验[M]. 西安:西安交通大学出版社,2016.

[2] 汪国梁. 电机学[M]. 北京:机械工业出版社,1987.

[3] 汤蕴璆,史乃. 电机学[M]. 北京:机械工业出版社,2001.

[4] 阎治安,崔新艺. 电机学(含拖动基础)重点难点及典型题解析[M]. 2 版. 西安:西安交通大学出版社,2005.

[5] 阎治安,崔新艺. 电机学要点与解题[M]. 西安:西安交通大学出版社,2006.

[6] 许实章. 电机学[M]. 北京:机械工业出版社,1995.

[7] 李发海,王岩. 电机与拖动基础[M]. 北京:中央广播电视大学出版社,1994.

[8] 艾维超. 电机学[M]. 北京:机械工业出版社,1991.

[9] 电机工程手册第二版编辑委员会. 电机工程手册[M]. 2 版. 北京:机械工业出版社,1996.

[10] 曹承志. 电机、拖动与控制[M]. 北京:机械工业出版社,2000.

[11] FITZGERALD A E, KINGSLEY C, UMANS S D. Electric Machinery[M]. 6th ed. New York:McGraw-Hill,2003.

[12] 王建华. 电气工程师手册[M]. 3 版. 北京:机械工业出版社,2012.

[13] 宋成. 实用电机修理手册[M]. 济南:山东科学技术出版社,1994.

[14] 陈隆昌,阎治安,刘新正. 控制电机[M]. 4 版. 西安:西安电子科技大学出版社,2013.